安徽省高等学校省级规划教材

电路与电子技术基础

主　编　王本有　汪德如
副主编　李建新　周旭胜

中国科学技术大学出版社

内 容 简 介

　　本书是为了适应信息技术和计算机类专业课程的教学改革和现代高等教育中加强对学生应用能力的培养而编写的. 主要内容包括：电路的基本概念和定律、电路的基本分析方法和定理、动态电路的时域分析、正弦电路的稳态分析、半导体器件及基本放大电路、集成运算放大电路及其应用、直流稳压电源、逻辑代数基础、逻辑门电路、组合逻辑电路、触发器和时序逻辑电路、模/数和数/模转换、波形的产生等.

　　本书可作为普通高等院校计算机应用、电子工程、通信工程等相关专业的本科生、专科生教材，也是有关工程技术人员的实用参考书.

图书在版编目(CIP)数据

电路与电子技术基础/王本有，汪德如主编. —合肥：中国科学技术大学出版社，2015.8
ISBN 978-7-312-03848-8

Ⅰ. 电…　Ⅱ. ①王…　②汪…　Ⅲ. ①电路理论—高等学校—教材　②电子技术—高等学校—教材　Ⅳ. ①TM13　②TN01

中国版本图书馆 CIP 数据核字(2015)第 188730 号

出版	中国科学技术大学出版社
	安徽省合肥市金寨路 96 号，230026
	http://press.ustc.edu.cn
印刷	合肥市宏基印刷有限公司
发行	中国科学技术大学出版社
经销	全国新华书店
开本	787 mm×1092 mm　1/16
印张	23
字数	570 千
版次	2015 年 8 月第 1 版
印次	2015 年 8 月第 1 次印刷
定价	45.00 元

前　　言

　　随着信息技术的发展,计算机、电气、电子、通信等专业有了许多新的专业课,尤其是实践课,普通高等院校为了加强学生应用能力的培养,将科研性、创新性、拓展性等教育新模式引入到日常的教学中.因此,在有限的时间内让学生学习更多的知识,必须要压缩学科基础课的课时.为保证基础课的教学质量和应用型人才的培养目标,编者认真总结多年的教学经验,学习参考了国内外同类及相关教材和著作,编写了《电路与电子技术基础》一书.本书是为高等学校计算机科学与技术和信息技术等相关专业编写的教材,也可供高等教育自学读者参考.

　　"电路与电子技术基础"是一门综合性的课程,它依据减少内容重复、精简课程门类的原则,针对计算机、信息技术等相关专业学习硬件知识方面的需求,有机地融合了电路分析、模拟电子技术与数字电子技术三门课程所包含的内容.内容上深入浅出,保证了所述内容的深度和广度,将归并的内容以基本原理、实际应用和例题等形式体现在相关章节中,通俗易懂,既保证了基础知识的完整性和连贯性,又增加了学生练习的机会,以满足后续课程的需要.

　　本书强调图形的直观解释作用,强调对实际电路的计算、分析及解决实际问题能力的培养.在内容取舍上,强调基本理论以"必需、够用"为度,采用少而精,启发式,培养学生独立思考、富于联想、触类旁通的发散思维能力等原则.在联系实际上,要求是基本理论的自然延续、有机结合,也以"必需、够用"为度.

　　本书共分 14 章,逻辑线条清晰,科学严谨,概念明晰,重点突出,强化应用.电路部分主要讲授基本概念和基本定律,要求掌握电路的基本知识和分析方法;模拟电子技术部分主要讲授半导体器件和集成运算放大器,要求掌握放大电路的分析方法和实际应用,掌握正弦波振荡电路和直流稳压电源的设计;数字逻辑部分主要讲授组合逻辑电路和时序逻辑电路,重点是学习和掌握集成电路的使用.为进一步学习计算机硬件课程,如单片机、微机原理与接口技术以及计算机控制技术等课程打下良好的基础.

　　本书由王本有和汪德如任主编,李建新、周旭胜任副主编.本书前身为《计算机电路基础》,该书 2007 年经皖西学院和中国科学技术大学出版社共同推荐,列选为安徽省高等学校"十一五"省级规划教材,2008 年 8 月由中国科学技术大学出版社正式出版.该教材已在皖西学院计算机科学与技术系的本科教学中使用多年,教学效果良好.此次修订过程中得到了皖西学院领导和同事们的鼎力相助,在他们无私的帮助下,我们顺利完成了修订再版工作,在此表示感谢.

　　限于编者的水平,书中存在错误、疏漏之处在所难免,敬请广大读者批评指正.

编　者

2015 年 5 月

目　　录

前言 ……………………………………………………………………………………（ⅰ）

上篇　电路基础知识

第1章　电路的基本概念和基本定律 ……………………………………………（1）
　1.1　电路 ……………………………………………………………………………（1）
　　1.1.1　电路的组成 ………………………………………………………………（1）
　　1.1.2　电路模型 …………………………………………………………………（1）
　1.2　电阻与欧姆定律 ………………………………………………………………（3）
　　1.2.1　导体的电阻 ………………………………………………………………（3）
　　1.2.2　欧姆定律 …………………………………………………………………（3）
　1.3　电流、电压、功率 ……………………………………………………………（5）
　　1.3.1　电流 ………………………………………………………………………（5）
　　1.3.2　电压、电位、电动势 ……………………………………………………（6）
　　1.3.3　功率 ………………………………………………………………………（8）
　1.4　电路的三种工作状态——开路、负载和短路 ………………………………（10）
　　1.4.1　开路状态 …………………………………………………………………（10）
　　1.4.2　负载状态 …………………………………………………………………（10）
　　1.4.3　短路状态 …………………………………………………………………（10）
　1.5　无源电路元件 …………………………………………………………………（11）
　　1.5.1　电阻元件 …………………………………………………………………（11）
　　1.5.2　电容元件 …………………………………………………………………（11）
　　1.5.3　电感元件 …………………………………………………………………（13）
　1.6　有源电路元件 …………………………………………………………………（14）
　　1.6.1　理想电压源 ………………………………………………………………（15）
　　1.6.2　理想电流源 ………………………………………………………………（15）
　　1.6.3　实际电源的模型 …………………………………………………………（16）
　1.7　电气设备的额定值 ……………………………………………………………（16）
　本章小结 ……………………………………………………………………………（16）
　习题 …………………………………………………………………………………（17）

第2章　电路的分析方法 …………………………………………………………（20）
　2.1　电阻的串并联 …………………………………………………………………（20）
　　2.1.1　电阻的串联 ………………………………………………………………（20）
　　2.1.2　电阻的并联 ………………………………………………………………（20）
　　2.1.3　电阻的混联 ………………………………………………………………（21）

2.2 基尔霍夫定律(Kirchhoff's laws) ……………………………………… (22)

2.2.1 基尔霍夫定律 ……………………………………………………… (22)

2.2.2 基尔霍夫第一定律——电流定律(KCL) ………………………… (23)

2.2.3 基尔霍夫第二定律——回路电压定律(KVL) …………………… (24)

2.3 支路电流法 ………………………………………………………………… (25)

2.4 结点电压法 ………………………………………………………………… (26)

2.5 叠加原理 …………………………………………………………………… (28)

2.6 电路的等效变换 …………………………………………………………… (29)

2.6.1 电源的等效变换 …………………………………………………… (30)

2.6.2 等效电源定理 ……………………………………………………… (31)

2.7 含受控源电路的分析 ……………………………………………………… (33)

2.7.1 受控源 ……………………………………………………………… (33)

2.7.2 受控源电路的分析 ………………………………………………… (34)

本章小结 …………………………………………………………………………… (38)

习题 ………………………………………………………………………………… (38)

第3章 正弦交流电路 …………………………………………………………… (44)

3.1 正弦交流电路的基本概念 ………………………………………………… (44)

3.1.1 相位、初相和相位差 ……………………………………………… (44)

3.1.2 周期、频率、角频率 ……………………………………………… (45)

3.1.3 瞬时值、振幅、有效值与平均值 ………………………………… (46)

3.2 正弦交流电的表示法 ……………………………………………………… (47)

3.2.1 波形图 ……………………………………………………………… (47)

3.2.2 旋转矢量图 ………………………………………………………… (47)

3.2.3 交流电的复数表示法 ……………………………………………… (48)

3.2.4 复数的运算——相量运算 ………………………………………… (49)

3.3 单一参数的正弦交流电路 ………………………………………………… (50)

3.3.1 电阻元件 …………………………………………………………… (50)

3.3.2 纯电感电路 ………………………………………………………… (52)

3.3.3 纯电容电路 ………………………………………………………… (54)

3.4 RLC 串联正弦交流电路 …………………………………………………… (57)

3.4.1 RLC 串联电路分析方法 …………………………………………… (57)

3.4.2 RLC 串联交流电路的功率与功率因数 …………………………… (60)

3.5 正弦稳态电路功率因数的提高 …………………………………………… (61)

3.5.1 功率因数提高的意义 ……………………………………………… (61)

3.5.2 提高功率因数常用的方法 ………………………………………… (61)

3.6 电路中的谐振 ……………………………………………………………… (63)

3.6.1 串联谐振 …………………………………………………………… (63)

3.6.2 并联谐振 …………………………………………………………… (64)

本章小结 …………………………………………………………………………… (64)

习题 ………………………………………………………………………………… (65)

第 4 章 电路的暂态分析 ……………………………………………………（67）
4.1 电路的过渡过程 ……………………………………………………（67）
4.1.1 基本概念 …………………………………………………………（67）
4.1.2 换路定律 …………………………………………………………（68）
4.2 RC 电路的充放电过程分析 ………………………………………（70）
4.2.1 RC 电路的充电过程——零状态响应 …………………………（70）
4.2.2 RC 电路的放电过程——零输入响应 …………………………（72）
4.2.3 RC 电路非零状态的充放电——全响应 ………………………（72）
4.3 （一阶）RC、RL 电路分析的三要素法 ……………………………（73）
4.4 RC 电路的微分、积分和耦合 ……………………………………（77）
4.4.1 微分电路 …………………………………………………………（77）
4.4.2 耦合电路 …………………………………………………………（79）
4.4.3 积分电路 …………………………………………………………（79）
本章小结 …………………………………………………………………（80）
习题 ………………………………………………………………………（80）

中篇 模拟电子技术基础

第 5 章 半导体器件基础 …………………………………………………（85）
5.1 半导体基本知识 …………………………………………………（85）
5.1.1 半导体基础 ………………………………………………………（85）
5.1.2 PN 结 ……………………………………………………………（86）
5.2 晶体二极管 ………………………………………………………（87）
5.2.1 二极管的结构 ……………………………………………………（87）
5.2.2 二极管的特性 ……………………………………………………（88）
5.2.3 二极管的主要参数 ………………………………………………（89）
5.2.4 二极管的应用 ……………………………………………………（89）
5.2.5 特殊二极管 ………………………………………………………（91）
5.3 晶体三极管 ………………………………………………………（91）
5.3.1 三极管的结构、特点与命名 ……………………………………（91）
5.3.2 三极管的工作原理 ………………………………………………（92）
5.3.3 三极管在电路中的三种组态 ……………………………………（93）
5.3.4 三极管的特性曲线 ………………………………………………（94）
5.3.5 三极管的主要参数 ………………………………………………（95）
5.4 场效应管 …………………………………………………………（95）
5.4.1 概述 ………………………………………………………………（95）
5.4.2 结型场效应管（JFET） …………………………………………（96）
5.4.3 绝缘栅场效应管（MOS 管）的工作原理 ………………………（98）
5.4.4 场效应管的特点 …………………………………………………（101）
本章小结 …………………………………………………………………（102）

习题 ………………………………………………………………………………………… (102)

第6章　基本放大电路 ……………………………………………………………………… (111)

6.1　基本共射极放大电路分析 …………………………………………………………… (111)

6.1.1　电路组成 …………………………………………………………………… (111)

6.1.2　静态图解分析 ……………………………………………………………… (112)

6.1.3　动态图解分析——交流放大工作状态 ………………………………… (113)

6.1.4　基本放大器的近似估算法 ……………………………………………… (114)

6.1.5　放大器波形的失真 ………………………………………………………… (119)

6.1.6　微变等效电路分析法简介 ……………………………………………… (120)

6.2　工作点稳定的共射极放大电路——分压式偏置放大电路 ……………………… (122)

6.2.1　影响放大器工作点的因素 ……………………………………………… (123)

6.2.2　分压式偏置放大电路稳定原理 ………………………………………… (123)

6.2.3　静态分析 …………………………………………………………………… (123)

6.2.4　动态分析 …………………………………………………………………… (124)

6.3　共集电极放大电路——射极输出器(GC) …………………………………………… (127)

6.3.1　射极输出器静态分析 ……………………………………………………… (127)

6.3.2　射极输出器动态分析——A_u、r_i、r_o …………………………………… (128)

6.4　功率放大电路 ………………………………………………………………………… (130)

6.4.1　功率放大器分类及工作状态 …………………………………………… (130)

6.4.2　互补对称功率放大电路 …………………………………………………… (131)

6.4.3　变压器耦合功率放大电路 ……………………………………………… (132)

6.5　多级放大电路及其级间耦合方式 …………………………………………………… (133)

6.5.1　多级放大电路的耦合方式 ……………………………………………… (133)

6.5.2　直接耦合放大电路带来的问题 ………………………………………… (134)

6.5.3　差动放大电路 ……………………………………………………………… (134)

6.6　放大电路中的负反馈 ………………………………………………………………… (136)

6.6.1　反馈的基本概念 …………………………………………………………… (137)

6.6.2　反馈分类与判定 …………………………………………………………… (137)

6.6.3　负反馈对放大器性能的影响因素 ……………………………………… (139)

本章小结 …………………………………………………………………………………… (141)

习题 ………………………………………………………………………………………… (142)

第7章　集成运算放大器及其应用 …………………………………………………… (151)

7.1　集成电路概述 ………………………………………………………………………… (151)

7.1.1　集成电路及其发展 ………………………………………………………… (151)

7.1.2　集成电路的特点 …………………………………………………………… (151)

7.1.3　集成电路的分类 …………………………………………………………… (152)

7.2　集成运放的基本组成及参数 ………………………………………………………… (152)

7.2.1　集成运放的组成 …………………………………………………………… (152)

7.2.2　集成运放的主要参数 ……………………………………………………… (154)

7.3 理想运算放大器 ……………………………………………………………… (155)
 7.3.1 理想运放的技术指标 ……………………………………………… (155)
 7.3.2 理想运放的两种工作状态 ………………………………………… (156)
7.4 运放基本应用电路分析 ……………………………………………………… (157)
 7.4.1 负反馈放大电路 …………………………………………………… (157)
 7.4.2 比例运算电路 ……………………………………………………… (157)
 7.4.3 加减运算电路 ……………………………………………………… (160)
 7.4.4 积分和微分运算电路 ……………………………………………… (162)
本章小结 …………………………………………………………………………… (162)
习题 ………………………………………………………………………………… (163)

第8章 直流稳压电源 …………………………………………………………………… (169)
8.1 稳压电源的结构与特性指标 ………………………………………………… (169)
 8.1.1 结构 ………………………………………………………………… (169)
 8.1.2 稳压电源的特性指标 ……………………………………………… (169)
8.2 整流电路 ……………………………………………………………………… (170)
 8.2.1 单相半波整流电路 ………………………………………………… (170)
 8.2.2 单相桥式整流电路 ………………………………………………… (171)
8.3 滤波电路 ……………………………………………………………………… (172)
 8.3.1 电容滤波电路 ……………………………………………………… (172)
 8.3.2 电感滤波 …………………………………………………………… (173)
8.4 稳压电路 ……………………………………………………………………… (174)
 8.4.1 稳压管稳压电路 …………………………………………………… (174)
 8.4.2 串联反馈型三极管稳压电路 ……………………………………… (175)
 8.4.3 集成稳压器 ………………………………………………………… (176)
 8.4.4 开关稳压电源 ……………………………………………………… (177)
本章小结 …………………………………………………………………………… (178)
习题 ………………………………………………………………………………… (179)

下篇 数字电子技术基础

第9章 数字逻辑基础 …………………………………………………………………… (184)
9.1 数制与编码 …………………………………………………………………… (184)
 9.1.1 数制 ………………………………………………………………… (184)
 9.1.2 编码 ………………………………………………………………… (185)
 9.1.3 数制转换 …………………………………………………………… (186)
9.2 逻辑函数和逻辑表达式 ……………………………………………………… (187)
 9.2.1 逻辑变量与逻辑函数 ……………………………………………… (187)
 9.2.2 基本逻辑运算 ……………………………………………………… (188)
 9.2.3 常用逻辑运算 ……………………………………………………… (190)
 9.2.4 逻辑函数的表达方式 ……………………………………………… (192)

9.3　逻辑代数 ·· (194)

9.3.1　逻辑代数的基本公式 ··· (194)

9.3.2　常用公式 ··· (194)

9.3.3　基本规则 ··· (195)

9.4　卡诺图 ·· (196)

9.4.1　卡诺图编排规律和特点 ··· (196)

9.4.2　用卡诺图表示逻辑函数 ··· (197)

9.4.3　卡诺图化简原理 ·· (197)

9.5　逻辑函数化简 ·· (198)

9.6　TTL 电路与 COMS 电路 ·· (207)

9.6.1　TTL 电路 ·· (208)

9.6.2　CMOS 电路 ··· (208)

9.6.3　TTL 与 COMS 参数 ··· (209)

9.6.4　门电路的带载能力 ··· (210)

9.6.5　门电路的抗干扰措施 ·· (211)

9.6.6　其他逻辑门电路 ·· (212)

本章小结 ·· (215)

习题 ·· (215)

第 10 章　组合逻辑电路 ··· (219)

10.1　组合逻辑电路分析 ··· (219)

10.1.1　组合逻辑电路的一般分析方法 ······································ (219)

10.1.2　组合逻辑电路的一般设计方法 ······································ (220)

10.2　常用组合逻辑集成电路 ·· (222)

10.2.1　编码器 ·· (222)

10.2.2　译码器 ·· (226)

10.2.3　数据分配器 ··· (234)

10.2.4　数据选择器 ··· (235)

10.2.5　加法器 ·· (241)

10.2.6　数值比较器 ··· (244)

10.3　组合逻辑电路的竞争和冒险 ··· (247)

10.3.1　判断组合逻辑电路是否存在竞争冒险 ································ (247)

10.3.2　消除竞争冒险现象的方法 ··· (248)

本章小结 ·· (249)

习题 ·· (249)

第 11 章　触发器 ·· (258)

11.1　触发器基本概念 ··· (258)

11.1.1　触发器的一般特点 ··· (258)

11.1.2　触发器分类及其逻辑功能描述方法 ··································· (258)

11.2　触发器的工作原理 ·· (259)

　　11.2.1　RS 触发器 ···(259)

　　11.2.2　JK 触发器 ···(264)

　　11.2.3　D 触发器 ··(265)

　　11.2.4　T 触发器 ··(266)

　　11.2.5　T' 触发器 ···(267)

　11.3　触发器的分析 ···(268)

　　11.3.1　触发器功能和时序波形分析 ·······················(268)

　　11.3.2　触发器功能和状态转换 ·····························(269)

　本章小结 ··(271)

　习题 ··(271)

第 12 章　时序逻辑电路 ···(276)

　12.1　时序逻辑电路的基本概念 ·································(276)

　　12.1.1　时序逻辑电路 ··(276)

　　12.1.2　同步和异步时序逻辑电路 ·························(276)

　　12.1.3　状态转换表和状态转换图 ·························(276)

　12.2　寄存器 ··(277)

　　12.2.1　寄存器工作原理及其应用 ·························(283)

　　12.2.2　集成寄存器 74LS194 及其应用 ···················(284)

　　12.2.3　时序逻辑电路的一般分析方法 ·····················(285)

　　12.2.4　同步时序逻辑电路的一般设计方法 ·················(287)

　12.3　计数器 ··(294)

　本章小结 ··(299)

　习题 ··(300)

第 13 章　A/D 和 D/A 转换器 ······································(308)

　13.1　D/A 转换器 ··(308)

　　13.1.1　D/A 变换基本概念 ···································(308)

　　13.1.2　集成 D/A 转换器及其应用 ·······················(313)

　13.2　A/D 转换器 ··(315)

　　13.2.1　A/D 转换的一般工作过程 ·························(315)

　　13.2.2　集成 A/D 转换器及其应用 ·······················(318)

　本章小结 ··(320)

　习题 ··(320)

第 14 章　信号产生与变换电路 ·····································(323)

　14.1　正弦波振荡电路 ···(323)

　　14.1.1　正弦波产生 ··(323)

　　14.1.2　RC 正弦波振荡电路 ·································(324)

　　14.1.3　LC 正弦波振荡电路 ·································(326)

　14.2　非正弦信号产生电路 ·····································(329)

　　14.2.1　比较器 ··(329)

14.2.2　方波产生电路 ……………………………………………………………（331）

14.2.3　三角波产生电路 …………………………………………………………（332）

14.2.4　锯齿波产生电路 …………………………………………………………（332）

14.3　门电路组成的波形发生器 ……………………………………………………（333）

14.3.1　多谐振荡器 ………………………………………………………………（333）

14.3.2　单稳态触发器 ……………………………………………………………（335）

14.3.3　施密特触发器 ……………………………………………………………（336）

14.4　555 定时器及其应用 …………………………………………………………（338）

14.4.1　555 定时器 ………………………………………………………………（338）

14.4.2　555 定时器应用举例 ……………………………………………………（339）

本章小结 ………………………………………………………………………………（342）

习题 ……………………………………………………………………………………（343）

附录 ……………………………………………………………………………………（348）

附录 1　电阻器、电位器、电容器型号命名法 ……………………………………（348）

附录 2　电阻色环转换为阻值对照表 ………………………………………………（349）

附录 3　国产半导体集成电路型号命名方法 ………………………………………（350）

附录 4　半导体型号命名方法 ………………………………………………………（350）

参考文献 ………………………………………………………………………………（353）

上篇　电路基础知识

第1章　电路的基本概念和基本定律

本章主要介绍电路模型的基本概念和基本定律,介绍电路中三个基本的物理量:**电流、电压和功率**;两个定律:**欧姆定律、楞次定律**;电路的三种工作状态:**开路、负载和短路**;两种元件:**无源电路元件**(电阻、电容和电感)和**有源电路元件**(理想电压源和电流源、实际电源).

1.1　电　　路

电路是电流的通路,是某些元件或电气设备按一定方式组合起来的,能完成一定的功能.电路在日常生活、生产和科学研究中得到了广泛应用.通常,若工作时电路中的电流方向不随时间变化,则被称为**直流电路**;若电路中的电流大小和方向随时间变化而变化,则称为**交流电路**.

1.1.1　电路的组成

电路的结构形式和所能完成的任务是多种多样的,电路一般可分成**电源、负载**和**中间环节**三个组成部分.电源是提供电能的设备,是电路工作的能源,其作用是将非电能转换成电能.负载是用电设备,是电路中的主要耗电器件.负载的作用是将电能转换成非电能.中间环节是指电源与负载之间的部分,如图 1-1 所示.

1.1.2　电路模型

由电阻器、电容器、线圈、变压器、晶体管、运算放大器、传输线等电气器件和设备连接而成的电路,称为**实际电路**.其作用是实现电信号的传输、处理和存储.如在收录机、电视机、计算机、通信系统和电力网络中都可以看到各种各样的电路.实际电路都是由一些按需要起不同作用的实际电路元件或器件组成的,为了对实际电路进行分析和用数学工具描述,忽略电路元器件的次要因素,将其理想化,并用规定的电气图形符号来表示,就是实际电路的**电路模型**,简称为**电路**.

理想电路元件主要有电阻元件、电感元件、电容元件和电源元件等,这些元件分别由相应的参数来表征.例如常用的手电筒,电路模型如图 1-2 所示.其实际电路元件有干电池、灯泡、开关和导体,灯泡可看作纯电阻元件,其参数为电阻 R;干电池是电源元件,其参数为电动势 E 和内电阻(简称内阻)R_0;导体是连接干电池与灯泡的中间环节,包括开关,其电阻忽略不计.

今后分析的都是电路模型,即将实际电路元件理想化,在一定条件下考虑元器件的主要电气性能,而忽略其次要因素,把它近似地看作理想电路元件.理想电路元件是组成电路模型的最小单元,是具有某种确定的电气性质的假想元件,是一种理想化的模型,并具有精确的数学定义.基本的理想电路元件有五种:**电阻元件、电感元件、电容元件、理想电压源**和**理想电流源**.

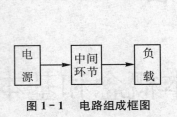

图 1-1　电路组成框图

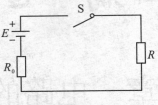

图 1-2　手电筒的电路模型

在电路图中,各种电路元件用规定的图形符号表示,从而可以画出表明实际电路中各个器件互相连接关系的原理图.本书所讨论的电路均不是实际电路,而是它们的电路模型,电路中各电路元件用规定的图形符号表示.表 1-1 列举了我国国家标准中的部分电气图形符号.

表 1-1　部分电气图形符号

（根据国家标准 GB4728）

名　称	符　号	名　称	符　号	名　称	符　号
导线	 ——	传声器	⌀	电阻器	 ▭
连接的导线	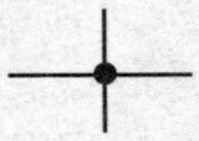 ┼	扬声器	 ◁	可变电阻器	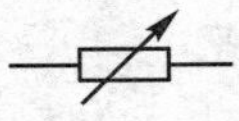 ▱
接地	⏚	二极管	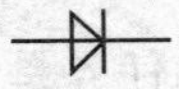 ▷⊦	电容器	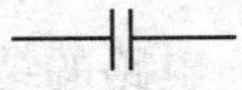 ‖
接机壳	 ⊥	稳压二极管	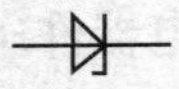 ▷⊦	线圈,绕组	 ∿
开关	 �	隧道二极管	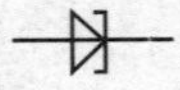 ▷⊦	变压器	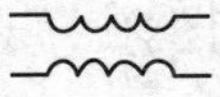 ≈
熔断器	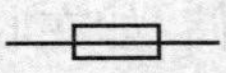 ▭	晶体管	 ⊥	铁心变压器	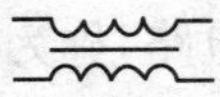 ≋
灯	 ⊗	运算放大器	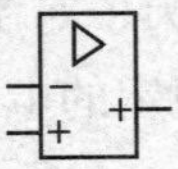 ▷	直流发电机	 Ⓖ
电压表	 Ⓥ	电池	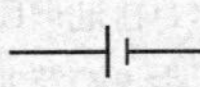 ⊣⊢	直流电动机	 Ⓜ

名　称	符　号	名　称	符　号	名　称	符　号
电流表	 Ⓐ	功率表	 Ⓥ̲ⓐⓡ	电能表	 Ⓦ̲Ⓗ
独立电流源	 —⊖—	独立电压源	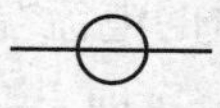 —⊖—	受控电流源	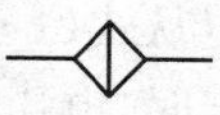 —◇—
受控电压源	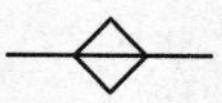 —◇—	回转器	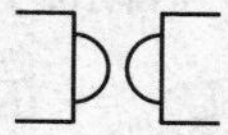)(	开　路	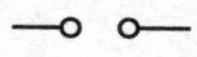 —o o—
短路	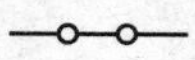 —o—	二端元件	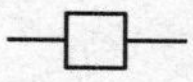 —▭—	非线性电阻	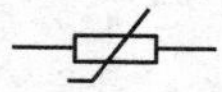 —⊠—

1.2　电阻与欧姆定律

1.2.1　导体的电阻

导体两端加有电压时,导体内将有电流通过,导体对电流呈现阻力,这种阻力就叫作**导体的电阻**.用字母 R 表示,单位为欧姆(Ω).常用单位还有千欧($k\Omega$)、兆欧($M\Omega$) 等.

$$1\ k\Omega = 10^3\ \Omega \qquad 1\ M\Omega = 10^6\ \Omega$$

电阻在电路中的符号如图 1-3 所示.在电路中,各种设备如电灯、扬声器等负载也常用电阻来等效.

如果在电路两端加 1 V 电压,若产生 1 A 电流,则此时导体的电阻为 1 Ω.

图 1-3　电阻符号

电导,用 G 来表示,单位为西门子,符号为 S.

$$G = \frac{1}{R}(\Omega^{-1}) \tag{1-1}$$

电阻的大小与导体材料、导体尺寸有关,导体愈长、愈细,导体的电阻也就愈大.设导体的横截面为 S、长为 l,则由实验可知这段导体的电阻为

$$R = \rho\frac{l}{S}(\Omega) \tag{1-2}$$

式中,ρ 是只与导体材料有关的物理量,称为这种材料的电阻率.在国际单位制中,电阻率的单位为欧姆·米($\Omega \cdot m$).

1.2.2　欧姆定律

在导体(电阻)两端加上电压,则导体中有电流流过,电流、电压与电阻三者之间的关系遵从一定的规律,实验证明:

流过导体(电阻)的电流 I 与导体两端的电压成正比,这个规律称为**欧姆定律**.

用数学方法表示,为

$$I = \frac{U}{R} \text{ (A)} \tag{1-3}$$

或

$$U = IR, \quad R = \frac{U}{I}$$

从式(1-3)可看出,流过电阻的电流与电阻两端的电压成正比,与电阻本身成反比.电阻一定时,电压愈高电流愈大;电压一定时,电阻愈大电流愈小.

例如,电阻 R 两端的电压为 U_{ab},则流过电阻的电流 I 为

$$U_{ab} = IR \quad \Rightarrow \quad I = \frac{U_{ab}}{R}$$

假设 $U_{ab} = 9 \text{ V}, R = 3 \text{ }\Omega$,则

$$I = \frac{9}{3} = 3 \text{ (A)}$$

欧姆定律是电路的基本定律之一,它说明流过电阻的电流与该电阻两端电压之间的关系,反映了电阻元件的特性,三者知其二,则可求出另一量.

电阻上消耗的功率为

$$P = UI = \frac{U^2}{R} = I^2 R \text{ (W)} \tag{1-4}$$

在电阻上,两端加电压时流过 R 的电流 I 与电压 U 成正比,也就是说该段电路的电阻 R 与加在两端的电压大小无关,电阻是导体自己固有的量. 由于在电阻上 U 与 I 呈线性关系,因而电阻也称为**线性电阻**,或**线性元件**,电阻的伏-安曲线如图1-4所示.

若电阻大小与加在其两端的电压有关,则称为**非线性电阻**,如二极管,它的伏-安特性曲线如图1-5所示.

欧姆定律仅适用于线性电阻电路,对于非线性电路,欧姆定律不适用.

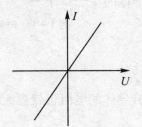
图1-4　电阻的伏-安特性曲线

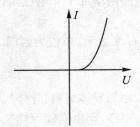
图1-5　二极管的伏-安特性曲线

【**例 1.1**】　一把电烙铁,其电阻为 $R = 1\,000 \text{ }\Omega$,如工作时电压 $U = 220 \text{ V}$,求工作时流过烙铁的电流 I.

解:由欧姆定律知

$$I = \frac{U}{R} = \frac{220}{1\,000} = 0.22 \text{ (A)}$$

1.3　电流、电压、功率

1.3.1　电流

带电粒子(电子、离子)有规则的定向移动形成**电流**,在数值上等于单位时间内通过某一导体横截面的电荷量. 电子和负离子带负电荷,正离子带正电荷. 电荷用符号 q 或 Q 表示,在国际单位制(SI)中单位为库仑(C). 设在时间 dt 内通过导体横截面 S 的电荷量为 dq,则电流 i 为

$$i = \frac{\mathrm{d}q}{\mathrm{d}t} \tag{1-5}$$

方向和大小都变化的电流称为**交流电流**,一般用英文小写字母 i 表示. 如果电流不随时间变化,即 $\frac{\mathrm{d}q}{\mathrm{d}t} = $ 常数,则这种电流称为**直流电流**,一般用 I 表示. 对直流电流,上式可以写为:$I = \frac{q}{t}$,其中 q 是时间 t 内流过导体横截面 S 的电荷量. 本书中均用**大写字母表示恒定不变的直流量,用小写字母表示随时间变化的交流量**.

习惯上规定正电荷移动的方向为电流的方向(即实际方向). 电流的方向是客观存在的,当一个电路的元件参数和电路结构确定以后,流过各元件的电流大小和方向也就确定了. 但在电路分析中,尤其是复杂电路的分析中,事先很难判断某支路中电流的实际方向,而且电流的方向还可能是随时间变化的(在交流电路中). 为了分析与计算的方便,可任意选择一个方向作为电流的正方向,称为电流的**参考方向**. 参考方向并不一定与实际方向相同,当电流的实际方向与其参考方向相同时,电流为正值;反之,当电流的实际方向与参考方向相反时,电流为负值. 因此,只有在选定了参考方向以后,电流的值才有正负之分,如图 1-6 所示,(a) 图中参考方向与实际方向相同,所以 $I > 0$;(b) 图中选择的电流参考方向与实际方向相反,所以 $I < 0$.

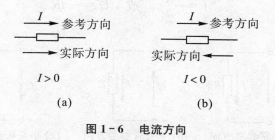

图 1-6　电流方向

电流的参考方向可以任意指定,一般用箭头表示,也可以用双下标表示,例如 I_{ab} 表示参考方向是由 a 指向 b.

在国际单位制(SI)中,电流的单位是安培(A),并常用毫安(mA)、微安(μA)、千安(kA)等为单位,各单位间的关系为

$$1\ A = 10^3\ mA = 10^6\ \mu A, \quad 1\ kA = 10^3\ A$$

1.3.2　电压、电位、电动势

1. 电压

电场力将单位正电荷从电场中的 a 点移到 b 点所做的功,称其为 a、b 两点间的**电压**. $u = \dfrac{\mathrm{d}w}{\mathrm{d}q}$,直流电压用 U_{ab} 表示,交流电压用 u_{ab} 表示.

习惯上把电位降低的方向作为电压的实际方向,即电压降的方向. 和电流类似,在比较复杂的电路中,两点间电压的实际方向往往很难预测,一般也先选择一个参考方向,如图 1-7 所示. 若参考方向与实际方向相同,则电压为正;若参考方向与实际方向相反,则电压为负. 电压的参考方向可以用"+ / -"、"箭头"、"双下标"表示.

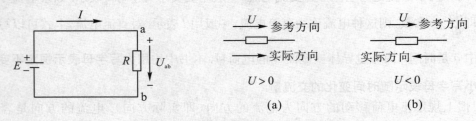

图 1-7　电压实际方向和电压参考

电路中同一元件的电压和电流都存在设定参考方向的问题,为了分析的方便,常取一致的参考方向,称为**关联参考方向**. 如图 1-8(a)所示,在同一元件上,电流的参考方向从电压参考极性的"+"极指向"-"极. 这样,在一个元件上只要设定一个参考方向(电压或电流),另一个自然就确定了. **本书中未加特别声明,都将采用关联的参考方向**.

在电路分析时,如果电流与电压的参考方向不一致,即为**非关联参考方向**,如图 1-8(b)、(c)所示,此时欧姆定律的表达式为

$$I = -\frac{U}{R} \quad 或 \quad U = -IR \tag{1-6}$$

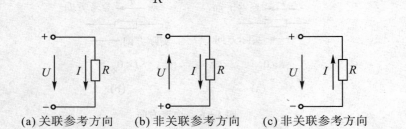

(a) 关联参考方向　　　(b) 非关联参考方向　　　(c) 非关联参考方向

图 1-8　参考方向

2. 电压与电位

电压等于电路中两点间的电位差 $U_{ab} = U_a - U_b$,**电位**是电路中某点到参考点之间的电压. 电压和电位本质上是一致的,都是功和能的概念. 但电压和电位又是有区别的:电位特别强调参考点的选择,并规定参考点的电位为零,原则上参考点是任意选择的一点,但参考点不同,电位也就不同,选择参考点时一般选择电路中零电压点,即标识该点的电位为零,电路中用符号"⊥"(零电位点,"接地"点)表示. 如图 1-9 所示,选 b 点为参考点 $U_b = 0$,则

$$U_{ab} = U_a - U_b = U_a$$

3. 电动势

电动势表征电源中外力(非电场力)做功的能力,其值等于外力克服电场力把单位正电荷从负极移动到正极所做的功,其方向从负极指向正极,即电位升高的方向. 如图 1 - 10 所示,E 是电源引力将单位正电荷从低电位点 b 移动到高电位点 a 所做的功,E 的方向是从低电位(电源负极)指向高电位(电源正极).

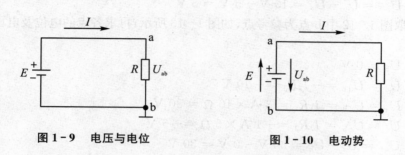

图 1 - 9　电压与电位　　　　　　　图 1 - 10　电动势

在国际单位制(SI) 中,电压、电位和电动势的单位均是伏特(V). 常用单位有毫伏(mV)、微伏(μV)、千伏(kV) 等,它们之间的换算关系为

$$1\ V = 10^3\ mV = 10^6\ \mu V,\quad 1\ kV = 10^3\ V$$

【例 1.2】　已知图 1 - 11 中的电阻为 6 Ω,电流为 2 A,求电阻两端的电压 U.

解:图 1 - 11(a),关联,$U = IR = 2\ A \times 6\ \Omega = 12\ V$

图 1 - 11(b),非关联,$U = -IR = -2\ A \times 6\ \Omega = -12\ V$

图 1 - 11(c),非关联,$U = -IR = -2\ A \times 6\ \Omega = -12\ V$

计算结果图 1 - 11(a) 电压是正值,说明图 1 - 11(a) 中的电压实际方向与所标的参考方向一致;图 1 - 11(b)、(c) 电压为负值,说明图 1 - 11(b)、(c) 中的电压实际方向与所标的参考方向相反.

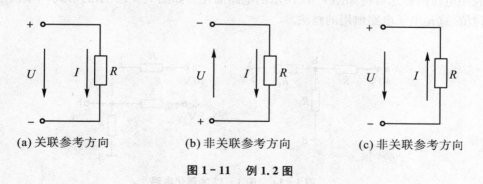

(a) 关联参考方向　　　　　　(b) 非关联参考方向　　　　　　(c) 非关联参考方向

图 1 - 11　例 1.2 图

【例 1.3】　电路如图 1 - 12 所示,$E_1 = 40\ V$,$E_2 = 5\ V$,$R_1 = 10\ \Omega$,$R_2 = R_3 = 5\ \Omega$,$I_1 = 3\ A$,$I_2 = -1\ A$,$I_3 = 2\ A$. 取 d 点为参考点,求各点的电位及电压 U_{ab} 和 U_{bc}.

解:各点的电位以 d 点为参考点:

$$U_d = 0\ V$$

$$U_b = U_{bd} = I_3 R_3 = 2\ A \times 5\ \Omega = 10\ V$$

$$U_a = U_{ab} + U_{bd} = I_1 R_1 + U_{bd} = 3\ A \times 10\ \Omega + 10\ V = 40\ V$$

或

$$U_a = U_{ad} = E_1 = 40 \text{ V}$$

$$U_c = U_{cb} + U_{bd} = I_2 R_2 + U_{bd} = -1 \text{ A} \times 5 \text{ Ω} + 10 \text{ V} = 5 \text{ V}$$

或

$$U_c = U_{cd} = E_2 = 5 \text{ V}$$

电压　　$$U_{ab} = U_a - U_b = 40 \text{ V} - 10 \text{ V} = 30 \text{ V}$$

$$U_{bc} = U_b - U_c = 10 \text{ V} - 5 \text{ V} = 5 \text{ V}$$

如果选取图 1-12 中 b 点为参考点,如图 1-13 所示,再求各点的电位及电压 U_{ab} 和 U_{bc}.
则可得出:

电位　　$$U_b = 0 \text{ V}$$

$$U_d = U_{db} = -I_3 R_3 = -10 \text{ V}$$

$$U_a = U_{ab} = I_1 R_1 = 3 \text{ A} \times 10 \text{ Ω} = 30 \text{ V}$$

$$U_c = U_{cb} = I_2 R_2 = -1 \text{ A} \times 5 \text{ Ω} = -5 \text{ V}$$

电压　　$$U_{ab} = U_a - U_b = 30 \text{ V} - 0 \text{ V} = 30 \text{ V}$$

$$U_{bc} = U_b - U_c = 0 - (-5 \text{ V}) = 5 \text{ V}$$

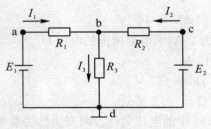

图 1-12　选择 d 为参考点

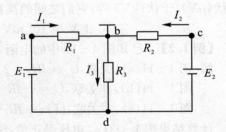

图 1-13　选择 b 为参考点

利用电位的概念可将如图 1-12 所示的电路简化为如图 1-14 所示的形式,不画电源,只标出电位值. 这是电子电路惯用的画法.

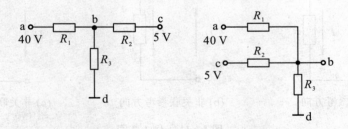

图 1-14　图 1-12 的简化电路

1.3.3　功率

用电压的定义来解释能量的概念,即从 t_0 到 t_1 这段时间内,某元件吸收的电能可表示为

$$W = \int_{q(t_0)}^{q(t_1)} u \, \mathrm{d}q, \quad i = \frac{\mathrm{d}q}{\mathrm{d}t}, \quad W = \int_{t_0}^{t_1} u i \, \mathrm{d}t \tag{1-7}$$

关联参考方向:元件上电流和电压的参考方向一致.

$$P = \frac{\mathrm{d}w}{\mathrm{d}t} = ui \tag{1-8}$$

对于直流电路,电压、电流均为恒定值,则

$$P = UI$$

非关联参考方向:电流和电压的参考方向不一致.

$$P = \frac{\mathrm{d}w}{\mathrm{d}t} = -ui \tag{1-9}$$

对于直流电路,电压、电流均为恒定值,则

$$P = -UI$$

可见,功率是能量对时间的导数,能量是功率对时间的积分.

$P > 0$,吸收功率(消耗功率),为负载;

$P < 0$,发出功率(产生功率),为电源.

在国际单位制(SI)中,能量单位为焦耳(J),功率 P 的单位为瓦特(W).若时间用"小时(h)",功率用"千瓦(kW)"为单位,则电能的单位为"千瓦·小时(kW·h)",又称为"度",这就是供电部门度量用电量的常用单位.

【例 1.4】　有一个收录机供电电路如图 1-15 所示,用万用表测出收录机的供电电流为 80 mA,供电电源为 3 V,忽略电源的内阻,收录机和电源的功率各是多少?根据计算结果说明是发出功率还是吸收功率?

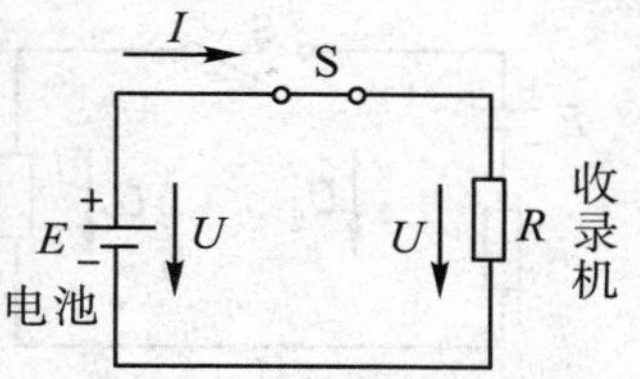

解:收录机:电流与电压是关联参考方向,有

$$P = UI = 3\ \mathrm{V} \times 80\ \mathrm{mA} = 240\ \mathrm{mW} = 0.24\ \mathrm{W}$$

结果为正,说明收录机是吸收功率.

图 1-15　例 1.4 图

电池:电流与电压是非关联参考方向,有

$$P = -UI = -3\ \mathrm{V} \times 80\ \mathrm{mA} = -0.24\ \mathrm{W}$$

结果为负,说明电池是发出功率.

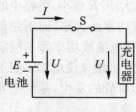

图 1-16　例 1.5 图

【例 1.5】　如果例 1.4 题中的电池已经降为 2 V,现将收录机换为充电器,如图 1-16 所示,充电电流为 -150 mA,问此时电池的功率为多少,是吸收功率还是发出功率?充电器的功率为多少,是吸收功率还是发出功率?

解:电池为非关联,有

$$P = -UI = -2\ \mathrm{V} \times (-150\ \mathrm{mA}) = 0.3\ \mathrm{W}$$

结果为正,吸收功率,电池是充电器的负载.

充电器为关联,有

$$P = UI = 2\ \mathrm{V} \times (-150\ \mathrm{mA}) = -0.3\ \mathrm{W}$$

结果为负,发出功率,充电器是电路中的电源.

【例 1.6】　有一个电饭锅,额定功率为 750 W,每天使用 2 小时;一台 25 时电视机,功率为 150 W,每天使用 4 小时;一台电冰箱,输入功率为 120 W,电冰箱的压缩机每天工作 8 小时.计算每月(30 天)耗电多少度?

解:　　　$(0.75\ \mathrm{kW} \times 2\ \mathrm{h} + 0.15\ \mathrm{kW} \times 4\ \mathrm{h} + 0.12\ \mathrm{kW} \times 8\ \mathrm{h}) \times 30\ \mathrm{d}$

$$= (1.5\ 度 + 0.6\ 度 + 0.96\ 度) \times 30 = 91.8\ 度$$

1.4　电路的三种工作状态 —— 开路、负载和短路

电路在工作时,所接的负载不同,将处于不同的工作状态,具有不同的特点.电路的工作状态主要有三种,即开路状态、负载状态和短路状态.

1.4.1　开路状态

当某一部分电路对外连接端断开时,这部分电路没有电流流过,则这部分电路所处的状态为**开路**.如图1-17所示,电源与所有负载断开,称为开路状态,又称空载状态.电源空载时不输出功率($P = UI = 0$),电流为零,负载不工作$U = IR = 0$,而开路处的端电压叫作开路电压(或空载电压),它等于电源的电动势,即$U_0 = E$.

1.4.2　负载状态

电源与负载接通,构成回路,电路中有电流流过,电路如图1-17所示,开关合上时,称为有载状态.电路中电流和电压的关系为:

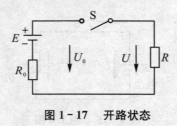

图 1-17　开路状态

有载状态时的功率平衡关系

$$I = \frac{E}{R_0 + R}, \quad U = IR = E - IR_0$$

电源电动势输出的功率

$$P_E = EI$$

电源内阻损耗的功率

$$P_{R_0} = I^2 R_0$$

负载吸收的功率

$$P_R = I^2 R = P_E - P_{R_0}$$

功率平衡关系

$$P_E = P_R + P_{R_0}$$

一般来说,电源是一定的,所以电流I的数值取决于负载电阻R的大小.R愈小,电路中的电流I就愈大,一般叫作负载增大,即所谓负载的大小是指负载电流或功率的大小,而不是负载电阻的大小.用电设备都有限定的工作条件和能力,称为**额定值**.实际电流或功率等于额定值为额定状态,又称"**满载**";大于额定值为"**过载**";小于额定值为"**欠载**".一般来说电路不能工作在过载状态,但短时少量的过载还是可以的,长时的过载可能会引起事故的发生,是绝不允许的.为了保证电路安全工作,一般需要在电路中接入必要的过载保护装置.

1.4.3　短路状态

电源两端没有经过负载而直接连在一起时,称为**短路状态**,如图1-18所示,短路时,短路部分电路的电压为零.**短路**是电路最严重、最危险的事故,是**禁止的状态**.一般电源的内阻R_0都很小,所以电源短路时,短路电流$I_s = E/R_0$很大,如果没有短路保护,会发生火灾.产生短路的原因主要是接线不当,线路绝缘老化损坏等.在工作中应尽量避免,此外还必须在电路中接入熔断器等短路保护装置,以便发生短

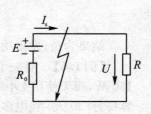

图 1-18　短路状态

路时,过大的电流将熔断器烧断,从而迅速将电源与短路部分电路切断,确保电路安全运行.

1.5　无源电路元件

电路中不能向外提供能量的电路元件称为无源元件,理想的无源电路元件包括电阻元件、电容元件、电感元件等.

1.5.1　电阻元件

电阻有**线性**和**非线性**之分.线性电阻元件上的电压和电流关系由欧姆定律描述为 $U = RI$,线性电阻元件是由实际电阻器抽象出来的理想化模型,常用来模拟各种电阻器和其他电阻性器件.将电气器件或装置抽象为电路模型的方法是:根据对器件内部发生物理过程的分析或用仪表测量的方法,找出器件两端电压与电流的关系,用一些电路元件的组合来模拟.当线绕电阻器工作在直流条件下,可用一个线性电阻来模拟,而工作在交流条件下,有时需用一个电阻与电感串联来模拟.本书以后所讨论的电阻元件,如无特别说明,均为线性时不变电阻.

电阻和电阻器这两个概念是有区别的.作为理想化电路元件的线性电阻,其工作电压、电流和功率没有任何限制.而电阻器在一定电压、电流和功率范围内才能正常工作.电子设备中常用的碳膜电阻器、金属膜电阻器和线绕电阻器在生产制造时,除注明标称电阻值(如 $100\ \Omega$, $1\ k\Omega$、$10\ k\Omega$ 等),还要规定额定功率值(如 $1/8\ W$,$1/4\ W$,$1/2\ W$,$1\ W$ 等),以便用户参考,电阻器型号、命名方法和色环标识详见附录中附 1、附 2.一般情况下,电阻器的实际工作电压、电流和功率均应小于其额定电压、额定电流和额定功率值.当电阻器消耗的功率超过额定功率过多或超过虽不多但时间过长时,电阻器会因发热而温度过高,使电阻器烧焦变色甚至烧断成为开路.电子设备的设计人员有时有意在容易发生故障的电路部分串联一个起保险丝作用的电阻器,以便维修人员能根据肉眼观察电阻器的颜色来判断这部分电路是否出现故障.

电阻元件是对电流有阻碍作用并消耗电能的一类器件的模型,如白炽灯、电阻炉等.

1.5.2　电容元件

电容元件是一种能储存电荷的理想元件,其原始模型为在两块金属极板中间用绝缘介质隔开.当在两极板上加上电压后,极板上分别积聚着等量的正、负电荷,并在两个板极之间产生电场.积聚的电荷愈多,所形成的电场就愈强,电容元件所储存的电场能也就愈大.两极之间的电压与板极上储存的电荷量之间满足线性关系

$$q = Cu \qquad\qquad (1-10)$$

式中,C 是电容元件的参数,称为**电容**(量),它表征电容元件储存电荷的能力.当 C 为常数时,叫**线性电容**;C 不为常数时,叫**非线性电容**.如果 C 随时间变化,称为**时变电容**;否则称为**时不变电容**.本书特别说明,讨论的均为线性时不变电容.

在国际单位制(SI)中,电容的单位为法拉(F),当电容两端充上 1 伏特的电压时,极板上若存储了 1 库仑(C)的电量,则该电容的值为 1 法拉(F).由于该单位很大,一般常用微法(μF)和皮法(pF)为单位,它们的关系为

$$1\ \mu F = 10^{-6}\ F, \quad 1\ pF = 10^{-12}\ F$$

1. 电压与电流的关系

当电路中有电流流入电容,板极上的电荷量 q 将发生变化,电容两端的电压 u 也将发生变化. 根据电流的定义有

$$i = \frac{\mathrm{d}q}{\mathrm{d}t} = \frac{\mathrm{d}(Cu)}{\mathrm{d}t} = C\frac{\mathrm{d}u}{\mathrm{d}t} \tag{1-11}$$

在关联参考方向下,电容元件的电流与其电压的导数成正比,称为**动态元件**. 当电容两端电压不随时间变化(即直流)时,则电压的导数为零,即没有电流流过电容元件,说明电容在直流情况下相当于开路,或者说电容有隔离直流(隔直)的作用. 若电容两端电压发生突变,即导数为无穷大,则电路需要提供无穷大的充放电电流,这在实际情况中是不可能的,所以电容两端的电压不能突变.

对式(1-11)两边积分,可得

$$u = \frac{1}{C}\int_{-\infty}^{t} i\,\mathrm{d}t = \frac{1}{C}\int_{-\infty}^{t} i\,\mathrm{d}t + \frac{1}{C}\int_{0}^{t} i\,\mathrm{d}t = u(0) + \frac{1}{C}\int_{0}^{t} i\,\mathrm{d}t \tag{1-12}$$

式中,$u(0)$ 叫初始值,即在 $t=0$ 时电容两端的电压. 上式表明,当前状态下电容元件的电压与电路对电容充电前的状态有关,这说明电容元件具有记忆能力,因此我们将其称为记忆元件.

2. 功率和能量

根据电路功率的定义,关联参考方向下,电容的瞬时功率为

$$p = u \cdot i = Cu\frac{\mathrm{d}u}{\mathrm{d}t} \tag{1-13}$$

这一数值可以有三种:当电压的绝对值增大时,$p > 0$,此时电容吸收功率,将电能转化为电场能储存起来;当电压的绝对值减小时,$p < 0$,此时电容发出功率,将储存的电场能转化为电能输出;当电压的绝对值保持不变时,$p = 0$,此时电容功率为零.

在 $-\infty$ 到 t 时间内,电容元件储存的电场能为

$$W = \int_{-\infty}^{t} ui\,\mathrm{d}t = \int_{0}^{u} Cu\,\mathrm{d}u = \frac{1}{2}CU^2 \tag{1-14}$$

由式(1-14)可知,某一时刻电容中所储存的电场能只取决于该时刻电容两端电压的大小,而与电压的形式和方向无关.

总之,电容元件是一种储能元件,具有通交流阻直流的作用,电容两端的电压不能突变,电容只能与电路中其他部分电路之间实现能量的相互转换,若把电容视为理想电容元件,则认为在这种转换过程中其本身并不消耗能量.

实际电容器在不同要求下的三种电路模型,分别如图1-19(a)、(b)、(c)所示. 其中 R 为电容极板间介质损耗,L 为电容引线电感. 一个实际电容器在使用时,不仅需要了解它的电容量,还要注意不得超过它的额定电压,电压过大会使电容器介质击穿而损坏.

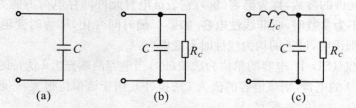

图 1-19　电容器的模型

1.5.3　电感元件

电感元件是另一种储能元件,电感元件的原始模型为导线绕成圆柱形线圈如图1-20所示. 当线圈中通以电流i,在线圈中就会产生磁通ϕ,并存储磁场能量. 表征电感元件产生磁通和存储磁场能力的参数叫**电感**,用L表示,它在数值上等于单位电流产生的磁链ψ.

图1-21是线性电感的图形符号及其特性,设该电感的匝数为N,则磁链$\psi = N\phi$. 当线圈中没有铁磁材料时,电感L为

$$L = \frac{\psi}{i} = \frac{N\phi}{i} \tag{1-15}$$

与电阻元件和电容元件相类似,若约束电感元件的ψ-i平面上的曲线为通过原点的直线,则称它为**线性电感**;否则为**非线性电感**. 若曲线不随时间而变化,则称为**非时变电感**,否则称为**时变电感**. 本书若无特殊说明,我们讨论的均为线性电感.

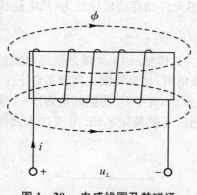

图1-20　电感线圈及其磁通

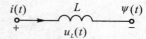

图1-21　电感元件的符号

在SI制中,电感的单位为亨利(H),该单位太大,故常用毫亨(mH)和微亨(μH)为单位,它们之间的关系为

$$1\ \text{mH} = 10^{-3}\ \text{H}, \quad 1\ \mu\text{H} = 10^{-6}\ \text{H}$$

1. 电压与电流的关系

电感线圈通以电流就会产生磁通,变化的电流产生变化的磁通,从而在线圈中产生感应电动势e_L. 感应电动势的大小与磁通的变化率成正比,感应电动势的方向和磁通ϕ符合右手螺旋定则,而电感两端的电压与流过的电流变化率成正比,如式(1-16),而与电流的大小无关,说明电感也是动态元件. 当电感电流不变化(即直流情况)时,电感两端的电压为零,也就是说,对直流来说,电感相当于短路.

$$u = -e_L = -\frac{\mathrm{d}\psi}{\mathrm{d}t} = L\frac{\mathrm{d}i}{\mathrm{d}t} \tag{1-16}$$

楞次定律:感应电流的效果总是反抗引起感应电流的原因,是能量守恒定律在电磁感应现象中的具体体现.

根据楞次定律,电感产生的感生电动势将阻碍磁场的变化. 电流增大,引起磁场增强,这时感应电动势阻碍电流的增大. 同理,电流减小,引起磁场减弱,这时感应电动势阻碍电流的减少. 可见,感应电动势具有阻碍电流变化的性质. 对式(1-16)积分,得电流为

$$i = \frac{1}{L}\int_{-\infty}^{t} u\mathrm{d}t = \frac{1}{L}\int_{-\infty}^{0} u\mathrm{d}t + \frac{1}{L}\int_{0}^{t} u\mathrm{d}t = i(0) + \frac{1}{L}\int_{0}^{t} u\mathrm{d}t \qquad (1-17)$$

式中，$i(0)$ 是 $t = 0$ 时电感中通过的电流，叫初始值. 这里接受了 $i(\infty) = 0$ 的事实. 上式表明，当前状态下电感元件的电流，不仅与电路加载到电感两端的电压有关，而且与电感的原始状态有关，这说明电感元件也是记忆元件.

2. 功率与能量

根据电路功率的定义，电感元件的瞬时功率为

$$p = u \cdot i = Li\frac{\mathrm{d}i}{\mathrm{d}t} \qquad (1-18)$$

其数值可以有三种：当电流的绝对值增大时，$p > 0$，此时电感吸收电功率，将电能转化为磁场能存储起来；当电流的绝对值减小时，$p < 0$，此时电感发出电功率，将储存的磁场能转化为电能输出；当电流的绝对值保持不变时，$p = 0$，此时电感功率为零.

理想电感元件与外部电路之间实现能量转换，转换过程中电感元件本身不消耗能量，即电感是一个无损耗存储元件，在 $-\infty$ 到 t 时间内，电感元件储存的磁场能为（从电路获得）

$$W = \int_{-\infty}^{t} ui\,\mathrm{d}t = \int_{0}^{t} Li\,\mathrm{d}i = \frac{1}{2}Li^2 \qquad (1-19)$$

实际电感线圈可以用图 1 - 22(a) 电感元件作为其模型. 如果线圈的绕线电阻的影响不能忽略，则其模型如图 1 - 22(b) 所示，其中 R_L 为绕线电阻；如果线圈在高频条件下工作，线圈的匝间电容的影响不能忽略，则其模型如图 1 - 22(c) 所示，其中 C_L 为匝间电容. 一个实际电感器使用时，不仅需要了解它的电感量，还要注意不得超过它的额定电流. 电流过大会使电感线圈过热而损坏.

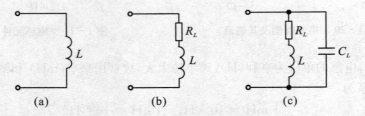

图 1 - 22　电感线圈的模型

注意：电容中电压不能突变，电感中电流不能突变.

1.6　有源电路元件

电路中的耗能器件或装置有电流流动时，会不断消耗能量，电路中必须有提供能量的器件或装置 —— **电源**. 常用的直流电源有干电池、蓄电池、直流发电机、直流稳压电源和直流稳流电源等. 常用的交流电源有电力系统提供的正弦交流电源、交流稳压电源和产生多种波形的各种信号发生器等. 为了得到各种实际电源的电路模型，定义两种理想的电路元件 —— **理想电压源**和**理想电流源**.

1.6.1 理想电压源

理想电压源是从实际电源抽象得到的一种电路模型,是内阻为零的电压源.其图形符号如图 1-23(a) 所示.理想电压源两端电压 $u(t)$ 是时间的函数,它不会因为流过电源的电流而变化,总保持原有的时间函数关系,当 u_s 为恒定值时,理想电压源也称为**恒压源**,其伏安特性如图 1-23(b) 所示,恒压源外接电路输出电压始终为一条直线,不随外部电路的改变而变化.

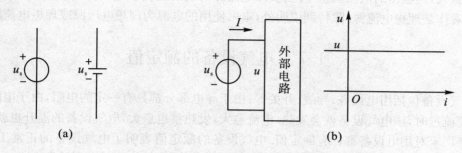

图 1-23 理想电压源

理想电压源不接负载时,电流 I 为零,电源处于"开路状态".由于短路时端电压为零,这与理想电压源的特性不符,所以理想电压源短路是不允许的.理论上,理想电压源模型可以提供无穷大的电流,但实际上,这种电源是不存在的.

1.6.2 理想电流源

理想电流源也是从实际电源抽象得到的一种电路模型,是内阻为无穷大的电流源,其图形符号如图 1-24(a) 所示.理想电流源是电流为 $i_s(t)$,是时间的函数,理想电流源 $i_s(t)$ 与其两端电压无关,总保持原有时间函数关系.**理想电流源两端电压由外电路决定**.当电流 $i_s(t)$ 不随时间变化为恒定值 i_s 时,理想电流源称为**恒流源**.恒流源外接电路的伏安特性如图 1-24(b) 所示.

当理想电流源两端短路时,其端电压 $u=0$,$i=i_s$,即短路电流就是理想电流源的电流.理想电流源的"开路"是不允许的,因为开路时,电流必须为零,这与理想电流源的特性不符.

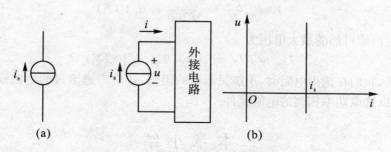

图 1-24 理想电流源及其特性

1.6.3 实际电源的模型

理想的电压源和电流源是不存在的,实际电源是不能输出无穷大的功率的. 实际电压源(简称电压源)随着输出电流的增大,端电压将下降,因为实际电压源是有一定内阻的,可以视为用理想电压源和一个电阻 R 串联而成,当实际电压源的内阻比负载电阻小得多时,往往可以近似地将其看作理想电压源. 实际电流源可以用理想电流源与电阻 R 并联而成,当电流源两端的电压愈大,其输出的电流就愈小. 当实际电流源的内阻比负载电阻大得多时,往往可以近似地将其看作是理想电流源. 除特别说明外,本书使用的电源为理想电压源或理想电流源.

1.7 电气设备的额定值

电气设备包括用电设备、导线、开关等,由于导电部分都具有一定的电阻,由于电阻的热效应,电流流过时,该电气设备就会发热. 电流愈大,发热量也愈大,电气设备的温升也就愈高. 通常,生产厂家对用电设备都标有额定值. 电气设备的额定值表明了电气设备的正常工作条件、状态和容量,使用时一定要注意它的额定值,避免出现不正常的情况和事故发生.

额定电流 I_N: 电气设备在长期连续运行或规定工作制下通过的最大电流.

额定电压 U_N: 根据电气设备所用绝缘材料的耐压程度和允许温升等情况下,规定正常工作的电压为额定电压. 如果所加电压超过额定值,绝缘材料可能被击穿.

额定功率 P_N: 电气设备在额定电流、额定电压下工作时的功率称为额定功率.

【例 1.7】 一个 100 W 的灯泡,额定电压为 220 V,求灯泡的电流和电阻. 若接到 127 V 的电源上使用,其实际功率为多少?

解: $I = \dfrac{P}{U} = \dfrac{100}{220} = 0.45 \ (\text{A})$, $R = \dfrac{U}{I} = \dfrac{220}{0.45} = 489 \ (\Omega)$, $P = \dfrac{U^2}{R} = \dfrac{127^2}{489} \approx 33 \ (\text{W})$

由上可见,将该灯泡接到 127 V 的电源上,虽然能安全工作,但灯泡的亮度不够,功率要小得多.

【例 1.8】 一额定值为 1 W,100 Ω 的电阻,其额定电流为多少? 使用时,电阻两端可加的最大电压为多少?

解: 电阻的额定电流为

$$I = \sqrt{\dfrac{P_N}{R}} = \sqrt{\dfrac{1}{100}} = 0.1 \ (\text{A})$$

所以电阻两端可加的最大电压为

$$U_m = R I_N = 100 \times 0.1 = 10 \ (\text{V})$$

由此可见,我们在选用电阻时,不能只看它的阻值,还应考虑流过的电流或电阻两端允许承受的电压,以选取功率相当的电阻元件.

本 章 小 结

1. 三个物理量

电流、电压的参考方向是任意假定的.

数值是正,实际方向与参考方向一致.

数值是负,实际方向与参考方向相反.

功率

$$P = UI$$

电流和电压为非关联参考方向时

$$P = -UI$$

功率是正值,吸收功率,为负载.

功率是负值,发出功率,为电源.

2. 两个定律

欧姆定律.

楞次定律.

3. 三种状态

开路状态:负载与电源不接通,电流等于零,负载不工作.

有载状态:负载与电源接通,有电流、电压、吸收功率.

短路状态:故障状态,应该禁止.

4. 有源元件和无源元件

无源元件:电阻、电容、电感.

有源元件:电压源和电流源.

习　　题

1. 求图 1 - 25 所示电路中电压 U 的值.

2. 如图 1 - 26 所示为一滑线变阻器,作分压器使用. $R = 500\ \Omega$,额定电流 1.8 A. 若外加电压 $U = 500\ \text{V}, R_1 = 100\ \Omega$. 求:

(1) 电压 U_2.

(2) 若用内阻 $R_V = 800\ \Omega$ 的电压表测量输出电压,问电压表的读数多大.

(3) 若误将内阻 0.5 Ω 的电流表当电压表去测量输出电压,会有什么后果?

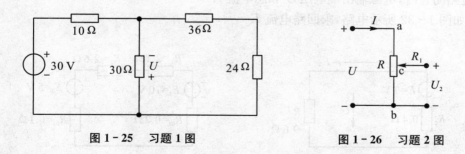

图 1 - 25　习题 1 图　　　　　　图 1 - 26　习题 2 图

3. 试求如图 1 - 27 所示电路中的电压 U_{ab}.

4. 如图 1 - 28 所示电路中,已知 $U_{s_1} = 15\ \text{V}, U_{s_2} = 4\ \text{V}, U_{s_3} = 3\ \text{V}, R_1 = 1\ \Omega, R_2 = 4\ \Omega$, $R_3 = 5\ \Omega$,求回路中 I 和 $U_{ab}、U_{cb}$ 的值.

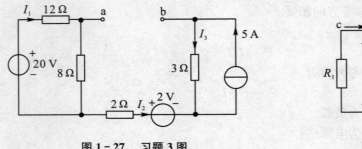
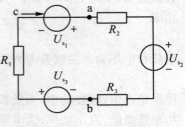

图 1 - 27　习题 3 图　　　　　　　　图 1 - 28　习题 4 图

5. 电路如图 1 - 29 所示.

(1) 求 -5 V 电压源提供的功率.

(2) 如果要使 -5 V 电压源提供的功率为零,4 A 电流源应改变为多大电流?

6. 一个额定值为 220 V,10 kW 的电阻炉可否接到 220 V,30 kW 的电源上使用?如果将它接到 220 V,5 kW 的电源上,情况又如何?

7. 电路如图 1 - 30 所示,试计算 I_1,I_2,I_3 的值.

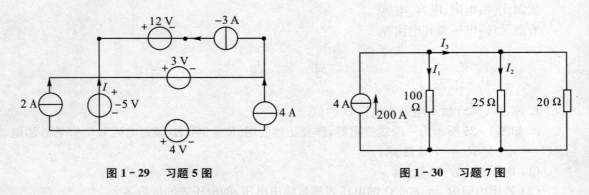

图 1 - 29　习题 5 图　　　　　　　　图 1 - 30　习题 7 图

8. 电路如图 1 - 31 所示,电源电动势 $E = 3$ V,内阻 $R_0 = 0.4$ Ω,若加负载电阻 $R = 9.6$ Ω,求:电路闭合时,电源输出端电压 U 和总电流 I.

9. 如图 1 - 32 所示电路,求回路电流 I.

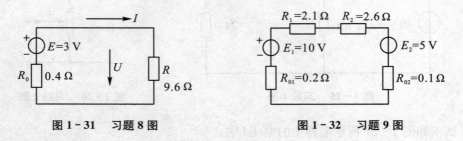

图 1 - 31　习题 8 图　　　　　　　　图 1 - 32　习题 9 图

10. 一个 27 Ω 电阻接在 10 V 电源两端,问电阻消耗的功率 P 为多少?

11. 为什么在分析电路时,必须规定电流和电压的参考方向?参考方向与实际方向有什么关系?

12. 在图 1 - 33 中,在开关 S 断开和闭合的两种情况下,试求 A 点的电位.

13. 电路如图 1-34 所示. 已知 $E_1 = 6$ V, $E_2 = 4$ V, $R_1 = 4$ Ω, $R_2 = R_3 = 2$ Ω. 求 A 点电位 V_A.

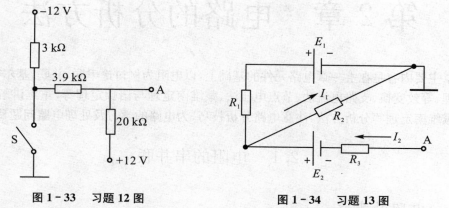

图 1-33　习题 12 图　　　　　　　　图 1-34　习题 13 图

14. 电路如图 1-35 所示,两个灯泡额定电压均为 220 V,功率分别为 60 W 和 40 W,二者串联后接在 220 V 电源上,问哪个灯泡消耗电能大?

15. 电路如图 1-36 所示. 已知 16 V 电压源发出 8 W 功率. 试求:电压 U 和电流 I 及未知元件的功率,并判断是吸收还是发出功率.

16. 电路如图 1-37 所示,已知:开关 K 断开时 $U = 6$ V,合上时 $I = 0.5$ A, $U = V = 5.5$ V,求 E 和 R_0.

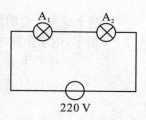

图 1-35　习题 14 图

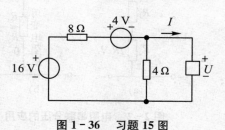 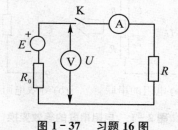

图 1-36　习题 15 图　　　　　　　图 1-37　习题 16 图

17. 某电路需要一只 1 kΩ,1 W 的电阻元件,但手边只有 0.5 W 的 250 Ω,500 Ω,750 Ω, 1 kΩ 的电阻多只,怎样连接才能符合阻值和功率的要求?

第 2 章 电路的分析方法

本章主要内容是在上一章电路元件的基础上,以电阻为例讨论串联、并联、基尔霍夫定律、叠加原理、等效变换、支路电流法、节点电压法、戴维南定理与诺顿定理等,重点讲解基尔霍夫定律及戴维南定理等分析方法,注意电路分析技巧,为电路的学习及处理电路问题奠定基础.

2.1 电阻的串并联

2.1.1 电阻的串联

两个或多个电阻的串接,称为**电阻的串联**.串联电阻通过的是同一个电流,如图 2-1、图 2-2 所示,电阻串联之间的关系如式(2-1)、式(2-2)、式(2-3)所示.

$$R = R_1 + R_2 \tag{2-1}$$
$$U = U_1 + U_2 = IR_1 + IR_2 = I(R_1 + R_2) = IR \tag{2-2}$$

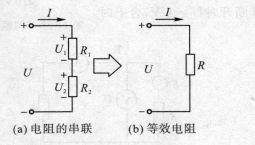

(a) 电阻的串联　　(b) 等效电阻

图 2-1　电阻串联的等效变换

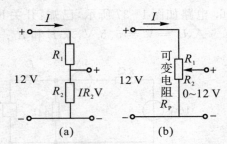

图 2-2　电阻串联分压的应用

$$\left.\begin{aligned}U_1 &= IR_1 = \frac{U}{R}R_1 = \frac{R_1}{R_1 + R_2}U \\ U_2 &= IR_2 = \frac{U}{R}R_2 = \frac{R_2}{R_1 + R_2}U\end{aligned}\right\} \tag{2-3}$$

电阻串联的特点:电流相同,总电阻等于各个电阻之和,总电压等于各个电压之和,串联电阻有**分压作用**.

2.1.2 电阻的并联

两个或多个电阻并接,称为**电阻的并联**.并联电阻两端是同一个电压,如图 2-3 所示,电阻并联之间的关系如式(2-4)、式(2-5)、式(2-6)所示.

$$\frac{1}{R} = \frac{1}{R_1} + \frac{1}{R_2}, \quad R = \frac{R_1 R_2}{R_1 + R_2} \tag{2-4}$$

$$\left.\begin{aligned}U &= IR = I_1 R_1 = I_2 R_2 \\ I &= I_1 + I_2\end{aligned}\right\} \tag{2-5}$$

$$I_1 = \frac{U}{R_1} = \frac{R_1 R_2}{R_1 + R_2} \Big/ R_1 \cdot I \quad \Rightarrow \quad I_1 = \frac{R_2}{R_1 + R_2} I$$

$$I_2 = \frac{U}{R_2} = \frac{R_1 R_2}{R_1 + R_2} \Big/ R_2 \cdot I \quad \Rightarrow \quad I_2 = \frac{R_1}{R_1 + R_2} I$$

$$(2-6)$$

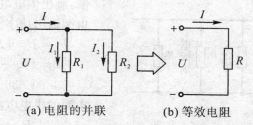

(a) 电阻的并联　　　　(b) 等效电阻

图 2-3　电阻并联的等效变换

电阻并联的特点:电压相同,总电流等于各个电流之和,总电阻的倒数等于各个电阻倒数之和. 电阻并联具有**分流作用**.

2.1.3　电阻的混联

既有串联又有并联的电路称为混联电路,如图 2-4 所示,分析步骤如下:

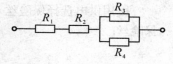

图 2-4　电阻的混联

(1) 整理简化成明显的串联或并联形式.

(2) 将串联或并联电路用等效电阻代替 —— 变为简单电路.

(3) 由简化后的电路进行计算.

【**例 2.1**】　如图 2-5(a) 所示电路,试求电路的总电阻 R.

解:R_1 与 R_2 是并联,R_3 与 R_4 也是并联,如图 2-5(b) 所示,进一步简化,R_1 与 R_2 并联,等效为一个电阻 R_1',$R_1' = R_1 /\!/ R_2 = \dfrac{R_1 R_2}{R_1 + R_2}$;$R_3$ 与 R_4 等效为 R_3',$R_3' = R_3 /\!/ R_4 = \dfrac{R_3 R_4}{R_3 + R_4}$,最

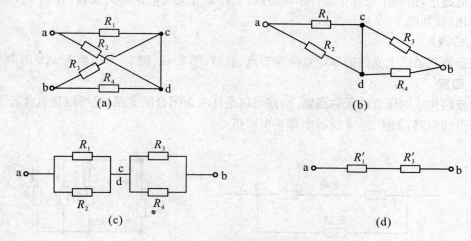

图 2-5　混联电路简化过程

后计算总电阻 $R = R_1' + R_3'$.

【**例 2.2**】　有电视机 180 W,冰箱 140 W,空调 160 W,电饭锅 750 W,照明灯合计 400 W.在这些电器同时都工作时,求电源的输出功率、供电电流,电路的等效负载电阻,选择保险丝 RF,画出电路图.

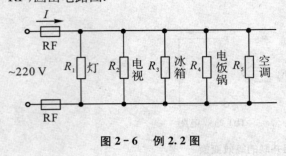

图 2-6　例 2.2 图

解:画出供电电路如图 2-6 所示.

电源输出功率

$$P = P_1 + P_2 + P_3 + P_4 + P_5$$
$$= 180 + 140 + 160 + 750 + 400$$
$$= 1\ 630\ (\text{W})$$

电源的供电电流

$$I = \frac{P}{U} = \frac{1\ 630}{220} = 7.4\ (\text{A})$$

电路的等效电阻

$$R = \frac{U}{I} = \frac{220}{7.4} = 29.7\ (\Omega)$$

民用供电选择保险丝 RF 的电流应等于或略大于电源输出的最大电流,查手册取 10 A 的保险丝.

2.2　基尔霍夫定律(Kirchhoff's laws)

2.2.1　基尔霍夫定律

基尔霍夫定律(Kirchhoff's laws)是研究分析电路的基本定律. 它包括**节点电流定律**(基尔霍夫第一定律)和**回路电压定律**(基尔霍夫第二定律). 在学习基尔霍夫定律之前,必须了解以下几个术语.

1. 支路

在电路中,由一个或几个元件串联组成,无其他分支的电路称为**支路**. 在同一支路中流过的电流相同. 如图 2-7 所示.

2. 节点

三条或三条以上支路的联结点称为**节点**,显然,图 2-7、图 2-8 电路有 a、b 两个节点.

3. 回路

由支路构成的闭合路径称**回路**. 回路可以是任一条闭合的支路,也可以是包含若干支路和若干节点的电路,如图 2-8 所示中有 6 个回路.

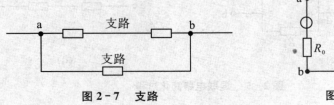

图 2-7　支路

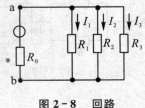

图 2-8　回路

4. 网孔

在确定的电路平面图中,不能再分的最简单的回路称**网孔**,如图 2-8 所示中有三个网孔,网孔中不含其他支路,即无分支的回路.

2.2.2 基尔霍夫第一定律——电流定律(KCL)

在回路中,任一节点上任一瞬时所有流入该点的电流之和等于从该节点流出的电流之和.简单地说,任一节点的电流的代数和等于零.

对图 2-9 中节点 a 可以写出

$$I_1 + I_2 = I_3 \qquad (2-7)$$

将(2-7)式改写成

$$I_1 + I_2 - I_3 = 0$$

即

$$\sum I = 0 \qquad (2-8)$$

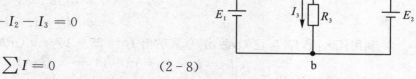

图 2-9 基尔霍夫第一定律

这说明在任一瞬间,一个结点上电流的代数和等于零,反映了电荷在电路中运动,不会消失也不会堆积,即电流的连续性.用 KCL 解题,首先应标出各支路电流的参考方向,列 $\sum I = 0$ 表达式时,流入结点的电流取正号,流出结点的电流取负号.KCL 也可以推广应用于电路中任何一个假定的闭合面,如图 2-10 所示.对虚线所包围的闭合面可视为一个结点,闭合面以外的支路电流可应用 KCL 方法求解,如图 2-10(a)、(b)、(c) 所示.

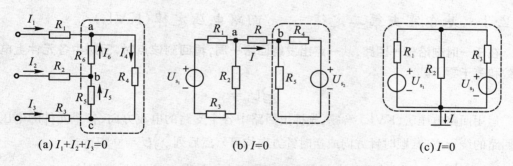

(a) $I_1 + I_2 + I_3 = 0$ (b) $I = 0$ (c) $I = 0$

图 2-10 闭合面电流关系

【例 2.3】 已知图 2-11 中的 $I_C = 1.5\ \text{mA}, I_E = 1.54\ \text{mA}$,求 I_B.

解:根据 KCL 可得

$$I_B + I_C = I_E$$
$$I_B = I_E - I_C$$
$$= 1.54 - 1.5$$
$$= 0.04 = 40\ (\mu A)$$

图 2-11 例 2.3 图

【例2.4】　桥式电路如图2-12所示,已知:$I_1 = 25$ mA,$I_3 = 16$ mA,$I_4 = 12$ mA.求I_2,I_5,I_6.

解:首先标出各电流方向,如图2-12所示.

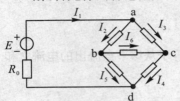

图2-12　例2.4图

根据节点电流定律列方程,标出I_2、I_5、I_6参考方向,电路中共有四个节点a、b、c、d,可列出4个方程,未知数只有3个,故列三个方程就可以求解.由a、b、c三点列出方程:

$$\begin{array}{ll} \text{a} \left\{ I_1 = I_2 + I_3 \right. & ① \\ \text{b} \left\{ I_2 = I_5 + I_6 \right. & ② \\ \text{c} \left\{ I_4 = I_3 + I_6 \right. & ③ \\ \qquad\cdots\cdots \\ \text{d} \quad I_1 = I_4 + I_5 (\text{不独立}) \end{array}$$

利用代入法,I_1、I_3已知,故由①式解出$I_2 = 25 - 16 = 9$(mA),由③式解得

$$I_6 = I_4 - I_3 = 12 - 16 = -4 \text{(mA)}$$

将I_2、I_6代入②式,则

$$I_5 = 9 - (-4) = 13 \text{(mA)}$$

从结果看电流I_2、I_5为正,则实际方向与设定方向相同,而$I_6 = -4$是负值,说明实际方向与设定方向相反.

a、b、c、d 4个节点,可以列出4个电流方程,但只有三个方程是独立的,另一方程不独立.有n个节点的电路用基尔霍夫第一定律只能列出$(n-1)$**个方程**,求出$n-1$个未知数,若未知数多出$n-1$,则需另用基尔霍夫第二定律来补足所缺的方程.

2.2.3　基尔霍夫第二定律——回路电压定律(KVL)

在任一时刻沿任一回路,从一点出发绕回路一周,再回到该点时,回路中各元件上电压的代数和等于零. 即

$$\sum U_i = 0 \tag{2-9}$$

运用回路电压法(KVL)解题,先标出回路中各个支路的电流方向、各个元件的电压方向和回路的绕行方向(顺时针方向或逆时针方向均可),然后列$\sum U = 0$表达式.

在列$\sum U = 0$表达式时,电压方向与绕行方向一致取正号,相反取负号.

【例2.5】　列出如图2-13所示电路中回路 I 和回路 II 的KVL表达式.

解:标出各支路的电流方向、各元件的电压方向和回路的绕行方向,如图2-13中所示.列回路$\sum U = 0$表达式:

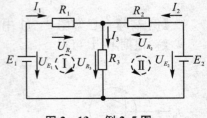

图2-13　例2.5图

回路 I

$$-U_{E_1} + U_{R_1} + U_{R_3} = 0$$
$$-E_1 + I_1 R_1 + I_3 R_3 = 0$$

回路 II

$$-U_{E_2} + U_{R_2} + U_{R_3} = 0$$
$$-E_2 + I_2 R_2 + I_3 R_3 = 0$$

任何电路中,任意两点之间的电压,与计算时所取的路径无关.

综上所述,KCL 反映了电路的结构对节点各支路电流所加的约束关系;而 KVL 反映了电路结构对回路中各支路电压所加的约束关系.

必须指出的是,以上在对基尔霍夫定律的讨论中,对各支路元件并无要求,也就是说基尔霍夫定律只与电路的结构有关,而与元件的性质无关,故适合于任何线性和非线性电路.

2.3　支路电流法

电路分析的目的是确定电路中各条支路的电压和电流,支路电流法是以电路中各支路的电流为基础,将支路电压通过欧姆定律等元件特性表达为支路电流的函数,应用 KCL 和 KVL 分别对结点和回路列出所需的方程组,然后解出各支路电流.这种方法是求解复杂电路最基本和最直接的方法.

支路电流法的分析步骤一般如下:

(1)选定各支路电流的参考方向及回路的绕行方向.

(2)据 KCL 列出独立的结点电流方程.

(3)选取独立回路,根据 KVL 列出独立的回路电压方程.

(4)联立求解上述的独立方程,便可得到待求的各支路电流.

(5)校验计算结果是否正确,一般可以用功率平衡或电压平衡关系校验.

某电路有 N 个结点,则可以列出 N 个结点方程,但只有 $(N-1)$ 个方程是独立的.因最后那个结点的电流方程式可以由前 $(n-1)$ 个电流方程式推算出来.

选取网孔作为独立回路,若电路中有 M 条支路,N 个结点,可列出 $M-(N-1)$ 个独立的电压回路方程.

【例 2.6】　图 2-14 为一手机电池充电电路,手机充电电源 $E_1=7.6$ V,内阻 $R_{01}=20$ Ω,手机电池 $E_2=4$ V,内阻 $R_{02}=3$ Ω,手机处于开通状态,手机等效电阻 $R_3=70$ Ω.试求各支路电流.

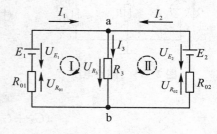

解:(1)标出各支路电流的参考方向,列 $N-1$ 个独立结点的 $\sum I=0$ 方程.

独立结点 a 的方程: $I_1+I_2-I_3=0$

图 2-14　例 2.6 图

(2)标出各元件电压的参考方向,选择足够的回路,标出绕行方向,列出 $\sum U=0$ 的方程.

可列出:

$$回路 \ \text{I}: \quad U_{R_{01}}-U_{E_1}+U_{R_3}=0$$

$$回路 \ \text{II}: \quad U_{R_{02}}-U_{E_2}+U_{R_3}=0$$

(3)解联立方程组得

$$I_1=165 \ (\text{mA}), \quad I_2=-103 \ (\text{mA}), \quad I_3=62 \ (\text{mA})$$

I_2 为负,实际方向与参考方向相反.E_2 充电吸收功率,为负载.

2.4　结点电压法

电路中,每条支路电压实际上就是该支路所连的两个结点的电位差,因此如果我们知道了电路中各个结点的电位,则可由结点电位求解所有支路电压和电流,结点电位可以作为我们分析电路的基本变量.所谓**结点电压**,是指在电路中选择某一结点作为参考点(其电位为零),其他各结点到参考点的电压称为该结点的电压(实际上就是该结点的电位),一般用 V 表示.以结点电压为未知量,应用 KCL 列出各结点的 KCL 方程,解得结点电压,再求出各支路电流,这种分析方法叫作**结点电压分析法**,简称**结点法**.一般对于支路较多而结点较少的电路采用结点电压分析法较为方便,这样可以减少电路分析的方程组数量.

在结点电压分析法中电阻元件的参数值用**电导**表示,如式(2-10),电导的单位是**西门子**,符号为 S.

$$G = 1/R, \quad I = U/R = GU \tag{2-10}$$

采用结点电压法分析电路,一般步骤如下:

(1) 确定结点,选择一个结点为参考点,其电位为零.

(2) 运用 KCL 定律,列出除参考点以外的其他各点的电压方程.

(3) 运用欧姆定律和 KCL 方程求解.

(4) 利用节点电压差求出所需的支路电压,并确定支路电流.

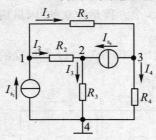

图 2-15　结点电压

如图 2-15 所示,电路共有四个结点,选结点 4 为参考结点,则 $U_4 = 0$,根据 KCL 可写出各结点电位与各支路电流的关系:

$$I_2 = G_2(U_1 - U_2), \quad I_3 = G_3 U_2$$
$$I_4 = G_4 U_3, \quad\quad\quad I_5 = G_5(U_1 - U_3)$$

对各结点列 KCL 方程:

结点 1:　　$G_2(U_1 - U_2) + G_5(U_1 - U_3) = I_{s_1}$

结点 2:　　$G_3 U_2 - G_2(U_1 - U_2) = I_{s_6}$

结点 3:　　$G_4 U_3 - G_5(U_1 - U_3) = -I_{s_6}$

整理得

$$\left. \begin{array}{l} (G_2 + G_5)U_1 - G_2 U_2 - G_5 U_3 = I_{s_1} \\ -G_2 U_1 + (G_2 + G_3)U_2 = I_{s_6} \\ -G_5 U_1 + (G_4 + G_5)U_3 = -I_{s_6} \end{array} \right\} \tag{2-11}$$

令

$$G_{11} = G_2 + G_5$$

$$G_{22} = G_2 + G_3$$

$$G_{33} = G_4 + G_5 \text{(自导,等于该结点直接相连接的各支路电导之和,恒为正值)}$$

$$G_{12} = G_{21} = -G_2$$

$$G_{13} = G_{31} = -G_5$$

$$G_{23} = G_{32} = 0 \text{(互导,等于每两个结点之间的电导之和,恒为负值)}$$

$$I_{s_{11}} = I_{s_1}$$

$$I_{s_{22}} = I_{s_6}$$

$$I_{s_{33}} = -I_{s_6}（流入各结点的所有直接相连的电流源的代数和）$$

这样一来,式(2-11)可以改写为

$$\left.\begin{array}{l} G_{11}U_1 + G_{12}U_2 + G_{13}U_3 = I_{s_{11}} \\ G_{21}U_1 + G_{22}U_2 + G_{23}U_3 = I_{s_{22}} \\ G_{31}U_1 + G_{32}U_2 + G_{33}U_3 = I_{s_{33}} \end{array}\right\} \qquad (2-12)$$

式(2-12)即是 4 结点电路结点电压方程. n 个结点电路结点电压方程的一般形式,学习者可自行推导,此处不再赘述. 此方法就是**通过观察法快速建立结点电压方程**的方法,无需一步一步从电路基本定律去推导,其一般形式为

$$G_{kk} \cdot U_k + \sum_{j \neq k} G_{kj}U_j = I_{sk}$$

注意:采用结点电压法分析电路,电路中电源宜采用电流源模型,如果电路中含有电压源(带串联电阻),可利用电源模型的转换使之转化为电流源模型.

【例 2.7】　如图 2-16 所示电路中,已知 $U_{s_1} = 16$ V, $I_{s_3} = 2$ A, $U_{s_6} = 40$ V, $R_1 = 4$ Ω, $R_1' = 1$ Ω, $R_2 = 10$ Ω, $R_3 = R_4 = R_5 = 20$ Ω, $R_6 = 10$ Ω, O 为参考结点,求结点电压 U_1、U_2 及各支路电流.

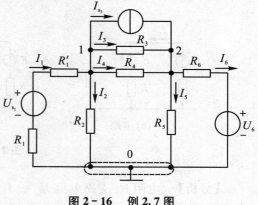

图 2-16　例 2.7 图

解:选定各支路电流参考方向如图 2-16 所示,由已知可得

$$G_{11} = \frac{1}{R_1 + R_1'} + \frac{1}{R_2} + \frac{1}{R_3} + \frac{1}{R_4}$$
$$= \frac{1}{4+1} + \frac{1}{10} + \frac{1}{20} + \frac{1}{20} = \frac{2}{5} \text{ (S)}$$

$$G_{22} = \frac{1}{R_3} + \frac{1}{R_4} + \frac{1}{R_5} + \frac{1}{R_6}$$
$$= \frac{1}{20} + \frac{1}{20} + \frac{1}{20} + \frac{1}{10} = \frac{1}{4} \text{ (S)}$$

$$I_{s_{11}} = \frac{U_{s_1}}{R_1 + R_1'} - I_{s_3} = \frac{16}{4+1} - 2 = 1.2 \text{ (A)}$$

$$I_{s_{22}} = I_{s_3} + \frac{U_{s_6}}{R_6} = 2 + \frac{40}{10} = 6 \text{ (A)}$$

列出结点方程

$$\frac{2}{5}U_1 - \frac{1}{10}U_2 = 1.2$$

$$-\frac{1}{10}U_1 + \frac{1}{4}U_2 = 6$$

联立解得

$$U_1 = 10 \text{ (V)}, \quad U_2 = 28 \text{ (V)}$$

根据 $I_1 \sim I_6$ 的参考方向可求得

$$I_1 = \frac{U_1}{R_2} = \frac{10}{10} = 1 \text{ (A)}, \qquad\qquad I_2 = \frac{U_1}{R_2} = \frac{10}{10} = 1 \text{ (A)}$$

$$I_3 = \frac{U_1 - U_2}{R_3} = \frac{10-28}{20} = -0.9 \text{ (A)}, \quad I_4 = \frac{U_1 - U_2}{R_4} = \frac{10-28}{20} = -0.9 \text{ (A)}$$

$$I_5 = \frac{U_2}{R_5} = \frac{28}{20} = 1.4 \ (\text{A}), \qquad I_6 = \frac{U_2 - U_{s_6}}{R_6} = \frac{28 - 40}{10} = -1.2 \ (\text{A})$$

2.5 叠加原理

在线性电路中,多个电源同时存在作用时,在某支路产生的电流或电压等于电路中各电源单独作用时,在该支路产生的电流或电压的代数和,这就是**叠加原理**.所谓单独作用,是指求单个电源作用时,认为**其他电源均为零值**.即把电压源看作短路,电流源看作开路.

应用叠加原理可以把一个复杂电路分解成几个简单电路来研究,然后将这些简单电路的研究结果叠加,便可求得原来电路中的电流或电压.

【例2.8】 电路如图2-17所示,已知$R_1 = 1 \ \Omega, R_2 = 4 \ \Omega, R_3 = 2 \ \Omega, E_1 = 7 \ \text{V}, E_2 = 10$ V,求流过R_3的电流I_3.

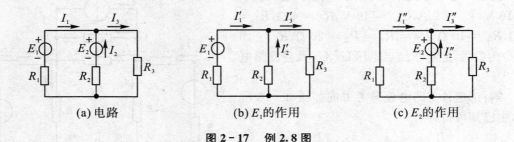

(a) 电路   (b) E_1的作用   (c) E_2的作用

图 2-17   例 2.8 图

【分析】 电阻R_3支路电流$I_{R_3} = I_3$是电源E_1、E_2共同作用的结果.此电路可用基尔霍夫定律(支路电流法)解出,也可用叠加原理:先求E_1作用,认为E_2为零,由于E_2是电压源,故其为零即为短路,如图2-17(a)所示;然后再求E_2作用,认为E_1为零,如图2-17(b)所示.分别求出$I_1', I_2', I_3', I_1'', I_2'', I_3''$,再求和即可.

解:根据叠加原理,先求E_1的作用,E_2为零,等效电路如图2-17(b).则R_2与R_3并联,用$R_2 /\!/ R_3$表示,然后再与R_1串联,等效成一个电阻R,则有

$$R = R_1 + R_2 /\!/ R_3 = 1 + \frac{4 \times 2}{4 + 2} = 1 + \frac{8}{6} = \frac{14}{6} \ (\Omega)$$

$$I_1' = \frac{7}{\frac{14}{6}} = 3 \ (\text{A})$$

按并联分流得到

$$I_3' = I_1' \cdot \frac{R_2}{R_2 + R_3} = 2 \ (\text{A})$$

再求E_2单独作用,即将E_1看作零(E_1短路),如图2-17(c)所示.从图中可看出,R_1与R_3并联,再与R_2串联,故等效电阻为

$$R = R_2 + R_1 /\!/ R_3 = 4 + \frac{2}{3} = \frac{14}{3} \ (\Omega)$$

代入电路求得

$$I_2'' = \frac{E_2}{R} = \frac{10}{\frac{14}{3}} = \frac{30}{14} = \frac{1.5}{7} \ (\text{A})$$

按并联分流得到

$$I_3'' = I_2'' \cdot \frac{R_1}{R_1 + R_3} = \frac{15}{7} \times \frac{1}{3} = \frac{5}{7} \ (\text{A})$$

二者叠加,有

$$I_3 = I_3' + I_3'' = 2 + \frac{5}{7} \approx 2.7 \ (\text{A})$$

【例 2.9】　使用叠加原理求图 2-18(a) 电路中的电流 I.

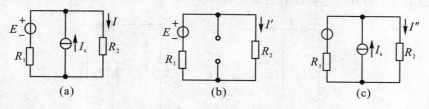

图 2-18　例 2.9 电路图

解: 根据叠加原理可分别求出电压源和电流源单独作用时的电流 I'、I'',然后再叠加.

先求电压源 E 的作用,将电流源开路,如图 2-18(b) 所示,则

$$I_1' = \frac{E}{R_1 + R_2} = \frac{8}{5} = 1.6 \ (\text{A})$$

再求电流源的作用,即电压源短路,如图 2-18(c) 所示,有

$$I'' = I_3 \cdot \frac{R_1}{R_3 + R_1} = 2 \times \frac{1}{5} = 0.4 \ (\text{A})$$

最后有

$$I = I' + I'' = 2 \ (\text{A})$$

叠加定理是分析线性电路的一个重要定理,应用时要注意以下问题:

(1) 叠加原理只适用于求解线性电路的电压和电流响应. 在计算某一独立电源单独作用所产生的电流(或电压) 时,应将电路中其他独立电压源用短路代替(即令 $U_s = 0$),其他独立电流源以开路代替(即令 $I_s = 0$).

(2) 叠加时只对独立电源做分别考虑,电路其他部分(包括后面介绍的受控电源) 的结构和参数不变.

(3) 各独立电源单独激励分析时,应保留各支路电流、电压的参考方向,确保最后叠加时各分量具有统一的参考方向.

(4) 叠加原理是电路线性关系的应用,由于电路中功率与激励电源的关系为二次函数,不具有线性关系,因此叠加原理只能用于电压或电流的计算,不能直接用来计算功率.

(5) 运用叠加原理求解时可以把电源分组求解,将独立电源分成电压源与电流源两组.

2.6　电路的等效变换

在电路分析和计算中,常常可以用简单的等效电路替代复杂的电路,从而简化电路结构,方便电路分析,原因是在对某些电路的分析和计算中,我们对于部分电路内部的工作情况并不感兴趣,而只关心该部分电路对外接电路的影响,这时这个部分电路就像一个电路元件一样,因此**等效电路**是指具有相同外部特性的两个电路互为等效.

2.6.1　电源的等效变换

　　电源有两种,电压源与电流源.在计算电路参数时,为了方便可以使二者互相变换,变换后的电源是等效的.注意这种等效只对外部电路,而电源内部性质不变,内部不等效. n 个电压源 $U_{s_1},U_{s_2},\cdots,U_{s_n}$ 串联,等效为一个电压源如图 2-19(a) 所示,等效电压源数值等于各串联电压源数值的代数和. n 个电流源 $I_{s_1},I_{s_2},\cdots,I_{s_n}$ 并联,等效为一个电流源如图 2-19(b) 所示,等效电流源数值等于各并联电流源数值的代数和.

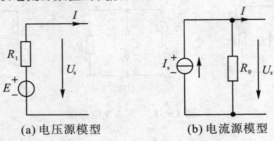

(a) 电压源模型　　　　　　　(b) 电流源模型

图 2-19　电路模型

输出端电压

$$U_s = E - IR_0 \quad \Rightarrow \quad \frac{U_s}{R_0} + I = \frac{E}{R_0} = I_s \tag{2-13}$$

实际电流源外特性为

$$I_s = \frac{U_s}{R_0} + I \tag{2-14}$$

　　可看出两种电源外特性是等效的.因此,令 $E/R_0 = I_s$,式(2-13) 和式(2-14) 形式完全一样,因此二者是等效的,可以进行等效变换.

　　一个内阻为 R_0 的实际电压源,可看作是由一个理想电压源 E 与一个内阻 R_0 串联,如图 2-19(a) 所示,它可以等效为一个理想电流源 $I_s = E/R_0$ 与内阻 R_0 并联,如图2-19(b) 所示,电流方向与电压极性必须一致,即等效后的电流 I_s 方向与 E 的正向流出方向一致.

　　【例 2.10】　将如图 2-20(a) 所示电路化简为一个电压源和一个电阻串联的形式.

　　解: 对于两个电压源并联的情况,应先把两个实际电压源分别等效成电流源,如图 2-20(b) 所示,两个电流源的电流相加得到新的电流源,如图 2-20(c) 所示,然后根据等效原理将电流源等效成电压源形式,如图 2-20(d) 所示.

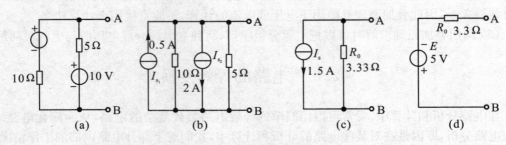

(a)　　　　　　　(b)　　　　　　　(c)　　　　　　　(d)

图 2-20　例 2.10 图

2.6.2 等效电源定理

在复杂的电路中,如果我们只需要计算某一支路的电压或电流,常常使用等效电源的方法来分析电路,而不需要对整个电路进行全面求解. 分析电路时将待求支路从电路中分离出来,其余的部分电路(二端网络)可视为待分析支路的等效电源.

等效电源定理有两个,即戴维南定理和诺顿定理.

戴维南定理:任一线性有源二端网络(电路)都可以用一个理想电压源 E 和一个内阻 R_0 串连的电源等效. 理想电压源的电动势 E 等于网络开路时的端口电压,其内阻 R_0 等于该网络中所有电源为零值时从端口看进去的电阻.

在对电路进行分析、计算时,有时只需要计算某一支路的电流,而不需求其他支路电流时,就可以使用戴维南定理.

【例 2.11】 求如图 2-21(a)所示含源单口网络的戴维南等效电路.

解: 首先求含源单口网络的开路电压 U_{oc}. 将 2 A 电流源和 4 Ω 电阻的并联等效变换为8 V 电压源和 4 Ω 电阻的串联,如图 2-21(b)所示. 由于 a、b 两点间开路,所以左边回路是一个单回路(串联回路),因此回路电流为

$$I = \frac{36}{6+3} = 4 \ (A)$$

所以

$$U_{oc} = U_{ab} = -8 + 3I = -8 + 3 \times 4 = 4 \ (V)$$

再求输入电阻 R_i. 电压源处用短路线代替,如图 2-21(c)所示.

$$R_i = R_{ab} = 4 + \frac{3 \times 6}{3+6} = 6 \ (\Omega)$$

所求戴维南等效电路如图 2-21(d)所示.

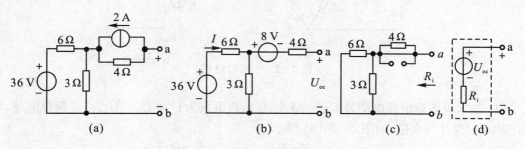

图 2-21 例 2.11 图

【例 2.12】 电路如图 2-22(a)所示,求 R_L 上的电流 I_L.

解: 由于只求 R_L 支路上的电流,因此可将 R_L 左边的电路看成一个有源线性二端网络. 因此断开 R_L,将其等效为一个理想电压源和一个内阻串联的戴维南形式,如图 2-22(b)所示,其中等效电动势 E' 等于输出端开路时的端口电压 U,它是 R_2 与 R_1 的分压.

$$E' = U = \frac{ER_2}{R_1 + R_2}$$

等效电源的内阻 R_0 是使网络中所有电源为零,即电压源为短路时,从端口看进去的电阻,显然是 R_1 和 R_2 的并联,于是 $R_0 = R_1 \mathbin{/\mkern-5mu/} R_2 = \dfrac{R_1 R_2}{R_1 + R_2}$.

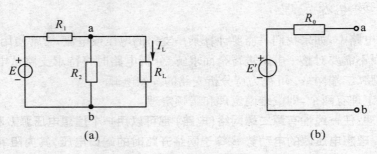

图 2-22   例 2.12 图

得出如图 2-22(b) 所示戴维南等效电路后,将 R_L 接在 a,b 处,然后由此简单电路求出 I_L,即

$$I_L = \frac{E'}{R_0 + R_L}$$

【例 2.13】   电路如图 2-23(a) 所示,已知:$R_1 = 4\ \Omega$,$R_2 = 8\ \Omega$,$R_3 = 6\ \Omega$,$R_4 = 2\ \Omega$,$R_L = 8\ \Omega$,试求 R_L 上的电流 I_L.

解:可以用支路电流法列方程,但需列好多方程. 此题只要求一支路电流,因而我们用等效电源定理来求解:去掉 R_L,则 a、b 两点左侧就是一个线性有源二端网络,可用戴维南定理等效,如图 2-23(b) 所示.

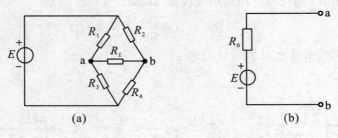

图 2-23   例 2.13 图

(1) 先求等效后电源电动势 E'. 去掉 R_L 得端口电压为 $U = U_a - U_b$. 变成简单电路,可直接用欧姆定律计算电位,如图 2-24(a) 所示.

$$U_a = \frac{E \cdot R_3}{R_1 + R_3}, \quad U_b = \frac{E \cdot R_4}{R_2 + R_4}$$

代入数值,得

$$U_a = \frac{10 \times 6}{4 + 6} = 6\ (V), \quad U_b = \frac{10 \times 2}{8 + 2} = 2\ (V)$$

则

$$E' = U_a - U_b = 6 - 2 = 4\ (V)$$

(2) 求内阻 R_0. 令内部电源为零,即使电压源为短路,电路如图 2-24(b)、(c) 所示. 由图可知,内阻为

$$R_0 = (R_1 /\!/ R_3) + (R_2 /\!/ R_4) = \frac{R_1 R_3}{R_1 + R_3} + \frac{R_2 R_4}{R_2 + R_4}$$

$$= \frac{4 \times 6}{4+6} + \frac{8 \times 2}{8+2} = 2.4 + 1.6 = 4 \ (\Omega)$$

将 R_L 连接在等效电源上，如图 2-24(c) 所示，由简单电路求出

$$I_L = \frac{E'}{R_0 + R_L} = \frac{4}{4+8} = 0.33 \ (A)$$

戴维南定理是将任意有源二端线性网络等效为一个实际电压源模型，而诺顿定理则将有源二端线性网络等效为一个实际电流源模型，即任何一个线性有源二端网络，对外部电路而言，都可以用一个理想电流源 I_s 和内阻 R_0 并联来等效代替. 等效电源中的理想电流源 I_s 等于该二端网络的短路电流，等效内阻 R_0 等于有源二端网络化成无源（理想的电压源短接，理想的电流源断开）后，二端之间的等效电阻. 读者可将例 2.11、例 2.12、例 2.13 用诺顿定理来等效，此处不再赘述.

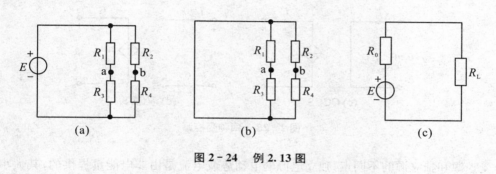

图 2-24　例 2.13 图

2.7　含受控源电路的分析

前面我们讨论的电源（电压源或电流源）都是独立电源. 所谓独立，即意味着电源的输出（电压或电流）不受外电路的控制而独立存在. 若电源的电压或电流受外电路中某一部分电路的电压或电流控制，我们称这一类电源为**受控源**，也称为**非独立电源**，如各种晶体管、运算放大器等多端器件.

2.7.1　受控源

定义：受控源的电压或电流不像独立源是给定的，而是受电路中某个支路的电压（或电流）的控制.

本书仅讨论一条支路的电压或电流受电路中另一条支路的电压或电流控制的情况，这样的受控源是由两条支路组成的一种理想化电路元件. 受控源的第一条支路是控制支路，呈开路或短路状态；第二条支路是受控支路，它是一个电压源或电流源，其电压或电流的量值受第一条支路电压或电流的控制. 这样的受控源可以分成：电压控制电压源（VCVS），电流控制电压源（CCVS），电压控制电流源（VCCS），电流控制电流源（CCCS），如图 2-25 所示.

如果受控源是线性的，则每种受控源可分别由两个线性代数方程来描述：

$$\text{CCVS：} \quad u_1 = 0, \quad u_2 = r i_1 \tag{2-15}$$

$$\text{VCCS：} \quad i_1 = 0, \quad i_2 = g u_1 \tag{2-16}$$

$$\text{CCVS：} \quad u_1 = 0, \quad i_2 = \alpha i_1 \tag{2-17}$$

$$\text{VCVS:} \quad i_1 = 0, \quad u_2 = \mu u_1 \qquad\qquad (2-18)$$

其中,r 具有电阻量纲,称为转移电阻;g 具有电导量纲,称为转移电导;α 无量纲,称为转移电流比;μ 无量纲,称为转移电压比.

受控源和独立源的相同点:两者都是电源,可向负载提供电压或电流.

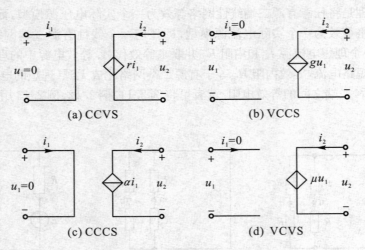

图 2 - 25　四种受控源

受控源和独立源的不同点:独立电源的电动势或电流是由非电能量提供的,其大小、方向和电路中的电压、电流无关;受控源的电动势或电流,受电路中某个电压或电流的控制,它不能独立存在,其大小、方向由控制量决定.

2.7.2　受控源电路的分析

1. 含受控源单口网络的等效电路

由若干线性二端电阻构成的电阻单口网络,就端口特性而言,可等效为一个线性二端电阻. 由线性二端电阻和线性受控源构成的电阻单口网络,就端口特性而言,也等效为一个线性二端电阻,其等效电阻值常用外加独立电源计算端口 VCR 方程的方法求得. 现举例加以说明.

【例 2.14】　求如图 2 - 26(a) 所示单口网络的等效电阻.

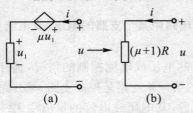

图 2 - 26　例 2.14 图

解:设想在端口外加电流源 i,写出端口电压 u 的表达式

$$u = \mu u_1 + u_1 = (\mu + 1)u_1 = (\mu + 1)Ri = R_0 i$$

求得单口网络的等效电阻

$$R_0 = \frac{u}{i} = (\mu + 1)R$$

由于受控电压源的存在,使端口电压增加了 $\mu u_1 = \mu Ri$,导致单口等效电阻增大到$(\mu + 1)$倍. 若控制系数 $\mu = -2$,则单口等效电阻 $R_0 = -R$,这表明该电路可将正电阻变换为一个负电阻.

【例 2.15】　求如图 2 - 27(a) 所示单口网络的等效电阻.

解:设想在端口外加电压源 u,写出端口电流的表达式

$$i = ai_1 + i_1 = (a+1)i_1 = \frac{a+1}{R}u = G_0 u$$

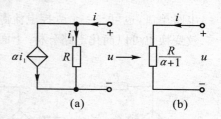

由此求得单口网络的等效电导为

$$G_0 = \frac{i}{u} = (a+1)G$$

该电路将电导 G 增大到原值的 $(\alpha+1)$ 倍或将电阻 $R = 1/G$ 变小到原值的 $1/(\alpha+1)$ 倍,若 $\alpha = -2$,则 $G_0 = -G$,或 $R_0 = -R$,这表明该电路也可将一个正电阻变换为负电阻.

图 2 - 27　例 2.15 图

但应指出,这两个例子讨论的只是电路模型,其中的受控电源需要晶体管或运算放大器来实现,实际电路将比模型更复杂,可参看相关章节.

我们已经知道,由线性电阻和独立电源构成的单口网络,就端口特性而言,可以等效为一个线性电阻和电压源的串联单口,或等效为一个线性电阻和电流源的并联单口.若在这样的单口中还存在受控源,不会改变以上结论.也就是说,由线性受控源、线性电阻和独立电源构成的单口网络,就端口特性而言,可以等效为一个线性电阻和电压源的串联单口,或等效为一个线性电阻和电流源的并联单口.同样,可用外加电源计算端口 VCR 方程的方法,求得单口网络的等效电路.

【例 2.16】　求如图 2 - 28(a) 所示单口网络的等效电路.

解:用外加电源法,求得端口 VCR 方程为

$$u = 4u_1 + u_1 = 5u_1$$

其中

$$u_1 = 2\ \Omega \cdot i + 2\ (\text{A})$$

得

$$u = 10\ (\Omega) \cdot i + 20\ (\text{V})$$

或

$$i = \frac{u}{10\ (\Omega)} - 2\ (\text{A})$$

以上两式对应的等效电路为 10 Ω 电阻和 20 V 电压源的串联,如图 2-28(b) 所示,或 10 Ω 电阻和 2 A 电流源的并联,如图 2-28(c) 所示.

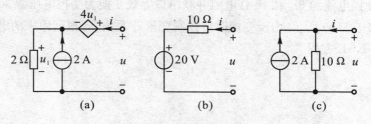

图 2 - 28　例 2.16 图

2. 含受控源电路的等效变换

在独立电源分析中已经知道,利用电压源和电阻串联单口与电流源和电阻并联单口间的等效变换,可以简化电路分析.与此相似,一个受控电压源(仅指其受控支路,以下同)和电阻

串联单口,也可与一个受控电流源和电阻并联单口进行等效变换,如图2-29所示.利用这种等效变换也可以简化电路分析.下面举例说明这种变换的方法及其中应注意的问题.

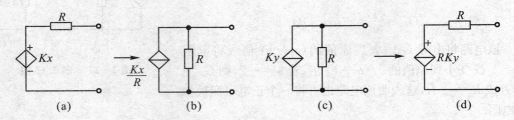

图 2-29　受控源的等效变换

【**例 2.17**】　如图 2-30(a) 所示电路中,已知转移电阻 $r = 3\ \Omega$,求单口网络的等效电阻.

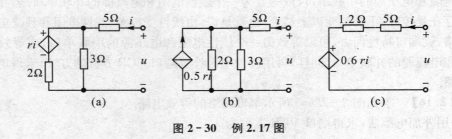

图 2-30　例 2.17 图

解:先将受控电压源和 $2\ \Omega$ 电阻的串联单口等效变换为受控电流源 $0.5ri$ 和 $2\ \Omega$ 电阻的并联单口,如图2-30(b) 所示. $2\ \Omega$ 和 $3\ \Omega$ 并联的等效电阻为 $1.2\ \Omega$. 再将 $1.2\ \Omega$ 电阻和受控电流源 $0.5ri$ 并联,等效变换为 $1.2\ \Omega$ 电阻和受控电压源 $0.6ri$ 的串联,如图2-30(c) 所示. 由此求得单口网络的 VCR 方程为

$$u = (5\ (\Omega) + 1.2\ (\Omega) + 0.6r)i = 8\ (\Omega)i$$

单口等效电阻为

$$R_0 = \frac{u}{i} = 8\ (\Omega)$$

【**例 2.18**】　求如图 2-31(a) 所示单口网络的等效电阻.

解:先将受控电流源 $3i_1$ 和 $10\ \Omega$ 电阻并联单口等效变换为受控电压源 $30i_1$ 和 $10\ \Omega$ 电阻串联单口,如图2-31(b) 所示. 由于变换时将控制变量 i_1 丢失,应根据原来的电路将 i_1 转换为端口电流 i. 根据 KCL 方程

$$-i + i_1 - 3i_1 = 0$$

求得

$$i_1 = -0.5i$$

即

$$30i_1 = -15i$$

由此得到如图 2-31(c) 所示电路,写出单口 VCR 方程

$$u = (13\ (\Omega) - 15\ (\Omega))i = -2\ (\Omega)i$$

单口等效电阻为

$$R_0 = \frac{u}{i} = -2 \ (\Omega)$$

一般来说,应将在受控源等效变换中丢失的控制变量,先转换成电路中其他电压或电流,再进行等效变换.

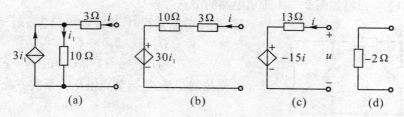

图 2 - 31　例 2.18 图

3. 含受控源电路的网孔方程

在列写含受控源电路的网孔方程时,可先将受控源作为独立电源处理,然后将受控源的控制变量用网孔电流表示,再经过移项整理求解.下面举例说明.

【**例 2.19**】　列出如图 2 - 32 所示电路的网孔方程.

解:在写网孔方程时,先将受控电压源的电压 ri_3 写在方程右边:

$$(R_1 + R_3)i_1 - R_3 i_2 = u_s$$
$$-R_3 i_1 + (R_2 + R_3)i_2 = -r i_3$$

将控制变量 i_3 用网孔电流表示,即补充方程:

$$i_3 = i_1 - i_2$$

代入上式,移项整理后得到以下网孔方程:

$$(r - R_3)i_1 + (R_2 + R_3 - r)i_2 = 0$$

由于受控源的影响,互电阻 $R_{21} = (r - R_3)$ 不再与互电阻 $R_{12} = -R_3$ 相等.自电阻 $R_{22} = (R_2 + R_3 - r)$ 不再是该网孔全部电阻的总和 $R_2 + R_3$.

【**例 2.20**】　在如图 2 - 33 所示电路中,已知 $\mu = 1, \alpha = 1$.试求网孔电流.

解:以 i_1、i_2 和 αi_3 为网孔电流,用观察法列出网孔 1 和网孔 2 的网孔方程分别为

$$6 \ (\Omega)i_1 - 2 \ (\Omega)i_2 - 2 \ (\Omega)\alpha i_3 = 16 \ (V)$$
$$-2 \ (\Omega)i_1 + 6 \ (\Omega)i_2 - 2 \ (\Omega)\alpha i_3 = -\mu u_1$$

补充两个受控源控制变量与网孔电流 i_1 和 i_2 关系的方程:

$$u_1 = 2 \ (\Omega)i_1$$
$$i_3 = i_1 - i_2$$

代入 $\mu = 1, \alpha = 1$ 和两个补充方程到网孔方程中,移项整理后得到以下网孔方程:

$$4i_1 = 16 \ (A)$$
$$-2i_1 + 8i_2 = 0$$

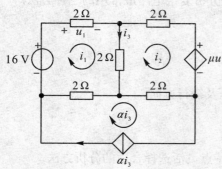

图 2 - 33　例 2.20 图

解得网孔电流 $i_1 = 4$ A, $i_2 = 1$ A, $i_3 = 3$ A.

4. 含受控源电路的节点方程

与建立网孔方程相似,列写含受控源电路的节点方程时,先将受控源作为独立电源处理,然后将控制变量用节点电压表示并移项整理,即可得到节点方程. 现举例加以说明.

【例 2.21】 列出如图 2-34 所示电路的节点方程.

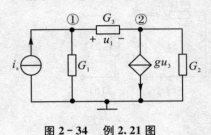

图 2-34　例 2.21 图

解:列出节点方程时,将受控电流源 gu_3 写在方程右边:

$$(G_1 + G_3)u_1 - G_3 u_2 = i_s$$
$$-G_3 u_1 + (G_2 + G_3)u_2 = -gu_3$$

补充控制变量 u_3 与节点电压关系的方程:

$$u_3 = u_1 - u_2$$

代入上式并移项整理得

$$(G_1 + G_3)u_1 - G_3 u_2 = i_s$$
$$(g - G_3)u_1 + (G_2 + G_3 - g)u_2 = 0$$

由于受控源的影响,互电导 $G_{21} = (g - G_3)$ 与互电导 $G_{12} = -G_3$ 不再相等. 自电导 $G_{22} = (G_2 + G_3 - g)$ 不再是节点 ② 全部电导之和.

本 章 小 结

1. 两个电阻串联的特点是电流相同,有分压作用.

2. 两个电阻并联的特点是电压相同,有分流作用.

3. 支路电流法是直接应用 KCL、KVL 列方程组求解. 一般适合于求解各个支路电流或电压.

4. 叠加原理是将各个电源单独作用的结果叠加后,得出电源共同作用的结果. 一般适合于求解电源较少的电路.

5. 戴维南定理或诺顿定理是先求出有源二端网络的开路电压或电流,再求出有源二端网络的等效内阻,然后将复杂的电路化成一个简单的回路,一般适合于求解某一支路的电流或电压.

支路电流法、叠加原理、戴维南定理或诺顿定理是分析复杂电路最常用的三种方法.

6. 三个定律

欧姆定律: $I = U/R$,应用时要考虑关联问题.

KCL 定律: $\sum I = 0$,应用时要先标出电流方向.

KVL 定律: $\sum U = 0$,应用时要先标出电流、电压及绕行方向.

7. 功率.

8. 求解含受控电源二端网络的等效电源电路.

本章的重点是掌握电路的分析方法,并根据电路特点灵活选择合适的分析方法.

习　　题

1. 在如图 2-35 所示电路中,已知自导 $G_{11} = 1$ S,求:(1) 电阻 R 的值;(2) 若要使结点电

压 $V_1 = 0$,求电压源 U_{s_2} 应为多少?

2. 在如图 2-36 所示电路中,已知支路电流 $I_2 = 0$,求电压源 U_{s_1} 的值.

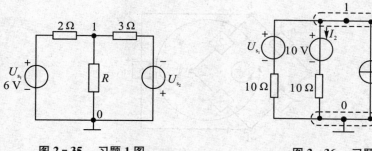

图 2-35 习题 1 图   图 2-36 习题 2 图

3. 在如图 2-37 所示电路中,已知 $R_1 = 3\ \Omega$,$R_2 = 6\ \Omega$,$R_3 = 6\ \Omega$,$R_4 = 2\ \Omega$,$I_{s_1} = 3\ A$,$U_{s_2} = 12\ V$,$U_{s_4} = 10\ V$,各支路电流参考方向如图所示,利用结点电压法求各支路电流.

4. 电路如图 2-38 所示,已知 $U_{s_1} = 100\ V$,$U_{s_3} = 25\ V$,$I_s = 2\ A$,$R_1 = R_2 = 50\ \Omega$,$R_3 = 25\ \Omega$,求结点电压 V_1 和各支路电流 I_1,I_2,I_3.

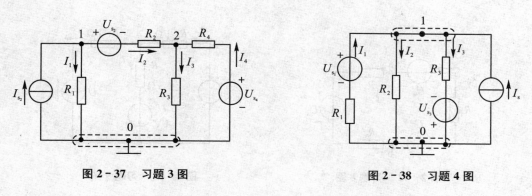

图 2-37 习题 3 图   图 2-38 习题 4 图

5. 求如图 2-39 所示各电路的电压 U.

6. 如图 2-40 所示电路,(1) 当开关 S 打开时,求电压 U_{ab};(2) 当开关 S 闭合时,求电流 I_{ab}.

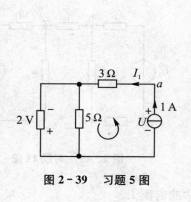

图 2-39 习题 5 图

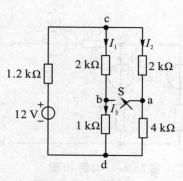

图 2-40 习题 6 图

7. 如图 2-41 所示电路中共有 3 个回路,各段电压参考方向已给定,若已知 $U_1 = 1$ V,$U_2 = 2$ V,$U_5 = 5$ V,求未知电压 U_3、U_4 的值.

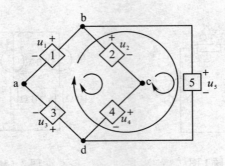

图 2-41　习题 7 图

8. 如图 2-42 所示电路中,已知 $U_{s_1} = 15$ V,$U_{s_2} = 4$ V,$U_{s_3} = 3$ V,$R_1 = 1$ Ω,$R_2 = 4$ Ω,$R_3 = 5$ Ω,求回路 I 和 U_{ab}、U_{cb} 的值.

9. 如图 2-43 所示电路中,已知 a、b 两点间电压 $U_{ab} = 8$ V,其余参数如图所示. 求支路电流 I_1, I_2, I_3 和电流源电流 I_s 及其端电压 U.

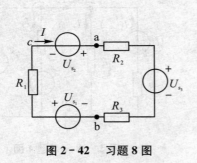

图 2-42　习题 8 图

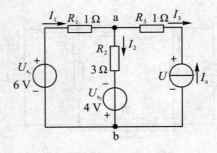

图 2-43　习题 9 图

10. 电路及参数如图 2-44 所示,a、b 两点间开路,试求 U_{ab}.

11. 在如图 2-45 所示电路中,已知 $U_{s_1} = 6$ V,$U_{s_2} = 4$ V,$R_1 = R_2 = 1$ Ω,$R_3 = 4$ Ω,$R_4 = R_5 = 3$ Ω,$R_6 = 5$ Ω,选 0 点为参考点. 求 a、b、c、d 各点电位.

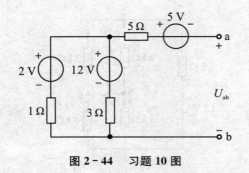

图 2-44　习题 10 图

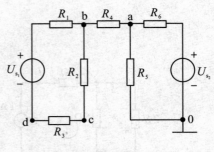

图 2-45　习题 11 图

12. 用戴维南定理计算如图 2-46 所示电路中的电流 I.

13. 在如图 2-47 所示电路中,已知 $E_1 = 15$ V,$E_2 = 13$ V,$E_3 = 4$ V,$R_1 = R_2 = R_3 = R_4 = 1$ Ω,$R_5 = 10$ Ω.(1) 当开关 S 断开时,试求电阻 R_5 上的电压 U_5 和电流 I_5;(2) 当开关 S 闭合后,试用戴维南定理计算 I_5.

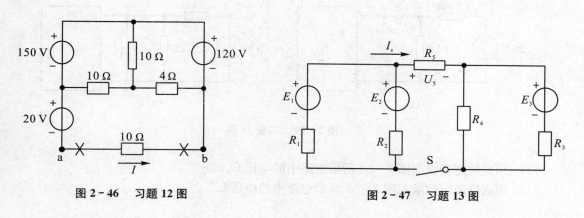

图 2-46　习题 12 图　　　　　　图 2-47　习题 13 图

14. 求如图 2-48 所示含源单口网络(a) 和(b) 的戴维南等效电路和诺顿等效电路.

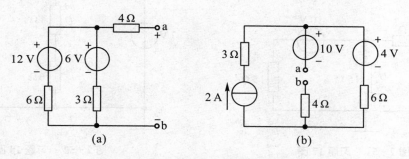

图 2-48　习题 14 图

15. 用实验的方法测含源单口网络的等效电路,其电路如图 2-49 所示.调节可变电阻使 $R = 4$ Ω,电流表电流指示为零;调节可变电阻使 $R = 8$ Ω,电流表指针正偏读数为 0.25 A,试求含源单口网络戴维南等效电路的参数 U_{oc} 和 R_i.

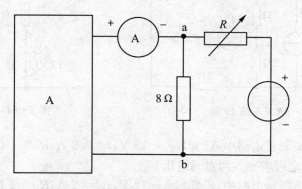

图 2-49　习题 15 图

16. 电路如图 2-50(a) 和(b) 所示. 已知 $U = 12.5\ \text{V}, I = 10\ \text{mA}$. 求该单口网络的戴维南等效电路.

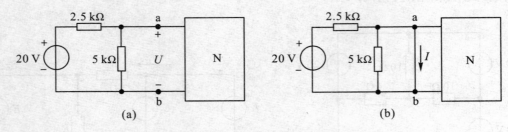

图 2-50　习题 16 图

17. 用叠加定理求如图 2-51 所示电路中的电压 U_a.

18. 用戴维南定理求如图 2-52 所示电路中的电压 U.

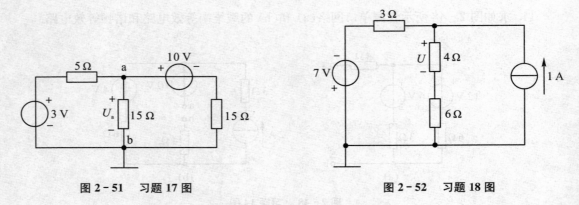

图 2-51　习题 17 图

图 2-52　习题 18 图

19. 用戴维南定理求如图 2-53 所示电路中电流 I. 若 $R = 10\ \Omega$, 电流 I 又为何值.

20. 用叠加定理求如图 2-54 所示单口网络的端口电压电流关系.

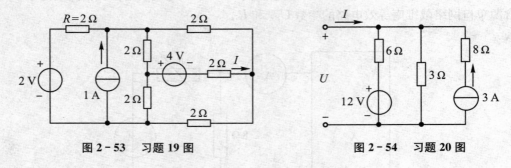

图 2-53　习题 19 图

图 2-54　习题 20 图

21. 在如图 2-55 所示电路中, 已知 $U_{s_1} = 15\ \text{V}, I_{s_2} = 3\ \text{A}, R_1 = 1\ \Omega, R_2 = 3\ \Omega, R_3 = 2\ \Omega$, $R_4 = 1\ \Omega$, 利用叠加定理求 a、b 两点间电压 U_{ab}.

22. 在如图 2-56 所示电路中, 已知 $U_{s_1} = 12\ \text{V}, I_{s_2} = 3\ \text{A}, R_1 = 2\ \Omega, R_2 = 8\ \Omega, R_3 = 3\ \Omega$, $R_4 = 6\ \Omega, R = 4\ \Omega$, 用叠加定理求电阻 R 中的电流 I.

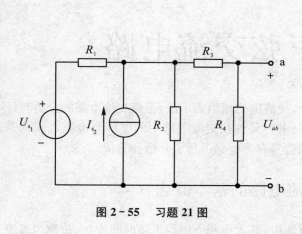

图 2-55 习题 21 图

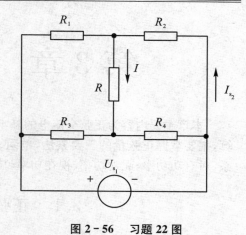

图 2-56 习题 22 图

23. 如图 2-57 所示为一含有受控源的单口网络,试求其戴维南等效电路.

24. 请分别用支路电流法(基尔霍夫定律)、结点电压法、叠加定理求如图 2-58 所示电路中的电流 I.

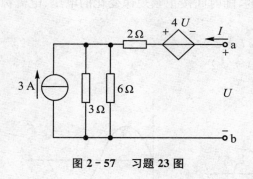

图 2-57 习题 23 图

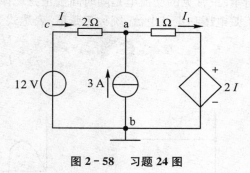

图 2-58 习题 24 图

第3章 正弦交流电路

本章主要内容为正弦交流电的基本概念,交流电的相量表示法,正弦交流电路的分析与计算,主要掌握正弦量的三要素法,电阻、电感、电容元件在交流电路中的电压与电流之间的关系,对有功功率、无功功率、视在功率、功率因数等有关概念进行了介绍和分析.

3.1 正弦交流电路的基本概念

前面两章所接触到的电压和电流均为直流电,其大小和方向均不随时间变化,故称为**直流电**.其在时间轴上表示为一条直线,如图 3-1(a) 所示.在工业生产和日常生活中,由于正弦交流电易于产生且便于远距离传输,交流电机也较直流电机结构简单、成本低、效率高,因此,正弦交流电得到了广泛应用.电压或电流的大小和方向均随时间变化,称为**交流电**,如图 3-1(b) 所示.最常见的交流电是随时间按正弦规律变化的,随时间按正弦规律变化的电压、电流称为正弦电压和正弦电流,统称**正弦量**.表达式为

$$u = U_m \sin(\omega t + \psi_u) \tag{3-1}$$
$$i = I_m \sin(\omega t + \psi_i) \tag{3-2}$$

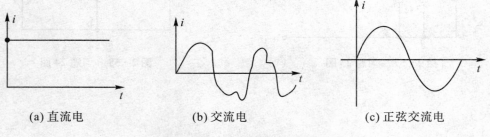

(a) 直流电　　　　　　　(b) 交流电　　　　　　　(c) 正弦交流电

图 3-1　直流和交流信号

正弦交流电(如图 3-1(c) 所示)在工业生产和日常生活中得到广泛应用,要完整地表示一个正弦电压(或电流),需要确定其周期、振幅和初相位,如式(3-1)、式(3-2) 所示,因此 $U_m(I_m)$、ω、φ 被称为**正弦交流电的三要素**,即振幅、角频率和初相,分别表征正弦交流电的大小、快慢和初始值.上述三方面特征是比较和区分不同正弦量的依据.

3.1.1　相位、初相和相位差

在式(3-1)、式(3-2) 中,$\omega t + \psi$ 称为**相位**,反映了正弦量随时间变化的进程.$t = 0$ 时的相位称为**初相** ψ,是确定正弦量初始值的一个要素,由于正弦量的相位是以 2π 为周期变化的,因此规定:初相位的取值范围为 $-\pi \leqslant \psi \leqslant \pi$.

在一个正弦稳态电路中,所有电压 u 和电流 i 的频率是相同的,但初相位是不一定相同的,不失一般性,设电压、电流的表达式如式(3-1)、式(3-2) 所示.

　　两个同频率正弦量的相位之差称为**相位差**,用 ψ 表示,其值等于它们的初相之差. 如

$$u = U_m \sin(\omega t + \psi_u)$$
$$i = I_m \sin(\omega t + \psi_i)$$

相位差

$$\psi = (\omega t + \psi_u) - (\omega t + \psi_i) = \psi_u - \psi_i$$

　　相位差不随计时起点而变化,由于正弦量的周期性,相位差的取值范围也为 $-\pi \leqslant \psi \leqslant \pi$. 如图 3-2(a) 所示,如果两个正弦量的相位差 $\psi = 0$,称两正弦量同相;如图 3-2(b) 所示,如果 u 比 i 先达到最大值,我们称在相位上电压超前电流 ψ 角,或者说电流滞后电压 ψ 角;如图 3-2(c) 所示,如果 $\psi = \pm\pi$,称两正弦量反相;如图 3-2(d) 所示,如果 $\psi = \pm\pi/2$,称两正弦量正交.

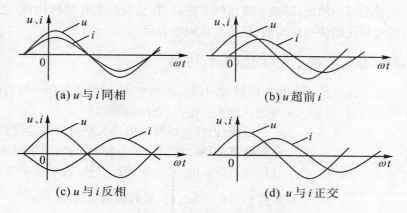

(a) u 与 i 同相　　　　　　(b) u 超前 i

(c) u 与 i 反相　　　　　　(d) u 与 i 正交

图 3-2　相位关系

　　在比较两正弦量的相位时,要注意以下几点:

　　(1) 同频率. 只有同频率的正弦量才有不随时间变化的相位差.

　　(2) 同函数. 在数学上,正弦量既可用正弦函数表示,也可用余弦函数表示,必须化成同一函数(正弦)才能计算其相位差.

　　(3) 同符号. 两个正弦量的数学表达式前的符号要相同(同为正),因为符号不同,则相位相差 $\pm\pi$.

　　【例 3.1】　已知 $u = U_m \sin(\omega t + \psi_u)$,$i = I_m \sin(\omega t + \psi_i)$. 求 u、i 的相位差.

　　解:

$$\varphi = (\omega t + \psi_u) - (\omega t + \psi_i) = \psi_u - \psi_i$$

显然,相位差实际上等于两个同频率正弦量之间的初相之差.

　　在分析计算交流电路时,我们往往以某个正弦量为参考量,即该正弦量的初相位为零,然后求其他正弦量与该参考量的相位关系.

3.1.2　周期、频率、角频率

　　周期函数完整变化一次所需要的时间称为**周期**,用 T 表示,单位为秒(s). 单位时间内周期函数变化的次数称为**频率**,用 f 表示,单位为赫兹(Hz),即 $1\ \text{Hz} = 1\ \text{s}^{-1}$. 当频率很高时,常用千赫(kHz)和兆赫(MHz)为单位,它们之间的关系为

$$1\ \text{kHz} = 10^3\ \text{Hz}, \quad 1\ \text{MHz} = 10^6\ \text{Hz}$$

从定义可看出周期与频率的关系为

$$f = 1/T$$

正弦量单位时间内变化的弧度数称为**角频率**,用 ω 表示,单位为 rad/s.

角频率与周期及频率的关系:

$$\omega = \frac{2\pi}{T} = 2\pi f$$

【例 3.2】 已知我国的交流电 $f = 50$ Hz,又称工频为 50 Hz,试求 T 和 ω.

解:
$$T = \frac{1}{f} = \frac{1}{50} = 0.02 \ (\text{s})$$

$$\omega = 2\pi f = 2 \times 3.14 \times 50 = 314 \ (\text{rad/s})$$

结论:正弦量的周期越短,即频率或角频率越高,正弦量的变化就越快;反之,正弦量的变化就越慢.正弦量变化的快慢用周期、频率或角频率表示.

3.1.3 瞬时值、振幅、有效值与平均值

瞬时值:正弦交流电的大小和方向随时间周期性的变化,正弦量在任一时刻的值称为**瞬时值**.规定用小写字母表示,如 i、u 分别表示正弦电流、电压的瞬时值.

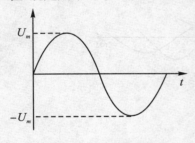

图 3-3 交流电的振幅

振幅:正弦量瞬时值的最大绝对值称为正弦量的最大值,也叫**幅值、振幅**.规定用带下标 m 的大写字母表示,如 I_m、U_m 分别表示正弦电流、电压的最大值.数学表示为 $u = U_m \sin\omega t$,显然当 $\omega t = 2n\pi$ 时,瞬时值为 0,当 $\omega t = \frac{n+1}{2}\pi$,$u = \pm U_m$,$U_m$ 称为交流电或交流信号的幅值,是最大值,也称为振幅,有时也称为峰值,用 V_{p-p} 表示.如图 3-3 所示.

交流电和直流电有不同的本质,但从能量或热效应方面看是等效的.因此只要它们的能量(或热效应)相等,则二者就是等效的.为了表征正弦电压、电流在电路中的功率效应,工程上常用有效值来衡量正弦电压或电流的幅值.

有效值:交流电在电阻上产生的热效应与某一直流电在同一时间内在这个电阻上产生的热效应相同,则称此直流电的数值为该交流电的**有效值**.即有效值是指与交流电热效应相同的直流电数值,交流电 i 通过电阻 R 时,在 t 时间内产生的热量为 Q,直流电 I 通过相同电阻 R 时,在 t 时间内产生的热量也为 Q,则热效应相同的直流电流 I 称之为交流电流 i 的有效值.有效值可以确切地反映交流电的做功能力,一般用大写字母 I、U 表示相应的有效值.

也可以用求积分方法证明:热量相等即能量是相同的,直流电的能量为

$$W = Pt = I^2 Rt$$

交流电在一个周期内的能量为 $W = \int_0^T i^2 r \mathrm{d}t$,单位时间内为

$$\frac{1}{T}\int_0^T i^2 r \mathrm{d}t \tag{3-3}$$

它与直流能量相等,$I^2 R = \frac{1}{T}\int_0^T i^2 r \mathrm{d}t$,将 $i = I_m \sin\omega t$ 代入式(3-3),则

$$I^2 = \frac{1}{T}\int_0^T i^2 \mathrm{d}t = \frac{1}{T}\int_0^T I_m \sin^2\omega t \, \mathrm{d}t = \frac{1}{T}\int_0^T I_m^2 \frac{1}{2}(1 - \cos2\omega t)\mathrm{d}t = \frac{I_m^2}{2} \tag{3-4}$$

于是得到正弦交流电电流的有效值与振幅的关系为

$$I = \frac{I_m}{\sqrt{2}} = 0.707\, I_m \tag{3-5}$$

同理可以求得正弦交流电电压有效值与振幅之间的关系为

$$U = \frac{U_m}{\sqrt{2}} = 0.707\, U_m \tag{3-6}$$

式(3-6)表明,正弦交流电的有效值等于振幅值(最大值)乘以 0.707,与交流电的频率和相位无关. 平时生活中所指交流电的大小,均指其有效值,如 220 V,即指 U,而它的幅值应为 $U_m = \sqrt{2}\,U = 311$ V,因有效值不是瞬时值,故有效值不随时间变化,一般交流电压表和电流表测量交流电时的读数均为有效值.

平均值:指正弦交流电在一周期内的平均,对于正弦量,则平均值为 0.

3.2　正弦交流电的表示法

正弦交流电通常有解析式(三角函数式)、波形图、矢量图(相量图)和复数等表示形式. 在计算和分析时各有特色.

3.2.1　波形图

正弦交流电可用正弦曲线来表示,横轴可用 t,或角度 ωt,从图中可直观看出 u、U_m、φ、T 等. 有时可将 i 和 u 画在同一图中,可比较两者相位差,但不比较两者幅度,如图 3-2 所示.

3.2.2　旋转矢量图

正弦交流电还可以用旋转矢量来表示. 在直角坐标内,作一个矢量 **OA** 线段,使线段的长度等于正弦交流电的振幅 U_m,线段 **OA** 与横轴夹角为初相角 φ,以角速度 ω 逆时针旋转,则矢量 **OA** 在任一瞬时与 x 轴夹角即为交流电的相位 $\omega t + \psi$,而矢量 **OA** 在任一瞬时在纵坐标 (y 轴)上的投影即为该正弦交流电的瞬时值 $u(t)$,如图 3-4 所示.

$$y = u(t) = U_m \sin(\omega t + \varphi) \tag{3-7}$$

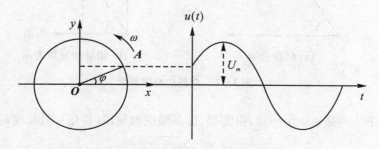

图 3-4　旋转矢量图

由图 3-4 可知,它也有三要素,因此,可完整描述正弦交流电.

矢量也称向量,但交流电不是向量,故用**相量**代替,将几个同步频率的正弦量画在同一平面内,如图 3-5 所示,则只用初相位和长度等于幅值的向量段来表示,这就是矢量表示法 ——

相量表示法,这种相量图法只能做加减法,运算不方便.

【例3.3】 $u_1 = 60\sin(\omega t + 60°)$, $u_2 = 30\sin(\omega t - 30°)$,用相量图表示.

相量通常在大写字母上方加"·"表示,如 $\dot{U}$、$\dot{I}$ 等.

二者在相量图上可求和,用平行四边形法,对角线即为和数,如图3-6所示.

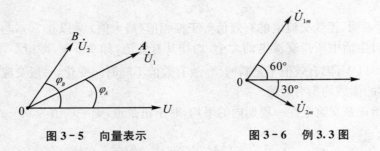

图3-5 向量表示   图3-6 例3.3图

3.2.3 交流电的复数表示法

相量图法只能对正弦量进行加减运算,无法做乘除运算,而且作图解结果又不精确.用复数方法表示正弦量,就可以解决这些问题.

数学中任何一个向量段,都可以用复平面上的一根线段来表示.因此,可以将相量段用复数来表示.

复平面横坐标为实轴,以+1为单位,纵坐标为虚轴,用+j为单位,这样,相量 $\dot{A}$ 可用复数来表示.即正弦量可用复数表示.如图3-7所示.

1. 代数表达式

$$\dot{A} = a + jb \qquad (j = \sqrt{-1} \text{——虚数单位}) \qquad (3-8)$$

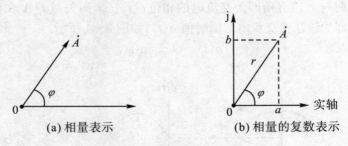

(a) 相量表示   (b) 相量的复数表示

图3-7 向量的复数表示

复平面中任一点都是一个向量,由实部、虚部组成向量段(相量),其长度即模为

$$r = \sqrt{a^2 + b^2}$$

这个模即为正弦量的振幅值,φ 为幅角,由图3-7(b)可知 $\varphi = \text{tg}^{-1}\dfrac{b}{a}$,它就是正弦量的相位角.

2. 三角函数表达式

由图3-7可知

$$a = r\cos\varphi, \quad b = r\sin\varphi$$

因此

$$\dot{A} = a + \mathrm{j}b = r\cos\varphi + \mathrm{j}r\sin\varphi \tag{3-9}$$

3. 指数表达式

将 $\mathrm{e}^{\mathrm{j}\varphi} = \cos\varphi + \mathrm{j}\sin\varphi$ 代入三角函数表达式得

$$\dot{A} = r\cos\varphi + \mathrm{j}r\sin\varphi = r\mathrm{e}^{\mathrm{j}\varphi} \tag{3-10}$$

4. 极坐标表达式

将式(3-10)改写为

$$\dot{A} = r\angle\varphi \tag{3-11}$$

式(3-11)是模与幅角在极坐标中的表示,这种复数极坐标表达式就是相量表示,这样将相量用复数表示后,即可进行加减运算,也可进行乘除运算.

3.2.4　复数的运算 —— 相量运算

1. 加减运算

【例 3.4】　已知交流电压 $\dot{E}_1 = 100\angle 42° \text{ V}, \dot{E}_2 = 60\angle -36° \text{ V}, \dot{E}_3 = 50\angle 140° \text{ V}$,求 $\dot{E}_1 + \dot{E}_2 + \dot{E}_3$.

解:先将三个电源电动势分别写出它们的三角函数表达式

$$\dot{E}_1 = r\cos\varphi + \mathrm{j}r\sin\varphi = 100\cos 42° + \mathrm{j}100\sin 42° \text{ V}$$

$$\dot{E}_2 = 60\cos(-36°) + \mathrm{j}60\sin(-36°) \text{ V}$$

$$\dot{E}_3 = 50\cos 140° + \mathrm{j}50\sin 140° \text{ V}$$

复数加减运算为实部与实部相加,虚部与虚部相加,所以

$$\dot{E} = \dot{E}_1 + \dot{E}_2 + \dot{E}_3 = 74.31 + 48.54 - 38.30 + \mathrm{j}(66.91 - 35.27 + 32.14) = 84.6 + \mathrm{j}63.82$$

再换为极坐标式

$$E = r\angle\varphi = 106\angle 37° \text{ V}$$

其中

$$r = \sqrt{a^2 + b^2} = 106, \quad \varphi = \mathrm{tg}^{-1}\frac{b}{a} = 37°$$

2. 乘除运算

【例 3.5】　已知 $\dot{A} = 4 + \mathrm{j}3, \dot{B} = 5 + \mathrm{j}6$. 求 $\dot{A}\dot{B}, \dfrac{\dot{A}}{\dot{B}}$.

解:复数乘除运算使用指数简单,因此将题设二式改为指数表示

$$\dot{A} = r\mathrm{e}^{\mathrm{j}\varphi} = \sqrt{4^2 + 3^2}\,\mathrm{e}^{\mathrm{j}(\mathrm{tg}^{-1}\frac{3}{4})} = 5\mathrm{e}^{\mathrm{j}36.87°}$$

同理

$$\dot{B} = 7.81\mathrm{e}^{\mathrm{j}50.18°}$$

将二式相乘,模与模相乘为新的模,幅角相加为新的幅角

$$\dot{A} \cdot \dot{B} = 5e^{j36.87°} \times 7.81e^{j50.18°} = 5 \times 7.81e^{j(36.87+50.18)°}$$

$$= 39.05e^{(j87.05°)} = 39.05\angle 87.05°$$

$$\frac{\dot{A}}{\dot{B}} = \frac{5e^{j36.87°}}{7.81e^{j50.18°}} = \frac{5}{7.81}e^{j(36.87-50.18)°} = 0.64\angle -13.31°$$

【例 3.6】 已知 $i_1 = 100\sin(\omega t + 45°)$ A，$i_2 = 60\sin(\omega t - 30°)$ A，求 $i = i_1 + i_2$.

解： 用复数方法. 首先将表达式改写成复数

$$\dot{I}_{1m} = 100e^{j45°} A, \quad \dot{I}_{2m} = 60e^{-j30°} A$$

$$\dot{I}_m = \dot{I}_{1m} + \dot{I}_{2m} = (100\cos45° + j100\sin45°) + (60\cos30° - j60\sin30°)$$

<u>代数式</u> $(70.7 + j70.7) + (52 - j30)$ <u>实＋实、虚＋虚</u>得

$$122.7 + j40.7 = 129e^{j18°20'} = 129\angle 18°20'$$

因此瞬时表达式为

$$i = 129\sin(\omega t + 18°20')A$$

3.3　单一参数的正弦交流电路

电阻 R、电感 L、电容 C 是电路的 3 个参数，一般电路都具有这 3 个参数，但在一定条件下，可以忽略其中的一个或两个参数，而构成单一参数或两个参数的电路. 电路参数不同，电路的性质就不一样，其中能量转换和功率的关系也不一样，本节介绍单一参数的正弦交流电路.

3.3.1　电阻元件

既无电感又无电容的电路是**纯阻电路**，实际电路中如电灯、电烙铁等，主要是电阻，因此电感和电容可忽略，电路都可看成纯阻电路，如图 3-8 所示.

若在电路中加电压 u，则流过电流 i，由欧姆定律

$$i = \frac{U_R}{R}, \quad U_R = iR$$

1. 纯阻上电压与电流的相位关系

设电流为

$$i = I_m\sin\omega t（先不考虑初相位） \tag{3-12}$$

那么

$$u_R = iR = RI_m\sin\omega t \tag{3-13}$$

设 $RI_m = U_m$，则 $u_R = U_m\sin\omega t$，比较二式，之间没有相位变化，由此可知纯阻上电压与电流相位相同即同相，如图 3-9 所示.

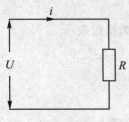

图 3-8　纯阻电路　　　　　图 3-9　纯阻电路 U 和 I 的相位关系

2. 电压与电流的数值关系

由于电压与电流同相,故相量图在同一线上无相差并遵从欧姆定律

$$i = \frac{u}{R}, \quad I_m = \frac{U_m}{R}, \quad I = \frac{U}{R}$$

【例 3.7】 在电阻 $R = 20\ \Omega$ 的电路中,加电压 $u_R = 169.68\sin(314t + 30°)\text{V}$,试求电路中电流的有效值,写出电流瞬时值的表达式.

解: (1) 求电流有效值,因纯电阻电路电流与电压无相差,则电压有效值

$$U = \frac{U_m}{\sqrt{2}} = \frac{169.68}{\sqrt{2}} = 120\ (\text{V})$$

由欧姆定律得

$$I = \frac{U}{R} = \frac{120}{20} = 6\ (\text{A})$$

(2) 求电流的解析表达式,电流瞬时值 $i = I_m\sin(\omega t + \varphi)\text{A}$.

先求幅值

$$I_m = \sqrt{2}I = \frac{U_m}{R} = 8.48\ (\text{A})$$

因为纯阻电路中 i 与 u 是同相的,故瞬时值表达式为

$$i = 8.48\sin(314t + 30°)\text{A}$$

3. 电路的功率

(1) 瞬时功率

$$p = iu = I_m\sin\omega t\, U_m\sin\omega t = I_m U_m \sin^2\omega t$$

将 $\sin^2\omega t = \dfrac{1 - \cos2\omega t}{2}$ 代入上式得

$$p = \frac{U_m I_m}{2}(1 - \cos2\omega t) = UI(1 - \cos2\omega t) \tag{3-14}$$

由式(3-14)可以看出,瞬时功率由两部分组成,第一部分 UI 是常数,第二部分为一个以 2ω 频率随时间变化的余弦量,由于 i 与 u 同相,即 i 与 u 的方向相同,故乘积即功率是正值,如图 3-10 所示. 因此说明电阻之中任何时刻都消耗电能产生热能.

(2) 平均功率,瞬时功率在一周期内的平均值即为平均功率,用大写字母 P 表示,则有

$$P = \frac{1}{T}\int_0^T p\mathrm{d}t = IU = I^2R = \frac{U^2}{R} \tag{3-15}$$

P 称为有功功率,它不随时间变化,是一常数(有效值),通常所说的电路功率均指有功功率.

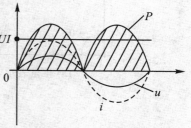

图 3-10　瞬时功率

【例 3.8】 将一个 100 W 灯泡接到 $f = 50\ \text{Hz}, U = 220$ V(有效值)的正弦交流电源上,求此时灯泡的电流和电阻,并写出电流的瞬时值表达式.

解: ① 根据功率定义 $P = IU$ 得

$$I = \frac{P}{U} = \frac{100}{220} = 0.454\ (\text{A})$$

② 电阻 $R = \dfrac{U}{I} = \dfrac{220}{0.454} = 484\ (\Omega)$.

③ 电流 $i = I_m\sin\omega t = \sqrt{2}I\sin(314t) = 0.64\sin314t$ (A).

3.3.2　纯电感电路

1. 电感的基本性质

当电感线圈通过交流电流时,电感中将产生感应电压 u_L,$u_L = L\dfrac{\mathrm{d}i}{\mathrm{d}t}$ 或 $i = \dfrac{1}{L}\displaystyle\int u_L\mathrm{d}t$.$L$ 是电感量,单位为亨利,简称亨,用字母 H 表示,常用单位还有 mH、μH,它们的换算关系是

$$1\ \mathrm{H} = 10^3\ \mathrm{mH} = 10^6\ \mu\mathrm{H}$$

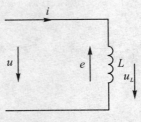

图 3 - 11　纯电感电路

纯电感电路是指电路中电阻和电容等均可忽略不计,只有电感作用的电路,如图 3 - 11 所示,加上交流电 u,则电路中产生电流 i,根据电磁感应定律,电感 L 上将产生自感电动势 e,$e = -L\dfrac{\mathrm{d}i}{\mathrm{d}t}$,它的方向与电流变化方向相反.

电感两端的电压正好与 e 相反,故有 $u_L = -e = L\dfrac{\mathrm{d}i}{\mathrm{d}t}$,即电感上的电压与电流变化率成正比,$L$ 为电感量.

2. 电压与电流的相位关系(电压超前电流 $90°$)

设电流为正弦交流电 $i = I_m\sin\omega t$,代入 $u_L = L\dfrac{\mathrm{d}i}{\mathrm{d}t}$ 得

$$u_L = \omega LI_m\sin(\omega t + 90°) = U_m\sin(\omega t + 90°)$$

$$U_m = \omega LI_m \quad 或 \quad u = I\omega L \tag{3-16}$$

由此可见,电压表达式中多了一个 $+90°$ 相位,说明电感中电压比电流超前 $90°$ 即 $\dfrac{\pi}{2}$,频率相同,即 u 与 i 之间相位差为 $\varphi = 90°$.如图 3 - 12 示.

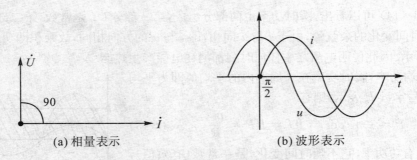

(a) 相量表示　　　　　　　　　(b) 波形表示

图 3 - 12　电感中电压与电流相位关系

3. 电压与电流的数值关系

由式(3-16)可知,设 $\omega L = \dfrac{U}{I} = X_L$,由欧姆定律知 X_L 与电阻的位置相同,X_L 称为电感的感抗,大小等于电感两端电压幅值(或有效值)与流过线圈的电流幅值(或有效值)之比.显然此式也是欧姆定律,只不过是幅值和有效值.瞬时值不满足欧姆定律,$X_L \neq \dfrac{u}{i}$.感抗 X_L 标志线圈对电流变化的阻止作用(抵抗)程度.因此称为"抗".

感抗也可写成

$$X_L = \omega L = 2\pi f L \tag{3-17}$$

由 $X_L = \omega L$，频率 ω 越高，则 X_L 越大，即反抗能力越强，反之，ω 越低，X_L 越小，当 $\omega \to 0$ 时，$X_L = 0$，即对直流电，$X_L = 0$，无抗作用，说明电感对直流无作用，呈短路状态.

结论：电感在直流电路中相当于导线短路. 电感通直流，阻交流.

感抗也可以表示成复数形式 $I = I_m \mathrm{e}^{\mathrm{j}\omega t}$，于是有

$$U = \frac{\mathrm{d}I}{\mathrm{d}t} = \mathrm{j}\omega L I_m \mathrm{e}^{\mathrm{j}\omega t} = \mathrm{j}\omega L I \tag{3-18}$$

因此，$\dfrac{U}{I} = \mathrm{j}\omega L = \mathrm{j}X_L$，称为复阻抗.

4. 电路的功率

(1) 瞬时功率，按定义

$$p_L = u_L \cdot i_L = U_m I_m \sin\omega t \cdot \sin(\omega t + 90°)$$

因为

$$\sin(\omega t + 90°) = \cos\omega t, \quad \sin\omega t \cos\omega t = \frac{1}{2}\sin 2\omega t$$

所以

$$p_L = UI \sin 2\omega t \tag{3-19}$$

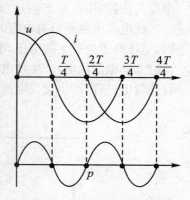

由式 (3-19) 可知，电感上的瞬时功率是以有效值 UI、角频率 2ω 随时间变化的正弦量，如图 3-13 所示. 由图可知，在第 1、3 个 1/4 周期中，电感中电压 u 与电流 i 方向相同，故乘积即瞬时功率 p 为正值，第 2、4 个 1/4 周期 u 与 i 方向相反，故 p 为负值. p 为正值时表明电源把能量传递给线圈，电感把电能储存起来（磁能）. p 为负值，则表明此时电感将储存的能量又送回电源. 从电源取出的能量与送回电源的能量相等，即电感不消耗能量，只起能量转换作用.

(2) 平均功率，将瞬时功率在一个周期里平均即为平均功率

图 3-13　电感中的瞬时功率

$$P = \frac{1}{T}\int p\mathrm{d}t = \frac{1}{T}\int_0^T UI \sin 2\omega t \, \mathrm{d}t = 0$$

平均功率为零，说明电感不消耗能量，但它与电源之间进行能量交换. 为了表示能量转换的规模，定义瞬时功率的最大值为无功功率，用 Q_L 表示：

$$Q_L = U_L I = I^2 X_L = \frac{U^2}{X_L} \text{（乏）}$$

这里不用单位"瓦"，而用"乏"，是为区别有功功率.

电感不耗能，Q_L 为无功功率，而平均值为有功功率.

【例 3.9】 把 $L = 0.1\ \mathrm{H}$ 的电感接在电压为 $U = 10\ \mathrm{V}$ 的 50 Hz 交流电源上，求：(1) 电感中的电流 I；(2) $f = 5\,000\ \mathrm{Hz}$ 时，I 应为何值？

解：(1) $f = 50\ \mathrm{Hz}$，感抗

$$X_L = \omega L = 2\pi f L = 2 \times 3.14 \times 50 \times 0.1 = 31.4\ (\Omega)$$

注意公式中 f 的单位用 Hz，L 的单位用 H，则结果为 Ω.

$$I = \frac{U}{X_L} = \frac{10}{3.14} = 318 \ (\text{mA})$$

(2) 当 $f = 5\,000$ Hz 时，$X_L = 2\pi f L = 3\,140$（Ω）. 电流

$$I = \frac{u}{X_L} = \frac{10}{3\,140} = 3.18 \ (\text{mA})$$

由此例可以看出，信号频率越高，感抗越大，电路中的电流越小.

【例 3.10】　设电压 $u = 220\sqrt{2}\sin(10\pi t - 60°)$ V 加在电感为 $L = 0.012$ H 的线圈上，试求：(1) X_L；(2) I；(3) Q_L.

解:(1)　　　　　　$X_L = \omega L = 2\pi f L = 100 \times 3.14 \times 0.012 = 4$（Ω）

　　　(2)　　　　　　$I_L = \frac{U}{X_L} = \frac{220}{4} = 55$（A）

　　　(3)　　　　　　$Q_L = UI = 220 \times 55 = 12\,100$（乏）

3.3.3　纯电容电路

1. 电容的基本性质

电容器加上电压后，电容板集聚电荷，建立电场，电压也随之升高，电源电压降低，它会把电荷释放给电源，电容上充放电电流为 $i_C = C\dfrac{\mathrm{d}u_C(t)}{\mathrm{d}t}$，电容上的电压 $u_C = \dfrac{1}{C}\displaystyle\int i_C(t)\mathrm{d}t$. 电容的单位为法拉，用符号 F 表示，$1$ F $= 10^6$ μF $= 10^{12}$ pF.

纯电容电路是只有电容的电路. 如图 3-14 所示，电容对直流相当于开路. 当加交流电源时，电压高于电容上的电压，电容被充电，有充电电流 i. 反之，当电压降低时，电容充的电荷会反过来向电源放电，产生放电电流. 因此，交流电源加在电容上时随着交流电的变化，电容即进行充放电过程，产生交变电流. 如图 3-15 所示.

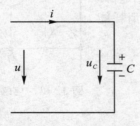

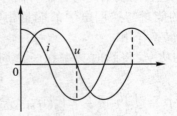

图 3-14　纯电容电路　　　　　　　　图 3-15　电容上电压电流波形

2. 电压与电流的相位关系(电流超前电压 90°)

设

$$u = U_m\sin\omega t$$

则

$$i_C = C\frac{\mathrm{d}u}{\mathrm{d}t} = CU_m\omega\cos\omega t = U_m\omega C\sin(\omega t + 90°) \tag{3-20}$$

$I_m = U_m\omega C$ 为电流幅值或 $I = u\omega C$ 为电流有效值.

由(3-20)式可看出，电容上的电流与电压均为正弦波，但电流相位多了 90°，**即电流比电压超前 90°**$\left(\dfrac{\pi}{2}\right)$，用相量表示如图 3-16 所示.

由式(3-20)可知,显然电容上的电压与电流同频率不同相,由波形图可知,当 $u=0$ 时,i 却最大,这是因为此时 u 的变化最快,即 $\dfrac{\mathrm{d}u}{\mathrm{d}t}$ 最大,又因 u 此时是上升的,因此 $\dfrac{\mathrm{d}u}{\mathrm{d}t}>0$,$i>0$ 为正,在 $\dfrac{\pi}{2}$ 时,u 最大,但电流 $i=0$,因为此时 $\dfrac{\mathrm{d}u}{\mathrm{d}t}=0$. 在 $\dfrac{\pi}{2}$ 之后,u 由大变小,故 $\dfrac{\mathrm{d}u}{\mathrm{d}t}<0$,$i<0$ 为负值. 显然 i 的大小由电压变化率 $\dfrac{\mathrm{d}u}{\mathrm{d}t}$ 决定.

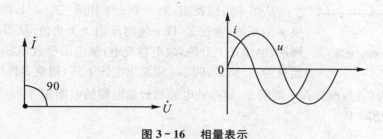

图 3-16　相量表示

3. 电流与电压的数值关系

电容上电压与电流的表达式

$$u=U_m\sin\omega t, \quad i=I_m\sin(\omega t+90°)$$

由式(3-20)可得到

$$I_m=U_m\omega C$$

即 $\dfrac{U_m}{I_m}=\dfrac{1}{\omega C}$,也可以用有效值表示:$\dfrac{U}{I}=\dfrac{1}{\omega C}$. 按欧姆定律,电压与电流之比为阻抗,故 $\dfrac{1}{\omega C}$ 单位也是欧姆,记为

$$X_C=\frac{1}{\omega C}\quad\text{——容抗}\tag{3-21}$$

它对电流也是起"抗"的作用,因此与 $\omega L=X_L$ 同样称为"抗",R 称为电阻,X_L、X_C 称为电抗. 通常将电阻、感抗和容抗,统称为阻抗. 显然,对于确定的电容,X_C 的大小不是定值,它与频率 ω 有关,ω 越大,$X_C=\dfrac{1}{\omega C}$ 越小,容抗小,当 ω 减小,容抗增大. 当 $\omega\to$ 0 即直流时 $X_C\to\infty$,此时电容上电流 $i_C\to0$,因此,对于直流电,电容相当于开路,对于特高频即 ω 很大时,X_C 很小,电容相当于短路. 容抗与频率的关系曲线如图 3-17 所示.

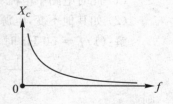

图 3-17　X_C 与频率的关系

结论:电容隔直流,通交流!

电容上电压与电流也可以用复数表示:

$$\dot{U}=U_m\mathrm{e}^{\mathrm{j}\omega t}, \quad \dot{I}=C\frac{\mathrm{d}\dot{U}}{\mathrm{d}t}=CU_m\mathrm{j}\omega\mathrm{e}^{\mathrm{j}\omega t}=\mathrm{j}\omega C\cdot\dot{U}$$

$$\frac{\dot{U}}{\dot{I}}=-\mathrm{j}\frac{1}{\omega C}=-\mathrm{j}X_C\quad\text{——复阻抗}\tag{3-22}$$

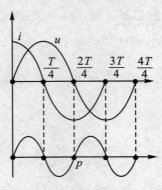

图 3-18　瞬时功率

3. 电路的功率

（1）瞬时功率 p. 由定义

$$p = ui = U_m I_m \sin\omega t \cdot \sin(\omega t + 90°)$$

$$= U_m I_m \sin\omega t \cdot \cos\omega t = \frac{U_m I_m}{2}\sin 2\omega t = UI\sin 2\omega t$$

显然，瞬时功率 p 是以 UI 为幅值以 $2\omega t$ 变化的正弦波形. 如图 3-18 所示.

从图中可以看出：第一个 π/4 和第三个 π/4，即一、三 π/4 周期里 p 为正值，而在二、四 π/4 时间内 p 为负值. 从图可知，一、三 1/4 周期，电压是上升的，故电容充电，从电源吸收电能量储存起来，故能量为正. 而二、四 1/4 周期里电压下降，则电容将储存的电能放电还给电源，变为负值，而且在一周期里，储存的电能与放给电源的电能相等.

（2）平均功率 P.

$$P = \frac{1}{T} = \int_0^T p\mathrm{d}t = 0$$

从平均功率表达式可知，电容不消耗电能，只进行能量交换！

虽然电容的平均功率为零，但同电感一样，为表示电容转换能量的规模，用无功功率 Q_C 表示：

$$Q_C = U_C I = I^2 X_C = \frac{U_C^2}{X_C}(乏) \tag{3-23}$$

它是瞬时功率的幅值$\left(形式与电阻的功率 P_R = UI = I^2 R = \dfrac{U^2}{R}\ 相同\right).$

【例 3.11】　把一个 $C = 25\ \mu\mathrm{F}$ 的电容接到频率 $f = 50\ \mathrm{Hz}$，电压 220 V 的正弦交流电源上，求：

（1）此时电路中电流 I.

（2）如其他不变，电源频率 $f = 5\ 000\ \mathrm{Hz}$，此时的电流 I.

解：（1）$f = 50\ \mathrm{Hz}$ 时

$$X_C = \frac{1}{\omega C} = \frac{1}{2\pi fC} = \frac{1}{2 \times 3.14 \times 50 \times 25 \times 10^{-6}} = 127.4\ (\Omega)$$

则

$$I = \frac{U}{X_C} = \frac{220}{127.4} = 1.73\ (\mathrm{A})$$

（2）$f = 5\ 000\ \mathrm{Hz}$ 时

$$X_C = \frac{1}{2\pi fC} = 1.274\ (\Omega)$$

此时电流

$$I = \frac{U}{X_C} = 173\ (\mathrm{A})$$

【例 3.12】　将 $C = 38.5\ \mu\mathrm{F}$ 接到 $U = 220\ \mathrm{V}$，频率 $f = 50\ \mathrm{Hz}$ 的交流电源上，求电路的容抗 X_C，电流 I，无功功率 Q_C.

解：容抗

$$X_C = \frac{1}{\omega C} = \frac{1}{2\pi f C} = \frac{1}{2 \times 3.14 \times 50 \times 38.5 \times 10^{-6}} = 80 \ (\Omega)$$

电流

$$I = \frac{U}{X_C} = \frac{220}{80} = 2.75 \ (A)$$

无功功率

$$Q_C = U \cdot I = 220 \times 2.75 = 605 (乏)$$

通过上述讨论,可以得出以下结论:

电阻上,电流电压同相,有

$$R = \frac{U}{I} = \frac{u}{i} = \frac{U_m}{I_m}$$

电感上,电压超前 90°,有

$$X_L = \omega L = \frac{U}{I} = \frac{U_m}{I_m} \neq \frac{u}{i}$$

电容上,电流超前 90°,有

$$X_C = \frac{1}{\omega C} = \frac{U}{I} = \frac{U_m}{I_m} \neq \frac{u}{i}$$

3.4　RLC 串联正弦交流电路

3.4.1　RLC 串联电路分析方法

串联电路如图 3-19 所示. 当电路加上正弦交流电源时,电路中将产生交变电流.

设 RLC 电路的电流 $i = I_m \sin\omega t$,各元件上的电压分别为

$$\begin{cases} u_R = I_m R \sin\omega t \\ u_L = I_m \omega l \sin(\omega t + 90°) \\ u_C = I_m \frac{1}{\omega C} \sin(\omega t - 90°) \end{cases}$$

且瞬时值满足基尔霍夫定律,即

$$u = u_R + u_L + u_C$$
$$U = U_m \sin(\omega t + \varphi) \tag{3-24}$$

式中,U_m 是外加电压的最大值,φ 为外加电压与电流之间的相位差.

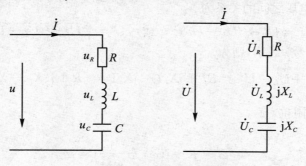

图 3-19　串联电路

1. 电流与电压的相位关系

由于电阻 R 上 u 与 i 无相差,而 u_L 比 i 超前 $90°$,u_C 比 i 滞后 $90°$,即瞬时的 u_L 与 u_C 是反相的,电路性质完全决定于 X_L 和 X_C.

由于串联是同一支路,故串联电路中电流 i 处处相同.

电流与电压的有效值(或幅值)满足欧姆定律:

$$U_L = IX_L, \quad U_C = IX_C, \quad U_R = IR$$

分三种情况讨论:$X_L > X_C$,$X_L < X_C$,$X_L = X_C$.

(1)$X_L > X_C$ $\Rightarrow$ $U_L > U_C$(**用相量图说明**),由于有相差,故电压不能直接求和,按相量法可知总电压 U 应是三个相量之和,如图3-20(a)所示,$U_L > U_C$ 时总电压与电流相位差为 φ,且电压超前电流 $0 < \varphi < 90°$,电路呈感性.

(2)$X_L < X_C$,相量图表示如图3-20(b)所示,从图上可以看出,$U_L < U_C$ 时合成后 φ 为负值,电压 U 滞后电流 I,$-90° < \varphi$,即串联电路当 $X_L < X_C$ 时,电压滞后电流 φ,电路呈容性.

(3)$X_L = X_C$,此时 $U_L = U_C$,二者方向相反,和为 0,$U = U_R$,电路呈现阻性,即纯电阻性质. 如图3-20(c)所示.

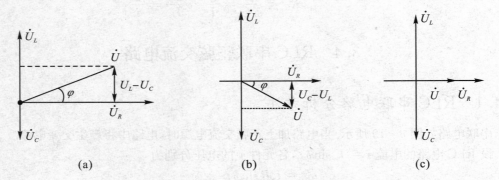

图 3-20　电压相量图

2. 电流与电压的数值关系(阻抗三角形和电压三角形方法)

由图3-20可知,RLC 串联电路中三种元件上的电压呈三角形关系,称为**电压三角形**.

串联电路中有效值大小从相量图3-20中可以解出,即总电压与各分压之间构成直角三角形,三角形的斜边是总电压 U,一个分量是与电流同相的电阻上的压降,称为有功分量,另一分量是与电流相差 $\pm 90°$ 的 U_L 与 U_C 之差 $U_L - U_C$,为无功分量. 由勾股弦定理可求出总电压,总电压有效值与各分电压之间的关系为

$$U^2 = U_R^2 + (U_L - U_C)^2 \quad \text{或} \quad U = \sqrt{U_R^2 + (U_L - U_C)^2} \tag{3-25}$$

如用相量式(复数)表示,则为

$$\dot{U} = \dot{U}_R + \dot{U}_L + \dot{U}_C = R\dot{I} + jX_L\dot{I} - jX_C\dot{I} = [R + j(X_L - X_C)]\dot{I} = Z\dot{I}$$

$Z = \dfrac{\dot{U}}{\dot{I}}$ 称为复阻抗,有

$$Z = R + j\left(\omega t - \frac{1}{\omega C}\right) = e^{j\varphi} \tag{3-26}$$

其中

$$\varphi = \text{tg}^{-1} \frac{X}{R} \qquad\qquad (3-27)$$

实部 R 为电阻,虚部 $j(X_L - X_C)$,称为电抗,用 jX 表示,$X = X_L - X_C$.

将有效值电压表达式(3-25)式两边同除以电流 I 则有

$$\frac{U}{I} = \sqrt{\left(\frac{U_R}{I}\right)^2 + \left(\frac{U_L - U_C}{I}\right)^2} = |Z| = \sqrt{R^2 + (X_L - X_C)^2} = \sqrt{R^2 + X^2}$$

复数式为

$$Z = R + jX_L + (-jX_C) = R + j(X_L - X_C) = R + jX \qquad (3-28)$$

其中 $X(\Omega)$ 称为电抗,$X = X_L - X_C$.

阻抗值 $|Z|$、R、X 三者之间符合直角三角形的关系,称其为**阻抗三角形**. $|Z|$ 称为复阻抗的模,单位为欧姆,简称为电路的阻抗. 由前面的电压三角形除以电流 I,可得到阻抗三角形,如图 3-21 所示. 阻抗的实部称为电阻 R,虚部称为电抗 X,$|Z|$ 称为阻抗模,φ 称为阻抗角,$\varphi = \text{tg}^{-1} \frac{X}{R}$,阻抗角和阻抗模一般与频率有关.

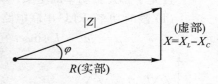

图 3-21　阻抗三角形

结论:电路中无论有多少种元件,结果中只要电压超前电流,则该电路性质呈感性,反之,呈容性,无相差时,呈阻性(由 φ 可知,$\varphi > 0$ 呈感性,$\varphi < 0$ 呈容性,$\varphi = 0$,阻性,或简单判断:电路中感抗 $X_L > X_C$,则电路呈感性;$X_L < X_C$,则电路呈容性;$X_L = X_C$,则电路呈阻性).

由前述可知,在 RLC 串联电路中,总电压瞬时值可以直接相加,但有效值和幅值不能求代数和,只能用相量法,即电压三角形、阻抗三角形方法求解.

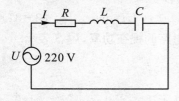

图 3-22　例 3.13 图

【**例 3.13**】　RLC 串联电路如图 3-22 所示,已知 $U = 220$ V,$f = 50$ Hz,$R = 30$ Ω,$L = 445$ mH,$C = 32$ μF. 试求:

(1) 电流 I.

(2) 电压与电流的相角 φ.

(3) U_R、U_L、U_C.

(4) 电路呈什么性质?

解:(1) 先求电路的总阻抗 $|Z| = \sqrt{R^2 + (X_L - X_C)^2}$. 已知 $R = 30$ Ω,$X_L = \omega L = 2\pi f L = 2 \times 3.14 \times 50 \times 445 \times 10^{-3} = 140$ Ω,$X_C = \frac{1}{\omega C} = \frac{1}{2\pi \times 50 \times 32 \times 10^{-6}} = 100$ Ω,代入公式得

$$|Z| = \sqrt{30^2 + (140 - 100)^2} = 50 \ (\Omega)$$

于是

$$I = \frac{U}{|Z|} = \frac{220}{50} = 4.4 \ (A)$$

(2) 电压与电流的相角与阻抗角相同:

$$\varphi = \text{tg}^{-1} \frac{X_L - X_C}{R} = \text{tg}^{-1} \frac{40}{30} \approx 53°$$

(3) $\qquad\qquad U_R = I \cdot R = 4.4 \times 30 = 132 \ (V)$

$$U_L = I \cdot \omega L = 4.4 \times 140 = 616 \ (V)$$

$$U_C = I \cdot \frac{1}{\omega C} = 4.4 \times 100 = 440 \text{ (V)}$$

用相量三角形验证

$$U = \sqrt{U_R^2 + (U_L - U_C)^2} = \sqrt{132 + (616 - 440)^2} = 220 \text{ (V)}$$

显然有效值电压不能直接求代数和.

(4) 因为 $\varphi = 53° > 0$,故电路性质呈感性.

3.4.2 RLC 串联交流电路的功率与功率因数

首先了解几种功率的定义:瞬时功率 p、有功功率 P、无功功率 Q、视在功率 S.

(1) 瞬时功率. RLC 串联电路的瞬时功率仍为瞬时电压 u 与瞬时电流 i 的乘积

$$p = ui = I_m \sin\omega t \times U_m \sin(\omega t + \varphi) = UI\cos\varphi - UI\cos(2\omega t + \varphi) \quad (3-29)$$

瞬时功率的波形如图 3-23 所示.

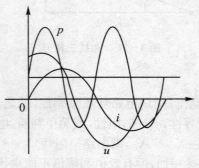

图 3-23 瞬时功率

(2) 有功功率. 为电阻上消耗的功率(它是平均功率)

$$P = I^2 R = U_R I = \frac{U_R^2}{R} \text{(W)} = UI\cos\varphi \quad (3-30)$$

(3) 无功功率. 电感电容上只起能量交换作用,不消耗电能,是无功功率. 用 Q 表示

$$Q = Q_L - Q_C, \quad Q_L = U_L I, \quad Q_C = U_C \cdot I(乏)$$

当 $Q_L = Q_C$ 时,因二者方向相反,故有

$$Q = Q_L - Q_C = 0$$

二者不等时,电路中的无功功率

$$Q = I(U_L - U_C) = UI\sin\varphi \quad (3-31)$$

(4) 视在功率. 电路两端总电压和电流的有效值乘积,称为电路的**视在功率**,用 S 表示.

$$S = UI \text{ (单位为伏安(VA))} \quad (3-32)$$

它表明电源在某负载上输出的可能最大功率.

P、Q 和 S 也可以表示成三角形关系称为功率三角形如图 3-24 所示.

由功率三角形可以得到它们之间的关系

$$\left.\begin{array}{l} P = UI\cos\varphi \\ Q = UI\sin\varphi \\ S = UI = \sqrt{P^2 + Q^2} \end{array}\right\} \quad (3-33)$$

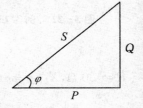

从图 3-20、图 3-21 和图 3-24 可以看出,将电压三角形各边同除以电流就可以得到阻抗三角形,将电压三角形各边同乘以电流可以得到功率三角形.

图 3-24 功率三角形

(5) 功率因数. 电路的有功功率与视在功率之比称为电路的**功率因数**.

$$\frac{P}{S} = \cos\varphi \quad (3-34)$$

$\cos\varphi$ 是电路的功率因数,由功率三角形可以看出,当 $\varphi = 0$,$\cos\varphi = 1$ 时,$P = S$,当 $\cos\varphi \neq 1$ 时,$P < S$. $\cos\varphi$ 的大小表明电源输出功率被利用的程度,因此,在电气设计中,应尽量提高功率因数,改善效率,使 $\cos\varphi \to 1$,即相角 $\varphi \to 0$,使电器中的电感与电容上的压降尽量相等,即 $U_L = U_C$.有的电器中加上一个电容——称为**电力电容器**,用以改善其用电效率.一般说来,各

种电器大多呈感性,因此需适当加电容以提高功率因数.

3.5　正弦稳态电路功率因数的提高

3.5.1　功率因数提高的意义

我们知道,交流电路的有功功率不仅与电压、电流的有效值有关,还与电压与电流的相位差 φ 有关,是电路有功功率与视在功率的比值.用电设备功率因数低对电力系统非常不利,提高功率因数的意义表现在以下几个方面:

1. 电源设备的容量能充分利用

发电设备的容量,即额定视在功率 $S_N = U_N I_N$,表示它能向负载提供的最大功率.对于纯电阻负载,由于 $\cos\varphi = 1$,所以发电设备能将全部容量都送给负载消耗.但当负载的 $\cos\varphi < 1$ 时,发电机能发出的有功功率就减小了,尽管此时发电机发出的有功功率小于其容量,但由于视在功率已经达到了额定值,发电机的电压、电流均达到额定值,发电机没有剩余容量向其他负载供电了.负载的 $\cos\varphi$ 越低,发电机的容量就越不能充分利用.

2. 减小输电线路的功率及电压损耗

功率因数越低,输出电流就越大,消耗在输电线路上的功率就越大.提高功率因数非常重要,它能使发电设备的容量得到充分利用,从而带来显著的经济效益.根据用电规则,高压供电的工业企业的平均功率因数不得低于 0.95,其他单位不得低于 0.9.当企业的自然总平均功率因数较低时,应采用必要的无功功率补偿设备来提高功率因数.

功率因数不高是对整个电路而言,对于每个具体的用电设备,其额定工作要求和自身功率因数一般是确定的,在对线路功率因数提高时,不应改变用电设备的工作状态.

功率因数降低的根本原因是目前工业和民用建筑中大量的用电设备都是感性负载,负载中感抗与外电路存在能量交换,无功功率大于零,功率因数小于 1.考虑到实际电力系统均采用电压源供电方式,所有负载并联在供电线路上,所以提高功率因数的常用方法是用电力电容器并联在感性负载的两端,这样既不改变负载的工作条件,又能有效地提高线路功率因数.

3.5.2　提高功率因数常用的方法

与电感性负载并联静电电力电容器如图 3-25 所示.

功率因数

$$\lambda = \frac{P}{S} = \cos\varphi$$

并联电容器后,电感性负载的电流和功率因数均未发生变化,这时因为所加的电压和电路参数没有改变.但电路的总电流变小了;总电压和电路总电流之间的相位差 φ 变小了,即 $\cos\varphi$ 变大了.

(1) 并联电容器后,减小了电源与负载之间的能量互换.

(2) 并联电容器后,线路电流也减小了(电流相量相加),因而减小了功率损耗.

(3) 应该注意,并联电容器以后有功功率并未改变,因为电容器是不消耗电能的.

1. 所需并联电容器的电容量

无功功率

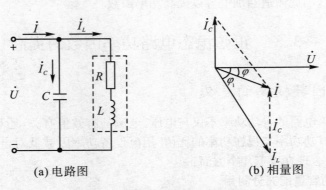

(a) 电路图　　　　　　　　　(b) 相量图

图 3 − 25　提高功率因数的方法

$$Q_C = Q_1 - Q = P\tan\varphi_1 - P\tan\varphi = P(\tan\varphi_1 - \tan\varphi)$$

又

$$Q_C = \omega C U^2$$

故

$$C = \frac{P}{\omega U^2}(\tan\varphi_1 - \tan\varphi) \tag{3−35}$$

φ_1, φ 为并联电容器前后的相位差,如图 3 − 25(b) 所示.

因此在只有电感或电容元件的电路中,$P = 0, S = Q, \lambda = 0$.

在只有电阻元件的电路中,$Q = 0, S = P, \lambda = 1$.

【**例 3.14**】　某供电设备输出 220 V,额定视在功率为 220 kVA,如果向额定功率为 33 kW,功率因数为 0.8 的工厂供电,能供给几个工厂?若把功率因数提高到 0.95,又能供给几个工厂?每个工厂应并接多大的电容?

解:供电设备输出的额定电流为

$$I_N = \frac{S}{U} = \frac{220 \times 10^3}{220} = 1\ 000\ (A)$$

当 $\lambda_1 = 0.8$ 时,每个工厂取用的电流为

$$I_1 = \frac{P}{U\lambda_1} = \frac{33 \times 10^3}{220 \times 0.8} = 187.5\ (A)$$

可供给的工厂数为

$$\frac{I_N}{I_1} = \frac{1\ 000}{187.5} = 5\ (个)$$

当 $\lambda = 0.95$ 时,每个工厂取用的电流为

$$I = \frac{P}{U\lambda} = \frac{33 \times 10^3}{220 \times 0.95} = 157.9\ (A)$$

可供给的工厂数为

$$\frac{I_N}{I} = \frac{1\ 000}{157.9} = 6\ (个)$$

应并接的电容

$$C = \frac{P}{\omega U^2}(\tan\varphi_1 - \tan\varphi)$$

$$\varphi_1 = \arccos 0.8 = 36.9°$$

$$\varphi_1 = \arccos 0.95 = 18.2°$$

$$C = \frac{33 \times 1\,000}{2 \times 3.14 \times 50 \times 220^2}(\tan 36.9° - \tan 18.2°) = 916\,(\mu F)$$

3.6　电路中的谐振

在 R、L、C 组成的交流电路中,一般端口电压和电流的相位是不相同的.由于电感和电容的阻抗和电路的工作频率密切相关,因此,电压与电流的相位关系也与频率有关,当端口电压 u 与电路中的电流 i 同相时,二端网络电路的性质呈电阻性,二端网络的阻抗得到最大值或最小值,电路中电压(电流)出现最大值或最小值,这时电路中发生**谐振现象**.

在无线电技术中,把信号频率固定,调整电路的参数使之产生谐振的过程,称为**电路调谐**,如我们常用的收音机,就是通过调节电容量使输入回路在需要收听的电台载波频率发生谐振.根据电路的连接方式不同,又分为串联谐振和并联谐振.

3.6.1　串联谐振

谐振发生在串联电路中,称为**串联谐振**.

(1) 发生串联谐振的条件.

$$X_L = X_C \quad 或 \quad 2\pi fL = \frac{1}{2\pi fC}$$

并由此得出谐振频率

$$f = f_0 = \frac{1}{2\pi\sqrt{LC}}$$

谐振角频率

$$\omega = 2\pi f_0 = \frac{1}{\sqrt{LC}} \tag{3-36}$$

(2) 串联谐振的特征.

① 电路的阻抗最小,$|Z| = \sqrt{R^2 + (X_L - X_C)^2} = R$.

② 由于电源电压与电路中电流同相($\varphi = 0$),电路对电源呈现电阻性.

③ 由于 $X_L = X_C$,于是 $U_L = U_C$.而 $\dot{U}_L$ 与 $\dot{U}_C$ 在相位上相反,互相抵消,因此电源电压 $\dot{U} = \dot{U}_R$.

④ 串联谐振电路的品质因数 $Q = \dfrac{\omega_0 L}{R} = \dfrac{1}{\omega_0 CR} = \dfrac{1}{R}\sqrt{\dfrac{L}{C}}$,**品质因数**表示谐振时电感或电容上的电压大于总电压的倍数.Q 值越大,电路的选频特性就越好.

在电力工程上要避免发生串联谐振,以免引起高电压击穿线圈或电容器.但在无线电技术中,由于信号微弱,常利用串联谐振来获得一个较高的电压.

(3) 串联谐振的应用.常用在调谐回路中.在收音机调谐电路中,改变电容 C,使电路在所需信号频率发生谐振,此时所需信号在电容两端电压最高,其他信号由于没有谐振,电压很小.这样就起到了选择信号和抑制干扰的作用.

3.6.2 并联谐振

谐振发生并联电路中,称为**并联谐振**.

(1) 并联谐振频率.

$$f = f_0 = \frac{1}{2\pi\sqrt{LC}}$$

(2) 并联谐振的特征.

① 谐振时电路的阻抗为

$$|Z_0| = \frac{1}{\dfrac{RC}{L}} = \frac{L}{RC}$$

其值最大,即比非谐振情况下的阻抗要大.因此在电源电压 U 一定的情况下,电路的电流 I 将在谐振时达到最小值.

② 由于电源电压与电路中电流同相($\varphi = 0$),因此,电路对电源呈现电阻性.

③ 当 $R \ll \omega_0 L$ 时,两并联支路的电流近似相等,且比总电流大许多倍,即

$$I_C \gg I_0, \quad I_L \gg I_0$$

但相位相反,i_1 滞后于 u 的角度接近 $90°$,所以并联谐振也称为电流谐振.

与串联谐振电路类似,并联谐振时支路电流与总电流之比称为并联谐振电路的品质因数,用 Q 表示,即

$$Q = \frac{I_L}{I_0} = \frac{I_C}{I_0} = \frac{\omega_0 L}{R} = \frac{1}{\omega_0 CR}$$

电子技术中常用电流源向 LC 并联电路供电,以达到选频的目的.当电源频率为谐振频率 f_0 时,电路出现并联谐振,电阻阻抗最大,使电路两端产生很高的电压.而当频率偏移 f_0 时,电路不会发生谐振(简称失谐),阻抗较小,端电压也较小,从而达到选频的目的.

本 章 小 结

本章主要讲授 R、L、C 等元件组成的正弦交流电路的特点和分析方法,要求着重掌握和理解以下几个问题:

1. 正弦量的三要素:振幅、角频率和初相.

2. 相位差:两个同频率正弦量的初相之差.

3. 正弦量的相量表示及相量运算,正弦交流电主要有瞬时表达式、波形图和相量表示法三种形式.相量表示法是利用复数的运算方法对正弦交流电进行分析和运算.

4. R、L、C 元件伏安关系的相量形式,电阻电路电压与电流同相,电感电路电压超前电流 $90°$,电容电路电压滞后电流 $90°$.电阻为耗能元件,电感、电容均为储能元件.利用相量图可得出 R、L、C 串联电路的阻抗三角形、电压三角形和功率三角形.

5. 正弦交流电路的三种功率.

$$P = UI\cos\varphi$$
$$Q = UI\sin\varphi$$
$$S = \sqrt{P^2 + Q^2}$$

6. 掌握提高功率因数的经济意义及常用方法,所需并联电容器的电容量

$$C = \frac{P}{\omega U^2}(\tan\varphi_1 - \tan\varphi)$$

7. R、L、C 串、并联电路谐振的条件、特征,串联谐振的条件是 $X_L = X_C$,电源电压与电路中电流同相($\varphi = 0$).特点是阻抗最小 $|Z_0| = R$,电流最大,如果 $X_L = X_C \gg R$,则 $U_L = U_C \gg U$,所以串联谐振又称电压谐振.

并联谐振在 $R \ll X_L$ 时(一般情况都能满足),其谐振条件也为 $X_L = X_C$,电源电压与电路中电流同相($\varphi = 0$).特点是阻抗最大,总电流 I_0 最小,$I_L \approx I_C \gg I_0$,所以并联谐振又称电流谐振.

习　　题

1. 已知 $i_1 = 100\sqrt{2}\sin(\omega t + 45°)$A,$i_2 = 60\sqrt{2}\sin(\omega t - 30°)$A.试求总电流 $i = i_1 + i_2$,并作出相量图.

2. 把一个 $100\,\Omega$ 的电阻元件接到频率为 $50\,\text{Hz}$,电压有效值为 $10\,\text{V}$ 的正弦电源上,问电流是多少?如保持电压值不变,而电源频率改变为 $5\,000\,\text{Hz}$,这时电流将为多少?

3. 若把题2中的 $100\,\Omega$ 的电阻元件改为 $25\,\mu\text{F}$ 的电容元件,这时电流又将如何变化?

4. 用下列各式表示 RC 串联电路中的电压、电流,哪些是对的,哪些是错的?

(1) $i = \dfrac{u}{|Z|}$;　　　(2) $I = \dfrac{U}{R + X_C}$;　　　(3) $\dot{I} = \dfrac{\dot{U}}{R - \text{j}\omega C}$;　　　(4) $I = \dfrac{U}{|Z|}$;

(5) $U = U_R + U_C$;　　(6) $\dot{U} = \dot{U}_R + \dot{U}_C$;　　(7) $\dot{I} = -\text{j}\dfrac{\dot{U}}{\omega C}$;　　　(8) $\dot{I} = \text{j}\dfrac{\dot{U}}{\omega C}$.

5. 如图 3-26 所示电路中,$U_1 = 40\,\text{V}$,$U_2 = 30\,\text{V}$,$i = 10\sin 314t\,\text{A}$,则 U 为多少?并写出其瞬时值表达式.

6. 如图 3-27 所示电路中,已知 $u = 100\sin(314t + 30°)\,\text{V}$,$i = 22.36\sin(314t + 19.7°)\,\text{A}$,$i_2 = 10\sin(314t + 83.13°)\,\text{A}$.试求 i_1、Z_1、Z_2 并说明 Z_1、Z_2 的性质,绘出相量图.

7. 如图 3-28 所示电路中,$X_R = X_L = R$,并已知电流表 A_1 的读数为 3 A,试问 A_2 和 A_3 的读数为多少?

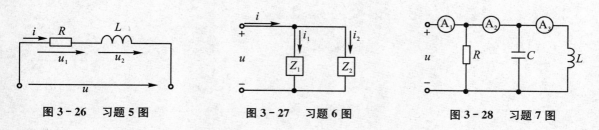

图 3-26　习题 5 图　　　　图 3-27　习题 6 图　　　　图 3-28　习题 7 图

8. 有一 R、L、C 串联的交流电路,已知 $R = X_L = X_C = 10\,\Omega$,$I = 1\,\text{A}$,试求电压 U、U_R、U_L、U_C 和电路总阻抗 $|Z|$.

9. 把一个 $100\,\Omega$ 的电阻元件接到频率为 $50\,\text{Hz}$,电压有效值为 $10\,\text{V}$ 的正弦电源上,试问:电流是多少?如保持电压值不变,而电源频率改变为 $5\,000\,\text{Hz}$,这时电流将为多少?

10. 若把题 9 中的 100 Ω 的电阻元件改为 25 μF 的电容元件,这时电流又将如何变化?

11. 已知 $i = 100\sqrt{2}\sin(\varphi t + 45°)$,$i_2 = 60\sqrt{2}\sin(\varphi t - 30°)$,试求总电流 $i = i_1 + i_2$,并作相量图.

12. 今有一个 40 W 的日光灯,使用时灯管与镇流器(可近似把镇流器看作纯电感)串联在电压为 220 V,频率为 50 Hz 的电源上. 已知灯管工作时属于纯电阻负载,灯管两端的电压等于 110 V,试求:镇流器上的感抗和电感. 这时电路的功率因数等于多少?若将功率因数提高到 0.8,问应并联多大的电容?

第 4 章　电路的暂态分析

本章主要内容为分析一阶电路的"暂态"与"稳态"两种状态；牢固掌握换路定律；理解暂态分析中的"零输入响应"、"零状态响应"及"全响应"等概念；充分理解一阶电路中暂态过程的规律；熟练掌握一阶电路暂态分析的三要素法.

4.1　电路的过渡过程

4.1.1　基本概念

一个事件或物理过程，在一定条件下可以从一个稳定的状态（稳态），转到另一个稳定状态，而这个转变需要一个过程，即需要一定的转化时间，这一物理过程就称为**"过渡过程"**. 通常需熟悉以下基本概念.

1. 状态变量

代表物体所处状态的可变化量称为状态变量. 如电感元件的电流 i_L 及电容元件的电压 u_C.

2. 换路

换路是引起电路工作状态变化的各种因素. 电路接通、断开或结构和参数发生变化等.

3. 暂态

动态元件 L 的磁场能量 $W_L = (1/2)LI^2$ 和 C 的电场能量 $W_C = (1/2)CU_C^2$，在电路发生换路时必定产生变化，由于这种变化持续的时间非常短暂，通常称为"暂态".

4. 零输入响应

电路发生换路前，动态元件中已储有原始能量. 换路时，外部输入激励为零，仅在动态元件原始能量作用下引起的电路响应.

5. 零状态响应

动态元件的原始储能为零，仅在外部输入激励的作用下引起的电路响应.

6. 全响应

电路中既有外部激励，动态元件的原始储能也不为零，这种情况下换路引起的电路响应.

因此，电路产生过渡过程必须具备两个条件：

（1）工作条件发生变化，如电路的连接方式改变或电路元件参数改变等.

（2）电路中必须含有储能元件（如电容或电感），并且当电路工作条件改变时，它们的储能状态发生变化.

过渡过程产生的根本原因在于电路中储能不能跃变，能量的积累或衰减都需要一定的时间，否则功率将趋于无穷大. 由于能量不能跃变，反映在电感上，就表现为电感的电流不能跃变；反映在电容上，表现为电容的电压不能跃变. 而在电阻电路中，由于不存在储能元件，因此，任何时刻电路的响应只与当前的激励有关，没有过渡过程，即电路可以在瞬间完成由一个状态转换到另一个状态过程.

在电路开始工作或电路发生变化后的一段时间内,当有储能元件存在时,电路的储能状态的变化是渐变的. 在这个渐变的过程中,电路是如何响应的呢?这是一个很复杂的过程,为简化分析,本章主要内容是讨论电路从一个直流激励状态到另一个直流激励状态的暂态过程.

4.1.2　换路定律

电路的暂态过程是由电路的连接方式(结构)或电路元件参数(元件)发生突变而引起的,这些变化事实上将原先的工作电路作了变换. 电路元件或元件参数的这些变化,必然导致电路中电压和电流的变化,而储能元件电压和电流的约束关系是通过导数或积分来表达的,因此,描述电路性状的方程将是以电压、电流为变量的微分方程. 由于微分方程求解过程中的积分常数需由电路的初始条件来确定,而这些初始条件正是电路储能状态的描述.

为方便分析,设换路是在瞬间完成的,将换路时刻用 $t = t_0$ 表示,把换路前的瞬间记为 $t = t_0^-$,换路后的瞬间记为 $t = t_0^+$.

1. 什么叫换路

在许多电路中存在着开关(机械、电子的),可以在任何时间将电路接通、切断、短路,以至使电路中的电压或其他参数发生改变,**这种突然使电路产生状态变化的现象叫作换路**,比如图 4-1 电容充放电电路、图 4-2 电感充放电电路,当开关 S 在 1 和 2 两点之间变化时都称为换路.

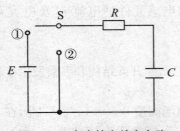

图 4-1　电容的充放电电路

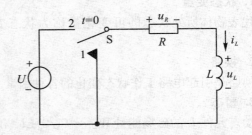

图 4-2　电感的充放电电路

2. 换路定律

电容或电感是储能元件,当它换路时,即从一种状态变化到另一种状态,它需要一个过渡时间,同时它的能量在发生变化,由于能量不能突变,因此电路中的能量(电压或电流)不能突变(跃变).

例如图 4-1 中的电容 C,当初始状态(第一稳态)时,电容上电压为零,S 合上时,电容开始充电,电压逐渐上升,到一定时间充到接近 E. 前面讲过电容上的电流 $i = C\dfrac{\mathrm{d}u}{\mathrm{d}t}$,如果从 $0 \to E$,不需时间,那么 $\dfrac{\mathrm{d}u}{\mathrm{d}t} \to \infty$,则 $i \to \infty$,显然,电流为无穷大的电源是不存在的,所以电容上电压不能突变,转化需要一定的时间 t. 电感也同样,如图 4-2 所示,由于电感上电压 $u_L = L\dfrac{\mathrm{d}i_L}{\mathrm{d}t}$,电流也不能突变,$i_L$ 从 $0 \to I$ 也要有一定的时间. 在以上两个电路中,设时间 $t = 0$ 为换路瞬间,换路前的瞬间为 $t = 0_-$,换路后的初始瞬间 $t = 0_+$,0_- 和 0_+ 在数值上都等于 0,前者是由负值趋于零,后者是从正值趋于零,从 0_- 到 0_+ 的瞬间正好就是换路时间,这段时间,按上述原则 —— 即能量不能突变,即电容上电压不能突变,电感上电流不能突变,将这一规律表示成数学形式就是:

$$\begin{cases} i_L(0_-) = i_L(0_+) \\ u_C(0_-) = u_C(0_+) \end{cases} \qquad \text{换路定律} \qquad (4-1)$$

换路定律主要用于暂态(过渡)过程分析时,来确定电路中的初始值,即知道换路前的值,就确定了换路后的初始值. 即 $i(u)(0_+) = i(u)(0_-)$. 若换路前为 0,则换路后的初始值也为 0,换路前为某值,则换后也同样为某值.

电感 $i(0_+) = i(0_-)$,电容 $u(0_+) = u(0_-)$.

注意:换路定律只针对储能元件 L、C. 而电阻,由于是耗能元件,不储存能量,故无过渡过程.

【例 4.1】 电路如图 4-3 所示,开关 K 合上前,$u_C(0_-) = 0$,求:(1)K 合上瞬间的初始值 $u_C(0_+)$,$i(0_+)$.

(2)若 K 合上已达稳态,然后开关断开,求断开瞬间电容初始值 $u_C(0_+)$.

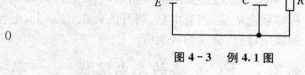

图 4-3 例 4.1 图

解: (1)根据换路定律

$$u_C(0_+) = u_C(0_-) = 0$$

由 $t(0_+)$ 时,$u_C(0_+) = 0$.

故电路电流

$$i = \frac{E}{R_1} = i(0_+)$$

(2)由电路可知,因为充到稳态时

$$u_C(0_-) = 5 \text{ (V)} \times \frac{R_2}{R_1 + R_2} = 3 \text{ (V)}$$

故初始值

$$u_C(0_+) = 3 \text{ (V)}$$

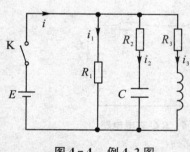

图 4-4 例 4.2 图

【例 4.2】 如图 4-4 所示,在开关 K 合上前,电路无电流,求 K 合上后瞬间,电路各个部分的电压、电流如何?当电路达到稳态时,电压、电流又为多少?

解: (1)在开关闭合前,$t = 0$ 时,$i_1 = 0$,$i_2 = 0$,$i_3 = 0$.

开关合上瞬间各支路电流,由欧姆定律知

$$i_1 = \frac{E}{R_1}$$

因电容两端电压不能跃变,得到电容电压的初始值

$$u_C(0_+) = u_C(0_-) = 0$$

于是得到

$$i_2 = \frac{E - u_C(0_+)}{R_2} = \frac{E}{R_2}$$

同时,在换路瞬间,流过电感的电流不能跃变,故 $i_L(0_+) = i_L(0_-) = 0$ 即 $i_3 = 0$.

由于是并联电路,故电路总电流

$$i = i_1 + i_2 + i_3 = \frac{E}{R_1} + \frac{E}{R_2} + 0 = E\left(\frac{1}{R_1} + \frac{1}{R_2}\right)$$

换路瞬间各点电压

$$u_{R_1}(0_+) = E, \quad u_{R_2}(0_+) = E, \quad u_C(0_+) = 0, \quad u_{R_3}(0_+) = 0, \quad u_L(0_+) = E$$

(2)电路达到稳定状态后,电容相当于开路 $i_C = 0$,电感相当于短路,于是有

$$i_1 = \frac{E}{R_1}, \quad i_2 = 0, \quad i_3 = \frac{E}{R_3}$$

电路总电流

$$i = i_1 + i_2 + i_3 = E\left(\frac{1}{R_1} + \frac{1}{R_3}\right)$$

各点电压

$$u_{R_1} = E, \quad u_{R_2} = 0, \quad u_C = E, u_{R_3} = E, \quad u_L = 0$$

从例 4.2 可以看出,在换路瞬间,电容可以视为短路($u_C = 0$),电感可视为开路($i_L = 0$). 在电路达到稳态时,电容可视为开路($i_C = 0$),而电感可视为短路($u_L = 0$).

4.2 RC 电路的充放电过程分析

RC 串联电路如图 4-5 所示,当开关合到 ② 时,则电源对电容充电,由于开始时 $u_C(0_-) = 0$,称零状态响应,当充电后,将开关合在 ① 点上,电容通过 R 放电,即把储存的电能释放,是电容的放电过程,称零输入响应.

4.2.1 RC 电路的充电过程 —— 零状态响应

零状态响应定义:电路的初始储能为零,由外加激励产生响应. 一阶 RC 电路如图 4-5 所示,$t < 0$ 时,开关在位置①,电路已处于稳态,电容电压 $u_C(0_-) = 0$,当 $t = 0$ 时,开关由位置① 投向位置 ②,根据换路定律,$u_C(0_-) = u_C(0_+)$,电路的初始储能为零,电路中的响应由外加激励引起,电压源 E 通过电阻 R 对电容充电,电路中有充电电流 $i(t)$,如图 4-6 所示,电容电压逐渐增高,则充电电流逐渐减小,最后趋向于零.

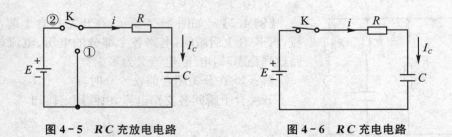

图 4-5 RC 充放电电路   图 4-6 RC 充电电路

当 $t \to \infty$ 时,电容充电满,$u_C(\infty) = E$,电流 $i_C(\infty) \to 0$. 现在我们分析在开关合上时的瞬时值及以后的过程状态.

1. 充电过程的解

任一时刻的瞬时电压,由基尔霍夫定律可得到回路方程

$$u_R(t) + u_C(t) = E$$

因为

$$u_R(t) = i_R(t) \cdot R$$

所以

$$u_C(t) + i_R(t)R = E \tag{4-2}$$

对于单一回路(串联)电流是相同的,则

$$i_R(t) = i_C(t)$$

根据电容的性质,$i_C(t) = C\dfrac{\mathrm{d}u_C(t)}{\mathrm{d}t}$,将此式代入公式(4-2)得

$$RC\frac{\mathrm{d}u_C(t)}{\mathrm{d}t}+u_C(t)=E \qquad\qquad (4-3)$$

初始条件 $u_C(0_-)=u_C(0_+)=0$,式(4-3)是一阶非齐次常微分方程,根据高等数学微分方程的解法可知,它的解应由通解和一个特解组成.

特解为

$$u_C(t)=E$$

通解为

$$u_C(t)=A\mathrm{e}^{-\frac{t}{RC}}$$

其中 A 为待定常数. $\qquad\qquad\qquad\qquad\qquad\qquad\qquad\qquad (4-4)$

于是得到全解为

$$u_C(t)=E+A\mathrm{e}^{-\frac{t}{RC}} \qquad\qquad (4-5)$$

由初始条件求出常数 A.

当 $t=0$ 时, $u_C(0_+)=0$,则 $A=-E$,代入式(4-5),得到全解为

$$u_C(t)=E-E\mathrm{e}^{-\frac{t}{RC}}=E\left(1-\mathrm{e}^{-\frac{t}{\tau}}\right) \qquad\qquad (4-6)$$

其中 $\tau=RC$,称为电路的时间常数.

当 R 的单位取 Ω,电容 C 单位取 F,则时间常数 τ 的单位为秒(s).

电阻上的电压

$$u_R=E-u_C(t)=E\mathrm{e}^{-\frac{1}{\tau}} \qquad\qquad (4-7)$$

由数值解可画出电容充电的电压变化曲线如图4-7所示实线所示,虚线表示电阻上电压的变化,它是一个指数形曲线,且当 $t\to\infty$ 时, $u_C(\infty)\to E$.

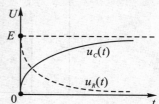

图 4-7　电容的充电曲线

2. 时间常数 τ 的含义

由 $u_C(t)=E\left(1-\mathrm{e}^{-\frac{t}{\tau}}\right)$ 两边微分得

$$\frac{\mathrm{d}u_C}{\mathrm{d}t}=\frac{E}{\tau}\mathrm{e}^{-\frac{t}{\tau}}$$

当 $t=0_+$ 时

$$\left.\frac{\mathrm{d}u_C(t)}{\mathrm{d}t}\right|_{t=0_+}=\frac{E}{\tau}\quad\text{——初始充电速度}$$

因此

$$\tau=\frac{E}{\left.\dfrac{\mathrm{d}u_C(t)}{\mathrm{d}t}\right|_{t=0_+}} \qquad\qquad (4-8)$$

由上式可看出, E 是电容上达到稳态时的电压,而 $\left.\dfrac{\mathrm{d}u_C(t)}{\mathrm{d}t}\right|_{t=0_+}$ 是初始充电速度. 如图4-8所示. 由此可知, τ 是以初始速度充电到稳态值 (E) 时,所花的时间. 以 O 点作切线交于点 A,则 OA 所对应的时间,即为 τ 值. 由图曲线可知,当充电时间为 τ 时,电容只充到 63%.

图 4-8　时间常数的含义

63% 的来历: $u_C(t)=E\left(1-\mathrm{e}^{-\frac{1}{\tau}}\right)$,当 $t=\tau$ 时

$$u_C(t)=E\left(1-\frac{1}{\mathrm{e}}\right)=E\left(1-\frac{1}{2.718}\right)=E(1-0.37)=0.63E$$

因此,若要使电容充到基本满电压时,τ 时间远远不够,通常取 $(3\sim 5)\tau$,即 $(3\sim 5)$RC,到 5τ 时充电 99.3%. 实际上电容上充电速度越来越慢,理论上到 $t\to\infty$ 时,电容才能充满.

4.2.2　RC 电路的放电过程 —— 零输入响应

一阶电路中,如果换路之前储能元件为非零状态,换路后在没有激励情况下的响应称为零输入响应. 如图 4-9 所示电路,当开关 K 由 ② 充电后,切换到 ①,此时电容上的电压 $u_C=E$ 通过电阻 R 开始放电,由基尔霍夫定律知整个回路电压满足 $Ri_R+u_C(t)=0$,因为 $i_R=i_C$,电容上电流 $i_C=C\dfrac{\mathrm{d}u_C(t)}{\mathrm{d}t}$,将 i_C 代入上式得

$$RC\,\frac{\mathrm{d}u_C}{\mathrm{d}t}+u_C=0 \qquad\qquad (4-9)$$

初始条件 $u_C(0_+)=u_C(0)=E$ 这是一个一阶齐次常微分方程,其解为通解 $u_C=A\mathrm{e}^{-\frac{t}{RC}}$. 由初始条件定 $A=E$ 得

$$u_C(t)=E\mathrm{e}^{-\frac{t}{RC}} \qquad\qquad (4-10)$$

显然是一个初始值为 E 的指数衰减的电压,如图 4-10 所示.

当 $t\to\infty$ 时,$u_C(t)\to 0$,$u_C(\tau)=E\mathrm{e}^{-1}=\dfrac{E}{2.718}=0.368\,E.$

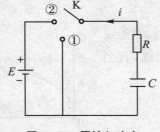

图 4-9　零输入响应

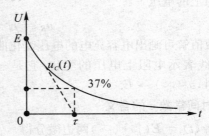

图 4-10　电容放电曲线

即当 $t=\tau$ 时,电容电压下降到原来的 37%,通常取 $t\geqslant(3\sim 5)\tau$ 时,$u_C(t)$ 已接近于零,就是说,电容放电从一个稳态(E) 到另一个稳态(零),需要 $t=(3-5)\tau$ 时间. 由于 $\dfrac{\mathrm{d}u_C}{\mathrm{d}t}=\dfrac{E}{\tau}$ 是初速度,故从上述讨论可知,$\tau=RC$ 越大,充放电速度越慢,$\tau=RC$ 越小,充放电速度越快. 可看出,电容上的电压不能突变,要有一个过程.

4.2.3　RC 电路非零状态的充放电 —— 全响应

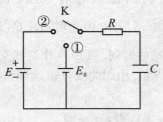

图 4-11　非零状态充放电

所谓非零状态,是指初始值和终值不为零的状态. 一阶电路中,如果换路之前储能元件为非零状态,换路后在激励作用下的响应称为全响应. 可以证明:全响应 = 零输入响应 + 零状态响应.

例如充电过程. 如图 4-11 所示,开始时,先用 E_0 对 C 充电到稳态,则 $u_C(0_-)=E_0$,然后开关合在 ② 点上,假设 $E>E_0$,则电源 E 对 C 继续充电就是非零状态,显然方程不变,应为:

$$\begin{cases} RC\dfrac{\mathrm{d}u_C(t)}{\mathrm{d}t}+u_C(t)=E \\[2mm] u_C(0_+)=u_C(0_-)=E_0 \end{cases} \qquad (4-11)$$

显然只是初始条件变了,其解变 $u_C(t) = E + (E_0 - E)e^{\frac{t}{RC}}$. 充电曲线如图 4-12(a) 所示;同理,当充电已满后,将开关 K 再合向 ①,电容将放电,但最终值不是 0,而是 E_0. 放电曲线如图 4-12(b) 所示.

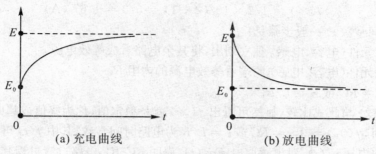

(a) 充电曲线   (b) 放电曲线

图 4-12   非零状态充放电

4.3 （一阶）RC、RL 电路分析的三要素法

根据前面得到的 RC 电路充放电过程的解,其形式是一个指数形式,一般由两项组成,一是稳态分量,二是暂态分量(指数变化的),两者叠加而得到的. 因此 RC 过渡过程可直观的由这两项分量给出一个一般公式来解,这就是过渡过程的暂态公式法 —— 三要素法,这种求解方法更直观、更方便,其解的形式

$$f(t) = f(\infty) + [f(0_+) - f(\infty)]e^{-\frac{t}{\tau}} \tag{4-12}$$

其中用 $f(x)$ 表示电压或电流.

一阶电路的三要素是指 $f(\infty)$、$f(0_+)$、τ,分别代表稳态值、初始值、时间常数,适用于电压、电流的分析和计算.

(1) $f(\infty)$,是指响应的稳态值,利用电阻分析的方法可以求出.

(2) $f(0_+)$,是指响应的初始值,利用换路定律和初始值等效电路可以求得.

(3) τ,称为时间常数,对于一阶 RC 电路而言,$[\tau] = [RC]$,对于一阶 RL 电路而言,$[\tau] = [L/R]$,单位为秒.

【例 4.3】   如图 4-13(a) 所示,$t = 0$ 时开关 K_1 闭合,K_2 打开. $t < 0$ 时电路处于稳定状态. 求 $t \geqslant 0$ 时的电流 $i(t)$ 和电感电压 $U_L(t)$.

解:(1) 求 $i(0_+)$ 和 $U_L(0_+)$.

由于 $t < 0$ 时电路处于稳态,电感看作短路,有

$$i_L(0_+) = i_L(0_-) = 0.5 \text{ (A)}$$

初始值等效电路如图 4-13(b) 所示,利用节点法求出节点 1 的电压

$$U_1(0_+) = (10/2 - 0.5)/(1/2 + 1/2) = 4.5 \text{ (V)}$$

故

$$i(0_+) = U_1(0_+)/2 = 2.25 \text{ (A)}$$

$$U_{L(0_+)} = U_1(0_+) - 2i_L(0_+) = 4.5 - 1 = 3.5 \text{ (V)}$$

(2) 求 $i(\infty)$ 和 $U_L(\infty)$. 当 $t \to \infty$ 时,电感看作短路其等效电路如图 4-13(c) 所示.

因

$$U_L(\infty) = 0$$

故两个 2 Ω 电阻并联得

$$2//2 = 1 \ (\Omega)$$
$$i(\infty) = 1/2 \times 10/(2+1) = 5/3 = 1.67 \ (\text{A})$$

(3) 求时间常数 τ. 一般步骤是：

① 将储能元件(电容、电感) 独立划出,将其余电路看成等效电源.

② 从储能元件(电容、电感) 两端看等效电源的内阻 R.

③ 得到 $\tau = RC$ 或 $\tau = L/R$.

将式(4-12)与此式比较,显然可看出 $f(\infty)$ 就是稳定值,称为终值或趋向值,$f(0_+)$ 为初始值,零响应时,$f(0_+) = 0$,$\tau = RC$ 或 $\tau = L/R$ 为电路时间常数,其中 $f(t)$ 可以是电压也可是电流,对电容取电压 $u_C(t)$,对电感取电流 $i_L(t)$. 表明 RC、RL 电路过渡过程其解是有两个稳态量(初始、终值) 求和,再加一个指数项组成. 这三个量 $f(\infty)$,$f(0_+)$ 和 τ 称为过渡过程的三要素,只要知道三要素即可求出此过渡过程的每一个瞬时值.

把电感支路断开电压源短路,如图 4-13(d) 所示,等效戴维南电路的等效电阻为

$$R = 2 + (2 \times 2)/(2+2) = 3 \ (\Omega)$$

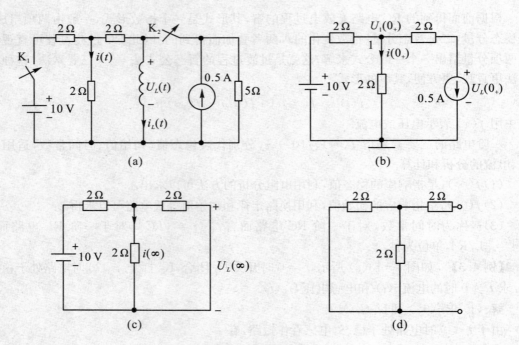

图 4-13　例 4.3 图

于是

$$\tau = L/R = 1/3 \ (\text{s})$$

利用三要素法

$$f(t) = f(\infty) + [f(0_+) - f(\infty)]\text{e}^{-\frac{t}{\tau}}$$
$$i(t) = 1.67 + [2.25 - 1.67]\text{e}^{-3t} = 1.67 + 0.58\text{e}^{-3t} (\text{A}) \qquad (t \geqslant 0)$$
$$U_L(t) = 3.5\text{e}^{-3t} (\text{V}) \qquad (t \geqslant 0)$$

【**例 4.4**】　如图 $4-14$ 所示 RC 电路,开关合上前 $u_C(0_-) = 0$,开关突然合上. 求 $u_C(t)$ 和 $u_R(t)$.

解:可用微分方程解,现在用过渡过程公式解.

(1) 求 $u_C(t)$.

由三要素公式列出电容的瞬时电压公式

$$u_C(t) = u_C(\infty) + [u_C(0_+) - u_C(\infty)]\mathrm{e}^{-\frac{t}{\tau}}$$

$$u_C(\infty) = E, \quad u_C(0_+) = u_C(0_-) = 0$$

代入三要素公式得

$$u_C(t) = E + [0 - E]\mathrm{e}^{-\frac{t}{\tau}} = E(1 - \mathrm{e}^{-\frac{t}{\tau}})$$

与前面微分方程方法的解完全相同.

(2) 求 $u_R(t)$.

同样利用三要素公式

$$u_R(t) = u_R(\infty) + [u_R(0_+) - u_R(\infty)]\mathrm{e}^{-\frac{t}{\tau}}$$

如何求 $u_R(\infty)$、$u_R(0_+)$ 和 τ.

因为时间趋于无穷时,电路到达稳态,电容相当于开路,R 上无电流,故 $u_R(\infty) = 0$,$u_R(0_+) = u_R(0_-)$,初始时 $u_C(0_+) = 0$,相当于短路,如图 $4-15$ 所示,故 $u_R(0_+) = \dfrac{R}{R_K + R} \cdot E$,代入暂态过程公式,得到

$$u_R(t) = \frac{R}{R + R_K} E\mathrm{e}^{-\frac{t}{\tau}}$$

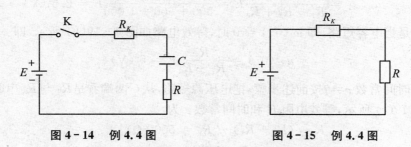

图 $4-14$　例 4.4 图　　　　　　　图 $4-15$　例 4.4 图

注意:使用换路定律时,$f(0_+) = f(0_-)$,电容的性质是稳态时相当于开路(不通直流),暂态时相当于短路. 现在来看图 $4-14$ 电路:拿开 C,从 C 两端把其他电路看作等效电源(电压源),其内阻是:当电压源为零值时,即电压源短路,电源内阻 $R_s = 0$,如图 $4-16$ 所示,$R' = R_K + R$,则时间常数

$$\tau = R'C = (R_K + R)C$$

将 $u_R(\infty)$、$u_R(0_+)$、τ 代入三要素公式

$$u_R(t) = 0 + \left[\frac{R}{R_K + R}E - 0\right]\mathrm{e}^{\frac{t}{(R_K+R)C}} = \frac{R}{R_K + R}E\mathrm{e}^{\frac{t}{(R_K+R)C}}$$

则

$$u_C(t) = E(1 - \mathrm{e}^{\frac{t}{R_K+R}})$$

充电曲线如图 $4-17$ 所示.

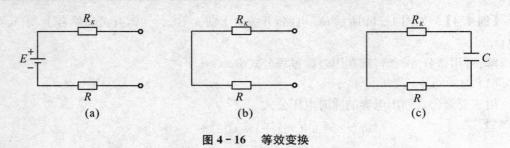

图 4 - 16　等效变换

【例 4.5】　电路如图 4 - 18 所示，$R_1 = R_3 = 500\ \Omega, R_2 = 1\ \text{k}\Omega, E = 10\ \text{V}, C = 200\ \text{pF}.$ 求 $u_{R_3}(t)$ 和 $u_{R_3}(0.1\ \mu\text{s})$.

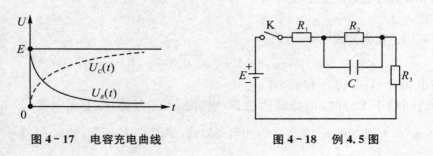

图 4 - 17　电容充电曲线　　　　图 4 - 18　例 4.5 图

解：用三要素法求解，首先找三要素，因为 ∞ 时电路到达稳态，电容相当于开路，等效电路如图 4 - 19(a) 所示，由此可得到电阻 R_3 电压终值是分压结果

$$u_{R_3(\infty)} = \frac{R_3}{R_1 + R_2 + R_3}E = \frac{500}{500 + 500 + 1\ 000}E = 2.5\ (\text{V})$$

初始值是当电容短路，即 $u_C(0_-) = 0$ 时，等效电路如图 4 - 19(b) 所示，即

$$u_{R_3}(0^+) = \frac{R_3}{R_1 + R_3}E = 5\ (\text{V})$$

现在求时间常数 $\tau = ?$ 按前述步骤，把电压源短路，从 C 两端看是 R_1 与 R_3 串联，再与 R_2 并联，如图 4 - 19(c) 所示，等效电阻 R 和时间常数 τ 为

$$R = (R_1 + R_3)\ //\ R_2 = 500\ (\Omega)$$

$$\tau = 500 \times 200 \times 10^{-12} = 10^{-6}\ (\text{s}) = 0.1\ (\mu\text{s})$$

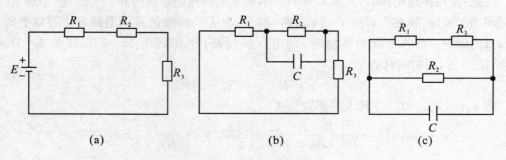

图 4 - 19　例 4.5 图

代入三要素公式得

$$u_{R_B}(t) = 2.5 + (5 - 2.5)\mathrm{e}^{-\frac{t}{0.1\,\mu s}} = 2.5(1 + \mathrm{e}^{-\frac{t}{0.1\,\mu s}}) \ (\mathrm{V})$$

当 $t = 0.1\ \mu s$ 时有

$$u_{R_3}(0.1\ \mu s) = 2.5(1 + \mathrm{e}^{-\frac{0.1\mu}{0.1\mu}}) = 2.5(1 + \mathrm{e}^{-1}) = 2.5\left(1 + \frac{1}{2.718}\right) = 3.42\ (\mathrm{V})$$

【例 4.6】 RC 电路如图 4-20 所示，K 合上前 $u_C(0_-) = 0$，未充电，求 K 突然合上后 $u_C(t)$，若 $E = 10\ \mathrm{V}, R_2 = 100\ \Omega, C = 0.1\ \mu\mathrm{F}$，求当 $t = \tau$ 时，$u_C(\tau)$.

解： 先求三要素，

初始值

$$u_C(0_+) = u_C(0_-) = 0$$

趋向值

$$u_C(\infty) = E$$

时间常数 τ：因为将电容左端看作等效电源时，E 短路，故 R_1 被短接，只有 R_2，因此

$$\tau = R_2 C$$

代入公式得

$$u_C(t) = u_C(\infty) + [u_C(0_+) - u_C(\infty)]\mathrm{e}^{-\frac{t}{\tau}} = E + [0 - E]\mathrm{e}^{-\frac{t}{\tau}} = E(1 - \mathrm{e}^{-\frac{t}{R_2 C}})$$

$$u_C(\tau) = 10(1 - \mathrm{e}^{-1}) = 10\left(1 - \frac{1}{2.718}\right) = 6.32\ (\mathrm{V})$$

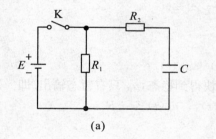 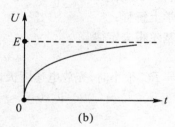

图 4-20　例 4.6 图

4.4　RC 电路的微分、积分和耦合

4.4.1　微分电路

幅值 u_m，微分电路如图 4-21 所示，设电路处于零状态. 输入信号为一脉冲波形，脉宽 t_p，其输出 $u_0(t) = u_R(t)$，$u_R(t)$ 的波形是电路的暂态过程，与脉冲宽度相比其持续时间很短，整个脉冲期间以稳态响应为主，即 $u_C \gg u_0$. 输出波形与电路的时间常数 τ 和脉宽 t_p 有关，当 t_p 一定时，改变 τ 与 t_p 的比值，可改变充放电的速度，输出波形就不同. 但输出波形是输入波形的微分，这个过程实质是电容的充放电过程.

当方波脉冲前沿加上时，电容被充电，而此时 $u_C(\tau) + u_R(\tau) = u_m$，由前面讲过的 RC 充电过程知 $u_C(t) = U_m(1 - \mathrm{e}^{-\frac{t}{RC}})$ 是指数上升，而 $u_R(t) = U_m - u_C(t) = U_m \mathrm{e}^{-\frac{t}{RC}}$ 是指数下降，设 $U_m = 6\ \mathrm{V}$，当 $\tau = 10 t_p$，且当 $t = t_p$ 时，有

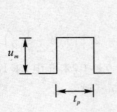 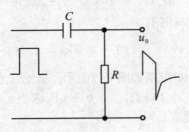

图 4 - 21 微分电路

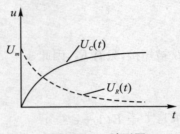

图 4 - 22   波形图

$$u_R(t) = U_m \mathrm{e}^{-\frac{t_p}{10t_p}} = U_m \mathrm{e}^{-0.1} = 6 \times 0.905 = 5.43 \ (\mathrm{V})$$

即当时间常数 $RC \gg t_p$ 时，电容充电很缓慢，而输出电压 $u_R(t)$ 却很大，当经过一个脉宽 t_p 时，电容上只充到 $6 - 5.43 = 0.57\ \mathrm{V}$，而此时输出 $u_R = u_0(\tau)$，却与输入 U_m 很接近，如波形图 4 - 22 所示，$u_R(t) + u_C(t) = U_m$.

电容上电压按指数上升，电阻上即输出电压为指数下降，放电时相反. 当 τ 和 t_p 的比值减小，即 $\tau \ll t_p$ 时，充放电速度加快，微分电路将输入脉冲转换成正负两个尖脉冲，这就是微分波形，如图 4 - 23 所示.

从数学上解释：

由于基尔霍夫定律

$$u_i = u_C(t) + u_R(t)$$

当 $\tau = RC$ 很小时，充放电速度极快，u_C 很快得到稳态，u_R 只有暂态输出. 即

$$u_C(0_+) \approx u_i \approx u_C(t), \quad u_R(t) = i_C R$$

故

$$i_C = C \frac{\mathrm{d}u_C(t)}{\mathrm{d}t}$$

因此

$$u_0 = u_R(t) = RC \frac{\mathrm{d}u_C(t)}{\mathrm{d}t} \approx RC \frac{\mathrm{d}u_i(t)}{\mathrm{d}t} \qquad (4 - 13)$$

从式(4 - 13)可看出，输出电压与输入电压的微分成正比，所以该电路称为 **RC 微分电路**，微分电路的输出波形如图 4 - 23 所示，微分电路将输入矩形脉冲转换成尖脉冲输出，上升沿充电时，$u_R(t)$ 为正尖脉冲，下降沿放电时，$u_R(t)$ 为负尖脉冲. 一个方波脉冲，经微分后波形变为正负对称的尖脉冲. 从波形图的效果可以看出，微分电路的条件是 $\tau \ll t_p$，且从电阻上输出.

上面分析微分电路时我们没有考虑电路输出端接负载后要求输出电流的情况，实际使用中，一般将负载归并到电阻 R 中，即电路中确定时间常数的电阻包含了负载电阻的影响，工程上一般要求 $\tau = RC(< 0.2\min\{t_p, t - t_p\})$.

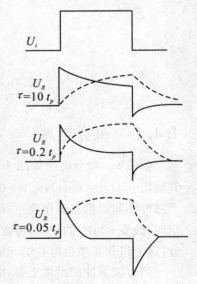

图 4 - 23   微分波形

4.4.2　耦合电路

　　耦合电路形式与微分电路一样,输出也从电阻端取出,只是在时间常数上要求不一样,微分、耦合对时间的要求是:

微分电路　　　$\tau \ll t_p$

耦合电路　　　$\tau \gg t_p$

　　则输出与输入波形相似(如图4-24)所示,从而实现对电路中的直流分量进行隔离,交流分量几乎全部传输到输出端,实现了交流信号的有效耦合,所以称符合这样条件的电路为 RC 耦合电路. 在电子技术的多级交流放大电路中,我们使用 RC 耦合电路将前级的输出交流信号传输给下一级继续放大,而将反映各级放大电路静态工作点的直流分量互相隔离,电容通常使用容量较大的电解电容.

　　上面分析中没有考虑电路输出端接负载后要求输出电流的情况,实际使用中,一般将负载归并到电阻 R 中,即电路中确定时间常数的电阻包含了负载电阻的影响. 例如,多级交流放大电路中,电阻 R 实际就是后级放大电路的输入电阻,耦合电路并不另接电阻.

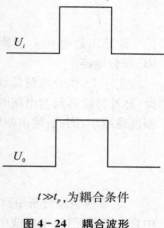

$t \gg t_p$,为耦合条件

图 4-24　耦合波形

4.4.3　积分电路

　　积分电路与微分、耦合电路不同,同样是 RC 电路,但是从电容上输出,即 $u_o = u_C$,如图 4-25 所示.

　　所谓**积分**,仍然是对输入脉冲信号而言,也是过渡过程. 输入脉宽为 t_p 的矩形脉冲 u_i,则电容 C 开始被充电,$u_C(t)$ ↑,当 u_i 结束,则 $u_C(t)$ 开始反向放电,由前面讲过的过渡过程可知,$u_C(t)$ 充电电压是指数上升,放电电压为指数下降,当 $\tau \gg t_p$ 时,由于 t_p 相对于 τ 较短,充电较慢,大部分电压降在电阻 R 上,得到积分波形如图4-26所示. 当脉冲结束时,电容开始放电,同样,由于 τ 较大,放电也缓慢,变为类似三角波.

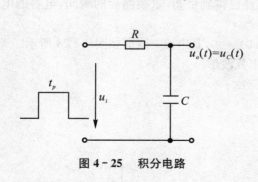

图 4-25　积分电路

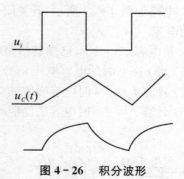

图 4-26　积分波形

　　积分过程可以用数学表示:
　　根据电容的性质可知,电容上电流

$$i_C(t) = C \frac{\mathrm{d}u_C(t)}{\mathrm{d}t}$$

$$u_C(t) = u_o(t) = \frac{1}{c} \int i_C(t)\,\mathrm{d}t$$

由于

$$i_C = i_R \approx \frac{u_i}{R}$$

（这是因为 $\tau \gg t_p$，u_C 上升缓慢，$u_C \ll u_R$ 所以 $u_i \approx u_R + u_C \approx u_R$．）

代入得

$$u_o = \frac{1}{C}\int i\mathrm{d}t = \frac{1}{C}\int \frac{u_i}{R}\mathrm{d}t = \frac{1}{RC}\int u_i(t)\mathrm{d}t \qquad (4-14)$$

即输出是输入 u_i 的积分结果．由于输出电压与输入电压的积分成正比，所以该电路称为 **RC 积分电路**．

实际上，积分电路是利用一阶电路暂态响应的指数曲线在较小区间的等效为线性特性，因此，脉冲持续时间与电路时间常数相比越短，输出积分曲线的线性越好，但输出锯齿波电压的幅度也越小，因此，输出幅度与线性是一对矛盾．工程上一般要求时间常数 $\tau = RC > 5T$．

本 章 小 结

1. 掌握暂态分析电路中的基本概念，电路的暂态过程也称为瞬变过程，其含义是当电路中含有储能元件（电感或电容），电路从一种稳定状态转变到另一种稳定状态的中间过渡状态，正确使用换路定律．

2. 理解"暂态"与"稳态"两种状态．

3. 理解暂态分析中的"零输入响应"、"零状态响应"、"全响应"等概念．

4. 熟练掌握一阶电路三要素分析法，只含有一个独立储能元件的电路称为一阶电路，一阶电路的暂态分析可以采用经典的微分方程方法，更要掌握简单实用的三要素法．

5. 掌握 RC 电路的微分、积分和耦合参数要求和分析方法及其应用．

习   题

1. 电路如图 4-27 所示，开关闭合前电路已得到稳态，求换路后的瞬间，电容的电压和各支路的电流．

2. 某电容 $C = 2$ F，已知其初始电压 $u(0) = 0$，其电流 i 波形如图 4-28 所示．

（1）求 $t \geqslant 0$ 时的电容电压 $u(t)$，并画出其波形．

（2）计算 $t = 2$ s 时电容吸收的功率 $p(2)$．

（3）计算 $t = 2$ s 时电容的储能 $w(2)$．

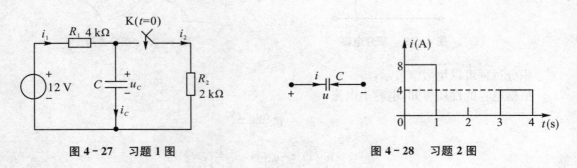

图 4-27　习题 1 图　　　　　　　　　　图 4-28　习题 2 图

3. 如图 4-29 所示电路中, $t < 0$ 时已处于稳态. 当 $t = 0$ 时开关 K 打开, 求初始值 $u_C(0_+)$ 和 $i_C(0_+)$.

4. 某电感 $L = 4$ H, 已知其初始电流 $i(0) = 0$, 其电压 u 波形如图 4-30 所示.

(1) 求 $t \geqslant 0$ 时的电感电流 $i(t)$, 并画出其波形.

(2) 计算 $t = 2$ s 时电感吸收的功率 $p(2)$.

(3) 计算 $t = 2$ s 时电感的储能 $w(2)$.

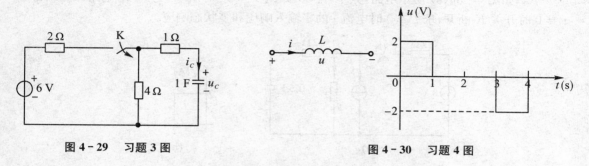

图 4-29　习题 3 图　　　　　　　　图 4-30　习题 4 图

5. 电路如图 4-31 所示, 开关闭合前电路已得到稳态, 求换路后的电流 $i(t)$.

6. 如图 4-32 所示电路, $t < 0$ 时已处于稳态. 当 $t = 0$ 时开关 K 从 1 打到 2, 试求 $t \geqslant 0$ 时电流 $i(t)$, 并画出其波形.

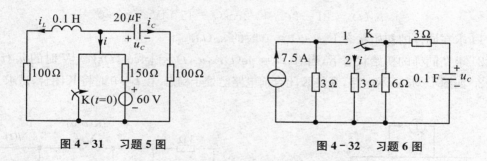

图 4-31　习题 5 图　　　　　　　　图 4-32　习题 6 图

7. 如图 4-33 所示电路, 电容的初始电压 $u_C(0_+)$ 一定, 激励源均在 $t = 0$ 接入电路, 已知 $U_s = 2$ V、$I_s = 0$ A 时, 全响应 $u_C(t) = (1 + e^{-2t})$ V, $t \geqslant 0$; 当 $U_s = 0$ V、$I_s = 2$ A 时, 全响应 $u_C(t) = (4 - 2e^{-2t})$ V, $t \geqslant 0$.

(1) 求 R_1、R_2 和 C 的值.

(2) 求当 $U_s = 2$ V、$I_s = 2$ A 时的全响应 $u_C(t)$.

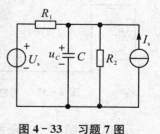

图 4-33　习题 7 图

8. 如图 4-34 所示电路, 其中, N 为线性含独立源的电阻电路. 当 $t = 0$ 时开关 K 闭合. 已知 $u_C(0_+) = 8$ V, 电流 $i(t) = 2e^{-2t}$ A, $t \geqslant 0$. 求 $t \geqslant 0$ 时的电压 $u(t)$.

9. 如图 4-35 所示电路, $t < 0$ 时已处于稳态. 当 $t = 0$ 时开关 K 闭合, 求 $t \geqslant 0$ 时电压 $u_C(t)$ 和电流 $i(t)$ 的零输入响应和零状态响应.

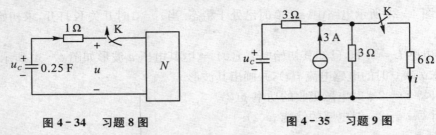

图 4-34 习题 8 图　　　　图 4-35 习题 9 图

10. 如图 4-36(a) 所示电路,其中,$i_K(t)$ 如图 4-36(b) 所示,$t<0$ 时电路已达到稳态. $t=0$ 时开关 K 断开,求 $t \geqslant 0$ 时电流 i 的零输入响应和零状态响应.

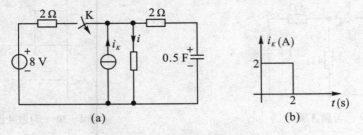

图 4-36 习题 10 图

11. 如图 4-37 所示电路,N_R 内只含线性时不变电阻,电容的初始状态一定,已知当 $i_s(t)=\varepsilon(t)A, u_s(t)=[2\cos(t)\varepsilon(t)]V$ 时,全响应为

$$u_C(t)=[1-3e^{-1}+\sqrt{2}\cos(t-45°)]V, \quad t \geqslant 0$$

(1) 求在同样的初始状态下,$u_s(t)=0$ 时的 $u_C(t)$.

(2) 求在同样的初始状态下,当 $i_s(t)=4\varepsilon(t)A, u_s(t)=[4\cos(t)\varepsilon(t)]V$ 时的 $u_C(t)$.

12. 如图 4-38 所示电路,开关 K 闭合前电路已处于稳态. 在 $t=0$ 时将 K 闭合,试求 $I(0_+)$.

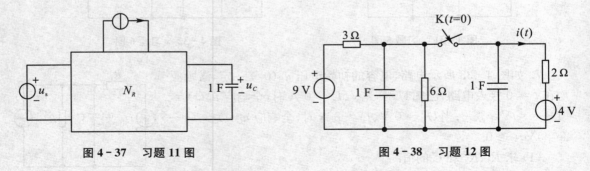

图 4-37 习题 11 图　　　　图 4-38 习题 12 图

13. 如图 4-39(a) 所示电路中的电压 $u_s(t)$ 的波形如图 4-39(b) 所示,试求电流 $i_L(t)$,并画出其波形图.

14. 如图 4-40 所示电路,$t \leqslant 0$ 时开关 K 位于 1,电路已处于稳态. 当 $t=0$ 时开关 K 闭合到 2,求 $t \geqslant 0$ 时电流 $i_L(t)$ 和电压 $u(t)$ 的零输入响应和零状态响应.

15. 如图 4-41 所示电路,$t<0$ 时已处于稳态. 当 $t=0$ 时开关 K 闭合,求 $t \geqslant 0$ 时的电流 $i(t)$.

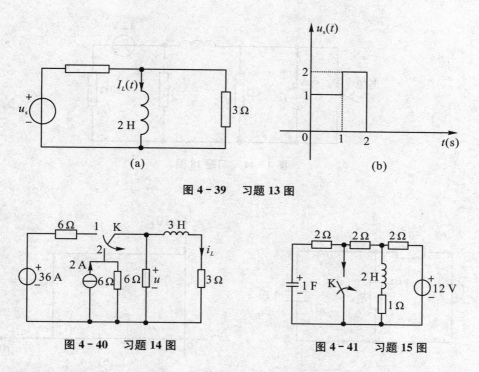

图 4 - 39　习题 13 图

图 4 - 40　习题 14 图

图 4 - 41　习题 15 图

16. 电路如图 4 - 42 所示,换路前,电路已达稳态,求开关闭合后多长时间电流升至 15 A.

17. 如图 4 - 43 所示电路,$t < 0$ 时已处于稳态. 当 $t = 0$ 时开关 K 闭合,求 $t \geqslant 0$ 时的电流 $i(t)$.

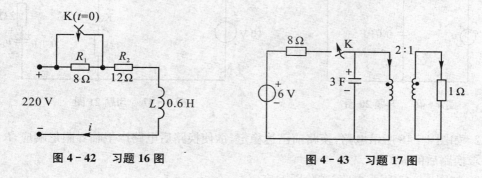

图 4 - 42　习题 16 图

图 4 - 43　习题 17 图

18. 如图 4 - 44 所示电路中,当 $t < 0$ 时处于稳态,当 $t = 0$ 时换路. 求 $t > 0$ 时的 $i_1(t)$.

19. 如图 4 - 45(a) 所示电路,$C = 1$ F,以 $u(t)$ 为输出.

(1) 求阶跃响应.

(2) 若输入信号 $u_s(t)$ 如图 4 - 45(b) 所示,求 $u_C(t)$ 的零状态响应.

20. 如图 4 - 46 所示电路,已知电感电流 $i_L(t) = 5(1 - e^{-10})$ A,$t \geqslant 0$. 求 $t \geqslant 0$ 时电容电流 $i_C(t)$ 和电压源电压 $u_s(t)$.

21. 如图 4 - 47 所示电路,$t < 0$ 时已处于稳态. 当 $t = 0$ 时开关 K 打开,求初始值 $u_C(0_+)$ 和 $i_{L_1}(0_+)$、$i_{L_2}(0_+)$.

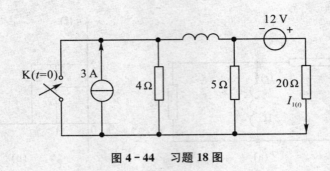

图 4 - 44　习题 18 图

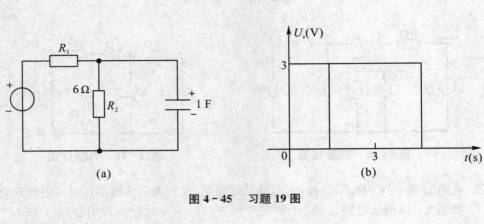

(a)　　　　　　　　　　　　(b)

图 4 - 45　习题 19 图

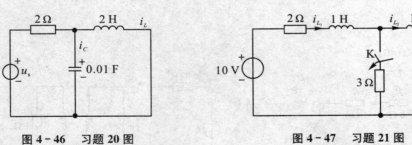

图 4 - 46　习题 20 图　　　　　　　图 4 - 47　习题 21 图

22. 如图 4 - 48 所示电路,换路前已达稳定,欲使换路后电路产生临界阻尼响应,R 应为何值?并求换路后的 $u_C(t)$.

23. 如图 4 - 49 所示电路,求阶跃响应 i_L.

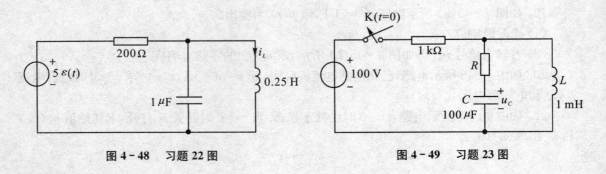

图 4 - 48　习题 22 图　　　　　　　图 4 - 49　习题 23 图

中篇 模拟电子技术基础

第5章 半导体器件基础

二极管、三极管和场效应管是最常用的半导体器件,其型号和命名方法详见附录 4. 本章主要内容为二极管、三极管和场效应管的基本结构、工作原理、特性曲线和主要参数,为学习电子技术和分析模拟电子电路打下基础.

5.1 半导体基本知识

5.1.1 半导体基础

1. 定义

材料分为绝缘体、导体、半导体. 是按材料电导率划分,电导率 $\sigma = 1/\rho$,ρ 是材料的电阻率. 导体为

$$\sigma \sim 10^6 ((\Omega \cdot cm)^{-1})$$

绝缘体为

$$\sigma \sim 10^{-13} ((\Omega \cdot cm)^{-1})$$

介于导体和绝缘体之间的称为半导体. 半导体的电导率为:$\sigma \sim 10^{-2} ((\Omega \cdot cm)^{-1})$.

例如,铜 $\sigma = 0.58 \times 10^6$ 为导体,而玻璃 $\sigma = 0.2 \times 10^{-13}$ 为绝缘体.

锗(Ge)$\sigma = 1.7 \times 10^{-2}$ 为半导体,半导体的电导率随温度、光照、掺杂而变化.

2. 本征半导体及共价键结构

(1) 纯净的半导体(不掺杂质) 如锗(Ge)、硅(Si) 等称为本征半导体.

(2) 本征半导体的晶体结构——共价键结构. 硅、锗都是4价元素,即原子最外层有4个电子,这4个电子对其性能影响最大,原子结构如图 5-1 所示. 本征半导体是一个完整的晶体结构,为了讨论方便,我们把价电子以外的部分看作一个整体,称为惯性核,周围有 4 个电子,如图 5-1(c) 所示.

所有原子整齐地排列如图 5-2 所示,每个原子核周围都有旋转的 4 个价电子,彼此相邻,因此,实际上在每个原子周围有 8 个价电子,每两个相邻的价电子形成价电子对,它们同时受到两个原子核的吸引作用,形成了稳定的共价键结构.

共价键结构中,价电子互相紧密束缚,没有自由电子. 当温度上升时,部分电子吸取能量挣脱出共价键的束缚,变为自由电子,则空出的地方称为"空穴"带正电. 自由电子与空穴成对出现,称为自由电子-空穴对,因此,半导体是电中性的.

本征导电:自由电子的定向移动开始导电,不会产生大电流.

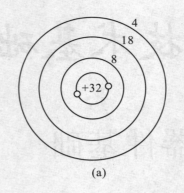
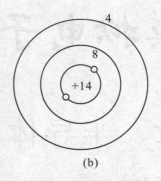
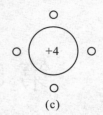

(a)　　　　　　　　　　(b)　　　　　　　(c)

图 5-1　晶体结构

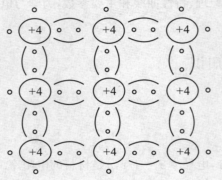

图 5-2　共价键结构

导电机理: 自由电子和空穴都可以参与导电,因此自由电子和带正电的空穴都称为**载流子**. 当一个自由电子跑出,产生一个空穴,则有另一个新的自由电子来补充,电子-空穴对便消失,这一过程称为"**复合**". 本征半导体中自由电子数量很少,因此,导电能力很差. 不能作为半导体器件使用.

3. 掺杂半导体

(1)N 型半导体. 当本征半导体掺入 5 价元素,比如磷元素,由于加入磷原子的个数没有改变晶体结构,只是某些位置上的硅原子被磷原子取代. 磷原子参加共价键结构只需 4 个价电子,多余的第 5 个价电子很容易挣脱磷原子核的束缚而成为自由电子,于是半导体中的自由电子数目大量增加,这时的半导体多数载流子是电子,称为电子型半导体 ——N 型(negative,负的) **半导体**. N 型半导体中多数载流子是电子,称多子,而空穴是少数载流子,称为少子.

(2)P 型半导体. 本征半导体中可掺入 3 价元素,如硼,这样每掺进一个硼原子,共价键结构里就少了一个电子,邻近的价电子来填补,于是留下"空穴",半导体中空穴就成了多数载流子,称为 P 型(positive,正的) **半导体**.

5.1.2　PN 结

P 型或 N 型半导体的导电能力虽然大大增强,但并不能直接用来制造半导体器件. PN 结才是构成半导体器件的基础,那么 PN 结是怎样形成的,有何特性呢?

1. PN 结形成

在同一块本征半导体一端掺入 5 价元素(磷),使之成为 N 型半导体,在另一端掺入 3 价元素(硼)形成 P 型半导体,两块交界处即形成一个薄层,称为 PN 结. 如图 5-3 所示.

扩散: P 型区的空穴向 N 型区扩散,N 型区的电子向 P 型区扩散,这种因浓度差而载流子的定向运动过程称为多子的扩散运动.

内电场: 扩散使交界处 P 型一侧失掉空穴而带负电,N 型一侧失

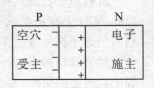

图 5-3　PN 结

去电子带正电,形成内电场,内电场的方向由＋(N 区)指向－(P 区).

　　漂移:在内电场的作用下阻止扩散继续进行,反而会使 N 型的少子空穴流向 P 区,P 区的少子电子流向 N 区,少子在内电场作用下的定向运动称为少子的漂移运动.

　　这样,在 P 型半导体和 N 型半导体交界面的两侧就形成了一个空间电荷区,这个空间电荷区就是 PN 结.

　　动态平衡:当扩散与漂移二者达到互相抵消时称为动态平衡.这个区域正负离子虽然带电,但是它们不能移动,不参与导电,多数载流子也扩散到对方并复合掉了,因此,这一薄层称为**耗尽层**或空间电荷区,其厚度约零点几微米,由于载流子极少,所以空间电荷区的电阻率很高.

　　2. 特性

　　在 PN 结两端加上电源.外电压与内电场方向相反,这时原内电场是阻止多数载流子流动,而外电场使扩散更容易进行,于是形成大电流.此时称正向偏置.如图 5-4 所示.

　　(1) 单向导电性.正向偏置,内电场被削弱,多子的扩散运动更易进行,形成大电流,称为正向导电.反之,电源反接,即加反向偏置,外电场与内电场方向一致,增强阻止多数载流子移动阻力,只有少子的漂移形成小电流,因而反向电阻很大,此时 PN 结反向截止.因此半导体具有单向导电性.为了防止出现过大的正向电流烧毁 PN 结,电路中应串接限流电阻.

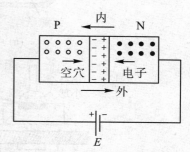

图 5-4　PN 结加正向电压

　　(2) 电容性.由于形成 PN 结后,薄层内只有不能移动的正、负离子相当于介质,外加电压改变时,空间电荷区的电荷量也随之改变,与电容器两极板上存储的电荷性质类似,相当于电容性质,因此,PN 结具有电容性.使用时应注意,不同频率信号,容抗不同.

　　(3) 反向击穿特性.加上反偏电压时,与内电场方向相同,少子在外电流作用下反向漂移,形成小电流.当反压加大到一定程度时,电子受激发产生高速运动,撞击原子,产生雪崩,于是产生反向大电流,此时 PN 结被破坏称为反向击穿.

5.2　晶体二极管

5.2.1　二极管的结构

　　二极管是由 PN 结两端加金属引线,然后密封外壳制成.管壳可以是玻璃、塑料等,外型如图 5-5 所示.

图 5-5　二极管外型

　　不同类型的二极管其结构也不尽相同,一般有三类,如图 5-6 所示.

　　1. 点接触型

　　N 型锗上点焊三价镓元素,构成一个 PN 结,它的特点是电流小,电容小,适合高频.如 2AP1.

2. 面结合型

N 型硅上熔一合金小铝球(3 价元素),形成 PN 结,结的面积较大,故允许大电流,但电容大,因此常作为低频整流用,如 2CP1.

3. 平面型

N 型硅作为衬底,面上进行氧化,形成二氧化硅氧化层,然后进行照相、光刻、扩散(3 价元素),形成 PN 结,加引线、外壳密封,结构如图 5-6(c) 所示. 这一过程是现代集成电路的制作工艺,PN 结的面积可大可小,故使用较多.

在电路模型中二极管的图形符号如图 5-6(d) 所示.

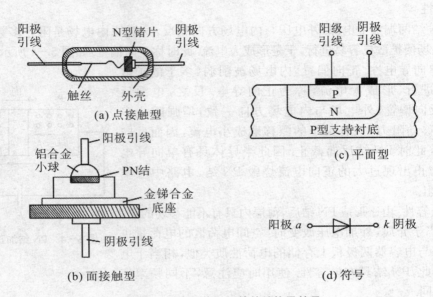

图 5-6 半导体二极管的结构及符号

5.2.2 二极管的特性

二极管由 PN 结构成,因此具有单向导电性和反向击穿特性,其伏-安特性如图 5-7 所示.

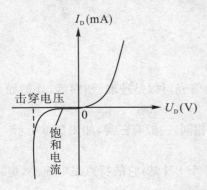

图 5-7 二极管的伏-安特性曲线

1. 正向导通

正向加电压时(与 PN 结正偏相同),首先要克服内电场,故电流很小,逐渐加大电压,克服了内电场后,电流才会很快增加,这一电流很小的区域,称为死区或门限电压. 温度不同,其值大小不同,但一般情况下对于锗,死区电压约为 0.1 V,硅 0.5 V,当电压加大到一定幅度时,电流迅速增加,开始导通,形成大电流,称为正向导通. 在二极管正向导通后,正向电流随电压而变化,正向压降基本不变. 受温度影响,一般硅管正向压降为 0.6 ~ 0.8 V,锗管正向压降为 0.1 ~ 0.3 V.

2. 反向击穿

当反向加电压即反偏后,电流很小. 但电压高到一定值时,反向电流突然增大,形成反向击穿,造成二极管损坏.伏－安特性曲线如图 5－7 所示.

5.2.3 主要参数

了解二极管的参数是正确选用二极管的依据,各种不同类型的二极管其参数不同,需查阅相关手册,主要指标如下:

(1)最大整流电流(正向)I_{DM},即为长期使用的最大允许正向电流.

(2)最高反向工作电压 U_{RM},即为允许加在二极管的反向电压,它是反向击穿电压的 1/2.

(3)最大反向电流 I_{RM},即为二极管加反向最高工作电压时流过的电流(也称为饱和电流).

(4)最高工作频率,即为电容性.

5.2.4 二极管的应用

1. 整流

电路如图 5－8(a)所示.外加交流电 $u = U_m \sin \omega t$,先看正半周,当信号正半周到来时,二极管正向导通,内阻近似为零,则正半周在二极管上降压为零,负半周到来时反向截止,相当于反向电阻为 ∞,则信号电压全部降在二极管上,二极管上的信号波形如图 5－8(b)所示.这样把正负对称的交流电变成只有半周,称为**整流**.

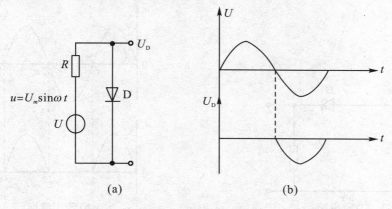

图 5－8 半波整流

2. 限幅电路

二极管电路如图 5－9 所示,加一交流电 $u_i = U_m \sin \omega t$,且 $U_m > E$,讨论输出 u_o 的波形.忽略二极管正向压降和反向饱和电流的影响,为理想的正向导通,把这种能够限制输出电压幅度的电路称为限幅电路.

【例 5.1】 电路如图 5－10(a)所示,设输入信号 $u_i = U_m \sin \omega t$,试画出输出波形 u_o.

解:当输入波形为正半周时,二极管 V_D 导通相当于短路,全部信号将在电阻 R 上,故 $u_o = u_i$.当输入波形为负半周到来时,二极管截止,相当于开路,u_o 无信号,故输出只有正半周,是典型的整流电路.整流波形如图 5－10(b)所示.

【例 5.2】 如图 5－11(a)所示电路,输入正弦波 $u_i = U_m \sin \omega t$,$U_m > E$,求输出 U_o 波形.

解:当输入波形为正半周时,若 $U_m < E$ 时,二极管处于截止状态,输出为 E. 当 $U_m > E$ 时,二极管导通,信号 U_m 就会降在电阻 R 上,于是输出为 U_m. 输入波形为负半周时 $U_m < E$ 时,二极管也截止,输出为 E. 故波形如图 5－11(b)所示.

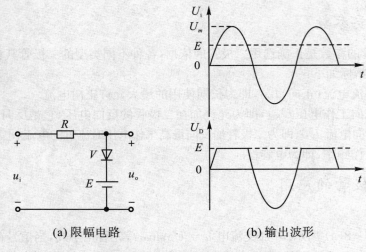

(a) 限幅电路　　　　　　　　(b) 输出波形

图 5 - 9　限幅电路及其输出波形

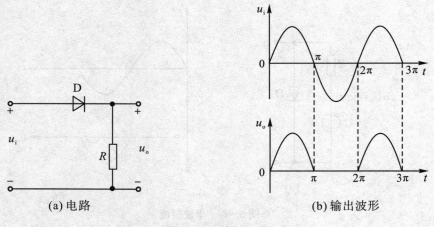

(a) 电路　　　　　　　　　　(b) 输出波形

图 5 - 10　例 5.1 图

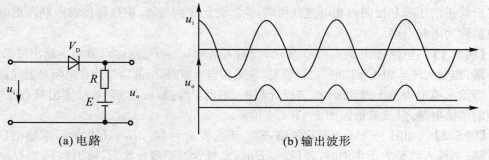

(a) 电路　　　　　　　　　　(b) 输出波形

图 5 - 11　例 5.2 图

5.2.5　特殊二极管

1. 稳压二极管

普通二极管反向击穿后就被烧毁,稳压二极管采用特殊制作工艺,它被击穿后管子并不损坏. 反向击穿后可恢复为二极管,其电路符号如图 5-12(a) 所示. 反向击穿后的压降是稳定的,而流过的电流可以在很大的范围内变化,因此,称为稳压二极管.

2. 发光二极管

钾化镓材料,镓、砷、磷化合物中的电子与空穴复合时会发出能量而发光. 砷化镓中加一些磷,则可发出红色光,磷化镓可以发出绿色光. 使用时在二极管上加正向电压,并串接适当的限流电阻即可,其电路符号如图 5-12(b) 所示.

3. 光电二极管

光电二极管在外加反偏压作用下,当有一定强度的光照射时,反向电流增加,形成通路,故称其为光电二极管,其电路符号如图 5-12(c) 所示.

4. 光电耦合器

如果把发光二极管和光电二极管组合,即可构成二极管型光电耦合器件. 其电路符号如图 5-12(d) 所示.

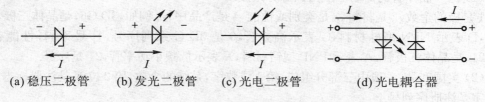

　　(a)稳压二极管　　　(b)发光二极管　　　(c)光电二极管　　　(d)光电耦合器

图 5-12　特殊二极管符号

5.3　晶体三极管

5.3.1　三极管的结构、特点与命名

1. 结构

晶体三极管是在一块半导体基片上用一定的工艺,做出两个反向的PN结构成. 如图 5-13 所示. 密封并引出三个电极. 引出的三个电极分别为:发射载流子的称为发射极,用 E 表示;收集载流子的称集电极,用 C 表示;中间半导体薄层称基极,用 B 表示.

两个 PN 结分为三个区,内部的三个区分别称为发射区、基区和集电区,两个 PN 结中与发射区相连的称为发射结,与集电区连接的称集电结.

晶体三极管有两种不同的结构方式:PNP 型和 NPN 型. 锗管多为 PNP 型,硅管多为 NPN 型. 其电路符号如图 5-14 所示. 图中箭头代表电流流动方向.

2. 特点

三极管结构特点:

(1)E 区为高掺杂半导体,载流子很多.

(2)B 区很薄 μm 量级,低掺杂半导体.

（3）C 区一般掺杂，有一定面积，可通过大电流.

材料硅：D(NPN)　　C(PNP)　　3D G6　　3C G7；

材料锗：A(PNP)　　B(NPN)　　3AX21　　3BX18.

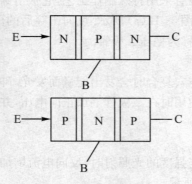

图 5-13　　三极管结构

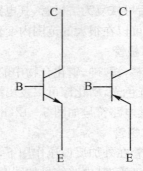

图 5-14　　三极管电路符号

3. 命名

（1）国产晶体管的命名一般由四部分组成.

1 是极的个数，2 是材料，3 是类别或性能，4 是产品序号. 例如，3D G6，是晶体三极管，有三个极，D 表示 NPN 型硅材料，G 表示高频管，6 是 3D G 系列序号，序号不同，性能有差别. 3AX21，是晶体三极管，A 表示 PNP 型锗材料，X 表示低频小功率管，21 是序号.

（2）美国产品，一般由三部分组成. 第 1 位数字，是结的个数，第 2 位 N 是注册标志，第 3 部分数字是注册序列号.

例如，2N396，有两个结，它是三极管，N 是美国电子协会的注册标志，396 是注册序号. 没有任何其他意义. 若要了解其性能，必须查有关手册.

半导体器件型号命名方法详见附录 4.

5.3.2　三极管的工作原理

1. 外电源连接方法

以 NPN 型三极管为例. 电源连接法如图 5-15 所示. **发射结（E 结）正向偏置，集电结反向偏置**. 即 PN 结基极 P 加正电压，发射极 N 加负电压，$E_B > E_E$，像二极管正偏一样. 集电结（C 结）反向偏置，即集电极 N 加正电压，当 $E_C > E_B$ 时，像二极管一样，**集电结反偏**，只有少量电子漂移.

2. 载流子输运过程

当发射结（BE 结）加正向偏置后，发射区的多数载流子是自由电子，在外电场作用下，大量自由电子流向基区，同时电源中的电子也将注入该区，形成发射极电流 I_E. 电流的方向与自由电子方向相反（由集电极流向发射极），如实箭头.

当发射区大量电子流向基区（P 区）时，由于 P 区很薄且空穴个数又少，只有少量电子与空穴复合，形成基极电流 I_B，故 I_B 很小，其方向是由基极流向发射极，而大量（约

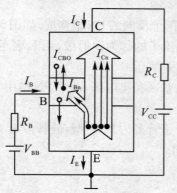

图 5-15　　外电源连接及载流子运动

95%) 的自由电子迅速越过 P 区达到集电结,因集电结反偏,在正电压 E_c 的作用下,吸引这些到达集电结的自由电子,使之迅速被收集到集电区,并流向集电极,形成集电极电流 I_C.

3. 电流分配关系

电流的分配关系应满足基尔霍夫电流定律,从图 5-15 可以看出,三极管作为一个封闭面可看成电路中的一个节点,有三个电流,I_E 是流出的,I_B 和 I_C 是流进的,故有

$$I_E = I_C + I_B \tag{5-1}$$

当 I_B 发生变化时,会同时引起 I_C 和 I_E 的变化,理论和实验都可以证明,微小的 I_B 变化,会引起 I_C 较大的变化,而且是按比例变化,这就是晶体管的电流放大作用. 即当基极电流 I_B 变化 ΔI_B 时,引起 I_C 变化 ΔI_C,有

$$\frac{I_C}{I_B} = \overline{\beta}, \quad \frac{\Delta I_C}{\Delta I_B} = \frac{i_c}{i_b} = \beta \tag{5-2}$$

其中,$\overline{\beta}$ 称为晶体管的直流电流放大系数,β 为交流电流放大系数,一般情况,在正常放大区域内 $\overline{\beta} \approx \beta$,有的书上用 h_{fe} 表示. 三极管在制作时,工艺不同 β 值大小也不同,一般在 $10 \sim 200$ 之间.

由式(5-1)、式(5-2)可知,三极管电流分配关系可写为

$$\begin{cases} I_E = I_C + I_B \\ I_C = \beta I_B + I_{CEO} \\ I_E = (1+\beta)I_B + I_{CEO} \end{cases} \tag{5-3}$$

式中,I_{CEO} 称为穿透电流,是当基极电压为零时的集电极电流,大小与温度有关,它与反向饱和漏电流 I_{CBO} 的关系是

$$I_{CEO} = (1+\beta)I_{CBO} \tag{5-4}$$

4. 放大能力的解释

所谓放大,只是表明 I_B 控制 I_C 的能力,只要 I_B 有小的变化 ΔI_B,就会引起 I_C 较大的变化 ΔI_C,且 $\Delta I_C = \beta \Delta I_B$,这说明基极信号被放大了.

因此,所谓放大,是指三极管电路有能源,并且由基极信号微小变化控制集电极输出信号的较大变化,但符合能量守恒定律,实质是把电源的能量转换成输出信号的能量,因此电子电路放大的基本特征是功率放大,是晶体管和场效应管将有源器件的能量在控制量作用下的转换.

5.3.3 三极管在电路中的三种组态

三极管在电路中有三种不同的连接方式,或称为三种组态,即共射极组态(G E)、共基极组态(G B)和共集电极组态(G C). 如图 5-16 所示. 不同的连接方式,其特性也不同.

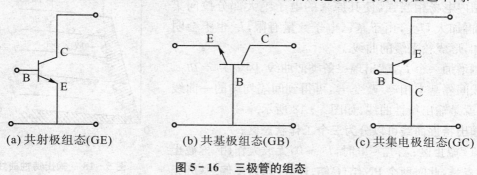

| (a) 共射极组态(GE) | (b) 共基极组态(GB) | (c) 共集电极组态(GC) |

图 5-16 三极管的组态

5.3.4　三极管的特性曲线

只分析共射极电路.

1. 输入特性曲线

从共射极电路图可以看出,发射极是输入和输出两个回路的公共端,由基极与射极输入;集电极和射极输出.输入特性,就是讨论**输入电流 I_B 与基射极电压 U_{BE} 的关系**,即

$$I_B = f(U_{BE})\,|_{U_{CE}} \tag{5-5}$$

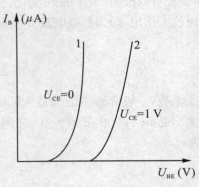

由三极管构成原理知,当 $U_{CE} = 0$ 时,I_B 与 U_{BE} 的关系与二极管相似,如图 5-17 所示曲线 1.

加大 U_{CE},曲线将向右移,当 U_{CE} 加大到 1 V 时,由于集电结反偏,故此时集电极将把因 U_{BE} 增高而增加的电子吸到集电极,而基极的电流在相同 U_{BE} 下,I_B 减小,即曲线右移,如曲线 2,再加大 U_{CE},因基极载流子已经多数被集电极收集,I_B 不再明显变化,如图 5-17 所示,故通常晶体管手册中常常给出的就是这一条曲线. 也有死区电压,一般硅管 0.5 V,锗管 0.1 V,正常放大时,硅管压降为 $0.6\sim0.8$ V,锗管压降为 $0.1\sim0.3$ V. 低于死区电压时 $I_B = 0$.

图 5-17　输入特性曲线

交流输入电阻:从输入特性曲线可以求出交流输入电阻 r,输入电阻是三极管工作时,工作点处特性曲线的线率 $r = \dfrac{\Delta U_{BE}}{\Delta I_B}$. 共射极电路输入电阻很小.

2. 输出特性曲线

输出特性是指**集电极电流与集－射极电压之间的函数关系**(都是输出端),即 I_B 一定时,I_C 与 U_{CE} 的关系曲线

$$I_C = f(U_{CE})\,|_{I_B} \tag{5-6}$$

当 $I_B = 0$ 时,U_{BE} 小于死区电压,此时发射结反偏,加大 U_{CE},使两个 PN 结均反偏,故 $I_C \to 0$,只是漂移造成的反向饱和漏电流(相当于二极管反偏时的反向饱和电流). 当 I_B 不为零时,即 $U_{BE} > 0.5$ V 时,发射结正偏,U_{CE} 从零开始增加,I_C 随之增大,起始部分 I_C 上升很快,是因为集电结内电场增大,收集载流子的能力增强,将基区中扩散来的电子迅速地收集到集电极,因而形成大电流 I_C.

当 U_{CE} 超过某一定值后,I_C 不再明显增大,因为此时集电结内电场相当强,使其原来的电子绝大部分拉向集电区,再加大 U_{CE},由于基区电子数量有限,I_C 也不会明显增加,形成较平缓的曲线.

每增加一个 I_B,就出现一条类似曲线,因为 $I_C = \beta I_B$,故曲线间隔基本相等. 改变 I_B,可得到间隔均匀的一曲线族,这就是输出特性曲线,如图 5-18 所示.

输出特性曲线可以分为三个工作状态区:

(1) 截止区:当 $I_B \leqslant 0$ 时,$I_C \to 0$,无放大作用,称截止区,特点是,此时**两个 PN 结(C 结、E 结) 均为反偏**. 基区无电子供给.

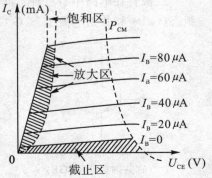

图 5-18　输出特性曲线

（2）**饱和区**：输出曲线左侧（虚线左侧以内）称为饱和区，此时**两个 PN 结（C 结、E 结）均为正向偏置**，集电极失去收集基区载流子的能力，故 I_C 与 I_B 几乎无关. 仅与 U_{CE} 变化有关，I_B 对 I_C 失去控制能力，故无放大作用，此虚线对应的 U_{CE} 称为饱和压降 $U_{CES} \approx 0.5$ V.

（3）**放大区**：在截止区和饱和区中间，各曲线接近水平且间隔基本相等的区域称为放大区，此区满足 $I_C = \beta I_B$. 是线性放大区，I_C 仅由 I_B 决定. 特点是：**发射结正偏，集电结反偏**，放大器正常工作. 从输出特性曲线可看出，它的电阻是在工作点 Q 处作切线，得到电阻

$$r_0 = \frac{\Delta U_{CE}}{\Delta I_C}$$

r_0 称为晶体管的输出电阻，从图中可以看出，输出电阻很大（因曲线接近水平）.

5.3.5　三极管的主要参数

1. 电流放大系数 $\bar{\beta}$ 和 β

直流电流放大系数 $\bar{\beta} = \dfrac{I_C}{I_B}$；交流放大系数 $\beta = \dfrac{i_C}{i_B} = \dfrac{\Delta I_C}{\Delta I_B}$.

一般情况二者相差不大，可互相代替.

2. 穿透电流 I_{CEO}、反向饱和电流 I_{CBO}

I_{CBO} 是当发射极开路时，集 - 基极之间的反向电流. I_{CBO} 很小（锗约 10 μA，硅约 0.7 μA），与制作工艺有关，I_{CEO} 是在基极开路时，集 - 射极间的电流，$I_{CEO} = (1+\beta)I_{CBO}$，是从集电极透过基极直到射极的电流，称为穿透电流. 一般 $I_C = \beta I_B + I_{CEO}$，由于 I_{CEO} 很小（几十 μA ~ 几百 μA），通常可以忽略. I_{CEO} 大，性能差，噪声大（如收音机的噪声）.

3. 极限参数

（1）最大允许电流 I_{CM}. 当 I_C 太大时，β 会下降，当下降到 $\dfrac{2}{3}\beta$ 时，所对应的 I_C 即为 I_{CM}.

（2）最大允许耗散功率 P_{CM}. $P_{CM} = I_C U_{CE}$. 当功率超过此值时，三极管发热易烧毁 PN 结.

（3）反向击穿电压 U_{CEO}. 指当基极开路时，集 - 射极之间允许最大电压，当电压超过 U_{CEO} 时 I_C 剧增，晶体管被击穿.

（4）截止频 f_β. 工作频率上升，β 值下降，当 β 下降到 $\dfrac{1}{\sqrt{2}}\beta$ 时所对应的工作频率为 f_β，一般使用在 f_β 以下. 当 β 下降到 $\beta = 1$ 时，所对应的频率称为特征频率 f_T，手册中给定的就是 f_T，实际使用时，**工作频率要比特征频率低得多，三极管才能正常放大**.

5.4　场　效　应　管

5.4.1　概述

晶体三极管是输入电流 I_B 控制输出电流 I_C 而放大，是流控放大器件. 场效应管是以小的输入电压控制较大输出电流的压控放大器件. 由于场效应只有一种载流子（电子或空穴）导电，故称**单极型**，从参与导电的载流子来划分，它有自由电子导电的 N 沟道器件和空穴导电的 P 沟道器件. 而三极管是空穴、电子都参与导电，称**双极型**. **场效应管是用电场效应来控制导电能力，故称场效应**. 晶体管的输入电阻较低，仅有 $10^2 \sim 10^4$ Ω，场效应管的输入电阻很高，可达

到 $10^9 \sim 10^{14}$ Ω,这是它的突出特点.

场效应管可以分为结型、绝级栅型两大类.

(1)结型场效应管按导电性质分为 N 沟道、P 沟道,称为 JFET 型.

(2)绝缘栅场效应管分为,N 沟道耗尽型、增强型,P 沟道耗尽型、增强型.绝缘栅场效应管简称为 MOSFET 型,N 沟道称 NMOS 管,P 沟道称 PMOS 管.

5.4.2　结型场效应管(JFET)

1. 结构

在 N(P) 型硅基片两侧各作一个高浓度的 P(N) 型区,形成两个 PN 结并联在一起,引出电极称为栅极 G,两端引出两条极线,分别为源极 S 和漏极 D. 中间部分称为 N(P) 沟道——导电沟道,耗尽层为 N 型半导体的称为 N 沟道;耗尽层为 P 型半导体的称为 P 型沟道,结构原理图及符号如图 5-19 所示.

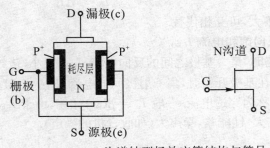

(a) N沟道结型场效应管结构与符号

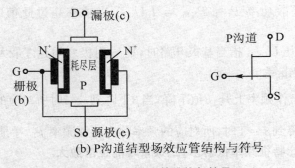

(b) P沟道结型场效应管结构与符号

图 5-19　场效应管结构与符号

2. 工作原理

以 N 沟道结型场效应管为例,电源连接如图 5-20 所示. 当 S,D 之间加电源 V_{DS} 时,D 为正极,有电子经过两个 PN 结中间的通道向漏极移动,形成漏极电流 I_D,**中间通道称为沟道**.I_D 的大小由沟道的宽窄而定. 如果在栅源之间加上电源 V_{GS} 来改变沟道宽窄,从而控制电阻的变化,控制 I_D 的大小.

P 沟道工作时,沟道中为空穴.

(1)栅源电压 V_{GS} 对 I_D 的控制作用. 当 $V_{GS} < 0$ 时,两个 PN 结反偏,在 PN 结附近的载流子将被消耗掉,形成空间电荷区,称为耗尽层.V_{GS} 越负,沟道越窄,I_D 越小;直至沟道被耗尽层

全部覆盖,沟道被夹断,$I_D \approx 0$.这时所对应的栅源电压 V_{GS} 称为**夹断电压** V_P.反过来,I_D 增大.此约束关系如图 5 - 21 所示,N 沟道结型场效应管输出曲线.

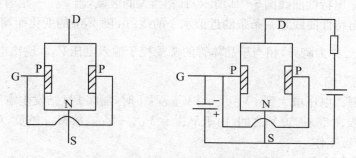

图 5 - 20　结型管工作原理图

这种效应可看作是栅极上的偏压在沟道两侧建立了电场,电场强度确立沟道面积,即确定了 I_D 的大小,这就是场效应管的由来.

(2)漏源电压 V_{DS} 对 I_D 的影响.在栅源间加电压 $V_{GS} > V_P$,漏源间加电压 V_{DS}.则因漏端耗尽层所受的反偏电压为 $V_{GD} = V_{GS} - V_{DS}$,比源端耗尽层所受的反偏电压 V_{GS} 大,(如:$V_{GS} = -2\ \text{V}, V_{DS} = 3\ \text{V}, V_P = -9\ \text{V}$,则漏端耗尽层受反偏电压为 $-5\ \text{V}$,源端耗尽层受反偏电压为 $-2\ \text{V}$),使靠近漏端的耗尽层比源端厚,沟道比源端窄,故 V_{DS} 对沟道的影响是不均匀的,使沟道呈楔形,如图 5 - 22 所示.

当 V_{DS} 增加到使 $V_{GD} = V_{GS} - V_{DS} = V_P$ 时,在紧靠漏极处出现预夹断点.当 V_{DS} 继续增加时,预夹断点向源极方向伸长为预夹断区.由于预夹断区电阻很大,使 V_{DS} 主要降落在该区,由此产生的强电场力能把未夹断区漂移到其边界上的载流子都扫至漏极,形成漏极饱和电流.

(3)伏安特性曲线 —— 输出特性曲线.

夹断区:V_{GS} 负值逐渐加大,使耗尽层变宽,沟道面积减小,到一定值 V_P 时,沟道被夹断此时 $I_D = 0$,V_P 称为**夹断电压**.夹断区如图 5 - 21 所示.这时加大 V_{DS},沟道变窄,I_D 增加缓慢,当 $V_{DS} \leqslant V_P$ 时,沟道在 D 点附近被夹断,称为预夹断,如图 5 - 22 所示.

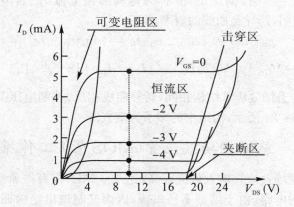

图 5 - 21　N 沟道结型场效应管输出曲线

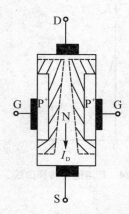

图 5 - 22　沟道预夹断

可变电阻区:从曲线图可以看出,当 V_{GS} 为定值时,$U_{DS} = 0$,则 $I_D = 0$.当 V_{DS} 加大,I_D 迅

速增加,这一区域称为可变电阻区,I_D 是 V_{DS} 的线性函数,管子的漏源间呈现为线性电阻,从图 5-21 可看出,当 V_{GS} 变化时,其阻值受 V_{GS} 影响较大.

　　恒流区:由输出特性曲线图 5-21 所示,有相当大的区域,当 V_{GS} 一定时,加大 V_{DS},电流并无显著增加,输出特性曲线是一条条的近似水平的线. I_D 随 V_{GS} 的变化而均匀变化,它们的比为 $\dfrac{\partial I_D}{\partial V_{GS}}\bigg|_{V_{DS}} = g_m$ 称为跨导,相当于晶体管的 β. 受控于输入电压 V_{GS},输出电流 I_D 基本上不受输出电压 V_{DS} 的影响.

　　击穿区:当漏源电压增大到 $|V_{DS}| = |V_{(BR)DS}|$ 时,漏端 PN 结发生雪崩击穿,使 I_D 剧增的区域. 其值一般在 $20 \sim 50$ V 之间. 由于 $V_{GD} = V_{GS} - V_{DS}$,故 V_{GS} 越负,对应的 V_P 就越小,管子不能在击穿区工作.

　　3. 转移特性曲线 $I_D = f(V_{GS})|_{V_{DS}=c}$

　　为方便反应栅极电压对漏极电流的控制作用,常测定场效应管的转移特性曲性. 当 V_{DS} 为一定值时,I_{DS} 与 V_{GS} 之间的关系曲线就称为转移特性曲线. 结型 N 沟道场效应管转移特性曲线如图 5-23 所示.

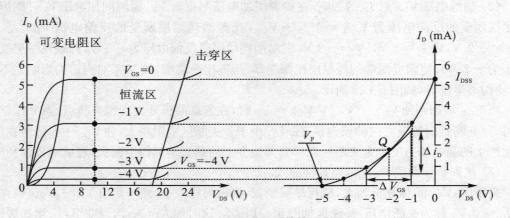

图 5-23　N 沟道结型管转移曲线

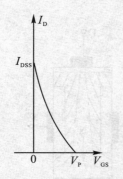

图 5-24　P 沟道管转移曲线

　　$V_{GS} = 0$ 时,对应的 I_D 称为饱和漏极电流,记为 I_{DSS}. 图 5-23 表明,跨导是曲线的斜率,即

$$g_m(\text{ms}) = (\Delta i_D / \Delta v_{GS})_Q = (\mathrm{d}i_D / \mathrm{d}v_{GS})_Q$$

$$0 < |V_{GS}| < V_P \text{ 为放大区,} I_D = I_{DSS}\left(1 - \dfrac{V_{GS}}{V_P}\right).$$

　　P 沟道场效应管结构相同,转移曲线相反,控制电压 $V_{GS} > 0$,如图 5-24 所示,沟道中的多子为空穴.

5.4.3　绝缘栅场效应管(MOS 管)工作原理

　　结型场效应管输入阻抗很高,达 100 MΩ,但有些希望输入阻更高的电路,由于结型不易集成,因而又制造出绝缘栅管. 由其名知,栅极是绝缘的,一般在源极(S)和漏极(D)硅片之间有一层 SiO_2 氧化绝缘层,并引出栅极 G,故输入阻抗极高,相当于开路,由栅极绝缘而命名为绝缘栅场效应管. 它与结型的差别

（结构原理）在于,结型是利用耗尽层的宽窄控制导电性能,而绝缘栅型是利用感应电荷的多少来改变沟道的导电性,从而控制 I_D.

绝缘栅型场效应管(Metal Oxide Semiconductor——MOSFET),又称为金属-氧化物-半导体场效应管.绝缘栅型也分为 N 沟道和 P 沟道两种类型.每种又分为耗尽型和增强型两类,下面对 N 沟道耗尽型和增强型作简单介绍.

1. N 沟道增强型 MOS 管工作原理

N 沟道简称为 NMOS 管,N 沟道增强型 MOS 管在制造时,如图 5-25 所示,栅极和其他电极及硅片之间是绝缘的,N^+ 型漏区和 N^+ 型源区之间被 P 型衬底隔开,漏源之间是两个背靠背的 PN 结,不存在 N 沟道,改变 U_{GS},当 U_{GS} 大于一定值时,产生垂直于衬层表面的电场,形成源区和漏区的 N 型沟道,U_{GS} 正值愈高导电沟道愈宽,在漏-源极电压 U_{DS} 的作用下,将产生漏极电流 I_D,管子导通.

(1) 栅源电压 V_{GS} 的控制作用.当 $V_{GS} = 0$ V 时,因为漏源之间被两个背靠背的 PN 结隔离,因此,即使在 D,S 之间加上电压,在 D,S 间也不可能形成电流.当 $0 < V_{GS} < V_T$(开启电压) 时,通过栅极和衬底间的电容作用,将栅极下方 P 型衬底表层的空穴向下排斥,同时,使两个 N 区和衬底中的自由电子吸向衬底表层,并与空穴复合而消失,结果在衬底表面形成一薄层负离子的耗尽层如图 5-25 所示.漏源间仍无载流子的通道.管子仍不能导通,处于截止状态.当 $V_{GS} > V_T$ 时,衬底中的电子进一步被吸至栅极下方的 P 型衬底表层,使衬底表层中的自由电子数量大于空穴数量,该薄层转换为 N 型半导体,称此为**反型层**.形成 N 源区到 N 漏区的 N 型沟道.把开始形成反型层的 V_{GS} 值称为该管的开启电压 V_T.这时,若在漏源间加电压 V_{DS},就能产生漏极电流 I_D,即管子开启.V_{GS} 值越大,沟道内自由电子越多,沟道电阻越小,在同样 V_{DS} 电压作用下,I_D 越大.这样,就实现了输入电压 V_{GS} 对输出电流 I_D 的控制.

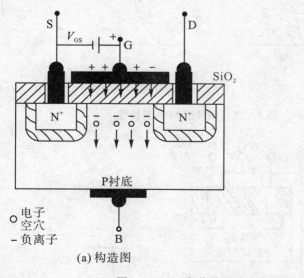
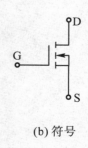

(a) 构造图　　　　　　　　　　　　　(b) 符号

图 5-25　N 沟道增强型场效应管

(2) 漏源电压 V_{DS} 对沟道导电能力的影响.当 $V_{GS} > V_T$ 且固定为某值的情况下,若给漏源间加正电压 V_{DS} 则源区的自由电子将沿着沟道漂移到漏区,形成漏极电流 I_D,当 I_D 从 D→S 流过沟道时,沿途会产生压降,进而导致沿着沟道长度上栅极与沟道间的电压分布不均匀如图

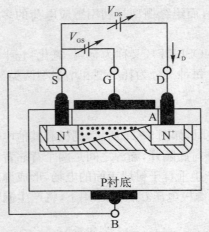

图 5-26　栅极与沟通间的电压分布

5-26 所示. 源极端电压最大为 V_{GS}, 由此感生的沟道最深; 离开源极端, 越向漏极端靠近, 则栅-沟间的电压越线性下降, 由它们感生的沟道越来越浅; 直到漏极端, 栅漏间电压最小, 其值为 $V_{GD} = V_{GS} - V_{DS}$, 由此感生的沟道也最浅. 可见, 在 V_{DS} 作用下导电沟道的深度是不均匀的, 沟道呈锥形分布. 若 V_{DS} 进一步增大, 直至 $V_{GD} = V_T$, 即 $V_{GS} - V_{DS} = V_T$ 或 $V_{DS} = V_{GS} - V_T$ 时, 则漏端沟道消失, 出现预夹断点, 如图 5-26 所示的 A 点.

（3）MOSFET 的特性曲线. 其输出特性与转移特性曲线如图 5-27 所示. 其中 V_T 称为开启电压.

2. N 沟道耗尽型绝缘栅场效应管（NMOS）

（1）结构. N 沟耗尽型道 MOS 管结构与增强型基本相同, 在 P 型硅基片上, 扩散两个高掺杂的 N 区, 引线 S、D, 硅片上有一层 SiO₂ 氧化绝缘层, 再在 S、D 间覆盖一层铝, 引出电极为栅极 G, 其结构图和符号如图 5-28 所示.

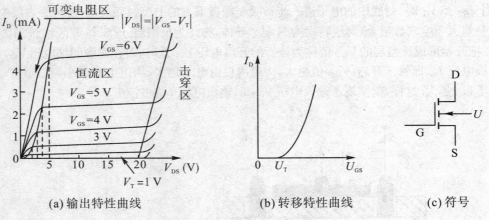

(a) 输出特性曲线　　　　　　　　(b) 转移特性曲线　　　　　(c) 符号

图 5-27　增强型 MOS 管特性

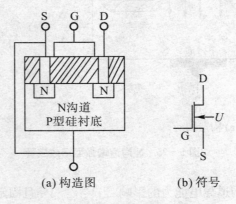

(a) 构造图　　　　　(b) 符号

图 5-28　NMOS 场效应管

（2）原理及特性曲线. 工作时，源极 S 与基片联接，在漏源加正电压 U_{DS}，在栅源之间加正、负电压 U_{GS}，耗尽型管由于制造时已做出 N 沟道，即使 $U_{GS}=0$，在 U_D 作用下，仍有电流，记作 I_{DSS}，如在栅源之间加负电压即 U_{GS} 为负值，则在栅极与氧化层基片之间形成电容，栅极为负电荷，在另一面产生正电荷，抵消了 N 沟道中的部分自由电子，产生耗尽层，使沟道导电性能下降，I_D 减小. 当 U_{GS} 负值很大时，沟道被夹断，$I_D=0$. 称**耗尽型绝缘栅场效应管**.

U_{GS} 为正时，在沟道中感应负电荷，使沟道中自由电子增加，导电能力增强，于是 I_D 上升. 它的输出特性与转移特性如图 5 - 29 所示.

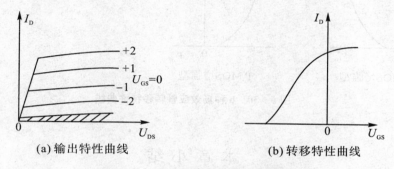

（a）输出特性曲线　　　　　　　（b）转移特性曲线

图 5 - 29　耗尽型场效应管特性曲线

5.4.4　场效应管的特点

场效应管具有如下特点：

（1）它是电压控制电流的元件，即 V_{GS} 控制 I_D 的压控元件，晶体三极管是流控制元件.

（2）输入阻抗很高，特别是绝缘栅可达 10^{10} Ω，晶体管 $<$ 1 kΩ.

（3）易于集成化.

（4）噪声系数小.

（5）温度稳定性好.

缺点：使用频率较低，功率较小.

使用注意事项：

（1）由于高输入阻抗，栅极易感应高压被击穿，故使用前 GS 短接，焊装完毕再打开.

（2）不能带电焊，焊接时应戴手套.

6 种场效应管的压控作用，即转移持性曲线如图 5 - 30 所示. 栅极电压 V_{GS} 的极性如表 5 - 1 所示.

表 5 - 1　栅源电压

类型	N JFET	P JFET	N MOS 耗尽型	P MOS 耗尽型	N MOS 增强型	P MOS 增强型
V_{GS}	负	正	正负	正负	正	负

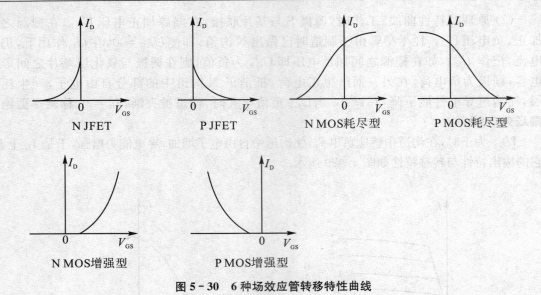

图 5 - 30　6 种场效应管转移特性曲线

本 章 小 结

1. 了解半导体的基本知识,掌握半导体的核心环节 ——PN 结和 PN 结的单向导电特性.

2. 了解半导体二极管的物理结构、工作原理、特性曲线和主要参数,掌握二极管基本电路及其分析方法与应用.

3. 了解特殊二极管的特性与应用.

4. 了解半导体三极管的结构、工作原理、特性曲线和主要参数,掌握三极管的工作区域的设置和特性,了解放大电路的三种组态,即共发射极、共集电极、共基极三种连接方式,为下一章的学习奠定基础.

5. 场效应管是一种利用电场效应来控制其电流大小的半导体器件. 初步掌握场效应管的结构、工作原理、特性曲线和主要参数.

6. 场效应管不仅具有体积小、重量轻、耗电省、寿命长等特点,而且还有输入阻抗高、噪音低、热稳定性好、抗辐射能力强和制造工艺简单等优点,因而大大地扩展了它的应用范围,特别是在大规模和超大规模集成电路中得到了广泛的应用.

习　　　题

1. 在如图 5 - 31 所示二极管电路中,设二极管导通压降 $V_D = +0.7$ V,设输入信号的 $V_{IH} = +5$ V, $V_{IL} = 0$ V,则它的输出信号 V_{OH} 和 V_{OL} 各等于多少?

2. 在如图 5 - 32 所示电路中,D_1、D_2 为硅二极管,导通压降为 0.7 V.

(1)B 端接地,A 接 5 V 时,V_O 等于多少伏?

(2)B 端接 10 V,A 接 5 V 时,V_O 等于多少伏?

(3)B 端悬空,A 接 5 V,测 B 和 V_O 端电压,各应等于多少伏?

(4)A 接 10 kΩ 电阻到地,B 悬空,测 B 和 V_O 端电压,各应为多少伏?

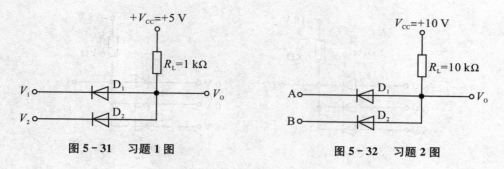

图 5 - 31　习题 1 图　　　　　　　　图 5 - 32　习题 2 图

3. 写出如图 5 - 33 所示各电路的输出电压值,设二极管导通电压 $U_D = 0.7$ V.

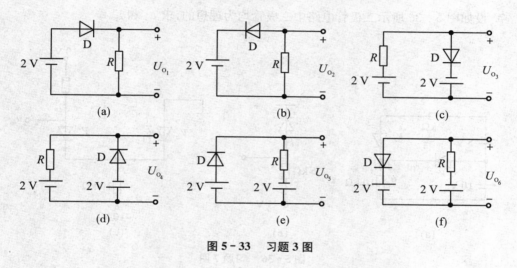

图 5 - 33　习题 3 图

4. 能否将 1.5 V 的干电池以正向接法接到二极管两端?为什么?

5. 电路如图 5 - 34 所示,已知 $u_i = 5 \sin \omega t$ (V),二极管导通电压 $U_D = 0.7$ V. 试画出 u_i 与 u_o 的波形,并标出幅值.

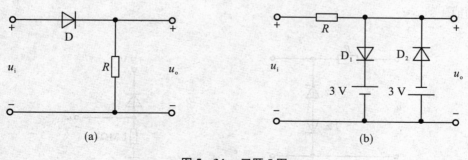

图 5 - 34　习题 5 图

6. 由理想二极管组成的电路如图 5 - 35 所示,试确定各电路的输出电压.

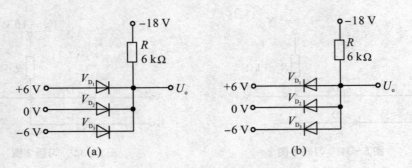

图 5 - 35   习题 6 图

7. 设如图 5 - 36 所示二极管电路中二极管均为理想的，求 u_o 和 i_o.

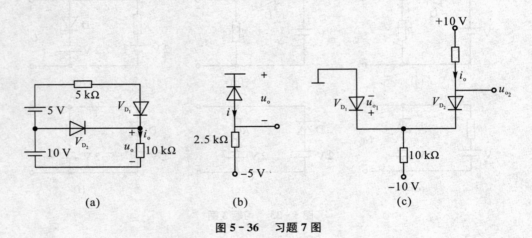

图 5 - 36   习题 7 图

8. 电路如图 5 - 37 所示，设 $u_i = 10\sin\omega t(V)$，稳压管 V_{Z_1} 和 V_{Z_2} 的稳压值为 $U_{Z_1} = U_{Z_2} = 6$ V，试画出输出电压 u_o 的波形.

9. 一实际二极管电路如图 5 - 38 所示，已知 $T = 20$ ℃ 时，$u = 1$ V. 求 $T = 40$ ℃ 和 0 ℃ 时 u 的值.

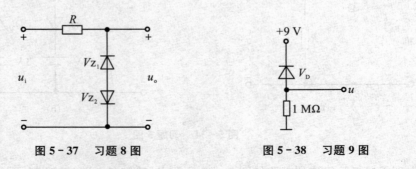

图 5 - 37   习题 8 图   图 5 - 38   习题 9 图

10. 电路如图 5 - 39(a) 所示，其输入电压 u_{i_1} 和 u_{i_2} 的波形如图 5 - 39(b) 所示，二极管导通电压 $U_D = 0.7$ V. 试画出输出电压 u_o 的波形，并标出幅值.

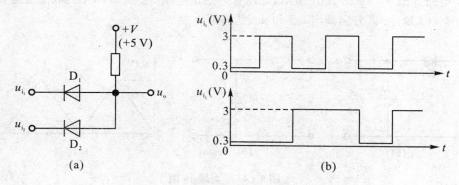

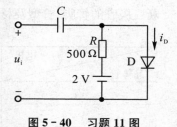

图 5 - 39　习题 10 图

11. 电路如图 5 - 40 所示,二极管导通电压 $U_D = 0.7$ V,常温下 $U_T \approx 26$ mV,电容 C 对交流信号可视为短路;u_i 为正弦波,有效值为 10 mV. 试问二极管中流过的交流电流有效值为多少?

12. 现有两只稳压管,它们的稳定电压分别为 6 V 和 8 V,正向导通电压为 0.7 V. 试问:

(1) 若将它们串联相接,则可得到几种稳压值?各为多少?

(2) 若将它们并联相接,则又可得到几种稳压值?各为多少?

图 5 - 40　习题 11 图

13. 已知稳压管的稳定电压 $U_Z = 6$ V,稳定电流的最小值 $I_{Zmin} = 5$ mA,最大功耗 $P_{Z_m} = 150$ mW. 试求如图 5 - 41 所示电路中电阻 R 的取值范围.

14. 已知如图 5 - 42 所示电路中稳压管的稳定电压 $U_Z = 6$ V,最小稳定电流 $I_{Zmin} = 5$ mA,最大稳定电流 $I_{Zmax} = 25$ mA.

(1) 分别计算 U_i 为 10 V、15 V、35 V 三种情况下输出电压 U_o 的值.

(2) 若 $U_i = 35$ V 时负载开路,则会出现什么现象?为什么?

15. 在如图 5 - 43 所示电路中,发光二极管导通电压 $U_D = 1.5$ V,正向电流在 $5 \sim 15$ mA 时才能正常工作. 试求:

(1) 开关 S 在什么位置时发光二极管才能发光?

(2) R 的取值范围是多少?

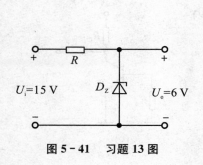

图 5 - 41　习题 13 图

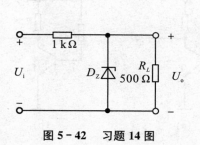

图 5 - 42　习题 14 图

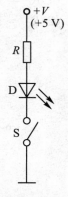

图 5 - 43　习题 15 图

16. 电路如图 $5-44(a)$、(b) 所示，稳压管的稳定电压 $U_Z = 3\text{ V}$，R 的取值合适，u_i 的波形如图 $5-44(c)$ 所示.试分别画出 u_{o_1} 和 u_{o_2} 的波形.

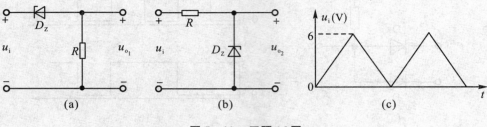

图 5-44　习题 16 图

17. 用直流电压表测得三只晶体管在放大电路中各电极对地的电位如表 $5-2$ 所示，试判断三极管的管脚、管型及材料.

表 5-2　三极管各极电位

晶体管 ＼ 电极	①	②	③
V_1	7.0 V	1.8 V	2.5 V
V_2	−2.9 V	−3.1 V	−8.2 V
V_3	7.0 V	1.8 V	6.3 V

18. 有 A、B、C 三只晶体管，测得各管的有关参数与电流如表 $5-3$ 所示，试填写表中空白的栏目.

表 5-3　三极管各极电流

管号 ＼ 电流参数	i_E/mA	i_C/mA	i_B/μA	$\bar{\beta}$
A		0.982	18	
B	0.4		3	
C	0.6	0.571		

19. 判断如图 $5-45(a)$、(b)、(c) 所示电路的工作状态. 其中

(1)$R_C = 1\text{ k}\Omega$，$R_B = 50\text{ k}\Omega$，$\beta = 100$.

(2)$R_C = 1\text{ k}\Omega$，$R_B = 750\text{ k}\Omega$，$\beta = 100$.

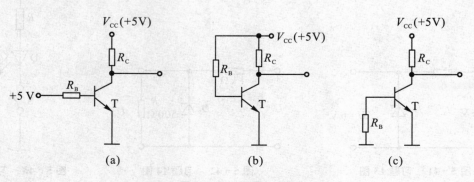

图 5-45　习题 19 图

20. 在温度 20 ℃ 时某晶体管的 $I_{CBO} = 2\ \mu A$,试问温度是 60 ℃ 时 $I_{CBO} \approx$?

21. 有两只晶体管,一只的 $\beta = 200$,$I_{CEO} = 200\ \mu A$;另一只的 $\beta = 100$,$I_{CEO} = 10\ \mu A$,其他参数大致相同. 你认为应选用哪只管子?为什么?

22. 已知两只晶体管的电流放大系数 β 分别为 50 和 100,现测得放大电路中这两只管子两个电极的电流如图 5 - 46 所示. 分别求另一电极的电流,标出其实际方向,并在圆圈中画出管子.

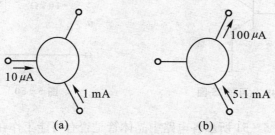

图 5 - 46　习题 22 图

23. 测得放大电路中六只晶体管的直流电位如图 5 - 47 所示. 在圆圈中画出管子,并分别说明它们是硅管还是锗管.

24. 电路如图 5 - 48 所示,晶体管导通时 $U_{BE} = 0.7\ V$,$\beta = 50$. 试分析 V_{BB} 为 0 V、0.7 V、1.5 V 三种情况下 T 的工作状态及输出电压 u_o 的值.

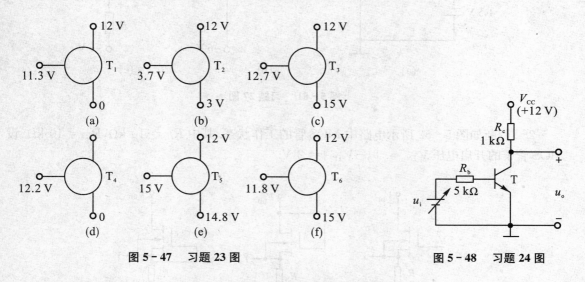

图 5 - 47　习题 23 图　　　　　**图 5 - 48　习题 24 图**

25. 电路如图 5 - 49 所示,试问 β 大于多少时晶体管饱和?

26. 电路如图 5 - 50 所示,晶体管的 $\beta = 50$,$|U_{BE}| = 0.2\ V$,饱和管压降 $|U_{CES}| = 0.1\ V$;稳压管的稳定电压 $U_Z = 5\ V$,正向导通电压 $U_D = 0.5\ V$.

试问:当 $u_i = 0\ V$ 时 $u_o =$?当 $u_i = -5\ V$ 时 $u_o =$?

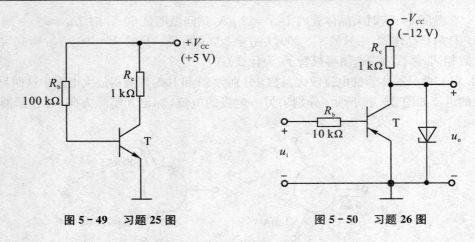

图 5-49　习题 25 图　　　　　图 5-50　习题 26 图

27. 分别判断如图 5-51 所示各电路中晶体管是否有可能工作在放大状态.

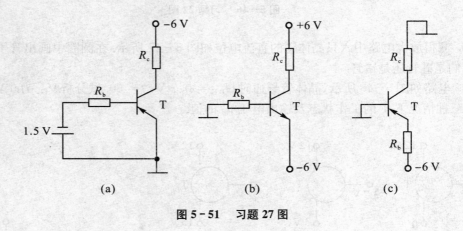

图 5-51　习题 27 图

28. 判断如图 5-52 所示电路中 MOS 管的工作状态. 其中 $R_D = 10$ kΩ, $R_G = 10$ kΩ. 设 MOS 管子的开启电压 $V_{TN} = |-V_{TP}| = 2$ V.

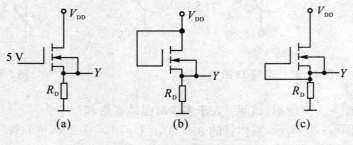

图 5-52　习题 28 图

29. 有一 FET 场效应管, 其输出特性曲线如图 5-53 所示. 试问: 该管是什么类型? 其 $U_{GS(th)}$ 或 $U_{GS(off)}$ 为多大? 试计算 $u_{GS} = -2$ V、$u_{DS} = 10$ V 时的跨导.

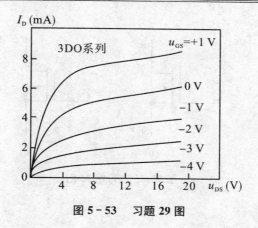

图 5 - 53   习题 29 图

30. 如图 5 - 54 所示,试问 MOSFET 工作于何种区域?

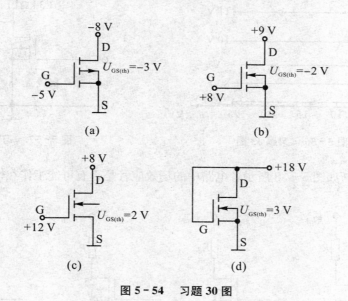

图 5 - 54   习题 30 图

31. 已知某结型场效应管的 $I_{DSS} = 2 \text{ mA}$, $U_{GS(off)} = -4 \text{ V}$,试画出它的转移特性曲线和输出特性曲线,并近似画出预夹断轨迹.

32. 已知放大电路中一只 N 沟道场效应管三个极 ①、②、③ 的电位分别为 4 V、8 V、12 V,管子工作在恒流区. 试判断它可能是哪种管子(结型管、MOS 管、增强型、耗尽型),并说明如图 5 - 55 所示的 ①、②、③ 与 G、S、D 的对应关系.

33. 已知场效应管的输出特性曲线如图 5 - 56 所示,画出它在恒流区的转移特性曲线.

34. 电路如图 5 - 57 所示,T 的输出特性如图 5 - 57 所示,分析当 $u_i = 4 \text{ V}$、8 V、12 V 三种情况下场效应管分别工作在什么区域.

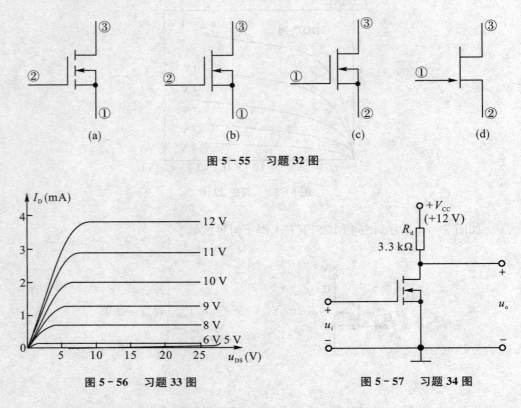

图 5 - 55　习题 32 图

图 5 - 56　习题 33 图

图 5 - 57　习题 34 图

35. 分别判断如图 5 - 58 所示各电路中的场效应管是否有可能工作在恒流区.

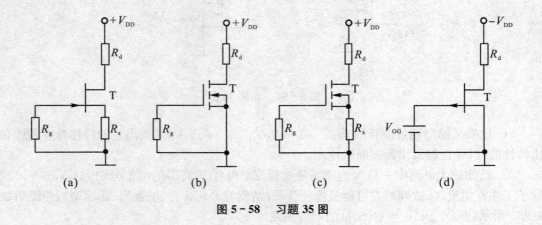

图 5 - 58　习题 35 图

第6章 基本放大电路

本章主要内容是对放大电路的分析,分析放大器静、动态工作原理.静态分析,确定放大电路的直流状态,动态分析放大电路对交流信号的放大能力;放大器分析方法有图解法、近似估算法、微变等效电路法;放大电路静态工作点稳定的方法;多级放大电路及其级间耦合方式;负反馈的概念及其对放大电路工作性能的影响.

6.1 基本共射极放大电路分析

6.1.1 电路组成

放大电路是模拟电子电路中最重要的单元电路之一,要求在不改变信号波形的同时实现对输入信号功率的放大.放大电路的实质是一种线性受控能量的转换,将直流电源的能量转换为输出信号的能量.现分析其工作过程.

1. 电路结构

如图 6-1 所示,由三极管结构及正常工作的原理可知,应有两个电源 E_B、E_C,使两个 PN 结中发射结正向偏置,集电结反向偏置.

左为输入回路,右为输出回路,用户负载 R_L.
输入信号从基极和发射极之间输入,从集电极和发射极之间输出——称为共射极放大器.交流信号 u_i 通过 C_1 加到基极,放大后的信号从集电极经 C_2 输出到负载 R_L.

两个交流通道,传输交流信号,两个直流通道供给能量,电容 C_1 和 C_2 对交流短路,而把前后级直流隔开.

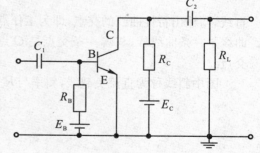

图 6-1 共射极电路的构成

2. 各元件的作用

电源 E_B 使 BE 结(发射结)正向偏置,E_C 使 CB 结(集电结)反向偏置,以满足晶体管正常工作条件.

R_B 使信号能加到基极,否则基极电位将被电源电压 E_B 控制,变化的电压信号无法加上,通过 R_B 使信号在 R_B 上产生变化,将信号加在基极 B 上被放大.

R_C 的作用与 R_B 相同,是把放大后的信号送出,否则 E_C 将使集电极电压保持不变,变化的信号也无法输出到负载上.

电容 C_1、C_2 为耦合元件,它对交流短路,不影响交流信号的传输,把信号耦合到输入端和输出端,同时将直流隔离在本放大器内,不影响前后级的直流工作状态.

3. 电路的改进

一个放大器用两个电源不方便.去掉 E_B,把 R_B 接在 E_C 上,仍可正常工作,只要适当加大 R_B,仍使 BE 结正偏,就成为常用放大器电路原理图,如图 6-2 所示.

6.1.2 静态图解分析

直流工作状态称为静态,处于何种工作状态主要看参数 I_B、U_{BE}、I_C、U_{CE},直流参数用大写字母表示.

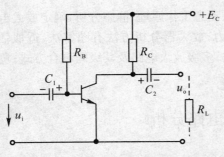

图 6-2 改进后的常用电路原理图

1. 求 I_B,用输入特性曲线图解

如原理图 6-2 所示,左侧为输入回路. $E_C \rightarrow R_B \rightarrow U_{BE} \rightarrow$ 地,构成一条回路,由基尔霍夫定律可知

$$E_C = I_B R_B + U_{BE} \qquad (6-1)$$

由式(6-1),在 E_C 确定的条件下,I_B 与 U_{BE} 为线性关系,故可画出一条斜直线,称输入负载线,与输入特性曲线交点即为输入工作点,纵坐标对应的是 I_B,记作 I_{BQ},横坐标对应 U_{BE}.如图 6-3(a) 所示.

2. 求 I_C、U_{CE},用输出特性曲线图解

如原理图 6-2 所示,右侧为输出回路. $E_C \rightarrow R_C \rightarrow U_{CE} \rightarrow$ 地,形成一条回路,同样由基尔霍夫定律得到

$$E_C = I_C R_C + U_{CE}$$

它也是一条直线.与输出特性曲线联立

$$\begin{cases} E_C = I_C R_C + U_{CE} \\ I_C = f(U_{CE})\,|_{I_B} \end{cases} \qquad (6-2)$$

上式显然是一条直线,当 $U_{CE} = 0$ 时,$I_C = \dfrac{E_C}{R_C}$,$I_C = 0$ 时,$E_C = U_{CE}$,连接两点画出一条斜直线,与输出特性曲线的交点,即为工作点 Q,Q 点所对应的 I_C,记作 I_{CQ},U_{CE} 记作 U_{CEQ},输出曲线是一条曲线族,与哪一条交点是 Q 点?前面已求出 $I_B = I_{BQ}$,显然应是与 I_{BQ} 那条线的交点.

图中斜线称为直流负载线,斜率与 R_C、E_C 有关.图解求 I_{CQ}、U_{CEQ} 如图 6-3(b) 所示 Q 点.

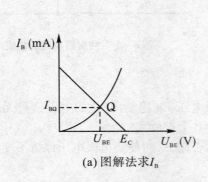

(a) 图解法求 I_B

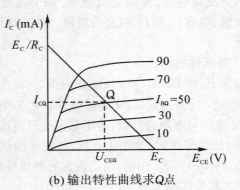

(b) 输出特性曲线求 Q 点

图 6-3 图解法求解工作点

总结一下,图解法求静态工作点的步骤如下:

(1) 先确定 I_{BQ},由式(6-1) 和输入特性曲线交点求出.

(2) 根据 $E_C = I_C R_C + U_{CE}$ 在输出特性曲线上作直流负载线.

（3）负载线与 I_{BQ} 所对应的曲线交点即 Q 点,对应纵轴为 I_{CQ},横轴为 U_{CEQ},则直流工作点 I_{BQ}、I_{CQ}、U_{CEQ} 全部求出.

U_{BEQ} 不必求,直接代入数值即可(一般硅管取 0.7 V、锗管取 0.2 V).

6.1.3 动态图解分析 —— 交流放大工作状态

对于共射极放大器,在输入端(基极与射极间)加一交流信号,如何被放大?

电路如图 6-4 所示,先不加负载 R_L,看输入与输出的关系. 对于交流信号,C_1 与 C_2 相当于短路($X_C = \dfrac{1}{\omega C}$,只要 ωC 足够大,$X_C \to 0$),则其交流等效电路如图 6-5 所示.

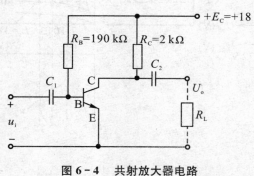

图 6-4 共射放大器电路

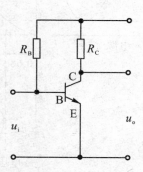

图 6-5 交流等效电路

分析输入与输出的图形关系.

设输入交流信号 $u_i = U_m \sin \omega t$,$U_m = 0.02$ V $= 20$ mV(峰 - 峰值 $U_{p\text{-}p} = 0.04$ V),假设电路中使用硅管,则此时 $U_{BE} = 0.7$ V,加 u_i 后,交流信号加在 U_{BE} 上,使其从 $0.68 \sim 0.72$ V 变化.

首先讨论输入曲线,如图 6-6(a) 所示. 当信号从 $0.68 \sim 0.72$ V 时,使工作点(输入端) Q 将从 $60\ \mu A$ 变化到 $120\ \mu A$. 引起的交流电压变化和电流变化是同相的. i_b 是交流信号,但均在 0 电平以上,为正值. 对于 NPN 管,U_{BE}、I_B 为正值,电流只能单向变化,不能倒流,加上交变正弦信号,只是在原基础上(静态工作点)发生大小变化,而不是电流在三极管中发生方向改变.

看输出特性曲线,如图 6-6(b) 所示,由式 $E_C = I_C R_C + U_{CE}$ 作直流负载线,与 $I_{BQ} = 90\ \mu A$ 的曲线交点即为直流工作点 Q,交流信号也必过此点,由图上得到,$U_{CQ} = 10$ V,$I_{CQ} = 4$ mA. i_b 变化使 Q 点沿负载线上下移动,最高移动到 Q_1 点,对应 $i_{C_1} = 6.5$ mA,$u_{CE_1} = 7$ V,向下移动到 Q_2 点,对应 $i_{C_2} = 2.5$ mA,$u_{CE_2} = 13$ V,于是产生的交流输出电压以 Q 点($U_{CEQ} = 10$ V)为中心,大小变化从 $7 \sim 13$ V,则输出电压 $u_o = 3 \sin \omega t$ V,峰峰值 $V_{p\text{-}p} = 13 - 7 = 6$ V,而输入信号 $u_i = 0.02 \sin \omega t$ V,峰峰值为 0.04 V,因此信号 u_i 被放大了 $A = \dfrac{u_0}{u_i} = \dfrac{6}{0.04} = -150$(倍).

输出波形与输入波形之间关系. **二者相位正好相反,相位差 $180°$ 即 u_o 与 u_i 反相. 输出交流信号的电流 i_o 与输入信号电流 i_i 同相.**

从图上可看出,u_i 都在 0 以上,但输出端有隔直电容,将直流成分隔断,则输出波形为正负相等的正弦交流信号.

结论:共射放大器,输出与输入之间:

①$i_c > i_b$;②i_c 与 i_b 同相;③$u_o > u_i$;④u_o 与 u_i 反相.

图解法直观,图像清晰,易于理解,但由于太粗糙,不准确,因而通常不用它来分析放大器的动态.

从输出特性曲线上也可直接求出 $\beta = \dfrac{\Delta I_C}{\Delta I_B}$.

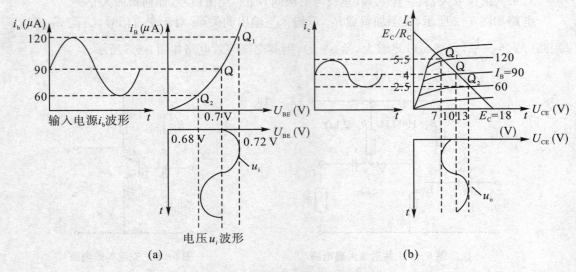

(a)   (b)

图 6-6   放大器交流信号图解分析

交流负载线:前面图解法是未考虑加负载 R_L 的情况,当加上 R_L 后,其交流电路等于在 R_C 上并联 R_L,使 R_C 变小,因而负载线斜率变大,称为交流负载线.其输出 u_o 也因而变小,放大倍数下降.

6.1.4   基本放大器的近似估算法

由于图解法复杂,不准确,通常采用简单的解析法来近似估算.

1. 静态分析 — 静态工作点(直流工作状态) 的估算

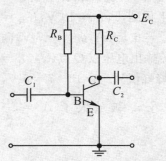

图 6-7   基本放大器电路

放大电路如图 6-7 所示.

输入回路方程

$$E_C = I_B R_B + U_{BE} \tag{6-3}$$

输出方程

$$E_C = I_C R_C + U_{CE} \tag{6-4}$$

其 U_{BE} 基本不变,即硅管 $U_{BE} = 0.6 \sim 0.8$ V(常取 0.7 V),锗管 $U_{BE} = 0.1 \sim 0.3$ V(常取 0.2 V).可认为是已知常数,而 I_C 与 I_B 之间是比例关系,$I_C = \beta I_B$,故只要求出 I_B,I_C 便为已知. 由以上两方程(6-3)、(6-4)可解出静态工作点

$$\begin{cases} I_{BQ} = (E_C - U_{BE})/R_B \\ I_{CQ} = \beta I_{BQ} \\ U_{CEQ} = E_C - I_{CQ} R_C \end{cases} \tag{6-5}$$

注意,式中均为直流.

【**例 6.1**】　如图 6-8 所示电路,已知 $E_C = 12$ V,$R_B = 240$ kΩ,$R_C = 3$ kΩ,$\beta = 40$.
求静态工作点 I_{BQ}、I_{CQ}、U_{CEQ}.

解:直流工作点:

按公式(6-5)可知(硅管 $U_{BE} = 0.7$ V)

$$I_{BQ} = \frac{E_C - U_{BE}}{R_B} = \frac{12 - 0.7}{240} \approx 50 \ (\mu A)$$

当 E_C 较大时 U_{BE} 可以忽略,当 E_C 较小时,如 4 V,6 V 等,U_{BE} 应计算在内.

$$I_{CQ} = \beta I_{BQ} = 40 \times 50 = 2\,000 \ (\mu A) = 2 \ (mA)$$

$$U_{CEQ} = E_C - I_C R_C = 12 - 2 \times 10^{-3} \times 3 \times 10^3 = 12 - 6 = 6 \ (V)$$

2. 交流分析

交流等效电路:放大器仍用如图 6-8 所示电路.输入交流信号时,电容 C 相当于短路,电源(电压源)对地也相当于短路,因电源无内阻,对交流信号相当于短路.由此可以画出其交流等效电路,如图 6-9 所示.求电压放大倍数 A_U(A_u)、输入电阻 r_i 和输出电阻 r_o.

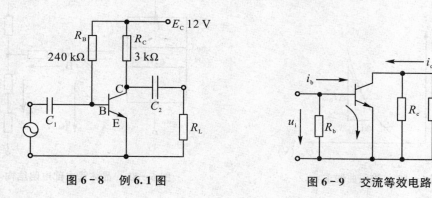

图 6-8　例 6.1 图　　　　　　　　图 6-9　交流等效电路

(1) 求电压放大倍数 A_u.

$$A_u = \frac{|u_o|}{|u_i|} \tag{6-6}$$

其中 u_o 和 u_i 分别是输出和输入交流信号电压.

注意,电压放大倍数的表示有三种:有效值、复数和交流瞬时值形式.

有效值表示

$$A_U = \frac{U_o}{U_i} \tag{6-7}$$

复数表示

$$\dot{A}_U = \frac{\dot{U}_o}{\dot{U}_i} \tag{6-8}$$

因为在中频段,信号相移很小,通常不考虑相移,故一般情况不用复数,而用有效值或交流电压瞬时值表示.本课程采用交流瞬时值电压表示方法.

由图 6-9 可知,当不考虑负载 R_L 时,

输出交流信号电压

$$u_o = i_C \cdot R_C$$

输入交流信号电压

$$u_i = i_b \cdot r_{be}$$

由前面的分析可知 u_o 与 u_i 反相,代入式(6-6),得

$$A_u = \frac{-u_0}{-u_i} = \frac{i_C R_C}{i_b r_{be}} = \frac{\beta i_b R_C}{i_b r_{be}} = -\beta \frac{R_C}{r_{be}} \qquad (6-9)$$

r_{be} 为晶体管共射输入交流电阻(Q 点),r_{be} 可由曲线上求出. $r_{be} = \frac{\Delta U_{BE}}{\Delta I_B}$,如图 6-10 所示,也可以用近似估算法求出.

(2)r_{be} 的近似估算. 晶体管基区、集电区和发射区均有一定的电阻 r'_{bb},r'_c,r'_e 还有结电阻 r_c、r_e,通常 $r_c \gg r'_c$,$r_e \gg r'_e$,因基极层很薄,使得 r'_{bb} 较大. 三极管结构等效电阻形式如图 6-11 所示. 总输入电阻是多少?应为 r'_{bb} 与 r_e 综合结果,能不能直接求和?

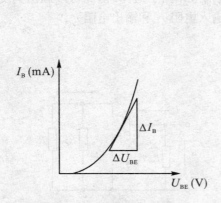

图 6-10　输入曲线求 r_{be}

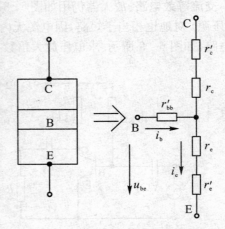

图 6-11　晶体管内部电阻结构

输入端等效电阻如图 6-12 所示,因为 r'_{bb} 与 r_e 流过的电流不同. i_b 流经 r'_{bb},i_e 流经 r_e,因此输入端的交流电压

$$u_{be} = i_b r'_{bb} + i_e r_e = i_b [r'_{bb} + (1+\beta) r_e] \qquad (6-10)$$

对于小功率管,可以证明 $r_e = \frac{26(\mathrm{mV})}{I_{EQ}(\mathrm{mA})}(\Omega)$.

代入式(6-10)得到共射晶体管输入交流电阻

$$r_{be} = \frac{u_{be}}{i_b} = r'_{bb} + (1+\beta) \frac{26}{I_{EQ}}(\Omega) \qquad (6-11)$$

小功率管低频时常取 $r'_{bb} = 200 \sim 300~\Omega$,因此输入电阻

$$r_{be} = 300 + (1+\beta) \frac{26}{I_{EQ}}(\Omega) \qquad (6-12)$$

于是得到共发射极放大电路的放大倍数为

$$A_u = \frac{-i_c R_C}{i_b r_{be}} = -\beta \frac{R_C}{r_{be}} \qquad (6-13)$$

式中 r_{be} 由式(6-12)算出.

输出端有负载 R_L 时,因对交流而言,R_L 与 R_C 并联,$R_L // R_C$,故电压放大倍数

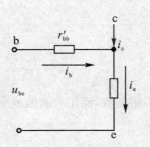

图 6-12　输入等效电阻

$$A_{\mathrm{u}} = -\beta \frac{R'_{\mathrm{L}}}{r_{\mathrm{be}}} \qquad (6-14)$$

其中

$$R'_{\mathrm{L}} = R_{\mathrm{L}} \ /\!/ \ R_{\mathrm{C}} = \frac{R_{\mathrm{C}} R_{\mathrm{L}}}{R_{\mathrm{C}} + R_{\mathrm{L}}}$$

【例 6.2】　放大电路如图 6 – 13 所示. 已知三极管 $\beta = 37.5$, $E_{\mathrm{C}} = 12$ V, $R_{\mathrm{B}} = 300$ kΩ, $R_{\mathrm{C}} = R_{\mathrm{L}} = 4$ kΩ, $R_{\mathrm{s}} = 0$ Ω. 求:

(1) 静态工作点 I_{BQ}、I_{CQ}、U_{CEQ}.

(2) 电压放大倍数 A_{u}.

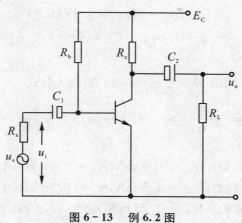

图 6 – 13　例 6.2 图

解:(1) 求静态工作点,由式(6 – 5),代入有关数据,得静态工作点:

$$\begin{cases} I_{\mathrm{BQ}} = \dfrac{E_{\mathrm{C}} - U_{\mathrm{BE}}}{R_{\mathrm{B}}} \approx \dfrac{E_{\mathrm{C}}}{R_{\mathrm{B}}} = \dfrac{12}{300} = 40 \ (\mu\mathrm{A}) \\[2mm] I_{\mathrm{CQ}} = \beta I_{\mathrm{BQ}} = 37.5 \times 40 = 1\,500 \ \mu\mathrm{A} = 1.5 \ (\mathrm{mA}) \\[2mm] U_{\mathrm{CEQ}} = E_{\mathrm{C}} - I_{\mathrm{CQ}} \cdot R_{\mathrm{C}} = 12 - 1.5 \times 4 = 6 \ (\mathrm{V}) \end{cases}$$

(2) 求电压放大倍数 A_{u},首先求无负载 R_{L} 时的放大倍数,由公式 $A_{\mathrm{u}} = -\beta \dfrac{R_{\mathrm{C}}}{r_{\mathrm{be}}}$ 知,应先求出 r_{be}. 由式(6 – 12) 得

$$r_{\mathrm{be}} = 300 + (1 + \beta) \frac{27}{I_{\mathrm{CQ}}} = 300 + (1 + 37.5) \times \frac{26}{1.5} = 967 \ (\Omega) = 0.967 \ (\mathrm{k}\Omega)$$

$$A'_{\mathrm{u}} = -\beta \frac{R_{\mathrm{C}}}{0.967} = -37.5 \times \frac{4}{0.967} = -156$$

当考虑负载时,有

$$A_{\mathrm{u}} = -\beta \frac{R'_{\mathrm{L}}}{r_{\mathrm{be}}} = -78$$

显然,有负载时放大倍数降低了.

【例 6.3】　例 6.2 其他参数不变,R_{B} 改为 500 kΩ,求静态工作点及动态参数.

解:(1) 静态工作点 $\begin{cases} I_{\mathrm{BQ}} \approx \dfrac{E_{\mathrm{C}}}{R_{\mathrm{B}}} = \dfrac{12}{500 \times 10^{3}} = 24 \ (\mu\mathrm{A}) \\[2mm] I_{\mathrm{CQ}} = \beta I_{\mathrm{BQ}} = 37.5 \times 24 = 900 \ (\mu\mathrm{A}) = 0.9 \ (\mathrm{mA}) \\[2mm] U_{\mathrm{CEQ}} = 12 - 0.9 \times 4 = 12 - 3.6 = 8.4 \ (\mathrm{V}) \end{cases}$

（2）放大倍数，先求

$$r_{be} = 300 + (1 + 37.5) \frac{26}{I_{CQ}} = 1412 \text{ (}\Omega\text{)} = 1.412 \text{ (k}\Omega\text{)}$$

$$A_u = -\beta \frac{R'_L}{r_{be}} = -37.5 \times \frac{2}{1.412} = -53$$

【例 6.4】　例 6.2 中设 $R_B = 200 \text{ k}\Omega$，其他参数不变，求静态工作点和电压放大倍数.

解：（1）静态工作点

$$\begin{cases} I_{BQ} \approx \dfrac{E_C}{R_B} = \dfrac{12}{200} = 60 \text{ (}\mu\text{A)} \\[2mm] I_{CQ} = \beta I_{BQ} = 2.25 \text{ (mA)} \\[2mm] U_{CEQ} = 12 - 2.25 \times 4 = 3 \text{ (V)} \end{cases}$$

（2）放大倍数

先求 $r_{be} = 300 + (1 + 37.5) \times \dfrac{26}{2.25} = 745 \ \Omega$，代入公式

$$A_u = -\beta \frac{R'_L}{r_{be}} \quad \Rightarrow \quad A_u = -37.5 \times \frac{2}{0.745} = -101$$

由上三例可以看出：

$$R_B = 500 \text{ k}\Omega, I_{CQ} = 0.9 \text{ mA}, r_{be} = 1.41 \text{ k}\Omega, A_u = -53$$
$$R_B = 300 \text{ k}\Omega, I_{CQ} = 1.5 \text{ mA}, r_{be} = 0.96 \text{ k}\Omega, A_u = -78$$
$$R_B = 200 \text{ k}\Omega, I_{CQ} = 2.25 \text{ mA}, r_{be} = 0.74 \text{ k}\Omega, A_u = -101$$

结论：I_C 越大，放大倍数越大，适当提高 I_C，可提高电压放大倍数，I_C 大小取决于 I_B，I_B 取决于 R_B，因此要改变 I_C，只要调整 R_B 即可.

【例 6.5】　例 6.2 中其他参数不变，取 $R_C = 2 \text{ k}\Omega$，求静态工作点及电压放大倍数.

解：
$$I_{BQ} \approx \frac{E_C}{R_C} = \frac{12}{300 \text{ k}} = 40 \text{ (}\mu\text{A)}$$
$$I_{CQ} = \beta I_B = 1.5 \text{ (mA)}$$
$$U_{CEQ} = 12 - I_{CQ} R_C = 12 - 3 = 9 \text{ (V)}$$

因

$$A_u = -\beta \frac{R'_L}{r_{be}}$$

所以

$$r_{be} = 300 + (1 + \beta) \frac{26}{I_{CQ}} = 967 \text{ (}\Omega\text{)}$$

代入

$$A_u = -37.5 \times \frac{2.14}{0.967} = -52$$

与例 6.2 比较，R_C 减小了，结果放大倍数 $A_u = -52$ 也减小了. 说明 R_C 越大，可适当提高放大倍数.

【例 6.6】　若例 6.2 中，考虑信号源内阻 $R_S = 100 \ \Omega$. 试求放大倍数 $A_{us} = \dfrac{u_o}{u_s}$ 及 A_u.

解：因 R_S 在 C_1 左侧，不影响静态工作点，故静态工作点仍为

$$I_{BQ} = 40 \ \mu\text{A}, I_{CQ} = 1.5 \text{ mA}, U_{CEQ} = 6 \text{ V}$$

放大倍数

$$A_u = -\beta \frac{R'_L}{r_{be}} = -78$$

求 $A_{us} = \dfrac{u_o}{u_s}$. 显然 $\dfrac{u_o}{u_i}$ 比值不受 R_S 影响. 当考虑 R_S 时,由交流电路如图 6-14 所示,由于 $R_B \gg r_{be}$,u_i 与 u_s 关系可表示为

$$u_i = u_s \cdot \frac{r_{be}}{R_S + r_{be}}, \quad u_s = \frac{R_s + r_{be}}{r_{be}} u_i$$

$$A_{us} = \frac{u_o}{u_s} = \frac{U_o}{\dfrac{R_S + r_{be}}{r_{be}} u_i} = \frac{r_{be}}{R_S + r_{be}} \cdot A_u = \frac{r_{be}}{R_S + r_{be}} \cdot -\beta \frac{R'_L}{r_{be}} = -\beta \frac{R'_L}{R_S + r_{be}}$$

与 A_u 比较,分母多了 R_S.

代入 $R_S = 100\ \Omega$,则

$$A_{us} = -\beta \frac{R'_L}{100 + 967} = -37.5 \times \frac{2}{1.067} = -70$$

A_{us} **称作源电压放大倍数.**

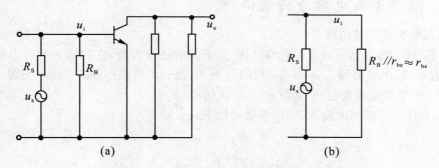

图 6-14　考虑 R_S 时放大器交流等效电路

6.1.5　放大器波形的失真

什么叫失真?输出波形与输入波形形状不相似,即失去原来的模样,称为失真.设计放大器时应尽量避免失真.

失真原因是工作点设置不当或输入信号过大,使放大电路的工作范围超出晶体管特性曲线的线性区,是三极管的非线性造成的,**故称非线性失真.**

1. 截止失真

当 Q 点在负载线中点时,一般小信号工作在线性区,波形不失真,当 Q 点位置偏低如图 6-15(a)所示,输入电压幅度较大,则在输出 U_{ce} 正半周时会出现平顶,称为**削波**,产生了失真,是由于进入截止区产生的,故称截止失真. 要避免截止失真,应增大 I_{CQ},即增大 I_{BQ},减小 R_B.

2. 饱和失真

当工作点设置偏高时,接近饱和区,信号较大时,输出 u_{ce} 负半周进入饱和区被削波,产生失真,称为**饱和失真**,如图 6-15(b)所示.

一般情况应选 Q 点在负载线中点,此时一般小信号不会产生失真,且允许输入信号范围

较大. 最大不失真输入电压称为放大器的动态范围,最佳工作点 Q 选在交流负载线中点,动态范围最大,称该点为最佳工作点.

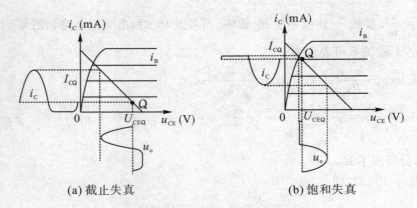

(a) 截止失真　　　　　　　　　(b) 饱和失真

图 6 - 15　　波形失真图

6.1.6　微变等效电路分析法简介

1. 三极管微变等效电路

在小信号时,放大器一般工作在线性区. 对于共射极放大器,它的输入端可以用一个输入电阻 r_{be} 表示. 输出端因为 $i_c = \beta i_b$,i_c 只与 i_b 有关,是一个电流控制的受控电流源. 因此,输出端可以用一个受控流源来表示. 如图 6 - 16(a) 所示.

于是,晶体管小信号时输入、输出参数可用下式表示

$$u_{be} = r_{be} i_b$$
$$i_c = \beta i_b$$
　　　　　　　　　　　　　　　　　　　　　　　(6 - 15)

输入端可用 i_b 与一个电阻 r_{be} 等效,输出端用一个受控流源等效,这就是小信号晶体管共射放大器的等效电路,称**微变等效电路**. 如图 6 - 16(b) 所示.

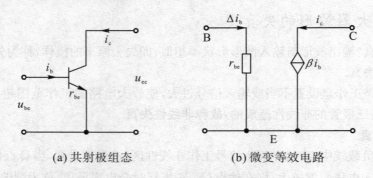

(a) 共射极组态　　　　　　　　(b) 微变等效电路

图 6 - 16　　共射极晶体管等效电路

2. 放大电路的微变等效电路

放大电路的微变等效电路是用三极管微变等效电路代替电路中的三极管,其他交流通路的元件照原位置画出即可. 由此可以画出如图 6 - 17(a) 所示共射极放大路的交流等效电路,然后画出晶体管微变等效电路,如图 6 - 17(b) 所示. 共射极放大器微变等效电路如图 6 - 18 所示.

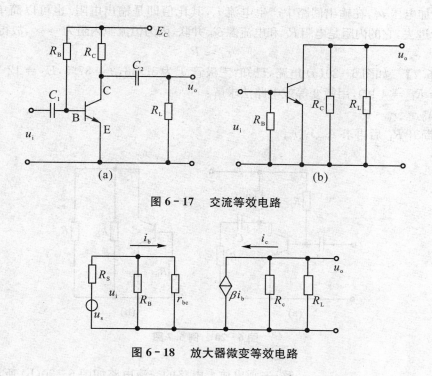

图 6 - 17　交流等效电路

图 6 - 18　放大器微变等效电路

3. 由微变等效电路分析放大电路

微变等效电路法主要分析放大器的动态工作状态,即放大电路的输入电阻 r_i,输出电阻 r_o 和电压放大倍数 A_u.

(1)电压放大倍数 A_u.

$$A_u = \frac{u_o}{u_i} = \left(\frac{U_o}{U_i}\right) = \left[\frac{\dot{U}_o}{\dot{U}_i}\right]$$

从微变等效电路可以看出,输入信号

$$u_i = i_b \cdot r_{be}$$

输出信号 $u_o = -i_c R'_L$,将 u_i 和 u_o 代入上式,得到电压放大倍数

$$A_u = \frac{u_o}{u_i} = -\frac{\beta i_b R'_L}{i_b r_{be}} = -\beta \frac{R'_L}{r_{be}}$$

(2)输入电阻 r_i,指从放大器输入端看进去的等效电阻,由定义知

$$r_i = \frac{u_i}{i_i} = \left[\frac{\dot{U}}{\dot{I}}\right] = r_{be} /\!/ R_B \approx r_{be} \qquad (6-16)$$

它不是一个真实的电阻,而是对信号来说相当于一个负载电阻 r_i,输入电阻越大,获取信号的能力越强. 等效电路如图 6 - 19 所示.

(3)输出电阻 r_o,指从输出端看进去的等效电阻.

图 6 - 19 输入输出电阻示意图定义 $r_o = \frac{U_o}{I_o}$,通常采取

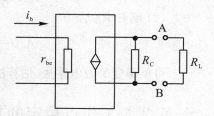

图 6 - 19　输入输出电阻示意图

从输出端加电压 u_o,在输出回路中产生电流 i_o,其比值即是输出电阻. 也可以简单地分析,从 A、B 端看进去,它的内阻是电阻 R_C 和电流源 βi_b 并联,因为恒流源内阻为 $\rightarrow \infty$,故得出输出电阻

$$r_o \approx R_C \qquad\qquad (6-17)$$

【例 6.7】 如图 6-20(a) 电路,已知:三极管 T 为 3DG6,$\beta = 37.5$,$E_C = 12$ V,$R_B = 300$ kΩ,$R_C = R_L = 4$ kΩ,用微变等效电路法求解:

(1) A_u、r_i、r_o.

(2) 断开 R_L 后再求 A_u、r_i、r_o.

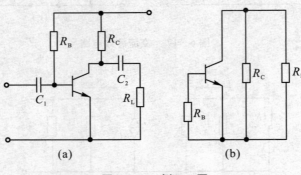

(a)   (b)

图 6-20   例 6.7 图

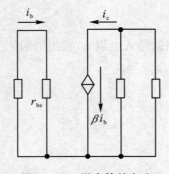

图 6-21   微变等效电路

解: 先画出放大电路的交流电路如图 6-20(b) 所示,再画出微变等效电路如图 6-21 所示. 由微变等效电路可求解.

求直流工作点 I_{BQ}、I_{CQ}、U_{CEQ}.

$$I_{BQ} \approx \frac{E_C}{R_B} = \frac{12}{300} = 40 \ (\mu A)$$

$$I_{CQ} = \beta I_{BQ} = 1.5 \ (mA)$$

$$U_{CEQ} = E_C - I_{CQ}R_C = 12 - 1.5 \times 10^{-3} \times 4 \times 10^{3}$$
$$= 12 - 6 = 6 \ (V)$$

$$r_{be} = 300 + (1+\beta)\frac{26}{I_{CQ}} = 967 \ (\Omega)$$

(1) 由上述可得

$$A_u = -\beta\frac{R_L'}{r_{be}} = -37.5 \times \frac{2 \ k}{0.967 \ k} = -78$$

$$r_i = r_{be} = 967 \ \Omega = 0.967 \ (k\Omega)$$

$$r_o = R_C = 4 \ (k\Omega)$$

(2) 断开 R_L 后

$$A_u = -\beta\frac{R_C}{r_{be}} = -37.5 \times \frac{4}{0.967} = -156$$

可见微变等效电路法、估算法、图解法虽然求解过程不同,但结论是一致的.

6.2   工作点稳定的共射极放大电路 —— 分压式偏置放大电路

从上面的分析可知,放大电路应有合适的静态工作点,才能保证有良好的放大效果. 静态

工作点不但决定了放大电路是否会产生失真,而且还影响着放大电路的电压放大倍数、输入电阻等动态参数.

6.2.1　影响放大器工作点的因素

影响放大器工作点的因素很多,主要是电源波动、器件陈旧和温度影响,其中温度影响最大. 一个放大器设计时,使其工作在线性区,但当环境温度改变时,会使工作点偏离,产生波形失真.

温度变化会影响放大器的一些参数:

(1) I_{CBO}. 温度上升, $I_{CBO}\uparrow \to I_{CEO}\uparrow \to I_C\uparrow$.

(2) β. 温度上升 $\to \beta\uparrow \to I_C\uparrow$.

(3) U_{on}(门限电压). 温度上升 $U_{on}\downarrow \to U_{be}\uparrow \to I_B\uparrow I_C\uparrow$

温度上升,各种因素都会使 I_C 上升,使工作点发生变化. 基本共射放大电路,无法克服温度的影响,因此,电路应当改进.

6.2.2　分压式偏置放大电路稳定原理

1. 电路结构

前面讲过,温度上升会使 $I_C\uparrow$,工作点上移,温度下降 $I_C\downarrow$,工作点下移. 工作点漂移会使输出波形产生失真. 如何使电路自动消除 I_C 的漂移呢? 工作点稳定的放大电路如图 6 – 22 所示.

2. 稳定原理

(1) 输入回路 U_B 的计算. 偏置电路由上偏置电阻 R_{B_1} 和下偏置电阻 R_{B_2} 组成. 设流过 R_{B_1} 和 R_{B_2} 的电流分别为 I_1 和 I_2 ,两个电阻的选择通常应满足: I_1 和 I_2 应 $\gg I_B$ (基极电流). 因 $I_1 = I_2 + I_B$,一般若取 $I_2 \geqslant (5-10)I_B$ 时, I_B 相对很小,可以忽略,因此 $I_2 \approx I_1$,这时 B 点的电位 U_B 就是一个固定值,由 R_{B_2} 、 R_{B_1} 分压确定. 通常,电阻选用精密电阻.

$$U_B = \frac{E_C R_{B_2}}{R_{B_1} + R_{B_2}} \qquad (6-18)$$

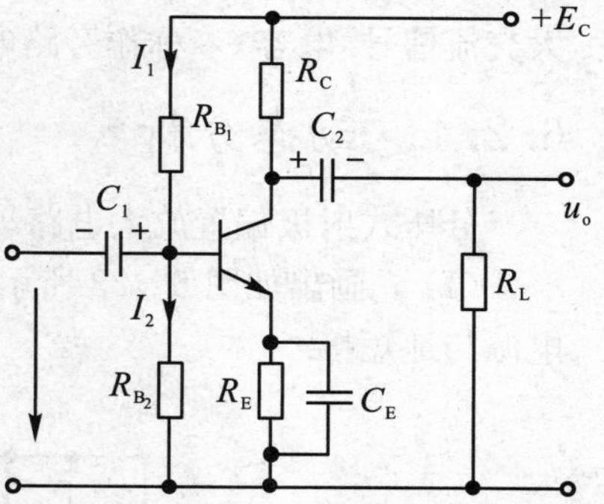

式(6-18)说明三极管基极对地的电位基本固定,不受其他因素(温度等)的影响.

图 6 – 22　分压式偏置放大电路

(2) 射极电阻 R_E 的作用. 射极电阻 R_E 是稳定 I_C 的关键元件. 当温度上升时

$$T\uparrow \to I_C\uparrow \to I_E R_E\uparrow = U_E\uparrow \to U_{BE}\downarrow \to I_B\downarrow \to I_C\downarrow$$

上述过程说明,环境温度上升引起集电极电流 I_C 上升,但由于 R_E 的存在,使 I_C 下降,最终保持 I_C 不变,从而稳定了工作点.

R_E 越大,则 U_E 越大,对 I_C 变化的抑制能力越强,电路的稳定性能越好.

6.2.3　静态分析

直接求出射极静态电流

$$I_E = \frac{U_E}{R_E} = \frac{U_B - U_{BE}}{R_E}$$

若 R_E 足够大,压降 U_E 较大,使 $U_E \gg U_{BE}$ 时, U_{BE} 可以忽略,故计算时可取 $U_B \approx U_E$.

由此得到

$$I_C \approx I_E = \frac{U_E}{R_E} \approx \frac{U_B}{R_E}$$

因此,工作点稳定的放大电路的静态工作点必须先求 U_B. 其步骤如下:

(1) 求 U_B.

$$U_B = \frac{R_{B_2} E_C}{R_{B_1} + R_{B_2}} \tag{6-18}$$

(2) 求 I_E.

$$I_E = \frac{U_B - U_{BE}}{R_E} = \frac{E_C R_{B_2}}{(R_{B_1} + R_{B_2}) R_E} \approx I_{CQ} \tag{6-19}$$

(3) 求 I_{BQ}.

$$I_{BQ} = \frac{I_{CQ}}{\beta} \tag{6-20}$$

(4) 由输出直流通路可求出 U_{CEQ}.

$$U_{CEQ} = E_C - I_C R_C - I_E R_E \approx E_C - I_C (R_C + R_E) \tag{6-21}$$

旁路电容:上述电路可以稳定静态工作点. 但我们是否会想到,被放大的交流信号 i_c 是正弦波,振幅是变化的,如果 R_E 使 I_C 保持不变,当然也会使 i_c 不发生变化,这样一来,交流信号就无法被放大. 改进办法是,在 R_E 旁边并上一个大电容 C_E,C_E 对交流信号相当于短路,R_E 相当于不存在,交流时 R_E 不起作用,直流时 R_E 起作用. 这样,既稳定了直流工作点,又能正常放大交流信号. 电容 C_E 称作旁路电容.

6.2.4　动态分析

分压式射极偏置放大电路动态性能一般采用微变等效电路法来分析.

(1) 先画出如图 6-23 所示放大电路的交流等效电路. 方法是,对于交流信号,电容短路,电源与地短接.

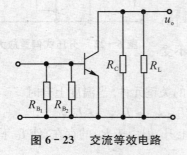

图 6-23　交流等效电路

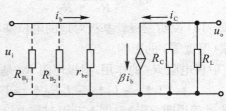

图 6-24　微变等效电路

(2) 再画出微变等效电路,先将共射极三极管微变等效电路画出,然后接上其他元件即得到微变等效电路,如图 6-24 所示.

此等效电路与前边讲的基本共射放大电路的微变等效电路基本无区别,只在输入端多并联了一个电阻,$R_{B_1} \parallel R_{B_2}$ 相当于 R_B.

由此可知,其电压放大倍数及输入、输出阻抗 A_u、R_i、R_0 求法与前相同.

(3) 放大倍数 $A_u = \dfrac{u_o}{u_i} = \dfrac{-\beta i_b \cdot R_L'}{i_b \cdot r_{be}} = -\dfrac{\beta R_L'}{r_{be}}$.

（4）输入电阻 $r_i = R_{B_1} /\!/ R_{B_2} /\!/ r_{be}$，由于 R_{B_1}、R_{B_2} 相对于 r_{be} 不是太大，因此不可忽略，必须计算在内.

（5）输出电阻 $r_o = R_C$.

【例6.8】 如图6-25所示分压式射极偏置放大电路,已知:三极管 T 为 3DG6,$E_C = 12$ V,$\beta = 50$,
$R_{B_1} = 15$ kΩ,$R_{B_2} = 6.2$ kΩ,$R_C = 3$ kΩ,
$R_L = 1$ kΩ,$R_E = 2$ kΩ. 求:

（1）静态工作点 I_{BQ}、I_{CQ}、U_{CEQ}.

（2）A_u、r_i、r_o.

（3）换用 $\beta = 100$ 同型号三极管,重新计算静态工作点和 A_u.

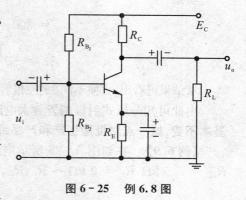

图 6-25 例 6.8 图

解:（1）求静态工作点 I_{BQ}、I_{CQ}、U_{CEQ}.

利用直流工作点的公式(6-18)～(6-21),直接代入即可.

先求

$$I_C \approx I_E \approx \frac{U_B}{R_E}$$

因为

$$U_B = \frac{E_C \cdot R_{B_2}}{R_{B_1} + R_{B_2}} = \frac{12 \times 6.2}{21.2} = 3.5 \ (\text{V})$$

于是得

$$I_{CQ} \approx \frac{U_B - U_{BE}}{R_E} = \frac{3.5 - 0.7}{2} = 1.4 \ (\text{mA})$$

$$I_{BQ} = \frac{I_{CQ}}{\beta} = 28 \ (\mu\text{A})$$

$$U_{CEQ} \approx 12 - I_{CQ}(R_C + R_E) = 12 - 1.4(3 + 2) = 5 \ (\text{V})$$

（2）求 A_u、r_i、r_o.

先求

$$r_{be} = 300 + (1 + \beta)\frac{26}{I_{CQ}} = 300 + (1 + 50) \times \frac{26}{1.4} = 1.25 \ (\text{k}\Omega)$$

$$R_L' = R_C /\!/ R_L = \frac{3 \times 1}{3 + 1} = 0.75 \ (\text{k}\Omega)$$

$$A_u = -\beta \frac{R_L'}{r_{be}} = -50 \times \frac{0.75}{1.25} = -30$$

$$r_i = R_{B_1} /\!/ R_{B_2} /\!/ r_{be} = 15 /\!/ 6.2 /\!/ 1.25 = 0.97 \ (\text{k}\Omega)$$

$$r_o \approx R_C = 3 \ (\text{k}\Omega)$$

（3）换 $\beta = 100$ 的三极管后.

静态工作点:

$$I_E \approx I_{CQ} \approx \frac{E_C R_{B_2}}{(R_{B_1} + R_{B_2})R_E} = 1.4 \ (\text{mA})$$

$$I_{BQ} = \frac{1.4}{100} = 14 \ (\mu\text{A})$$

$$U_{\mathrm{CEQ}} = 12 - 1.4(3+2) = 5 \; (\mathrm{V})$$

除 I_{B} 外,其他工作点未发生变化.

动态:

$$r_{\mathrm{be}} = 300 + (1+100)\frac{26}{I_{\mathrm{CQ}}} = 2.25 \; (\mathrm{k\Omega})$$

$$A_{\mathrm{u}} = -\beta \frac{R_{\mathrm{L}}'}{r_{\mathrm{be}}} = -100 \times \frac{0.75}{2.25} = -34$$

从结果可看出,更换不同 β 的三极管后:①对工作点基本无影响.②电压放大倍数 A_{u} 基本不变.

由此可知分压式射极偏置放大电路的优点:**不仅是工作点稳定,且更换管子后,工作状态基本不变**,这一点对批量生产和产品维修极为重要,它是实际最常用的放大电路.

【**例 6.9**】 在如图 6-26 所示电路中,已知三极管, $\beta = 30$, $E_{\mathrm{C}} = 12 \; \mathrm{V}$, $R_{\mathrm{B_1}} = 7.5 \; \mathrm{k\Omega}$, $R_{\mathrm{B_2}} = 2.5 \; \mathrm{k\Omega}$, $R_{\mathrm{C}} = 2 \; \mathrm{k\Omega} = R_{\mathrm{L}}$, $R_{\mathrm{E}} = 1 \; \mathrm{k\Omega}$,内阻 $R_{\mathrm{S}} = 10 \; \mathrm{k\Omega}$. 求:

(1) 静态工作点.

(2) A_{u}、r_{i}、r_{o}.

(3) A_{us}.

解:(1) 静态工作点.

应先求

$$I_{\mathrm{CQ}} \approx I_{\mathrm{E}} = \frac{U_{\mathrm{B}} - U_{\mathrm{BE}}}{R_{\mathrm{E}}}$$

$$U_{\mathrm{B}} = \frac{E_{\mathrm{C}} \cdot R_{\mathrm{B_2}}}{R_{\mathrm{B_1}} + R_{\mathrm{B_2}}} = 3 \; (\mathrm{V})$$

$$I_{\mathrm{CQ}} = \frac{U_{\mathrm{B}} - U_{\mathrm{BE}}}{R_{\mathrm{E}}} = \frac{3 - 0.7}{1} = 2.3 \; (\mathrm{mA})$$

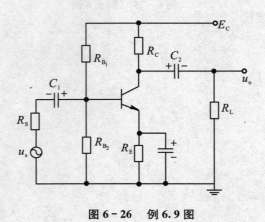

图 6-26 例 6.9 图

从两例可看出,对 NPN 硅管,由于 $u_{\mathrm{BE}} = 0.7$ V,一般计算 I_{E} 时等于 $\dfrac{U_{\mathrm{B}} - U_{\mathrm{BE}}}{R_{\mathrm{E}}}$,$U_{\mathrm{BE}}$ 不可忽略.

$$I_{\mathrm{BQ}} = \frac{I_{\mathrm{E}}}{\beta} = 77 \; (\mathrm{\mu A})$$

$$U_{\mathrm{CEQ}} \approx E_{\mathrm{C}} - I_{\mathrm{CQ}}(R_{\mathrm{C}} + R_{\mathrm{E}}) = 12 - 2.3(1+2) = 5.1 \; (\mathrm{V})$$

(2) 求 $A_{\mathrm{u}} = -\beta \dfrac{R_{\mathrm{L}}'}{r_{\mathrm{be}}} = \dfrac{u_{\mathrm{o}}}{u_{\mathrm{i}}}$.

先求 r_{be}.

$$r_{\mathrm{be}} = 300 + (1+\beta)\frac{26}{I_{\mathrm{CQ}}} = 300 + 31 \times \frac{26}{2.3} = 650 \; (\Omega) = 0.65 \; (\mathrm{k\Omega})$$

$$A_{\mathrm{u}} = -\beta \frac{R_{\mathrm{L}}'}{0.65} = -30 \times \frac{2 /\!/ 2}{0.65} = -46$$

$$r_{\mathrm{i}} = r_{\mathrm{be}} /\!/ R_{\mathrm{B_1}} /\!/ R_{\mathrm{B_2}} = 0.65 /\!/ \frac{R_{\mathrm{B_1}} R_{\mathrm{B_2}}}{R_{\mathrm{B_1}} + R_{\mathrm{B_2}}}$$

$$= 0.65 /\!/ 1.875 = 0.484 \; (\mathrm{k\Omega})$$

$$r_{\mathrm{o}} = R_{\mathrm{C}} = 2 \; (\mathrm{k\Omega})$$

(3) 求源电压放大倍数.

$$A_{\mathrm{us}} = \frac{\dot U_{\mathrm{o}}}{\dot U_{\mathrm{S}}} = \frac{\dot U_{\mathrm{o}}}{\dot U_1} = \frac{u_{\mathrm{o}}}{u_{\mathrm{s}}} = \beta \frac{R'_{\mathrm{L}}}{R_{\mathrm{S}} + r_{\mathrm{be}}} = -2.12 \tag{6-22}$$

考虑电源内阻 R_{S} 时,放大器输入电阻不单是 r_{be},故应将公式中的 r_{be} 改为 $R_{\mathrm{S}} + r_{\mathrm{be}}$,精确计算还应考虑 $R_{\mathrm{B_1}}$ 和 $R_{\mathrm{B_2}}$.

也可以这样分析,因 $A_{\mathrm{us}} = \dfrac{u_{\mathrm{o}}}{u_{\mathrm{s}}} = \dfrac{u_{\mathrm{o}}}{u_{\mathrm{i}}} \cdot \dfrac{u_{\mathrm{i}}}{u_{\mathrm{s}}} = A_{\mathrm{u}} \dfrac{u_{\mathrm{i}}}{u_{\mathrm{s}}}; \dfrac{u_{\mathrm{i}}}{u_{\mathrm{s}}} = \dfrac{R_{\mathrm{i}}}{R_{\mathrm{S}} + R_{\mathrm{i}}}$,代入上式,得到

$$A_{\mathrm{us}} = A_{\mathrm{u}} \frac{R_{\mathrm{i}}}{R_{\mathrm{s}} + R_{\mathrm{i}}} = -46 \times \frac{0.484}{10 + 0.484} = -2.12 \tag{6-23}$$

6.3　共集电极放大电路 —— 射极输出器(GC)

共集电极放大器也称射极输出器,因其输出信号是从晶体管的发射极输出,故而得名.前面所介绍的放大电路都是从集电极输出,发射极是公共端,是共发射极电路.射极输出器是从发射极输出,对交流信号,电源 U_{CC} 相当于短路,因此集电极成为输入与输出回路公共端,因而又称为共集电极放大电路.射极输出器具有独特的动态特性,主要作用是交流电流放大和实现阻抗变换,提高放大器的带负载能力,也有一定功率放大作用.

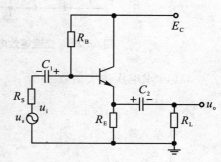

图 6-27　射极输出器电路

射极输出器电路如图 6-27 所示,对射极输出器的分析要注意其特点和用途.

6.3.1　射极输出器静态分析

由图 6-28 可知,它的直流通路有两个,输入回路 $E_{\mathrm{C}} \to R_{\mathrm{B}} \to U_{\mathrm{BE}} \to R_{\mathrm{E}} \to$ 地,输出 $E_{\mathrm{C}} \to U_{\mathrm{CE}} \to R_{\mathrm{E}} \to$ 地.由基尔霍夫定律知,先列出输入回路方程

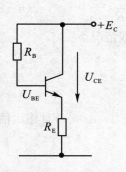

图 6-28　直流通路

$$E_{\mathrm{C}} = I_{\mathrm{B}} R_{\mathrm{B}} + U_{\mathrm{BE}} + I_{\mathrm{E}} R_{\mathrm{E}}$$
$$= I_{\mathrm{B}} R_{\mathrm{B}} + U_{\mathrm{BE}} + I_{\mathrm{B}} (1 + \beta) R_{\mathrm{E}}$$
$$I_{\mathrm{B}} = \frac{E_{\mathrm{C}} - U_{\mathrm{BE}}}{R_{\mathrm{B}} + (1 + \beta) R_{\mathrm{E}}} = I_{\mathrm{BQ}} \tag{6-24}$$

通常 $E_{\mathrm{C}} \gg U_{\mathrm{BE}}$,则

$$I_{\mathrm{BQ}} \approx \frac{E_{\mathrm{C}}}{R_{\mathrm{B}} + (1 + \beta) R_{\mathrm{E}}} \tag{6-25}$$

$$I_{\mathrm{CQ}} = \beta I_{\mathrm{BQ}} \tag{6-26}$$

对于硅管,$U_{\mathrm{BE}} = 0.7\ \mathrm{V}$,而 E_{C} 又不很高时,U_{BE} 不能忽略.

再列输出回路方程

$$E_{\mathrm{C}} = U_{\mathrm{CE}} + I_{\mathrm{E}} R_{\mathrm{E}}$$
$$U_{\mathrm{CEQ}} = E_{\mathrm{C}} - I_{\mathrm{E}} R_{\mathrm{E}} \approx E_{\mathrm{C}} - I_{\mathrm{CQ}} R_{\mathrm{E}} \tag{6-27}$$

6.3.2　射极输出器动态分析——A_u、r_i、r_o

动态分析用微变等效电路法. 首先画出共集电极电路的交流通路,如图6-29所示. 然后画出三极管微变等效电路,再画出其他元件. 发射极通过 R_E 到地,而集电极无电阻,对交流电源相当于对地短接,故集电极 C 接地,输入输出公用集电极 C,为共集电极放大电路. 其微变等效电路如图 6-30 所示.

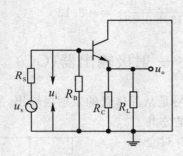

图 6-29　交流等效电路

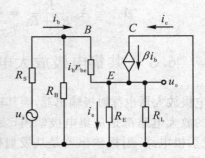

图 6-30　输出器微变等效电路

(1) 求电压放大倍数.

$$A_u = \frac{u_o}{u_i}$$

从输入端看

$$u_i = i_b r_{be} + i_e(R_E \mathbin{/\mkern-5mu/} R_L)$$

设 $R'_L = R_E \mathbin{/\mkern-5mu/} R_L$,则 $u_i = i_b r_{be} + (1+\beta)i_b R'_L = i_b[r_{be} + (1+\beta)R'_L]$,输出电压 u_o 是 R_E 与 R_L 并联两端的信号电压

$$u_o = i_e \cdot R'_L = (1+\beta)i_b \cdot R'_L$$

i_b 与 i_e 电流方面相同,故

$$A_u = \frac{u_o}{u_i} = \frac{i_b(1+\beta)R'_L}{i_b[r_{be} + (1+\beta)R'_L]} = \frac{(1+\beta)R'_L}{r_{be} + (1+\beta)R'_L} \tag{6-28}$$

由公式可看出,分子上比分母少了一项 r_{be},因此 $A_u < 1$,由于一般情况下

$$(1+\beta)R'_L \gg r_{be}$$

故有

$$A_u \approx 1 \tag{6-29}$$

说明射极输出器有电流放大作用,$i_e = (1+\beta)i_b$,但无电压放大能力,$A_u \approx 1$,且输出信号相位与输入同相.

(2) 输入阻抗 r_i.

$$r'_i = \frac{u_i}{i_b} = \frac{i_b[r_{be} + (1+\beta)R'_L]}{i_b} = r_{be} + (1+\beta)R'_L \tag{6-30}$$

$$r_i = r'_i \mathbin{/\mkern-5mu/} R_B = R_B \mathbin{/\mkern-5mu/} [r_{be} + (1+\beta)R'_L] \tag{6-31}$$

R'_L 通常大于 $1\,\text{k}\Omega$,再乘以 β,显然 r_i 很大(比共射极大很多).

(3) 输出阻抗 r_o.

$$r'_o = \frac{u_o}{i_e}$$

从微变等效电路图中可看出

$$u_o = i_b r_{be} + i_b(R_S \mathbin{/\mkern-5mu/} R_B)$$

令 $R_S \mathbin{/\mkern-5mu/} R_B = R'_S$,代入上式得

$$r'_o = \frac{i_b(r_{be} + R'_S)}{i_e} = \frac{r_{be} + R'_S}{1 + \beta} \quad\text{很小.}$$

因 $r_o = r'_o \mathbin{/\mkern-5mu/} R_E$,但一般 $R_E \gg r'_o$.
故输出阻抗

$$R_0 \approx \frac{r_{be} + R'_S}{1 + \beta} \tag{6-32}$$

由此可知,r_{be} 和 R'_S 通常较小,再除以 $(1+\beta)$,故射极输出器输出阻抗很小,通常几十欧姆左右.

共集电极放大电路(射极输出器)的特点是:① 输入阻抗高,对信号源影响小;② 输出阻抗小,带负载能力强;③ 电压放大倍数接近 1,且同相,具有跟随性,也称跟随器;④ 仍有电流放大,$i_e = (1+\beta)i_b$,也有功率放大作用.

由于射极输出器具有上述特点,因而得到了广泛的应用,在多级放大电路中,由于共射极输入阻抗低,输出阻抗高,会对前级和后级造成影响,因此,在两级中间加一级射极输出器,实现阻抗变换,故也称隔离级;或用作多级放大电路的输入极,提高整个放大电路的输入电阻;或用作输出极,降低整个放大电路的输出电阻.

【例 6.10】 射极输出器电路如图 6-31 所示. 已知三极管,$\beta = 40$,$R_B = 130$ kΩ,$R_E = R_L = 3$ kΩ,$R_S = 100$ Ω,$E_C = 12$ V. 求:

(1) 静态工作点 I_{BQ},I_{CQ},U_{CEQ}.

(2)A_u.

(3)r_i.

(4)r_o.

解:(1) 先求

$$I_B \approx \frac{E_C - U_{BE}}{R_B + (1+\beta)R_E} = \frac{12 - 0.7}{253} = 45 \ (\mu A)$$

$$I_{CQ} = \beta I_B = 1.8 \ (mA)$$

$$U_{CE} = E_C - I_E R_E = 12 - 1.8 \times 3 = 6.6 \ (V)$$

(2) 求 A_u,先求出 R'_L 和 r_{be}.

$$R'_L = R_E \mathbin{/\mkern-5mu/} R_L = 1.5 \ (\Omega)$$

$$r_{be} = 300 + (1+\beta)\frac{26}{I_{CQ}} = 892 \ (\Omega)$$

代入式(6-28),得

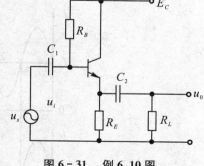

图 6-31 例 6.10 图

$$A_u = \frac{(1+\beta)R'_L}{r_{be} + (1+\beta)R'_L}$$

$$= \frac{41 \times 1.5}{0.89 + 41 \times 1.5} = 0.986 \approx 1$$

以后使用射极输出器时,可不再计算 A_u,直接按 $A_u = 1$ 计算即可.

(3) 求输入电阻 r_i.

$$r_i = [r_{be} + (1+\beta)R'_L] \mathbin{/\mkern-5mu/} R_B = (0.89 + 41 \times 1.5) \mathbin{/\mkern-5mu/} 130 = 42.2 \ (k\Omega)$$

（4）输出电阻 r_o.

$$r_o = \frac{R'_S + r_{be}}{1 + \beta}$$

$$R'_S = R_S /\!/ R_B = 100 \ (\Omega)$$

$$r_o = \frac{892 + 100}{41} = 24 \ (\Omega)$$

6.4　功率放大电路

放大电路带动负载时,要向负载提供一定的功率,以推动负载工作.在多级放大电路中,一般包括电压放大电路和功率放大电路.也就是说,对一个微弱信号,首先要进行电压放大,然后进行电流放大,从而达到功率放大的目的.工程上一般把这种以输出功率为主要目的的放大电路称为**功率放大电路**.功率放大电路主要进行电流的放大,输出级或末级的主作用是输出足够大的功率去驱动负载,如扬声器、显示仪表指示等.

电压放大电路和功率放大电路都是利用晶体管的放大作用将信号放大,所不同的是,前者的目的是输出足够大的电压,而后者则要求有足够大的输出功率;前者是工作在小信号状态,后者则工作在大信号状态,因此,两者对放大电路考虑的侧重点不同.

特点:功率放大器要求输出较大的电压和电流,即大功率输出.

（1）因大电流、大电压工作,不能用微变等效电路法分析.

（2）要提高效率 $\eta = \dfrac{P_o}{P_E}$, η 为效率.使用大功率管,通常加散热装置.

6.4.1　功率放大器分类及工作状态

功率放大器可分为甲类、乙类、甲乙类三种类型.主要区别是静态工作点选择不同,三极管的导通时间和通过三极管的信号也不相同,如图 6-32 所示.

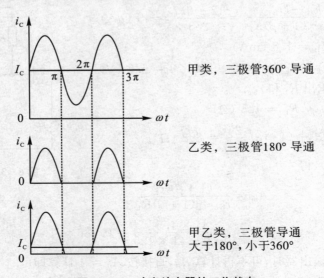

图 6-32　功率放大器的工作状态

1. 甲类功率放大器

共射极放大器为功率放大器,射极输出器也是功率放大器. 这类工作在线性区的功率放大器称为甲类功放. 这类功放波形不失真,电路简单,只用一个晶体管. 但从图 6-32 甲类功率放大器可看出,无信号时消耗功率 $P_E = I_C \cdot E_C$,最高效率也只能达到 50%,因此输出功率及效率较低.

2. 乙类功率放大器

乙类功率放大器是将工作点选在截止区边缘的放大器. 无信号时,工作电流极低,只有正半周信号时,晶体管才导通工作,因而平时功耗低、效率高. 但因为只能在半周工作,波形失真严重.

3. 甲乙类功率放大器

工作点选在较低区域,即接近截止区,当信号正半周时,晶体管导通,且波形不失真,负半周时失真严重.

通过上述分析可知,为了提高功率放大器的工作效率,无信号时最好无电流,则采用乙类功放最好. 但乙类放大器使信号波形输出只有半周,失真严重. 下面介绍互补对称功率放大电路. 它既能提高效率,又能减小信号波形的失真.

6.4.2　互补对称功率放大电路

1. 电路结构

功放电路考虑电源效率可采用乙类,静态工作(无信号) 时几乎不消耗能量,因而效率最高. 基本的互补对称功率放大电路如图 6-33(a) 所示.

2. 工作原理

采用两个三极管分别放大正负半周信号,就可解决严重非线性失真问题. 这对管是导电性能相反,但 β 值对称的三极管 NPN 和 PNP 两管. NPN 管正半周时导通,PNP 管负半周时导通,两管交替工作,各产生半个波形,在负载 R_L 上合成一个完整的信号波形,这就是互补对称功放电路的组成思路.

交越失真:交流信号正负半周交替导通瞬间三极管工作在死区,产生输出波形失真,称为交越失真,输出波形如图 6-33(b) 所示. 为消除交越失真可在基极电路中加两个与三极管性能相近的二极管,适当提高静态工作点,使三极管工作在甲乙类状态,如图 6-34 所示.

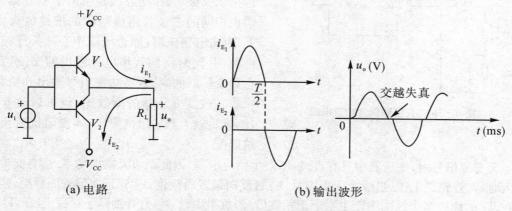

(a) 电路　　　　　　　　　　(b) 输出波形

图 6-33　互补对称功率放大器和输出波形

双电源对称输出端不加电容的功率放大器称为 OCL 功放电路,如图 6‑34 所示.电路经改进,也可由单电源完成,但输出端需加电容,这种功放称 OTL 电路(无输出变压器),如图 6‑35 所示.

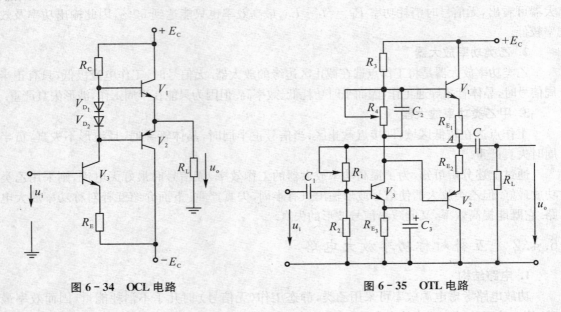

图 6‑34　OCL 电路　　　　　　　　　　　图 6‑35　OTL 电路

6.4.3　变压器耦合功率放大电路

互补对称直接耦合功率放大电路优点很多,但也存在不少问题.比如对负载要求苛刻,不能太大,也不能太小,有一定范围限制.这些问题可用变压器阻抗变换功能来解决.

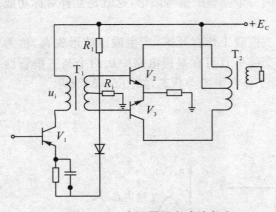

图 6‑36　变压器耦合功放电路

变压器推挽功放电路如图 6‑36 所示.它有两个变压器,T_1 为输入变压器,采用中心抽头是为了将输入信号变为大小相等、相位相反的两组信号,加在功放级两个三极管的基极上.前面一个放大器称为推动级,它产生一定的功率,用以推动末级功放.功放级是由两个型号相同、性能也相同的三级管组成对称的推挽放大电路.T_2 为输出变压器,原边线圈中心抽头连接直流电源,并同时将两管集电极输出的交流信号耦合到变压器的副边,将功率信号输出到负载(喇叭等).改变变压器的圈数比,就可以改变阻抗比,满足放大器的阻抗要求,实现阻抗变换和阻抗匹配.

无交流信号时,变压器中只有直流,不产生感应电压,因此副边无输出功率.当有交流信号输入时,两管轮流工作.当输入正半周时,V_3 管反向偏置而截止,V_2 管正向偏置而导通,经放大后在 T_2 的原边半个线圈中产生半个正弦波形.当负半周时,V_3 管导通,V_2 管截止,在 T_2 原边产生另半周波形,然后两个正负半周的信号耦合到变压器的副边,在负载上产生一个合成的完整正弦波形,完成了功放.因为此电路两个管一个推、一个拉,产生完整正弦波,故称推挽功率放大电路. 变压器功放多用在音频功放设备中.

6.5　多级放大电路及其级间耦合方式

6.5.1　多级放大电路的耦合方式

1. 多级放大电路概述

一级放大电路的放大倍数通常较小, 不能满足需要, 经常需要几个放大器连起来, 组成多级放大电路.

多级放大电路中, 各单级放大器之间的连接称为耦合. 多级放大电路组成如图 6-37 所示.

图 6-37　多级放大电路框图

输入级一般要求高输入电阻, 减少对信号源输出信号影响, 中间级是以放大为主, 放大能力决定于中间级. 输出级推动负载, 多数情况需要功率, 是功率放大级. 多级放大器的动态参数计算规则是:

电压放大倍数

$$A_u = A_{u_1} \cdot A_{u_2} \cdot A_{u_3} \cdots \qquad\qquad (6-33)$$

输入电阻 r_i 通常就是输入级的输入电阻.

输出电阻 r_o 为输出级的输出电阻.

2. 耦合方式

多级放大器耦合方式通常有三种, 即阻容耦合、直接耦合和变压器耦合.

(1) 阻容耦合. 通过电阻、电容将前级输出至下一级输入, 如图 6-38 所示两级放大电路, 称为阻容耦合. 阻容耦合方式的优点在于电容隔直流、通交流, 因此各级的直流状态是独立的, 不互相影响. 因此, 阻容耦合在交流放大电路中得到广泛应用.

它的不足在于, 不适用传递缓变信号 $\left(\text{因容抗 } X_C = \dfrac{1}{\omega C}\right)$, 低频时, X_C 太大, 另外, 显然不能传送直流信号, 且大电容不易集成.

(2) 直接耦合. 为避免对缓变信号和直流信号的影响, 去掉电容, 将前级输出直接连至下一级, 称为直接耦合, 如图 6-39 所示. 它的优点显而易见, 可以放大直流、缓变信号及交流信号. 但缺点也很多, 例如, 各级静态工作点相互影响, 不能独立设置合适的静态工作点, 后级影响前一级, 直流电平漂移以及温度漂移等都影响放大电路性能.

(3) 变压器耦合. 它主要用于功率放大电路, 也用于选频放大电路中, 如图 6-36 所示电路. 只耦合交流, 不耦合直流, 可以实现阻抗变换. 缺点是体积大, 不易集成, 频带窄等.

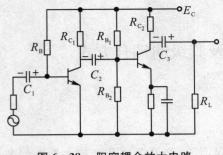

图 6-38 阻容耦合放大电路

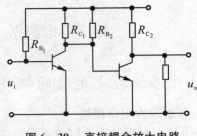

图 6-39 直接耦合放大电路

6.5.2 直接耦合放大电路带来的问题

1. 级联电平配置问题

前面讲过,由于直耦使各级静态工作点互相影响而不独立,前级集电极电平直接影响后级基极电平,或者说,后级基极电位如图 6-39 所示为 0.7 V,限制了前级集电极电平的调整.

2. 零点漂移

零点漂移指放大电路输入为零时(输入端短路),其输出信号不为零的现象,称零漂.

零漂产生的原因主要是由于环境温度、电源电压变化等,使静态工作点发生变化,因电路直接耦合(无隔直电容),这些静态微小变化经多级放大后到输出端,使无输入信号时,输出电平偏离零值,放大倍数越高,输出零漂就越大. 当输入信号很小时,最后由于零漂电压,可能掩没真正信号,严重破坏放大电路的正常工作.

由于零漂主要来自温度变化,因此可以选温度稳定性较好的三极管和高稳定度电源,同时可加温度补偿电路,但这些方法很难彻底解决放大倍数高的放大电路. 最好的解决办法就是采用差动放大电路.

6.5.3 差动放大电路

1. 基本差动放大电路的组成与作用

(1) 元件组成. 如图 6-40 所示,V_1、V_2 是两个特性完全相同的三极管,R_{B_1}、R_{B_2} 提供三极管静态工作点,输入电阻 R 是将输入信号 u_i 转化为大小相等方向(相位)相反的一对输入信号 u_{i_1}、u_{i_2},分别加到 V_1 和 V_2 的基极. 习惯上称**大小相等、相位相反的输入信号为"差模信号"**,这种输入方式,**称差模输入. 大小相等、相位相同的信号称为"共模信号"**. R_L 是负载,接在两个集电极之间,构成双端输出. 因为差动放大电路是直接耦合,交直流均可放大,因此,讨论时,信号电压可用大写字母 U,也可用小写字母 u.

(2) 工作原理. 每一级静态工作点和基本共射极放大电路类似,可仿照计算.

动态分析 当不加负载 R_L 时,每个半边放大倍数应与基本放大电路相同,即

$$A_1 = -\beta \frac{R_C}{r_{be}} = A_2 = A = \frac{u_o}{u_{i_1}}$$

① 差模放大. 无信号输入时,两管对称,参数相同,故 $U_{C_1} = U_{C_2}$,$U_{C_1} - U_{C_2} = 0$,双端时,无信号输出. 当环境温度变化时,两个放大器工作点变化相同,$\Delta U_{C_1} = \Delta U_{C_2}$,故双端输出 $u_o = \Delta U_{C_1} - \Delta U_{C_2} = 0$,显然抑制了零漂. 对于输入信号,$u_i$ 分成 u_{i_1} 和 u_{i_2},$|u_{i_1}| = |u_{i_2}|$ 相位

相反,分别加到 V_1、V_2 的基极,由于两信号相位相反,故经放大后 u_{o_1} 和 u_{o_2} 相位也相反,则在负载 R_L 上得到叠加,即 $u_o = u_{o_1} - u_{o_2} = 2u_{o_1}$,输入 $u_{i_1} = -u_{i_2}$ 的信号称为差模信号,于是差模放大倍数为

$$A_d = \frac{u_o}{u_i} = \frac{u_{o_1} - u_{o_2}}{u_{i_1} - u_{i_2}} = \frac{2u_{o_1}}{2u_{i_1}} = A$$

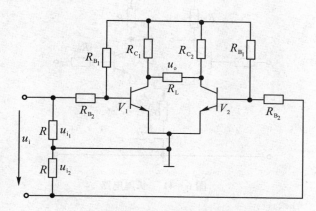

图 6-40　基本差动放大电路

由此可见,差动放大器在双端输入和双端输出方式时,放大倍数与单级相同.由上式可知,

$$u_o = Au_i = A(u_{i_1} - u_{i_2}) \tag{6-34}$$

式(6-34)表明,输出 u_o 与输入之差成正比,因此称为差动放大器.

② 共模放大.共模信号指大小相等、相位相同的一对输入信号,即 $u_{i_1} = u_{i_2}$,所对应的输入方式称共模输入.

由于两个输入信号大小相等,方向相同,而两个放大器完全对称,放大后输出也相等,在两个集电极输出时(双端)$u_{o_1} = u_{o_2}$,在 R_L 上被抵消,因此输出为 0,放大倍数 $A_C = 0$.环境温度变化,电源电压波动等引起的变化相当于共模信号,故差动双端输出时,二者抵消,零漂消失,因而抑制了零点漂移.

2. 射极耦合差动放大电路 —— 长尾电路

在射极加一个阻值较大的 R_E,这是一个负反馈,它能稳定静态工作点,也可以抑制零漂.电路如图 6-41 所示.

(1) 工作原理.静态时,因 R_E 上流过 I_{C_1} 和 I_{C_2},且 $I_{C_1} = I_{C_2}$,相当于 R_E 上流过两倍的电流,因此它的压降相当于单极放大器的 2 倍,相当于 $2R_E$ 的作用.

动态时,首先加共模信号 $u_{i_1} = u_{i_2}$,由于 u_{i_1} 与 u_{i_2} 大小相等,瞬时方向(相位)相同,所以在 R_E 上产生的交流信号方向相同,因此在 R_E 上产生了 $2I_E$ 的作用,此时输入电阻 $r_{ic} = r_{be} + (1+\beta)2R_E$(相当于分压式偏置放大电路).单端输出共模放大倍数为

$$A_{c_1} = -\beta \frac{R_C}{r_{be} + (1+\beta)2R_E} \approx -\frac{R_C}{2R_E} \tag{6-35}$$

显然 R_E 越大,单端输出共模放大倍数 A_{c_1} 也很小,因此抑制了零漂.

差模输入:当输入大小相等、方向相反的差模信号 $u_{i_1} = -u_{i_2}$ 时,两输入信号在 R_E 上产生的电流也是大小相等、方向相反,因此差模信号在 R_E 上产生的电流等于零,相当于 R_E 不存在,因此,此电路对差模放大无影响,单端输出差模放大倍数仍为

$$A_d = -\beta \frac{R_C}{r_{be}} = A_{d_1} \tag{6-36}$$

由此可以看出,加了长尾电阻 R_E 后,差动放大器抑制零漂的能力大大增强,即使单端输出,也有较好的抑制能力.

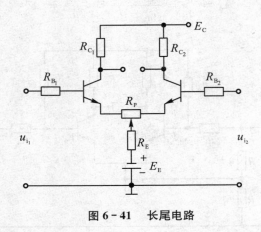

图 6-41　长尾电路

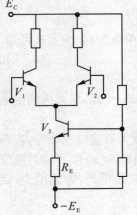

图 6-42　恒流源
差动放大电路

（2）共模抑制比. 为了衡量差动放大电路放大差模信号、抑制共模信号的能力,常用共模抑制比 K_{CMRR} 来表示. 定义:

$$K_{CMRR} = \frac{A_d}{A_C} \tag{6-37}$$

单端输出

$$K_{CMRR_1} = \frac{A_{d_1}}{A_{c_1}} \tag{6-38}$$

K_{CMRR} 越大说明差动放大电路抑制零漂能力越强,性能越好. 对于一般运算放大器,共模抑制比 K_{CMRR} 在 $10^3 \sim 10^6$,理想运放 $K_{CMRR} \to \infty$.

3. 恒流源差动放大电路

增大长尾电路的 R_E 可以提高共模抑制比,但过分增大 R_E,会相应增大 U_E,降压增大,电源电压损耗在 R_E 上. 即使加一个负电源 $-E_E$,也不可能无限加大 R_E. 因此要进一步提高共模抑制比 K_{CMRR},通常将 R_E 用一个三极管恒流源代替. 电路如图 6-42 所示.

4. 差动放大器的输入输出方式

（1）双入双出. 前边讲过的差模共模方式,双出无地,实际中不经常使用.

（2）单入双出,双入单出. 放大倍数为 $A_单 = \frac{1}{2}A_双$,单入单出等方式.

6.6　放大电路中的负反馈

负反馈在放大电路和各种自动控制系统中广泛应用,但分析较复杂,对于计算,主要是积累学生了解反馈基本概念及其对放大器的影响.

实际应用中,一个稳定的系统或多或少存在着自动调节过程,这种自动调节过程就是一个负反馈过程. 大多数放大电路中几乎都存在着不同形式的负反馈,因此有必要将负反馈的概念引入,便于大家理解.

6.6.1　反馈的基本概念

基本放大电路中,有源器件(晶体管等)具有信号单向传递性,被放大信号从输入端输入,放大以后输出,只有输入信号对输出信号的控制;如果在电路中存在一些通路,将输出信号的一部分再送回放大器的输入端,与外部输入信号叠加,产生基本放大电路的净输入信号,实现输出信号对输入的控制,即为反馈.

1. 定义

在电子电路中,将放大电路输出信号的一部分或全部,通过一定的方式(电路) 又送回输入端的电路称为**反馈电路**.

反馈电路的一般框图如图6-43所示. 会反馈的放大电路由两部分组成,一是不带反馈的基本放大电路 A,二是反馈电路 F,通过反馈电路 F 把输出、输入连成环状,称为闭环放大电路或反馈放大电路. 没有反馈电路的称为开环放大电路,或基本放大电路.

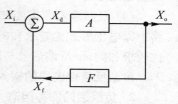

图 6 - 43　反馈电路框图

2. 反馈的表达式

由图6-43可知,设输入信号为 X_i,输出 X_o,反馈信号 X_f,则在输入端合成后,放大电路净输入为 X_d,则有:

$$\begin{cases} A = \dfrac{X_o}{X_d} \text{——开环电压放大倍数(开环增益)} \quad\quad (1) \\[2mm] F = \dfrac{X_f}{X_o} \text{——反馈系数} \quad\quad (2) \\[2mm] A_f = \dfrac{X_o}{X_i} \text{——闭环放大倍数(真正的放大倍数)} \quad (3) \end{cases} \quad (6-39)$$

因为 $X_d = X_i - X_f$,则 $X_i = X_d + X_f$ 代入式(3),得

$$A_f = \frac{X_o}{X_d + X_f}$$

又因为 $X_f = FX_o$,$X_i = X_d + X_f$,式(1)×(2) 得 $X_f = AFX_d$,代入式(3) 得

$$A_f = \frac{X_o}{X_d + AFX_d} = \frac{X_o}{X_d(1 + AF)} = \frac{A}{1 + AF} \quad (6-40)$$

式(6-40) 就是反馈表达式.

分母部分

$$1 + AF = D \quad (6-41)$$

称反馈深度.

当 $|1 + AF| > 1$ 时,$A_f < A$,称负反馈,显然负反馈降低放大倍数.

当 $|1 + AF| < 1$ 时,$A_f > A$,为正反馈.

当 $|1 + AF| = 0$ 时,$A_f \to \infty$,无输入时也有输出,称振荡.

6.6.2　反馈分类与判定

1. 分类

(1) 根据反馈信号极性分类,有正反馈、负反馈. 若反馈信号与原输入信号同相位,加强输入信号,称**正反馈**,在振荡电路中用正反馈实现振荡过程的建立.若反馈信号与原输入信号反相位,减弱输入信号,称**负反馈**,具有自动调节的作用.

(2)根据反馈信号形式分为直流反馈、交流反馈.通常直流负反馈稳定工作点,交流负反馈稳定交流放大倍数.

(3)根据输出端取样对象,分为电压反馈、电流反馈.如果反馈信号取自输出电压,叫**电压反馈**;如果反馈信号取自输出电流,叫**电流反馈**.

电压负反馈具有稳定输出电压、减小输出电阻的作用.电流负反馈具有稳定输出电流、增大输出电阻的作用.

(4)根据输入端连接方式分为串联反馈和并联反馈.如果反馈信号与输入信号在输入回路中以电压形式比较求和的,即反馈信号与输入信号串联,叫**串联反馈**.如果两者以电流形式比较求和的,即反馈信号与输入信号并联,叫**并联反馈**.

串联反馈使电路的输入电阻增大,并联反馈使电路的输入电阻减小.

2. 负反馈的四种组态

每种反馈由输出端取样方式及输入端连接方式不同来分类.共分四类:

(1)电压串联负反馈.反馈信号在输出端取电压,在输入端与输入信号串联.如图6-44所示.

(2)电压并联负反馈.反馈信号从输出端取电压,而反馈信号与输入信号并联.如图6-45所示.

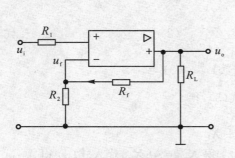 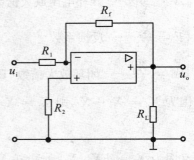

图6-44　电压串联负反馈电路　　　图6-45　电压并联负反馈

(3)电流串联负反馈.从输出端取电流,反馈信号与输入端信号串接.如图6-46所示.

(4)电流并联负反馈.输出端取电流,反馈信号与输入端信号并联.如图6-47所示.

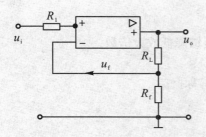 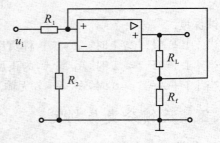

图6-46　电流串联负反馈　　　图6-47　电流并联负反馈电路

3. 判定

（1）交、直流反馈的判定．直流通路有反馈的为直流反馈．交流通路（有电容）有反馈的为交流反馈．同时存在交、直流反馈．在如图 6－48 所示电路中若没有串联电容 C_f，输出电压 u_o 通过电阻 R_f 反馈到输入端，同时集电极的直流电压的变化也反馈到输入端，故此电路中既有交流反馈，也有直流反馈．如果在电阻 R_f 上串联一个电容 C_f，则只有交流反馈．

（2）正负反馈的判定．用瞬时极性法或看净输入的大小判定．瞬时极性法是指，反馈信号的极性与输入信号的极性之间的关系．如极性相同为正反馈，反之为负反馈．如图 6－49 电路，为正反馈．

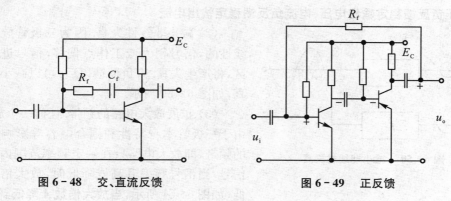

图 6－48　交、直流反馈　　　　　　　图 6－49　正反馈

（3）电压反馈与电流反馈的判定．由输出取样方式判定．可采用负载短路法．负载短路后仍有反馈信号的为电流反馈，短路后无反馈信号的则为电压反馈．

（4）串联与并联的判定．看输入与反馈信号的联接方式．如果反馈信号与输入信号在同一点，即为并联反馈；不在同一点即为串联反馈．

6.6.3　负反馈对放大器性能的影响

为分析方便，设信号频率均为中频，则此时 A、F 及 A_f 均为实数，不采用复数 $\dot{A}\dot{F}\cdots$ 即采用 $A_f = \dfrac{A}{1+AF}$ 的表达式．当 $|1+AF| > 1$ 时，为负反馈，故负反馈使放大倍数降低．

1. 负反馈使放大倍数降低

例原放大倍数 $A = 10^3$，反馈系数

$$F = 0.1 \implies A_f = \frac{10^3}{1+0.1 \times 10^3} = 9.9（倍）$$

当 $|1+AF| \gg 1$ 时，称为深度负反馈 $\implies A_f \approx \dfrac{A}{AF} = \dfrac{1}{F}$，只要求出 F 即可．

2. 对放大器其他性能的影响

（1）提高放大倍数的稳定性．引入负反馈后，能使 A_f 的变化小得多，即放大倍数稳定了．例如

对于式（6－40），将 A_f 对 A 取导数

$$\frac{\mathrm{d}A_f}{\mathrm{d}A} = \frac{\mathrm{d}\left(\dfrac{A}{1+AF}\right)}{\mathrm{d}A} = \frac{(1+AF)-AF}{(1+AF)^2} = \frac{1}{(1+AF)^2}$$

因为 $\dfrac{1}{(1+AF)} = \dfrac{A_{\mathrm{f}}}{A}$，所以 $\dfrac{\mathrm{d}A_{\mathrm{f}}}{\mathrm{d}A} = \dfrac{1}{1+AF} \cdot \dfrac{A_{\mathrm{f}}}{A}$，$\mathrm{d}A_{\mathrm{f}} = A_{\mathrm{f}} \dfrac{1}{1+AF} \cdot \dfrac{\mathrm{d}A}{A}$，则

$$\frac{\mathrm{d}A_{\mathrm{f}}}{A_{\mathrm{f}}} = \frac{1}{1+AF} \cdot \frac{\mathrm{d}A}{A}$$

上式中，等式左项 $\dfrac{\mathrm{d}A_{\mathrm{f}}}{A_{\mathrm{f}}}$ 为反馈后闭环放大倍数的相对变化量，等式右项 $\dfrac{\mathrm{d}A}{A}$ 为开环放大倍数 A 的相对变化量，显然，由于 $1+AF > 1$，闭环放大倍数的相对变化要小于开环 A 的相对变化. 因此，A_{f} 稳定，即 $\dfrac{\mathrm{d}A_{\mathrm{f}}}{A_{\mathrm{f}}} < \dfrac{\mathrm{d}A}{A}$.

电压负反馈稳定输出电压，电流负反馈稳定输出电流.

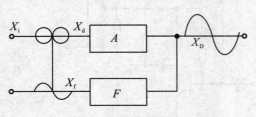

图 6-50　减小非线性失真

（2）减小非线性失真. 因为三极管放大区域是线性的，信号稍大或工作点偏移，信号进入非线性区，将产生失真. 有负反馈以后，可以减小非线性失真，如图 6-50 所示.

（3）扩展放大电路的频带. 任何一个放大电路，由于三极管本身特性和耦合电容等影响放大电路的频带，即放大电路只在一定频率范围内正常放大信号，当信号频率升高或降低时，放大倍数也会降低，如图 6-51 所示，**当放大倍数 A 降低到中频放大倍数的 $1/\sqrt{2}$ 时，所对应的频率 f_{L}、f_{H}，称为放大器的界频，或称上下限截止频率.**

定义：$\mathrm{BW} = \Delta f = f_{\mathrm{H}} - f_{\mathrm{L}}$ 为放大电路的通频带或带宽. 有时需要放大电路有较宽的频带，加负反馈后能扩展放大电路的频带.

定性说明，当放大器在高频段和中频段输入同样信号 u_{i}，而输出大小不同，中频信号输出 u_{o} 大，高频信号时 u_{o} 小，由于 u_{o} 不同，反馈信号 u_{f} 也不同. 当中频信号 u_{o} 大时，u_{f} 也大，u_{f} 与输入信号 u_{i} 相减，使 u_{i} 减小得多，高频信号时，输出 u_{o} 小，u_{f} 也小，则在输入端使 u_{i} 减小得也少，从而使高频信号与中频信号输出幅度接近了，按 $A/\sqrt{2}$ 定义，频带展宽了，如图 6-52 所示.

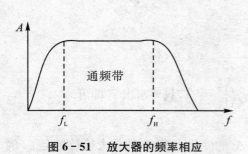

图 6-51　放大器的频率相应　　　　　　图 6-52　负反馈展宽频带示意图

设一放大电路，$A = 10^4$，$F = 10^{-3}$，无反馈时带宽 $\mathrm{BW} = f_{\mathrm{H}} - f_{\mathrm{L}}$，即 $10^4 \times 0.707$ 处等于 7 070. 加反馈后 $A_{\mathrm{f}} = \dfrac{A}{1+AF} = 909$，它的界频对应 $0.707A_{\mathrm{f}} = 642$，如图 6-52 所示频带展宽了. 理论计算表明，加负反馈后，使频带扩展 $(1+AF)$ 倍，但从上例也可知，此时 A 下降了

（1＋AF）倍. 要想扩展放大电路的频带,其代价是降低同等倍数的放大倍数.

（4）改变输入电阻和输出电阻. 负反馈对放大电路输入电阻的影响取决于串联还是并联方式与取样方式无关.

① 串联负反馈使输入电阻增大,如图 6 - 53 所示.

② 并联负反馈使输入电阻减小,如图 6 - 54 所示.

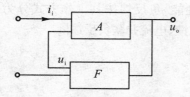

图 6 - 53　串联负反馈使输入电阻增大

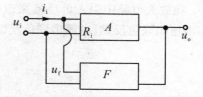

图 6 - 54　并联负反馈使输入电阻减小

输出端取样方式决定输出电阻,而与输入端联接方式无关.

① **电压反馈使输出电阻减小**,相当于并联,故使输出电阻减小,如图 6 - 55 所示.

② **电流负反馈使输出电阻增加**,相当于串联,故使输出电阻增加,如图 6 - 56 所示.

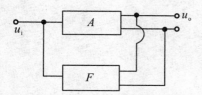

图 6 - 55　电压反馈使输出电阻减小

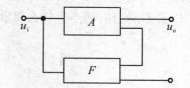

图 6 - 56　电流反馈使输出电阻增加

负反馈对放大器性能影响为:

① 提高放大倍数稳定性.

② 扩展频带.

③ 减小非线性失真.

④ 改变输入输出电阻:串联反馈增大 R_i,并联反馈减小 R_i,电压反馈减小 R_0,电流反馈增大 R_0.

这些性能改善,只是反馈环以内的性能,对原放大器即开环性能无作用. 同时,放大电路性能的改善是以牺牲放大倍数为代价的.

本 章 小 结

1. 认识放大电路,放大电路的实质是实现能量的转化,在输入信号的控制下将直流电源的能量转换为输出信号的能量.

2. BJT是由两个PN结组成的三端有源器件,它的三个端子分别为发射极 e、基极 b 和集电极 c. 由于硅材料的热稳定性好,因而硅 BJT 得到广泛的应用.

3. 对放大电路的分析包括静态分析和动态分析. 静态分析确定放大电路的直流状态(放大管的静态工作点);动态分析则是在静态分析的基础上,分析放大电路对交流信号的放大能力.

4. 图解法和微变等效电路法是分析放大电路常用的两种基本方法. 图解法直观、形象；微变等效电路法只适合放大电路在输入信号足够小的情况下对交流信号的分析.

5. 功率放大电路工作在大信号状态，掌握其工作方式和图解分析法.

6. 放大电路工作点不稳定的原因，主要是由于温度的影响. 常用的稳定工作点的电路有射极偏置电路等，它是利用反馈原理来实现的.

7. 在放大电路中引入负反馈来改善放大电路的性能. 负反馈按其工作方式分为四种类型，即电压串联负反馈、电流串联负反馈、电压并联负反馈、电流并联负反馈.

习　　题

1. 电路如图 6-57 所示，晶体管导通时 $U_{BE} = 0.7\ \mathrm{V}$，$\beta = 50$. 试分析 u_i 为 0 V、1 V、1.5 V 三种情况下 T 的工作状态及输出电压 u_o 的值.

2. 电路如图 6-58 所示，晶体管的 $\beta = 100$，$U_{BE} = 0.7\ \mathrm{V}$，饱和管压降 $U_{CES} = 0.4\ \mathrm{V}$；稳压管的稳定电压 $U_Z = 4\ \mathrm{V}$，正向导通电压 $U_D = 0.7\ \mathrm{V}$，稳定电流 $I_Z = 5\ \mathrm{mA}$，最大稳定电流 $I_{ZM} = 25\ \mathrm{mA}$. 试问：

(1) 当 u_i 分别为 0 V、1.5 V、25 V 时 u_o 各为多少？

(2) 若 D_Z 短路，将产生什么现象？

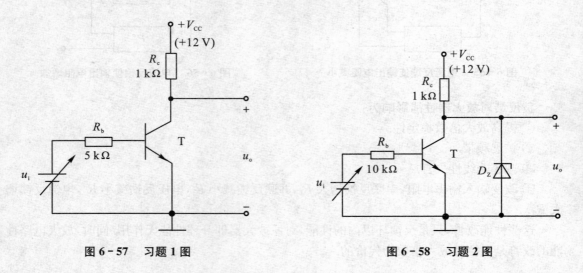

图 6-57　习题 1 图　　　　　　　　　　　　图 6-58　习题 2 图

3. 在 $T = 25\ ^\circ\!\mathrm{C}$ 时，测得某晶体管的 $I_C = 4\ \mathrm{mA}$，$I_B = 45\ \mu\mathrm{A}$，$I_{CBO} = 1\ \mu\mathrm{A}$. 若晶体管 β 的温度系数为 $1\%/^\circ\!\mathrm{C}$，在 $T = 45\ ^\circ\!\mathrm{C}$ 时，测得 $I_B = 60\ \mu\mathrm{A}$，这时 $I_C = ?$

4. 电路如图 6-59 所示. 设晶体管的 $U_{BE} = 0.7\ \mathrm{V}$. 试求：

(1) 静态时晶体管的 I_{BQ}、I_{CQ}、U_{CEQ} 及管子功耗 $P_C(= I_{CQ}U_{CEQ})$ 值.

(2) 当加入峰值为 15 mV 的正弦波输入电压 u_i 时的输出电压交流分量 u_o.

(3) 输入上述信号时管子的平均功耗 $P_C(aV)$ 值，并与静态时管子的功耗比较.

(4) 若将电路中的晶体管换成另一只 $\beta = 150$ 的管子，电路还能否正常放大信号，为什么？

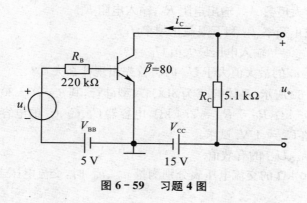

图 6-59　习题 4 图

5. 试问如图 6-60 所示各电路能否实现电压放大?若不能,请指出电路中的错误. 图中各电容对交流可视为短路.

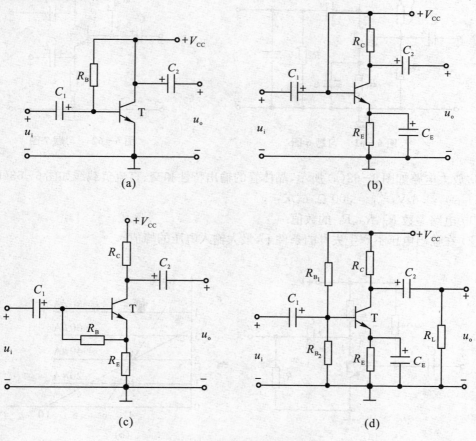

图 6-60　习题 5 图

6. 单级放大电路如图 6-61 所示,已知 $V_{CC} = 15$ V,$r_{bb} = 300$ Ω,$\beta = 100$,$U_{BE} = 0.7$ V,R_{B_1} 此时调到 49 kΩ,$R_{B_2} = 30$ kΩ,$R_E = R_C = R_L = 2$ kΩ,$C_1 = C_2 = 10$ μF,$C_E = 47$ μF,$C_L = 1\ 600$ pF,晶体管饱和压降 U_{CES} 为 1 V,晶体管的结电容可以忽略. 试求:

(1) 静态工作点 I_{CQ},U_{CEQ}.

(2) 中频电压放大倍数 $\dot{A}_m$、输出电阻 R_0、输入电阻 R_i.

(3) 估计上限截止频率 f_H 和下限截止频率 f_L.

(4) 动态范围 $U_{opp} = ?$ 输入电压最大值 $U_{ip} = ?$

(5) 当输入电压 u_i 的最大值大于 U_{ip} 时将首先出现什么失真?

7. 电路如图 6-62 所示. 晶体管 T 为 3DG4A 型硅管,其 $\bar{\beta} = \beta = 20$, $r'_{bb} = 80\ \Omega$. 电路中的 $V_{CC} = 24\ V$, $R_B = 96\ k\Omega$, $R_C = R_E = 2.4\ k\Omega$, 电容器 C_1、C_2、C_3 的电容量均足够大,正弦波输入信号的电压有效值 $U_i = 1\ V$. 试求:

(1) 输出电压 U_{o_1}、U_{o_2} 的有效值.

(2) 用内阻为 $10\ k\Omega$ 的交流电压表分别测量 u_{o_1}、u_{o_2} 时,交流电压表的读数各为多少?

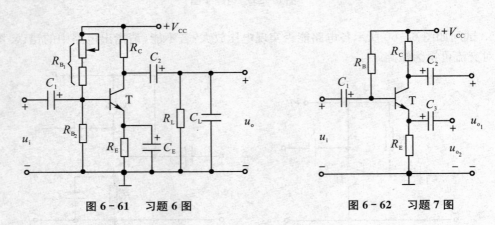

图 6-61　习题 6 图　　　　　　　图 6-62　习题 7 图

8. 放大电路如图 6-63(a) 所示,晶体管的输出特性和交、直流负载线如图 6-63(b) 所示. 已知 $U_{BE} = 0.6\ V$, $r'_{bb} = 300\ \Omega$. 试求:

(1) 电路参数 R_B、R_C、R_L 的数值.

(2) 在输出电压不产生失真的条件下,最大输入电压的峰值.

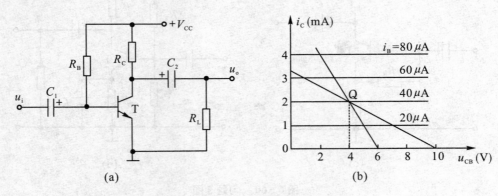

图 6-63　习题 8 图

9. 电路如图 6-64 所示. 电路参数为:$V_{CC} = 12\ V$, $R_C = 2\ k\Omega$, $R_B = 360\ k\Omega$;晶体管 T 为锗管,其 $\bar{\beta} = \beta = 60$, $r'_{bb} = 300\ \Omega$;电容器 $C_1 = C_2 = 10\ \mu F$, 负载电阻 $R_L = 2\ k\Omega$. 试求:

(1) 电路的静态工作点 I_{BQ}、I_{CQ} 及 U_{CEQ} 值.

（2）电路的动态指标 A_u、r_i、r_o 及 u_{opp} 值.

10. 某放大电路如图 6-65 所示. 已知图中 $V_{CC} = 15$ V，$R_S = 500\ \Omega$，$R_{B_1} = 40$ kΩ，$R_{B_2} = 20$ kΩ，$R_C = 2$ kΩ，$R_{E_1} = 200\ \Omega$，$R_{E_2} = 1.8$ kΩ，$R_L = 2$ kΩ，$C_1 = 10\ \mu$F，$C_2 = 10\ \mu$F，$C_E = 47\ \mu$F. 晶体管 T 的 $\beta = 50$，$r'_{bb} = 300\ \Omega$，$U_{BE} \approx 0.7$ V. 试求：

（1）电路的静态工作点 I_{CQ} 和 I_{CEQ}.

（2）输入电阻 r_i 及输出电阻 r_o.

（3）电压放大倍数 $\dot{A}_u = \dfrac{\dot{U}_0}{\dot{U}_i}$ 及 $\dot{A}_{us} = \dfrac{\dot{U}_o}{\dot{U}_s}$.

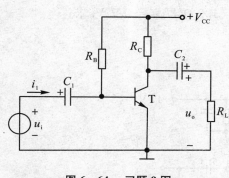

图 6-64　习题 9 图

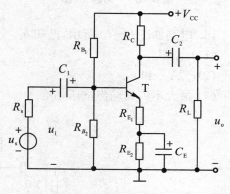

图 6-65　习题 10 图

11. 放大电路如图 6-66 所示，已知 $R_{b_1} = 10$ kΩ，$R_{b_2} = 51$ kΩ，$R_c = 3$ kΩ，$R_e = 500\ \Omega$，$U_{CC} = 12$ V，$\beta = 30$. 试求：

（1）静态工作点 I_{CQ} 和 I_{CEQ}.

（2）如果更换上一只 $\beta = 60$ 的同类三极管，工作点将如何改变？

（3）如果温度升高，试定性说明工作点的变化.

12. 射极跟随器电路如图 6-67 所示，设 $U_{BE} = 0.7$ V，$\beta = 200$，$u_{CES} = 0.2$ V，求其最大正弦输出电压的峰-峰值 U_{opp}.

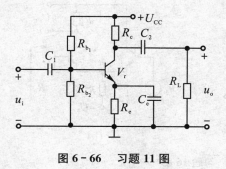

图 6-66　习题 11 图

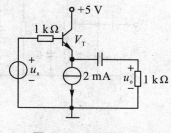

图 6-67　习题 12 图

13. 电路如图 6-68 所示，已知 $U_B = 1$ V，$U_{BE} = 0.7$ V，试计算 I_B、I_E、I_C、U_{CE}.

14. 共基电路如图 6-69 所示，已知 $h_{fe} = 100$，$r'_{bb} = 100\ \Omega$，试计算 r_i，A_u 和 r_o.

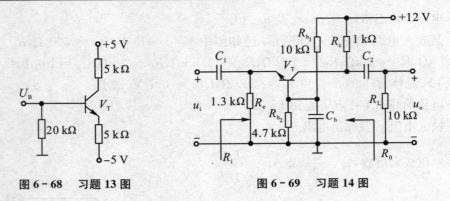

图 6-68 习题 13 图   图 6-69 习题 14 图

15. 电路如图 6-70 所示,已知 $h_{fe} = 50, r'_{bb} = 100\ \Omega, U_{BE} = 0.7$ V. 求:

(1) I_{CQ}, U_{CEQ}.

(2) r_i、A_{us} 和 r_o.

(3) 最大不失真输出电压幅度.

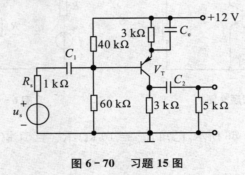

图 6-70   习题 15 图

16. 指出如图 6-71 所示电路中各晶体管属于何组态,并写出 r_i、$\dot{A}_{um}$ 和 r_o 的表达式.

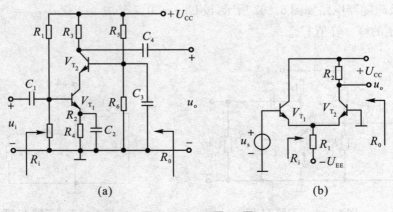

(a)   (b)

图 6-71   习题 16 图

17. 计算如图 6-72(a)、(b) 所示两射极输出器的中频输入电阻 r_i,并用反馈概念说明图 6-72(b) 利用 C_2 提高输入电阻的原理. 假设晶体管参数为 $h_{ie} = 1$ k$\Omega, h_{fe} = 100, h_{re} = 0$, $h_{oe} = 0$. 所有电容的阻抗均可忽略.

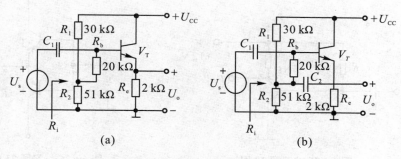

图 6-72　习题 17 图

18. 功率放大电路如图 6-73 所示. 求:

(1)$u_i = 0$ 时, U_E 应调至多大?

(2) 电容 C 的作用是什么?

(3)$R_L = 8\ \Omega$, 管子饱和压降 $V_{CES} = 2\ V$, 求最大不失真输出功率 P_{om}.

19. 一单电源互补对称功放电路如图 6-74 所示, 设 u_i 为正弦波, $R_L = 8\ \Omega$, 管子的饱和压降 V_{CES} 可忽略不计. 试求: 最大不失真输出功率 P_{om} (不考虑交越失真) 为 9 W 时, 电源电压 V_{CC} 至少应为多大?

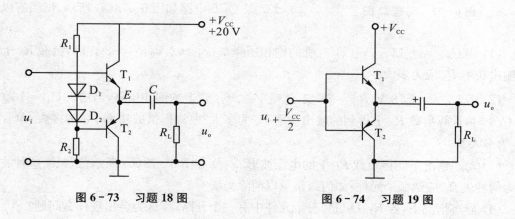

图 6-73　习题 18 图　　　　　　　图 6-74　习题 19 图

20. 如图 6-75 所示电路中, 设 BJT 的 $\beta = 100$, $V_{BE} = 0.7\ V$, $V_{CES} = 0.5\ V$, $I_{CEO} = 0$, 电容 C 对交流可视为短路, 输入信号 u_i 为正弦波. 求:

(1) 电路可能达到的最大不失真输出功率 P_{om}.

(2) 此时 R_b 应调节到什么数值?

(3) 此时电路的效率 $\eta = ?$ 试与工作在乙类的互补对称电路比较.

21. 电路如图 6-76 所示, 已知 $V_{CC} = 20\ V$, 负载 $R_L = 8\ \Omega$, 忽略功率管导通时的饱和压降. 试计算:

(1) 在有效值 $U_i = 10\ V$ 时, 求电路的输出功率、管耗、直流电源供给的功率和效率.

(2) 在管耗最大, $V_{om} = 0.6\ V_{CC}$ 时, 求电路的输出功率和效率.

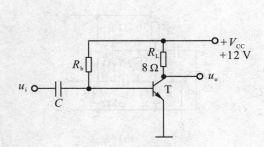

图 6 - 75　习题 20 图

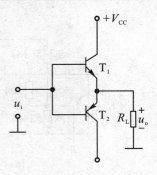

图 6 - 76　习题 21 图

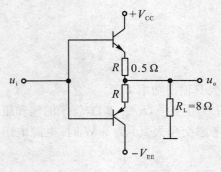

图 6 - 77　习题 22 图

22. 已知电路如图 6 - 77 所示,已知输入为正弦信号,负载 $R_L = 8\ \Omega, R = 0.5\ \Omega$,要求最大输出功率 $P_{om} \geqslant 9$ W. 在晶体管饱和压降忽略不计的情况下,求下列各值:

(1) 正负电源的最小值(取整数).

(2) 根据 V_{CC} 最小值,求晶体管 I_{CM} 的最小值.

(3) 当输出功率为最大时,输入电压有效值和两个电阻上损耗的功率.

23. 某 OCL 电路如图 6 - 78(a) 所示,试回答以下问题:

(1) 当 $U_{CC} = \pm 15$ V,V_{T_1}、V_{T_2} 管的饱和压降 $U_{CES} \approx 2$ V,$R_L = 8\ \Omega$ 时,负载 R_L 上得到的输出功率 P_o 应为多大?

(2) 若 $U_{CC} = \pm 18$ V,$R_L = 16\ \Omega$,忽略 V_{T_1}、V_{T_2} 管上的饱和压降,当输入 $U_I = 10\sqrt{2} \sin \omega t$(V) 时,计算负载 R_L 上得到的输出功率 P_o 为多大?电源提供的功率 P_U 为多大?单管管耗 P_C 为多大?

(3) 动态情况下测得负载 R_L 上的电压波形 $u_o(t)$ 如图 6 - 78(b) 所示,试判断这种波形失真为何种失真?应调哪个元件?如何调整可以消除失真?

(4) 静态情况下,若 R_1、D_1、D_2 三个元件中有一个开路,你认为会出现什么问题?

24. 单电源供电的互补对称电路如图 6 - 79 所示. 已知负载电流振幅值 $I_{CM} = 0.45$ A,试求:

(1) 负载上所获得的功率 P_o.

(2) 电源供给的直流功率 P_V.

(3) 每管的管耗及每管的最大管耗.

(4) 放大电路的效率 η.

25. 某一负反馈放大电路的开环电压放大倍数 $|A| = 300$,反馈系数 $|F| = 0.01$. 试问:

(1) 闭环电压放大倍数 $|A_f|$ 为多少?

(2) 如果 $|A|$ 发生 20% 的变化,则 $|A_f|$ 的相对变化为多少?

26. 电路如图 6 - 80 所示,用瞬时极性法判断电路的反馈类型.

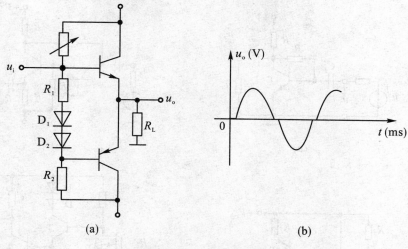

(a)　　　　　　　　　(b)

图 6 - 78　习题 23 图

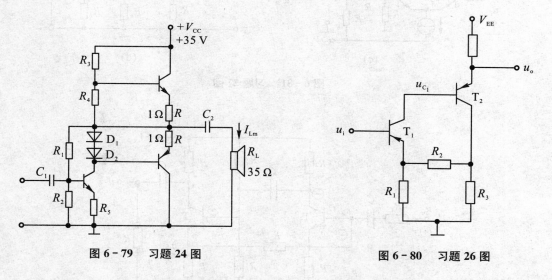

图 6 - 79　习题 24 图　　　　　**图 6 - 80　习题 26 图**

27. 试判断如图 6 - 81 所示各电路中是否引入了反馈;若引入了反馈,则判断是正反馈还是负反馈,是直流反馈还是交流反馈;若引入了交流负反馈,则判断是哪种组态的负反馈. 设图中所有电容对交流信号均可视为短路.

28. 电路如图 6 - 82 所示,图中耦合电容器和射极旁路电容器的容量足够大,在中频范围内,它们的容抗近似为零. 试用瞬时极性法分析电路中反馈的类型(说明各电路中的反馈是正、负、直流、交流、电压、电流、串联、并联反馈).

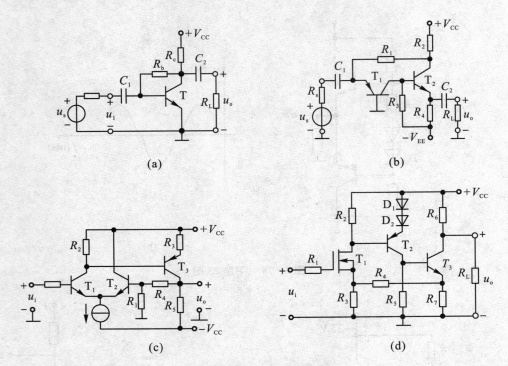

图 6-81　习题 27 图

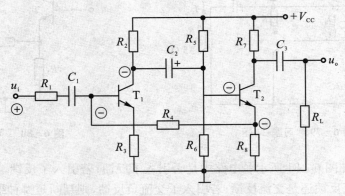

图 6-82　习题 28 图

第7章 集成运算放大器及其应用

本章主要内容为对集成电路的认识,熟悉集成运算放大器的组成特点、工作原理、电压传输特性以及集成放大器的主要性能参数,掌握理想集成运算放大器的分析方法,重点掌握"虚断"和"虚短"的概念和运算放大器在比例、微分、积分电路中的应用.

7.1 集成电路概述

电子技术发展的一个重要方向和趋势就是实现集成化,因此,集成放大电路的应用是本章的重点内容之一.本章首先介绍集成电路的一些基本知识,然后着重讨论模拟集成电路中发展最早、应用最广泛的集成运算放大器(简称**集成运放**).

7.1.1 集成电路及其发展

集成电路简称 IC(Integrated Circuits),是 20 世纪 60 年代初期发展起来的一种半导体器件.它是在半导体制造工艺的基础上,将电路的有源器件(三极管、场效应管等)、无源器件(电阻、电感、电容)及其布线集中制作在同一块半导体基片上,形成紧密联系的一个整体电路.

人们经常以电子器件的每一次重大变革作为衡量电子技术发展的标志.1904 年出现的半导体器件(如真空三极管)称为第一代,1948 年出现的半导体器件(如半导体三极管)称为第二代,1959 年出现的集成电路称为第三代,而 1974 年出现的大规模集成电路,则称为第四代.可以预料,随着集成工艺的发展,电子技术将日益广泛地应用于人类社会的各个方面.

7.1.2 集成电路的特点

与分立元件电路相比,集成电路具有以下四个突出特点:

1. 体积小,重量轻

1946 年,美国制成了世界上第一台电子管电子计算机,用了 18 000 多只电子管,约 30 余吨,需要 170 多平方米的房屋面积才能放得下,但它的运算速度只有每秒钟 5 000 次左右.目前采用超大规模集成电路工艺制成的 PC 机的 CPU 芯片,重量才几十克,体积与一个火柴盒差不多(包括散热电机)大,但它的运算速度可达每秒 100 万次以上.

2. 可靠性高,寿命长

半导体集成电路的可靠性与普通晶体管相比,可以说提高了几十万倍以上.例如,1964 年的晶体管电子计算机的故障间隔平均时间为 73 小时,而 1964 年的半导体集成电路电子计算机为 4 650 小时;到 1970 年时,达到了 12 400 小时;1985 年 Inter 公司生产的 8398 单片机,平均无故障工作时间为 $3.8×10^7$ 小时(片内含有 12 万个晶体管).显而易见,集成化程度越高,可靠性越高.

3. 速度高,功耗低

晶体管电子计算机运算速度为每秒几十万次,普通集成电路的运算速度每秒可达几百万次.目前,我国用大规模和超大规模集成电路组装的计算机,其运算速度每秒已达 10 亿次.

在功耗方面，一台晶体管收音机(交流电源供电)，所消耗的功率不到 1 瓦，而集成单元电路的功耗只有几十微瓦，相当于一个晶体管功耗的 1‰. 一般的半导体集成电路每次的逻辑运算所需的能量为 10 nJ(1 nJ $= 10^{-9}$ J) 左右，近年来，由于新技术的采用，已使每次逻辑运算所需的能量降低到 1 nJ 以下.

4. 成本低

在应用上，如果要达到电子线路的同样功能，采用集成电路和采用分立元件电路相比，前者的成本要低许多. 原因有二：一是集成电路的器件价格比组成电路的分立元件低，一块集成电路中不论含有多少只晶体管，最后只需一只外壳来封装，而对分立元件，有多少只晶体管就要有多少只外壳封装，有时外壳的成本比管芯的成本还高. 二是分立元件电路投入安装调试的劳动力成本又高出了集成电路很多. 随着科学技术水平的不断提高，集成电路集成化程度将不断提高，制造成本也会日趋降低.

7.1.3　集成电路的分类

1. 按制造工艺分类

按照集成电路的制造工艺不同可分为半导体集成电路(又分双极型集成电路和MOS集成电路)，薄膜集成电路和混合集成电路.

2. 按功能分类

集成电路按其功能的不同，可分为数字集成电路、模拟集成电路和微波集成电路.

3. 按集成规模分类

集成规模又称**集成度**，是指集成电路内所含元器件的个数. 按集成度的大小，集成电路可分为：小规模集成电路(SSI)，内含元器件数小于 100；中规模集成电路(MSI)，内含元器件数为 100 ～ 1 000 个；大规模集成电路(LSI)，元器件数为 1 000 ～ 10 000 个；超大规模集成电路(VLSI)，元器件数目在 10 000 ～ 100 000 之间. 集成电路的集成化程度仍在不断地提高，目前，已经出现了内含上亿个元器件的集成电路.

7.2　集成运放的基本组成及参数

从原理上说，集成运算放大电路(即集成运放)的内部实质上是一个高放大倍数的多级直接耦合放大电路，广泛地应用于各种电子技术领域，进行线性和非线性的各种计算，故称为运算放大器. 与电子管和晶体管运算放大器相比，它具有体积小、重量轻、功耗低、性能好、可靠性高及成本低等优点. 此外，集成工艺非常适合制造特性一致的元件，使其差分放大电路中成对的晶体管匹配良好，从而大大提高了运算放大器的性能.

7.2.1　集成运放的组成

集成运放通常包含五个基本组成部分，即输入级、中间级、输出级、偏置电路和保护电路，如图 7 - 1 所示. 下面分别进行介绍.

1. 偏置电路

偏置电路的作用是向各级放大电路提供合适的偏置电路，确定各级静态工作点. 各个放大级对偏置电流的要求各不相同. 对于输入级，通常要求提供一个比较小(一般为微安级)的偏置电流，而且非常稳定，以便提高集成运放的输入电阻，降低输入偏置电流、输入失调电流及其温漂等等.

2. 输入级

输入级一般使用晶体管恒流源双端输入差分放大电路,使输入级减小了零漂,提高了共模抑制比和输入电阻.

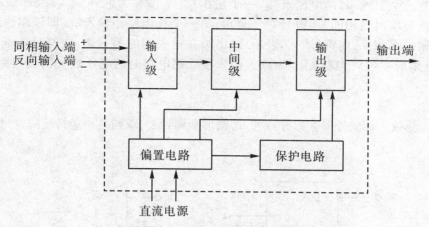

图 7 - 1　集成运算放大器组成框图

3. 中间级

中间级不仅能提供很高的电压放大倍数,而且具有很高的输入电阻,避免降低前级的电压放大倍数,并将双端输入转为单端输出,作为输出的驱动源.

4. 输出级

输出级通常使用复合管构成准互补对称电路,用射极输出器作为输出级,降低了输出电阻,提高了运放的输出功率和带负载能力.

此外,集成运算放大器中还有一定的保护电路.

集成运算放大器的特点与其制造工艺有关,主要有以下几点:

(1) 在集成电路的制造工艺中,难于制造电感元件、容量大的电容元件以及电阻阻值大的电阻元件,因此,在集成运算放大器中无电感、无大容量的电容和大阻值的电阻. 放大电路中的级间耦合都采用直接耦合. 一定要用到电感、电容元件时,一般采用外接的方法.

(2) 在集成电路中,比较合适的阻值一般为几十欧到几十千欧之间. 因此,在需要较低和较高阻值的电阻时,就要在电路上另想办法或采用外接的方法.

(3) 集成运算放大器的输入级采用差动放大电路,它要求两个晶体管的性能应该相同. 而集成电路中的各个晶体管是通过同一工艺过程制造在同一硅片上的,因此,容易获得特性相近的差分对管,同时各个管子的温度性能基本保持一致,所以集成运算放大器具有输入阻抗很高、零点漂移很小,对共模干扰信号有很强的抑制能力.

(4) 集成运算放大器的开环增益非常高. 这样,在应用时可以加上深度负反馈,使之具有增益稳定、非线性失真小等特性. 更重要的是能在它的深度负反馈中接入各种线性和非线性的元件,以构成各种各样特性的电路. 目前除了高频大功率电路以外,凡是晶体管分立元件组成的电子电路都能用一集成运放为基础的电路来代替. 而且还能用集成运算放大器组成性能非常独特、用晶体管分立元件不能做到的电子线路.

(5) 集成运算放大器具有体积小、重量轻、功耗低、性能好、可靠性高及成本低等优点,这些优点与其结构有关. 运放和分立元件的直接耦合放大电路虽然在工作原理上基本相同,但在电路的结构形式上二者有较大的区别.

在学习使用集成电路时,应该重点了解其外部特性,而对其内部结构一般没有必要也不太可能仔细分析. 根据国家标准,集成运算放大器的图形符号如图 7-2 所示,运算放大器的符号中有三个引线端,两个输入端,一个输出端. 一个称为同相输入端,即该端输入信号变化的极性与输出端相同,用符号"+"表示;另一个称为反相输入端,即该端输入信号变化的极性与输出端相反,用符号"-"表示. 输出端在输入端的另一侧,在符号边框内标有"+"号,框内三角形表示放大器,A_{od} 为放大器未接反馈电路时的电压放大倍数,称为开环放大倍数,即

$$u_o = -A_{od}(u_- - u_+) = -A_{od}u_i$$

集成运算放大器的外形大致分三种,即圆形金属封装、双列直插塑料或陶瓷封装和扁平陶瓷封装.

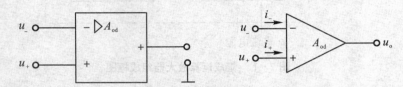

图 7-2 集成运算放大器的图形符号

7.2.2 集成运放的主要参数

集成运放性能的好坏,可用其参数来衡量. 为了合理正确地选择和使用运放,必须明确其参数的意义.

1. 开环差模电压增益 A_{od}

A_{od} 是指运放在无外加反馈情况下的直流差模增益,一般用对数表示,单位为分贝(dB). 它是频率的函数,也是影响运算精度的重要参数. 一般运放的 A_{od} 为 $80 \sim 120$ dB,性能较好的运放 $A_{od} > 140$ dB,即开环电压放大倍数一般为 $10^4 \sim 10^7$.

2. 共模抑制比

共模抑制比是指运放的差模电压增益与共模电压增益之比,一般也用对数表示,即

$$K_{CMR} = 20 \lg \left| \frac{A_d}{A_c} \right|$$

一般运放的 K_{CMR} 为 $80 \sim 160$ dB. 该指标用以衡量集成运放抑制零漂的能力.

3. 差模输入电阻 r_{id}

该指标是指开环情况下,输入差模信号时运放的输入电阻. 其定义为差模输入电压 U_{id} 与相应的输入电流 I_{id} 的变化量之比. r_{id} 用以衡量集成运放向信号源索取电流的大小. 该指标越大越好,一般运放的 r_{id} 为 10 k$\Omega \sim 3\,000$ kΩ.

4. 输入失调电压 U_{Io}

它的定义是,为了使运放在零输入时零输出,在输入端所需要加的补偿电压. U_{Io} 实际上就是输出失调电压折合到输入端电压的值,其大小反映了运放电路的对称程度. U_{Io} 越小越好,一般为 $\pm(0.1 \sim 10)$mV.

5. 最大差模输入电压 U_{IDM}

这是集成运放反相输入端与同相输入端之间能够承受的最大电压. 若超过这个限度, 输入级差分对管中的一个管子的发射结可能被反向击穿. 若输入级由 NPN 管构成, 则其 U_{IDM} 约为 ± 5 V, 若输入级含有横向 PNP 管, 则 U_{IDM} 可达 ± 30 V 以上.

6. 共模输入电压范围 U_{ICM}

运算放大器对共模信号具有抑制的性能, 但这个性能是在规定的共模电压范围内才具备. 如超出这个电压, 运算放大器的共模抑制性能就大为下降, 甚至造成器件损坏.

7. 转换速率 S_R

转换速率是指在闭环状态下, 输入为大信号时, 集成运放输出电压对时间的最大变化速率, 即

$$u_o = \frac{R_F}{R_1} u_i, \quad S_R = \left| \frac{\mathrm{d}u_o(t)}{\mathrm{d}t} \right|_{\max}$$

转换速率反映运放对高速变化的输入信号的响应情况. S_R 越大, 表明运放的高频性能越好. 一般运放的 S_R 小于 1 V/μs, 高速运放 S_R 可达 65 V/μs, 甚至可达 500 V/μs.

8. 单位增益带宽 BW_G 和开环带宽 BW_{Hf}

BW_G 指开环差模电压增益 A_{od} 下降到 0 dB(即 $A_{od} = 1$) 时的信号频率, 它与三极管的特征频率相类似. BW_G 用来衡量运放的一项重要品质因素 —— 增益带宽的大小. BW_{Hf} 则指 A_{od} 下降 3 dB 时的信号频率. BW_{Hf} 一般不高, 为几十 Hz 到几百 kHz, 低的只有几 Hz.

除上述指标外, 还有输入偏置电流 I_{IB}、静态功耗 P_C、最大输出电压 U_{omax} 等, 这里不再一一介绍.

7.3　理想运算放大器

7.3.1　理想运放的技术指标

在分析集成运放的各种应用电路时, 常常将其中的集成运放看成是一个理想的运算放大器. 所谓理想运放就是将集成运放的各项技术指标理想化, 即认为集成运放的各项指标为:

(1) 开环差模电压增益: $A_{od} = \infty$.

(2) 差模输入电阻: $r_{id} = \infty$.

(3) 输出电阻: $r_o = 0$.

(4) 共模抑制比: $K_{CMR} = \infty$.

(5) 输入失调电压、失调电流以及它们的零漂均为零.

实际的集成运放当然达不到上述理想化的技术指标, 但集成运算放大器的开环电压放大倍数 A_{uo} 很高, 一般大于 10^4. 集成运算放大器的输入电阻由于采用由复合管等组成的差分式输入电路, 阻值很高, 达到兆欧量级. 集成运算放大器的输出电阻由于采用互补对称式输出电路, 阻值较低, 一般只有几十欧. 而且由于集成运放工艺水平的不断提高, 集成运放产品的的各项性能指标愈来愈好. 因此, 一般情况下, 在分析估算集成运放的应用电路时, 将实际运放看成理想运放所造成的误差, 在工程上是允许的. 后面的分析中, 如无特别说明, 均将集成运放作为理想运放进行讨论.

7.3.2　理想运放的两种工作状态

在各种应用电路中集成运放的工作状态可能有线性和非线性两种状态,在其传输特性曲线上对应两个区域,即线性区和非线性区. 集成运放的电压传输特性如图 7-3 所示,虚线代表实际运放的传输特性,实线代表理想运放. 可以看出,线性工作区非常窄,当输入端电压的幅度稍有增加,则运放的工作范围将超出线性放大区而到达非线性区. 运放工作在不同状态,其表现出的特性也不同,下面分别讨论.

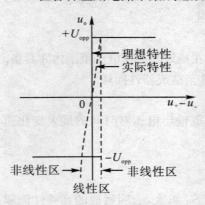

图 7-3　集成运算放大器电压传输

1. 线性区

当工作在线性区时,集成运放的输出电压与其两个输入端的电压之间存在着线性放大关系,即

$$u_o = A_{od}(u_+ - u_-) \tag{7-1}$$

式中,u_o 是集成运放的输出端电压;u_+ 和 u_- 分别是其同相输入端和反相输入端电压;A_{od} 是其开环差模电压增益.

理想运放工作在线性区时有两个重要特点:

(1) 理想运放的差模输入电压等于零. 由于运放工作在线性区,故输出、输入之间符合式(7-1). 而且,因理想运放的 $A_{od} = \infty$,所以由式(7-1)可得

$$U_+ = U_-, \quad u_+ - u_- = u_o/A_{od} = 0 \tag{7-2}$$

上式表明同相输入端与反相输入端的电位相等,如同将该两点短路一样,但实际上该两点并未真正被短路,因此常将此特点简称为**虚短**.

实际集成运放的 $A_{od} \neq \infty$,因此 u_+ 与 u_- 不可能完全相等. 但是当 A_{od} 足够大时,集成运放的差模输入电压($u_+ - u_-$)的值很小,可以忽略. 例如,在线性区内,当 $u_o = 10$ V 时,若 $A_{od} = 10^5$,则 $u_+ - u_- = 0.1$ mV;若 $A_{od} = 10^7$,则 $u_+ - u_- = 1$ μV. 可见,在一定的 u_o 值下,集成运放的 A_{od} 愈大,则 u_+ 与 u_- 的差值愈小,将两点视为短路所带来的误差也愈小.

(2) 理想运放的输入电流等于零. 由于理想运放的差模输入电阻 $r_{id} = \infty$,因此在其两个输入端均没有电流,有

$$i_+ = i_- = 0$$

此时运放的同相输入端和反相输入端的电流都等于零,如同该两点被断开一样,将此特点简称为**虚断**.

虚短和**虚断**是理想运放工作在线性区时的两个重要特点. 这两个特点常常作为今后分析运放应用电路的出发点,因此必须牢固掌握.

2. 非线性区

如果运放的工作信号超出了线性放大的范围,则输出电压与输入电压不再满足式(7-1),即 u_o 不再随差模输入电压($u_+ - u_-$)线性增长,u_o 将达到饱和,如图 7-3 实线所示.

理想运放工作在非线性区时,也有两个重要特点:

(1) 理想运放的输出电压 u_o 的两种取值. ① 等于运放的正向最大输出电压 $+U_{opp}$;② 或等于其负向最大输出电压 $-U_{opp}$. 当

$$u_+ > u_- \text{ 时},u_o = +U_{opp}$$

$$u_+ < u_- \text{ 时}, u_\circ = -U_{opp} \tag{7-3}$$

在非线性区内,运放的差模输入电压$(u_+ - u_-)$可能很大,即$u_+ \neq u_-$. 也就是说,此时虚短现象不复存在.

(2) 理想运放的输入电流等于零. 因为理想运放的$r_{id} = \infty$,故在非线性区仍满足输入电流等于零,对非线性工作区仍然成立.

如上所述,理想运放工作在不同状态时,其表现出的特点也不相同. 因此,在分析各种应用电路时,首先必须判断其中的集成运放究竟工作在哪种状态.

集成运放的开环差模电压增益A_{od}通常很大,在10^4以上,如不采取适当措施,即使在输入端加一个很小的电压,仍有可能使集成运放超出线性工作范围. 为了保证运放工作在线性区,一般情况下,必须在电路中引入深度负反馈,以减小直接施加在运放两个输入端的净输入电压.

7.4　运放基本应用电路分析

集成运放作为通用性的器件,它的应用十分广泛,如模拟信号的产生、放大、滤波等,运放有线性和非线性两种工作状态,本节主要介绍运放在线性状态下的基本应用电路——模拟信号运算电路.

7.4.1　负反馈放大电路

在集成运放的各种应用电路中,几乎无一例地采用了反馈,因此有必要复习一下反馈的知识. 所谓**反馈**就是将放大电路的输出量(电压或电流)的一部分或全部,通过一定的电路形式(反馈网络)引回到它的输入端来影响输入量(电压或电流)的连接方式,使净输入信号幅度足够小,输出处于最大输出电压的范围内,才能保证运放工作在线性区.

放大电路与反馈网络组成了一个闭环系统,所以有时把引入了反馈的放大电路称为**闭环放大电路**,而未引入反馈的放大电路称为**开环放大电路**.

工作在线性区的集成运算放大器主要用于实现各种模拟信号的比例、求和、积分、对数、指数等数学运算,以及有源滤波、信号检测、取样保护等.

7.4.2　比例运算电路

比例运算电路的输出电压与输入电压之间存在比例关系,比例电路是最基本的运算电路,它是其他各种运算电路的基础. 本章随后将介绍的各种运算电路,都是在比例电路的基础上,加以扩展或演变以后得到的. 根据输入信号接法的不同,比例电路有三种基本形式,即反相输入、同相输入以及差分输入比例电路.

1. 反相比例运算电路

如图7-4所示为反相比例运算电路,其中输入电压u_i通过电阻R_1接入运放的反相输入端. R_F为反馈电阻,引入了电压并联负反馈. 同相输入端电阻R_2接地,为保证运放输入级差动放大电路的对称性,要求$R_2 = R_1 \parallel R_F$.

根据前面的分析,该电路的运放工作在线性区,并具有

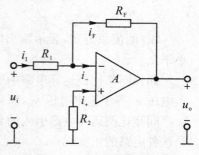

图7-4　反相比例运算电路

虚短和虚断的特点. 由于虚断,故 $i_+ = 0$,即 R_2 上没有压降,则 $u_+ = 0$. 又因虚短,可得

$$u_+ = u_- = 0 \qquad (7-4)$$

由式(7-4)说明在反相比例运算电路中,集成运放的反相输入端与同相输入端两点的电位不仅相等,而且均等于零,如同该两点接地一样,这种现象称为**虚地**. 虚地是反相比例运算电路的一个重要特点.

由于 $i_- = 0$,则由图 7-4 可知 $i_1 = i_F$,即

$$\frac{u_i^+ - u_-}{R_1} = \frac{u_- - u_o}{R_F}$$

上式中 $u_- = 0$,由此可求得反相比例电路输出电压与输入电压的关系为

$$u_o = -\frac{R_F}{R_1} u_i^+$$

则反相比例运算电路的电压放大倍数为

$$A_{uf} = \frac{u_o}{u_i} = -\frac{R_F}{R_1} \qquad (7-5)$$

式中负号表示输出电压与输入电压反相. 由于反相输入端虚地,故该电路的输入电阻为

$$R_{if} = R_1$$

反相比例运算电路中引入了深度的电压并联负反馈,该电路输出电阻很小,具有很强的带负载能力.

2. 同相比例运算电路

如图 7-5 所示为同相比例运算电路,运放的反相输入端通过电阻 R_1 接地,同相输入端则通过补偿电阻 R_2 接输入信号. 一般取 $R_2 = R_1 \parallel R_F$.

电路通过电阻 R_F 引入了电压串联负反馈,运放工作在线性区. 同样根据虚短和虚断的特点可知, $i_+ = i_- = 0$,故

$$u_- = \frac{R_1}{R_1 + R_F} u_o$$

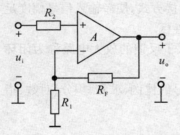

而且

$$u_+ = u_- = u_I$$

由以上二式可得

$$u_o = \left(1 + \frac{R_F}{R_1}\right) u_i$$

图 7-5　同相比例运算电路

则同相比例运算电路的电压放大倍数为

$$A_{uf} = \frac{u_o}{u_i} = \left(1 + \frac{R_F}{R_1}\right) \qquad (7-6)$$

A_{uf} 的值总为正,表示输出电压与输入电压同相. 另外,该比值总是大于或等于 1,不可能小于 1.

如果同相比例运算电路中的 $R_F = 0$ 或 $R_1 = \infty$(断开),从式(7-6)可得 $A_{uf} = 1$. 这时,输入电压 u_i 等于输出电压 u_o,而且相位相同,故称这一电路为**电压跟随器**.

同相比例运算电路引入的是电压串联负反馈,具有较高的输入电阻和很低的输出电阻,这是这种电路的主要优点.

【**例 7.1**】　如图 7-6 所示电路为另一种反相比例运算电路,通常称为 T 形反馈网络反相比例运算电路,试求该电路的电压放大倍数.

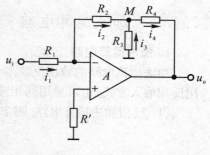

图 7-6　例 7.1 图

解:利用虚短和虚断的特点可得

$$i_2 = i_1 = \frac{u_i}{R_1}$$

$$u_M = 0 - i_2 R_2 = -\frac{R_2}{R_1} \cdot u_i$$

电路的输出电压为

$$
\begin{aligned}
u_o &= -i_2 R_2 - i_4 R_4 = -i_2 R_2 - (i_2 + i_3) R_4 \\
&= -i_2 (R_2 + R_4) - i_3 R_4 \\
&= -\frac{u_i}{R_1}(R_2 + R_4) - \frac{u_i}{R_1} \cdot \frac{R_2 R_4}{R_3}
\end{aligned}
$$

因此,电压放大倍数为

$$A_{uf} = \frac{u_o}{u_i} = -\frac{R_2 + R_3}{R_1}\left(1 + \frac{R_2 /\!/ R_4}{R_3}\right)$$

3. 差分比例运算电路

前面介绍的反相和同相比例运算电路,都是单端输入放大电路,差分比例运算电路属于双端输入放大电路,其电路如图 7-7 所示.为了保证运放两个输入端对地的电阻平衡,同时为了避免降低共模抑制比,通常要求 $R_1 = R_1'$,$R_F = R_F'$.

在理想条件下,由于虚短,$u_+ = u_-$,利用叠加定理可求得反相输入端的电位为

$$u_- = \frac{R_F}{R_1 + R_F}u_i + \frac{R_1}{R_1 + R_F}u_o$$

而同相输入端电位为

$$u_+ = \frac{R'F}{R_1' + R_F'} = u_i'$$

因为虚短,即 $u_+ = u_-$,所以

$$\frac{R_F}{R_1 + R_F}u_i + \frac{R_1}{R_1 + R_F}u_o = \frac{R_E'}{R_1' + R_F'}u_i'$$

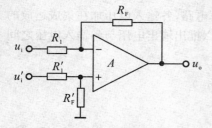

图 7-7　差分比例放大电路

当满足 $R_1 = R_1'$,$R_F = R_F'$时,整理上式,可求得输出电压与输入电压关系式为

$$u_o = -\frac{R_F}{R_1}(u_i - u_i')$$

所以,差分比例运算电路的电压放大倍数为

$$A_{uf} = \frac{u_o}{u_i - u_i'} = -\frac{R_F}{R_1} \tag{7-7}$$

在电路元件参数对称的条件下,差分比例运算电路的差模输入电阻为 $R_{iF} = 2R_1$.

由以上分析可知,差分比例运算电路的输出电压与两个输入电压之差成正比,实现了差分比例运算.

7.4.3 加减运算电路

1. 加法运算电路

加法运算电路的输出反映多个模拟输入信号相加的结果.用运放实现加法运算时,可以采用反相输入方式,也可采用同相输入方式.本节以反相输入方式的加法电路为重点介绍.

(1) 反相加法运算电路. 图 7-8 所示为反相加法运算电路.由虚短和虚断的概念可得

$$i_1 = \frac{u_{i_1}}{R_1}, \quad i_2 = \frac{u_{i_2}}{R_2}$$

$$i_3 = \frac{u_{i_3}}{R_3}, \quad i_F = i_1 + i_2 + i_3$$

又因运放的反相输入端虚地,故有

$$u_o = -i_F R_F = -\left(\frac{R_F}{R_1}u_{i_1} + \frac{R_F}{R_2}u_{i_2} + \frac{R_F}{R_3}u_{i_3}\right) \tag{7-8}$$

这就是反相加法运算电路输出电压表达式.从式中可以看出,各支路关系独立,表达式 (7-8) 符合叠加定理.图 7-8 中 $R' = R_1 /\!/ R_2 /\!/ R_3 /\!/ R_F$.当 $R_1 = R_2 = R_3 = R$ 时,上式变为

$$u_o = -\frac{R_F}{R}(u_{i_1} + u_{i_2} + u_{i_3}) \tag{7-9}$$

图 7-8 所示反相输入加法运算电路的优点是,当改变某一输入回路的电阻时,仅仅改变输出电压与该路输入电压之间的比例关系,对其他各路没有影响,因此调节比较灵活方便.在实际工作中,反相输入方式的加法电路应用比较广泛.

(2) 同相加法运算电路.如图 7-9 所示为同相加法运算电路,各输入电压加在集成运放的同相输入端.同样利用理想运放线性工作区的两个特点,可以推出输出电压与各输入电压之间的关系为

$$u_o = \left(1 + \frac{R_F}{R_1}\right)(u_{i_1} + u_{i_2} + u_{i_3})$$

其中

$$R_+ = R_1' /\!/ R_2' /\!/ R_3' /\!/ R' \tag{7-10}$$

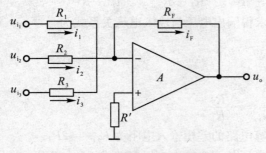

图 7-8 反相加法运算电路

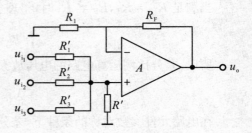

图 7-9 同相加法运算电路

【例 7.2】 假设一个控制系统中的温度、压力和速度等物理量经传感器后分别转换成为模拟电压量 u_{i_1}、u_{i_2}、u_{i_3},要求该系统的输出电压与上述各物理量之间的对应关系为

$$u_o = -3u_{i_1} - 10u_{i_2} - 0.53u_{i_3}$$

现采用如图 7-8 所示的求和电路,试选择电路中的参数以满足以上要求.

解:将以上给定的关系式与式(7-8)比较,可得 $\dfrac{R_F}{R_1} = 3, \dfrac{R_F}{R_2} = 10, \dfrac{R_F}{R_3} = 0.53$. 为了避免电路中的电阻值过大或过小,可先选 $R_F = 100$ kΩ,则

$$R_1 = \frac{R_F}{3} = \frac{100}{3} = 33.3 \ (\text{k}\Omega), \quad R_2 = \frac{R_F}{10} = \frac{100}{10} = 10 \ (\text{k}\Omega)$$

$$R_3 = \frac{R_F}{0.53} = \frac{100}{0.53} = 188.7 \ (\text{k}\Omega), \quad R' = R_1 \ /\!/ \ R_2 \ /\!/ \ R_3 \ /\!/ \ R_F$$

为了保证精度,以上电阻应选用精密电阻.

2. 加减运算电路

前面介绍的差分比例运算电路实际上就是一个简单的加减运算电路. 如果在差分比例运算电路的同相输入端和反相输入端各输入多个信号,就变成了一般的加减运算电路,如图 7-10 所示,它综合了反相加法运算电路和同相加法运算电路的特点,所以也可称为双端输入求和运算电路. 设 $R_N = R_1 \ /\!/ \ R_2 \ /\!/ \ R_F, R_P = R_3 \ /\!/ \ R_4 \ /\!/ \ R_5$,取 $R_N = R_P$,使电路参数对称. 利用叠加定理可方便地得到这个电路的运算关系.

当 $u_{i_3} = u_{i_4} = 0$ 时,$u_+ = u_- = 0$,电路为反相加法运算电路,设此时的输出电压为 u_{o_1},根据式(7-8)得

$$u_{o_1} = -\left(\frac{R_F}{R_1} u_{i_1} + \frac{R_F}{R_2} u_{i_2} \right)$$

当 $u_{i_1} = u_{i_2} = 0$ 时,电路为同相运算电路

$$u_{o_2} = \left(1 + \frac{R_F}{R_1 \ /\!/ \ R_2} \right) \left(\frac{R_P}{R_3} u_{i_3} + \frac{R_P}{R_4} u_{i_4} \right)$$

根据叠加定理,输出电压为

$$u_o = u_{o_1} + u_{o_2} = -\left(\frac{R_F}{R_1} u_{i_1} + \frac{R_F}{R_2} u_{i_2} \right) + \left(1 + \frac{R_F}{R_1 \ /\!/ \ R_2} \right) \left(\frac{R_P}{R_3} u_{i_3} - \frac{R_P}{R_4} u_{i_4} \right)$$

利用 $R_N = R_P$,经整理可得

$$u_o = \frac{R_F}{R_3} u_{i_3} + \frac{R_F}{R_4} u_{i_4} - \frac{R_F}{R_1} u_{i_1} - \frac{R_F}{R_2} u_{i_2}$$

利用图(7-10)实现加减运算,要保证 $R_N = R_P$,有时选择参数比较困难,这时可考虑用两级电路实现,下面举例说明.

【例 7.3】　求解如图 7-11 所示电路 u_o 和 u_{i_1}、u_{i_2}、u_{i_3} 的运算关系.

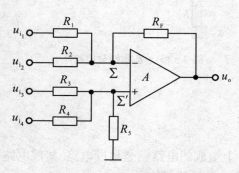

图 7-10　加减运算电路

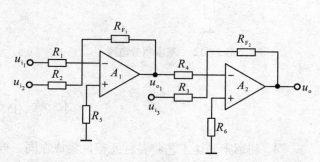

图 7-11　例 7.3 图

解: 如图 7-11 所示为由两个反相加法电路组成的加减运算电路. 图中

$$u_{o_1} = -\left(\frac{R_{F_1}}{R_1}u_{i_1} + \frac{R_{F_1}}{R_2}u_{i_2}\right)$$

$$u_o = -\left(\frac{R_{F_2}}{R_4}u_{o_1} + \frac{R_{F_2}}{R_3}u_{i_3}\right)$$

将 u_{o_1} 代入 u_o, 可得

$$u_o = \frac{R_{F_2}}{R_4}\left(\frac{R_{F_1}}{R_1}u_{i_1} + \frac{R_{F_1}}{R_2}u_{i_2}\right) - \frac{R_{F_2}}{R_3}u_{i_3}$$

7.4.4 积分和微分运算电路

1. 积分运算电路

积分运算电路在自动控制和电子测量系统中得到广泛应用,常用它实现延时、定时及产生各种波形. 将反相比例运算电路中的 R_F 换成电容 C,则构成积分电路如图 7-12 所示,由虚地和虚短的概念可得 $i_i = i_C = \dfrac{u_i}{R}$,所以输出电压 u_o 为

$$u_o = -u_C = -\frac{1}{C}\int i_C \mathrm{d}t = -\frac{1}{RC}\int u_i \mathrm{d}t \tag{7-11}$$

从而实现了输入电压与输出电压之间的积分运算.

2. 微分运算电路

微分是积分的逆运算. 将积分电路中 R 和 C 的位置互换,即可组成基本微分电路,如图 7-13 所示. 由虚地和虚短的概念可得 $i_C = i_R$,则输出电压 u_o 为

$$u_o = u_- - R_F i_f = -R_F C \frac{\mathrm{d}u_i}{\mathrm{d}t} \tag{7-12}$$

可见,输出电压正比于输入电压的微分.

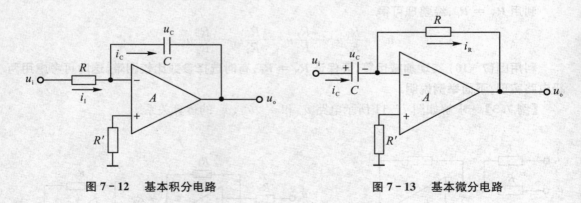

图 7-12　基本积分电路　　　　　　　图 7-13　基本微分电路

本 章 小 结

1. 利用半导体工艺将各种元器件集成在同一硅片上组成的电路就是集成电路. 集成电路具有体积小、成本低、可靠性高等优点,是现代电子系统中常见的器件之一.

2. 集成运放的内部实质上是一个高放大倍数的多级直接耦合放大电路. 它的内部通常包

含四个基本组成部分,即输入级、中间级、输出级和偏置电路.为了有效地抑制零漂,运放的输入极常采用差分放大电路.集成运放的输出级基本上都采用各种形式的互补对称电路,以降低输出电阻,提高电路的带负载能力.同时,也希望有较高的输入电阻,以免影响中间级共射电路的电压放大倍数.

3. 在各种运算放大电路中普遍采用了负反馈.按照不同的分类标准,反馈可分为正负反馈、交直流反馈、串并联反馈和电压电流反馈等四种组态.负反馈虽然降低了放大电路的增益,但却提高了放大电路增益的稳定性,展宽了通频带,减小了非线性失真,改变了放大电路的输入、输出电阻.

4. 在分析集成运放的各种应用电路时,常常将其中的集成运放看成是一个理想的运算放大器.理想运放有两种工作状态,即线性和非线性工作状态,在其传输特性曲线上对应两个工作区域.当运放工作在线性区时,满足**虚短**和**虚断**特点.集成运放可用于模拟信号的产生、放大、滤波等,本章主要介绍了它在线性状态下的四种应用,即比例、加减、积分和微分运算电路.

习　　题

1. 通用型集成运放一般由几部分电路组成,每一部分常采用哪种基本电路?通常对每一部分性能的要求分别是什么?

2. 电路如图 7 - 14 所示,集成运放输出电压的最大幅值为 ± 14 V,请填写表 7 - 1.

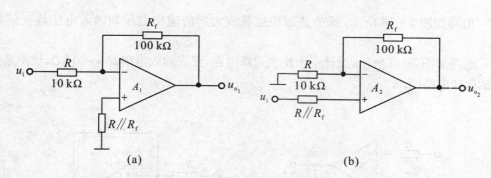

图 7 - 14　习题 2 图

表 7 - 1

u_i(V)	0.1	0.5	1.0	1.5
u_{o_1}(V)				
u_{o_2}(V)				

3. 试分别求解如图 7 - 15 所示各电路的运算关系.

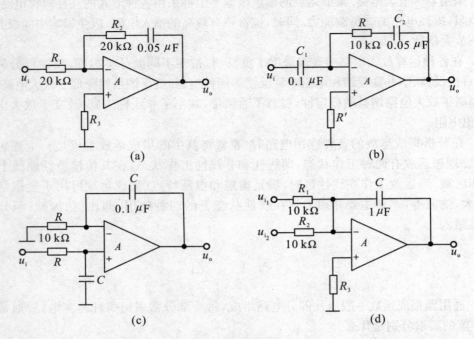

图 7 - 15　习题 3 图

4. 电路如图 7 - 16 所示,试描述理想运算放大器的输出电压和输入电压放大倍数的表达式.

5. 电路如图 7 - 17 所示,设计一个比例运算电路,要求输入电阻 $R_i = 20$ kΩ,比例系数为 -100,试设计电路图.

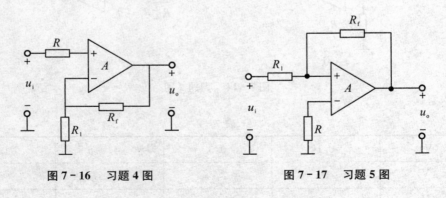

图 7 - 16　习题 4 图　　　　　图 7 - 17　习题 5 图

6. 电路如图 7 - 18 所示,试求:

(1) 输入电阻.

(2) 比例系数.

7. 电路如图 7 - 18 所示,集成运放输出电压的最大幅值为 ±14 V,u_i 为 2 V 的直流信号. 分别求出下列各种情况下的输出电压.

(1) R_2 短路.

(2)R_3 短路.

(3)R_4 短路.

(4)R_4 断路.

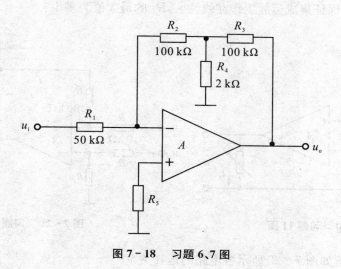

图 7 - 18　习题 6、7 图

8. 试求如图 7 - 19 所示各电路输出电压与输入电压的运算关系式.

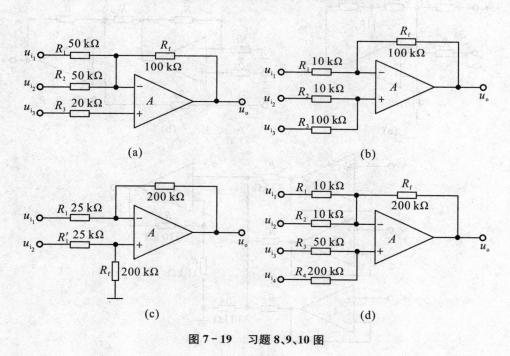

图 7 - 19　习题 8、9、10 图

9. 在如图 7 - 19 所示各电路中,是否对集成运放的共模抑制比要求较高,为什么?

10. 在如图 7 - 19 所示各电路中,集成运放的共模信号分别为多少?要求写出表达式.

11. 如图 7 - 20 所示为恒流源电路,已知稳压管工作在稳压状态,试求负载电阻中的电流.

12. 电路如图 7 - 21 所示.

（1）写出 u_o 与 u_{i_1}、u_{i_2} 的运算关系式.

（2）当 R_W 的滑动端在最上端时,若 $u_{i_1} = 10\text{ mV}$,$u_{i_2} = 20\text{ mV}$,则 $u_o = ?$

（3）若 u_o 的最大幅值为 $\pm 14\text{ V}$,输入电压最大值 $u_{i_1\text{max}} = 10\text{ mV}$,$u_{i_2\text{max}} = 20\text{ mV}$,最小值均为 0 V,则为了保证集成运放工作在线性区,R_2 的最大值为多少?

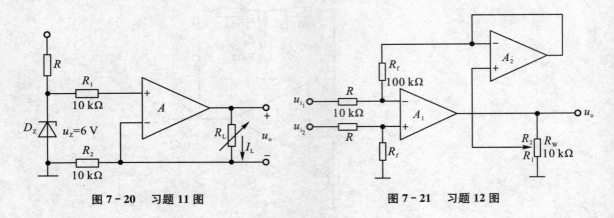

图 7-20　习题 11 图　　　　　　图 7-21　习题 12 图

13. 分别求解如图 7-22 所示各电路的运算关系.

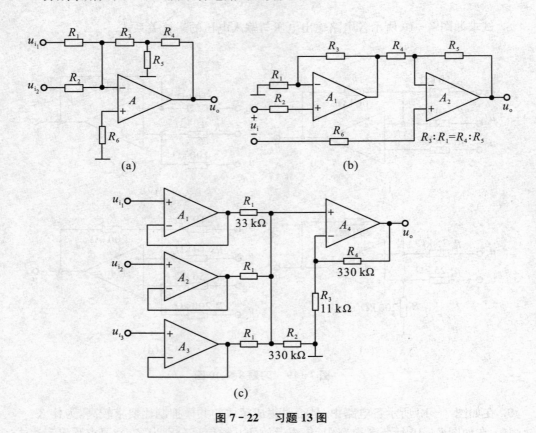

(a)　　　　　　　　　　　　　(b)

(c)

图 7-22　习题 13 图

14. 在如图 7-23(a) 所示电路中,已知输入电压 u_i 的波形如图 7-23(b) 所示,当 $t = 0$ 时

$u_o = 0$. 试画出输出电压 u_o 的波形.

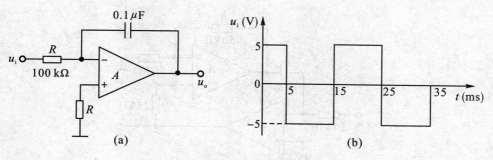

图 7 - 23　习题 14 图

15. 如图 7-24(a) 所示电路, 输入电压 u_i 的波形如图 7-24(b) 所示, 且当 $t = 0$ 时 $u_o = 0$. 试画出输出电压 u_o 的波形.

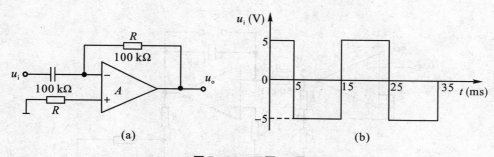

图 7 - 24　习题 15 图

16. 在如图 7-25 所示电路中, 已知 $R_1 = R = R' = 100$ kΩ, $R_2 = R_f = 100$ kΩ, $C = 1\mu$F.

(1) 试求出 u_o 与 u_i 的运算关系.

(2) 设 $t = 0$ 时 $u_o = 0$, 且 u_i 由零跃变为 -1 V, 试求输出电压由零上升到 $+6$ V 所需要的时间.

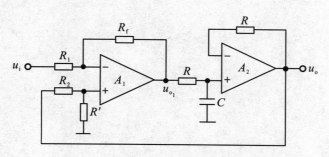

图 7 - 25　习题 16 图

17. 试求出如图 7-26 所示电路的运算关系.

18. 在如图 7-27 所示电路中, 已知 $u_{i_1} = 4$ V, $u_{i_2} = 1$ V.

(1) 当开关 S 闭合时, 分别求解 A、B、C、D 和 u_o 的电位.

（2）设 $t = 0$ 时 S 打开，问经过多长时间 $u_o = 0$.

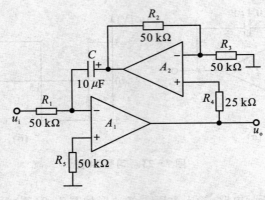

图 7-26   习题 17 图

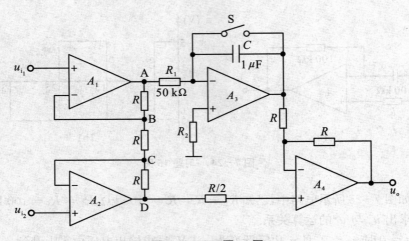

图 7-27   习题 18 图

第8章 直流稳压电源

在电子线路和自动控制装置中,常常需要采用电压非常稳定的直流电,除了低功率的场合使用电池外,大部分直流电是由交流电转变而成的.本章主要内容为如何把交流电转换为直流电,重点分析变压、整流、滤波和稳压的过程,重点讲解整流、滤波的工作原理、集成稳压器的使用及开关电源原理.

8.1 稳压电源的结构与特性指标

电子设备常需要直流供电,直流电源有多种类型,如直流电机,由于电机体积太大,电池功率小,且不易调节,因此多数电子设备中使用直流稳压电源.直流稳压电源种类根据结构分为稳压管稳压电源、串联反馈式(常用)稳压电源、集成稳压器和开关电源等.

8.1.1 结构

稳压电源的稳压过程是将交流变为直流,即将 220 V,50 Hz 的交流市电首先变为所需要的电压,它由交流变压器完成,然后将交流变为单向脉动的直流 —— 整流.将整流后的脉动直流进行滤波平滑,变为平稳的直流电压,最后需采取稳压措施,消除因输入交流电起伏、输出负载的变化等引起的输出直流电压的变化 —— 稳压.综上所述,**稳压电源通常由电源变压器,整流电路,滤波电路和稳压电路四部分组成**.原理框图如图 8-1 所示.

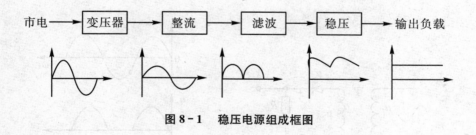

图 8-1 稳压电源组成框图

8.1.2 稳压电源的特性指标

(1) 输出最大电流 I_{max},直流电压 $U_。$,输出额定功率 W.

(2) 电源内阻 R_0.指当电源输出由于负载变化,而引起输出电流变化 $\Delta I_。$,从而引起输出电压变化 $\Delta U_。$,电源内阻

$$R_0 = \frac{\Delta U_。}{\Delta I_。}$$

由图 8-2 可知,当负载增大(即 R_L 减小,输出电流增大)时,使 R_0 上的电压降 U_{R_0} 也增大,则输出电压 $U_。$ 下降.反之亦然.内阻越大,性能越差.理想电压源内阻 $R_0 \to 0$,实际电源应 R_0 越小越好.

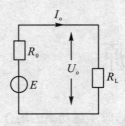

图 8-2　电源模型

（3）稳压系数 S_r. 显然 S_r 越小，稳压性能越高.

（4）纹波系数 $\gamma = \dfrac{\text{交流分量有效值}}{\text{直流}} = \dfrac{\widetilde{U}}{U_o}$.

（5）脉动系数 $S = \dfrac{\text{基波幅值}}{\text{直流}} = \dfrac{\widetilde{U}_m}{U_o}$.

8.2　整 流 电 路

利用二极管的单向导电性，可将交变电压变为单向脉动电压，单向电压具有直流成分. 实现这个过程称为**整流**.

8.2.1　单相半波整流电路

单相电指 220 V 交流市电. 实际上工业用电多为三相电，每相与地之间电压为 220 V，相与相之间为 380 V，我们通常使用的家用电器、仪器仪表等设备多数为单相电.

1. 电路结构

单相半波整流电路如图 8-3 所示. T 为电源变压器，V_D 为整流二极管，R_L 为直流负载. 输入信号 $u_1 = \sqrt{2}\,U_1\sin\omega t$，输出信号 $u_2 = \sqrt{2}\,U_2\sin\omega t$.

2. 工作原理

设二极管的正向电阻为 0，反向电阻为 ∞ 是理想二极管. 变压器输出级（次级）u_2 为正弦交流电，正半周时，V_D 导通，相当于短路，全部正半周电压加在 R_L 上，因此输出为正半周，当为负半周时，二极管截止，无电流通过，R_L 上也无压降，故输出只有半个波，称半波整流. 显然整流后，输出均为正，故有直流分量，为单向脉动电压. 如图 8-4 所示.

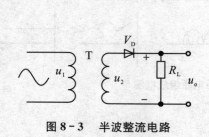

图 8-3　半波整流电路　　　　　　　图 8-4　半波整流波形

（1）输出直流电压 U_o，因为

$$u_2 = \sqrt{2}\,U_2\sin\omega t \tag{8-1}$$

所以

$$U_o = \frac{1}{2\pi}\int_0^{2\pi}\sqrt{2}\,U_2\sin\omega t\,\mathrm{d}(\omega t) = \frac{\sqrt{2}}{2\pi}U_2\int_0^{\pi}\sin\omega t\,\mathrm{d}(\omega t) = \frac{\sqrt{2}}{\pi}U_2 = 0.45\,U_2 \tag{8-2}$$

由以上结果可知，整流后得到的直流输出只有实际输入有效值电压 U_2 的 0.45. 不足输入电压的 1/2.

（2）对二极管的要求，单项半波整流电路中，流过二极管的电流等于输出电流的平均

值,即

$$I_{VD} = I_o = \frac{U_o}{R_L} = \frac{\sqrt{2}}{\pi R}U_2 \tag{8-3}$$

二极管所承受的反向峰值电压 U_{RM},应是反向最大电压,即

$$U_{RM} = \sqrt{2}\,U_2 \tag{8-4}$$

用两个二极管分别整流上、下半波.称为**双半波整流**.电路如图 8-5 所示.

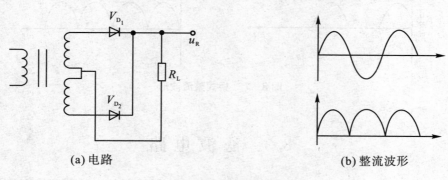

(a) 电路　　　　　　　　　(b) 整流波形

图 8-5　双半波整流

但这种全波整流变压器不易绕制,对二极管的反峰压要求也高一倍,故一般不采用.

8.2.2　单相桥式整流电路

通常选择桥式整流(全波).单相桥式整流电路如图 8-6 所示.它由四个二极管组成电桥形式而得名.

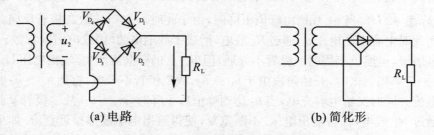

(a) 电路　　　　　　　　　(b) 简化形

图 8-6　单相桥式整流

设变压器到副边的交流信号为 $u_2 = \sqrt{2}\,U_2\sin\omega t$,由图 8-6 分析可知,设电路输入信号 u_2 为正半周,则 V_{D_1}、V_{D_3} 导通,V_{D_2}、V_{D_4} 反向截止,电流由上到下流过负载 R_L,产生上正下负的半波电压;当负半周时,变压器下端为正,则 V_{D_2} 与 V_{D_4} 导通,V_{D_1}、V_{D_3} 截止,电流流经 R_L,同样产生上正、下负的半波电压,因两者的电流方向一致.这样一个周期后,在 R_L 上建立的电压就是两个半周的正电压,如图 8-7 所示.这样组成的整流电路多用了二极管,但对二极管的参数要求却与半波基本相同,得到的整流结果是 $U_o = 0.9U_2$,效率提高一倍.

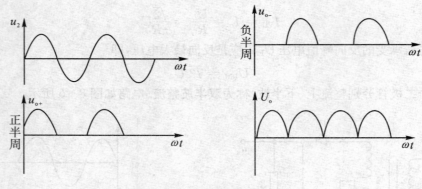

图 8 - 7　桥式整流波形

8.3　滤　波　电　路

整流电路,其结果输出交流成分很大,不适于作为电子设备的直流电源使用,应加滤波措施.基本滤波元件是电容和电感,主要是利用它们有储能功能,在整流输出电压较高时,它们储能,当输出较低时,又放出电能,使得整个输出电压平滑,降低交流成分,保留了直流成分.

8.3.1　电容滤波电路

电容滤波是最常用、最简单的滤波电路,以半波整流滤波为例,电路如图 8 - 8 所示.

当信号正半周时,通过二极管向 R_L 供电的同时,也给电容 C 充电,且由于二极管 V_D 的内阻极小,时间常数 $\tau_D = r_D \cdot C$ 很小,故充电速度很快,当半峰到顶时,电容上充电电压也几乎同时达到半峰值 $\sqrt{2}\,U_2$. 当 u_2 开始由峰值下降时,由于此时 $u_C > u_2$,故二极管反向截止,二极管不导通,而此时电容上的电压 u_C 通过 R_L 放电,形成了放电电流. 因放电时间常数 $\tau_L = R_L C$,R_L 很大,放电缓慢,虽然负半周时二极管不导通,但 R_L 上仍有电流产生,输出电压 U_{R_L}.

当另一正半周到来时,开始阶段由于 $u_C > u_2$,故二极管不导电,直到 $u_2 > u_C$ 时,二极管导通,输出电流并同时又给电容充电,当 u_2 达到峰值后下降时,$u_C > u_2$,故二极管又截止,此时电容 u_C 又通过 R_L 放电,保持输出电压. 不断重复,使得输出电压波形接近直流. 如果是全波(桥式)整流,则滤波输出波形更接近于直流,如图 8 - 9 所示. 电容滤波电路的参数如果负载 R_L 和 C 足够大,则输出电压:

$$\begin{cases} U_o \approx U_2 & \text{(单相半波整流)} \\ U_o \approx \sqrt{2}\,U_2 & \text{(单相全波整流)} \end{cases} \tag{8-5}$$

当 R_L 不开路时,U_o 在 $0.9U_2 \sim \sqrt{2}\,U_2$ 之间. 一般选择时间常数

$$R_L C \geqslant (3 \sim 5)\frac{T}{2} \tag{8-6}$$

则输出电压

$$\begin{cases} U_o \approx U_2 & \text{(单相半波整流)} \\ U_o \approx 1.2U_2 & \text{(单相全波整流)} \end{cases} \tag{8-7}$$

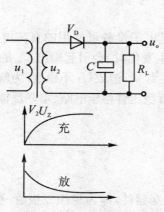
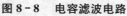

图 8 - 8　电容滤波电路

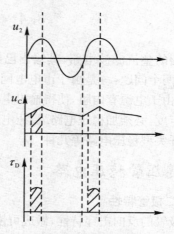

图 8 - 9　电容滤波输出波形

二极管在一个周期里导通的时间很短,不是原来整流时整个半周期的导通时间. 加滤波后,二极管的导通角远小于原来的 $180°$,但提供的输出电流 $I_{\circ}$ 不变,要求二极管承受的正向电流的能力应大于平均电流 $I_{\circ}$,一般选

$$I_{\mathrm{Dmax}} \geqslant (2 \sim 3)I_{\circ} \tag{8-8}$$

单电容滤波有时滤波效果不理想,因此可以采用双电容——RCπ 型滤波. 电路如图 8 - 10 所示. 滤波输出电压更平滑.

缺点:①R 上有压降损耗;②R 存在使内阻增大,带载能力下降,适用于小电流负载.

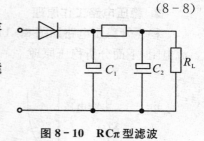

图 8 - 10　RCπ 型滤波

8.3.2　电感滤波

电感滤波电路如图 8 - 11 所示. 它与电容滤波原理相同,在整流输出回路中串联一个电感,由于电感的特性是阻止电流变化,对交流阻抗大,直流阻抗小,所以当脉动电流增大时,电感将产生反电动势 $u_{\mathrm{L}} = -L\dfrac{\mathrm{d}i}{\mathrm{d}t}$,阻止电流增大,即内阻增加. 反之,当电流减小时,又阻止减小,而对直流成分无阻碍,从而使负载电流的脉动成分减低,达到滤波的目的.

为进一步改善滤波效果,可以采用 LC 滤波电路. 它是在电感滤波电路上,再加一个滤波电容构成,电路如图 8 - 12 所示. 由于电感线圈的电感较大时,匝数也较多,造成体积大而笨重、成本高,因此只有在频率高、电流较大、输出电压脉动很小的场合适用.

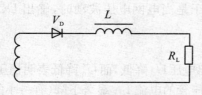

图 8 - 11　电感滤波电路

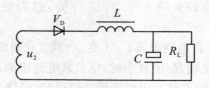

图 8 - 12　LC 滤波电路

8.4　稳　压　电　路

前面介绍的整流滤波电路,其输出已经基本是电子设备可使用的直流电源.但还不够完善,主要存在两个问题:一是由于市电电网电压发生变化时,会引起输出 U_o 的变化;二是输出负载变化时,由于电源有内阻,使得输出电压也产生起伏,造成 U_o 不稳定.为解决这些问题,提高电源的稳定度,必须加稳压电路.稳压电路通常有稳压管稳压电路、串联反馈型稳压电路、集成稳压器和开关型稳压电路等几种.

8.4.1　稳压管稳压电路

1. 稳压二极管特性

利用二极管的反向击穿特性,做成可恢复性击穿器件,即为稳压二极管.稳压二极管伏安特性曲线如图 8-13 所示.

从伏-安特性曲线可以看出,当反向电压达到击穿电压时,电流从几毫安到几十毫安变化,但电压却基本不变,大的电流 ΔI 引起的电压变化 ΔU 很小.在制造时,按工艺要求,使它在一定电流范围内击穿,去掉电压后仍可恢复,就构成稳压管.主要参数是稳压值 U_o、稳压电流范围 $I_{Dmin} \sim I_{Dmax}$ 和动态电阻等.

2. 稳压电路工作原理

稳压管稳压电路如图 8-14 所示. U_i 为整流滤波输出的直流电压, U_o 为输出电压, R 是限流电阻.下面分析稳压原理.

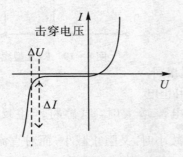

图 8-13　稳压二极管伏安特性曲线

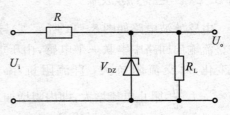

图 8-14　稳压管稳压电路

(1) 首先设负载保持不变,电网电压变化时引起 U_i 变化的情况.

当 U_i 上升时,输出电压 U_o 也随之上升,这时加在稳压管上的电压将略有上升,而电流 I_{DZ} 却显著增加,使电阻 R 上的电流增加很多,压降也增大,即 $u_i \uparrow \rightarrow I_R \uparrow \rightarrow U_R \uparrow$,从而限制了 R_L 上电压有较大的上升.当 U_i 下降,过程也同样.于是当电网电压波动时,输出 U_o 基本保持稳定.

(2) 设电网电压 U_i 不变,负载变化时的情况.

当负载 R_L 值减小时,则负载电流增加,使输出电压 U_o 降低,而 U_o 降低表明稳压管上的电压也下降(并联),由稳压管特性可知,将使流过稳压管的电流 I_{DZ} 显著下降(有一小的 ΔU_{DZ} 产生 I_{DZ} 很大变化),致使 R 上的总电流减小, U_R 下降,从而使输出电压 U_o 下降,保持输出基本稳定.

由以上分析可知,稳压管的稳压作用主要是利用电流变化来实现的,与限流电阻 R 有密切关系.

3. 参数选取原则

(1) 稳压管的选取. 稳压管的稳压值应与稳压输出电压一致,即

$$U_{DZ} = U_o \tag{8-9}$$

最大电流

$$I_{DZmax} > I_{omax} = (2 \sim 3)I_{omax} \tag{8-10}$$

(2) 输入电压的确定. 为保证输出,抵消 R 消耗的电压降,应选

$$U_i = (2 \sim 3)U_o \tag{8-11}$$

(3) R 的选取. 保证 I_{DZ} 在稳压范围内,即满足 $I_{DZmin} < I_{DZ} < I_{DZmax}$ 的原则. R 为限流电阻,不能太小,要保证 U_i 最大、I_L 最小时,流过稳压管的电流不大于稳压管的最大允许值,$I_{DZ} \leqslant I_{DZmax}$;$R$ 也不能太小,以保证输入电压 U_i 最低、I_o 最大时,$I_{DZ} \geqslant I_{DZmin}$.

根据此原则可以得到 R 的选取公式

$$\frac{U_{imax} - U_o}{I_{DZmax} + I_{omin}} \leqslant R \leqslant \frac{U_{Imin} - U_o}{I_{DZmin} + I_{omax}} \tag{8-12}$$

8.4.2　串联反馈型三极管稳压电路

稳压管稳压电路结构简单,但它的输出电压不可调节,电流也有限制等缺点. 一般采用三极管串联反馈式稳压电路. 利用 R 的大小可以调节输出电压,要做到自动调节,可将限流电阻 R 换成三极管. 三极管内阻很小,降压小,可以起到自动稳压的作用.

串联反馈型稳压原理电路如图 8-15 所示.

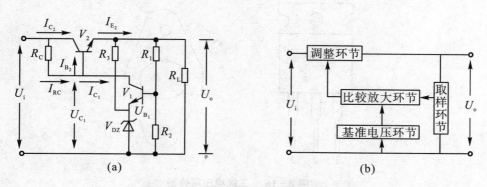

图 8-15　串联反馈型三极管稳压电路

电路由四部分组成:

(1) 取样反馈部分. 取样由 R_1 和 R_2 组成,从输出电压 U_o 取样,反馈电压 U_f 与输出电压有关,即

$$U_f = \frac{R_2}{R_1 + R_2}U_o = U_{B_1} \tag{8-13}$$

将反馈电压送到放大电路三极管的基极.

(2) 基准电源部分. 基准电源由稳压管 V_{DZ} 和限流电阻 R_3 组成,由这个稳定电压 U_{DZ} 与取样反馈电压进行比较.

（3）比较放大部分. 由三极管 V_1 组成（也可以用集成运放），作用是将取样反馈电压 U_f 与 U_{DZ} 比较放大，得 $U_{C_1} = U_{B_2}$，控制调整管 V_2 的基极变化.

（4）调整部分. 由三极管 V_2 组成，基极电压 U_{B_2} 是比较放大输出电压 U_{C_1}，U_{B_2} 的变化调节 V_2 的集电极电流 I_{C_2}，改变调整管的压降 U_{CE_2}，用以自动补偿输出电压，使输出电压稳定. 由于调整管的管压降和电流都较大，因此，必须选择大功率三极管.

工作原理：串联型稳压电路的自动稳压过程，可以按电网波动和负载的变化两种情况分析，首先讨论电网的波动情况. 当电网电压升高时，即 $U_i \uparrow \to U_o \uparrow \to$ 取样电压 $U_{B_1} \uparrow$，由于 U_{DZ} 不变，故 $\to U_{BE_1} \uparrow \to I_{C_1} \uparrow$，$R_C$ 上压降 U_{RC} 增加，$\to U_{C_1} \downarrow \to U_{B_2} \downarrow \to U_{BE_2} \downarrow \to I_{B_2} \downarrow \to I_{C_2} \downarrow \to U_{CE_2} \uparrow \to U_{E_2} \downarrow \to U_o \downarrow$.

反过来，若 $U_i \downarrow$，结果也一样使 $U_o \uparrow$，从而保持输出电压基本稳定.

若负载发生变化，过程类似.

$R_L \downarrow \to U_o \downarrow \to U_{B_1} \downarrow \to U_{BE_1} \downarrow \to I_{B_1} \downarrow \to I_{C_1} \downarrow \to U_{C_1} \uparrow \to U_{B_2} \uparrow \to I_{C_2} \uparrow \to U_{E_2} \uparrow \to U_o \uparrow$.

反过来，若负载 $R_L \uparrow$，过程相也类似，使输出电压基本稳定.

由以上分析可知，这是一个深度负反馈系统，因此能使输出电压稳定.

8.4.3　集成稳压器

将串联反馈式稳压电路实现集成化，就成为集成稳压器，它体积小，使用方便. 集成稳压器的内部结构基本包含了串联型的全部内容，分为多端和三端，或分为可调和固定电压式. 最常用的是三端稳压器，它有三个端口，分别为输入、输出和公共端. 其外形及符号如图 8-16 所示.

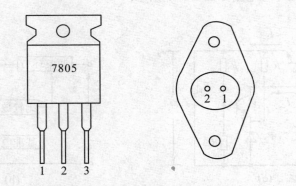

7805

图 8-16　三端稳压器外形

三端稳压器分为正和负两个系列，7800 系列为正电压，7900 系列为负电压输出，对于 7800 系列，1 为输入，2 为输出，3 为公共端，不同的封装的引脚功能有所不同，使用时应注意.

三端稳压器使用十分方便. 由于只有三个引脚，应用电路简单、性能可靠. 常用电路如图 8-17 所示. 图中 C_1 用于改善纹波，常取 0.33 μF，C_o 用于改善负载的瞬态相应，一般取 0.1 μF. 一只变压器，一个整流器，一块三端稳压器，加滤波电容，即可做成一个性能良好的直流稳压电源. 电压一般不可调，且功率不能太大.

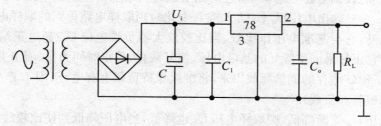

图 8-17　三端集成稳压器的基本应用电路

8.4.4　开关稳压电源

串联反馈稳压电路一般体积大,调整管功耗大,效率很低,一般在 30% ～ 60%. 为了提高效率,降低功耗,可使调整管工作在开关状态,只有在饱和导通状态才有电流,产生消耗. 调整管工作在开关状态的稳压电路称为开关稳压电路. 开关电源效率高,效率可达 80% ～ 95%,缺点是纹波大、控制电路复杂、价格较高等.

1. 工作原理

串联反馈式开关电源框图如图 8-18 所示. 图中包括开关管、滤波电路、脉冲调制、比较放大、基准电压和取样电路等几部分组成简单的开关集成稳压电源电路,如图 8-19 所示. 电路中 V 是调整管,R_1、R_2 为输出取样电路,将输出的一部分反馈回来控制输入,LC 为滤波电路,V_D 为续流二极管,A 为运放比较器,基准电压为参考电压.

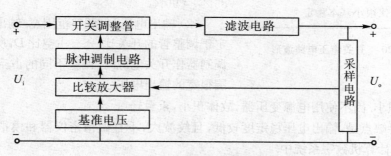

图 8-18　开关电源组成框图

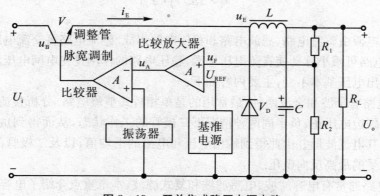

图 8-19　开关集成稳压电源电路

原理:开始时设调整管导通,U_i 通过 V 给负载 R_L 供电,产生输出电压 U_o.另一方面 LC 将能量储存起来.一旦输出电压 U_o↑(U_i↑ 或 I_o 变化),则取样电路得到的取样电压 U_f 即电阻 R_2 上的电压也上升,它与基准电压作比较,当比较放大器负端电位 U_A 超过正端电压时,比较器输出 U_B 为负,它正好是调整管 V 的基极电压,使 V 截止,截止时间为 t_{off}. 截止期间,由于电感 L 的反抗作用,L 和 C 储存的能量释放出来,将继续保持负载上有电流(因 L 产生反电动势使电流继续通过二极管和负载).

若输出电压 U_o 逐渐降低,则取样电压 U_f 也降低,当电压降低到使比较放大器的负端电压 U_A 低于正端电压时,则比较器反转,输出 U_B 为正,使 V 导通,输出电流供给 L、C、R_L,导通时间为 t_{on}. 如此循环,并通过 LC 滤波,可以使输出电压基本平滑稳定. 由此可知,调整管 V 处在开关状态,它的输出电压波形如图 8-20 所示. 调整关和开的阀值电压来调整开关时间比,可以得到不同幅度的输出电压 U_o.

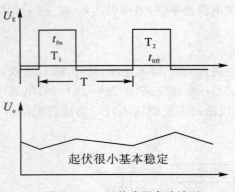

图 8-20　开关稳压电路波形

定义占空比:
$$D = \frac{t_{on}}{t_{on} + t_{off}}; \quad U_o \approx D U_i \qquad (8-14)$$

还可通过脉冲宽度调制器来改变和控制调整管的开关时间比调整输出电压 U_o.

2. 开关稳压电源的特点

(1) 效率高. 由于电源内部器件工作在高频开关状态,本身耗能很低,因此电源的效率很高,可达到 $85\% \sim 90\%$.

(2) 输出电压 U_o 调整范围宽. 输出电压的高低决定于调整管的开关比 —— 占空比 D,所以用脉冲宽度调制器作开关电源时,调整不同的占空比可以得到范围很宽的输出电压.

(3) 体积小. 因不使用电源变压器,故体积小,重量轻.

(4) 主要缺点是,输出电压稳定度较低,且纹波大,不宜做精密仪器和模拟放大电路的电源,但可用于计算机数字系统中.

本 章 小 结

直流稳压电源由整流电路、滤波电路和稳压电路组成. 整流电路将交流电压变为脉动的直流电压,滤波电路可减小脉动使直流电压平滑,稳压电路的作用是在电网电压波动或负载电流变化时保持输出电压基本不变,主要内容如下:

1. 整流电路有半波和全波两种,最常用的是单相桥式整流电路. 分析整流电路时,应分别判断在变压器副边电压正、负半周两种情况下二极管的工作状态,从而得到负载两端电压、二极管端电压及其电流波形并由此得到输出电压和电流的平均值,以及二极管的最大整流平均电流和所能承受的最高反向电压.

2. 滤波电路通常有电容滤波、电感滤波和复式滤波,本章重点介绍了电容滤波电路.

3. 稳压管稳压电路结构简单,但输出电压不可调,仅适用于负载电流较小且其变化范围也较小的情况.

4. 在串联型稳压电源中,调整管、基准电压电路、输出电压取样电路和比较放大电路是基本组成部分.电路中引入了深度电压负反馈,从而使输出电压稳定.

5. 集成稳压器仅有输入端、输出端和公共端三个引出端,使用方便,稳压性较好.

6. 并关稳压电源的工作原理和特点.

习　　题

1. 在如图 8-21 所示稳压电路中,已知稳压二极管管的稳定电压 U_Z 为 6 V,最小稳定电流 I_{Zmin} 为 5 mA,最大稳定电流 I_{Zmax} 为 40 mA;输入电压 U_i 为 15 V,波动范围为 $\pm 10\%$;限流电阻 R 为 200 Ω.

(1) 电路是否能空载?为什么?

(2) 作为稳压电路的指标,负载电流 I_L 的范围为多少?

2. 电路如图 8-22 所示,变压器副边电压有效值为 $2U_2$.

(1) 画出 u_2、u_{D_1} 和 u_o 的波形.

(2) 求出输出电压平均值 $U_{o(AV)}$ 和输出电流平均值 $I_{L(AV)}$ 的表达式.

(3) 二极管的平均电流 $I_{D(AV)}$ 和所承受的最大反向电压 U_{Rmax} 的表达式.

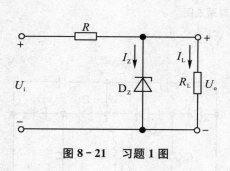

图 8-21　习题 1 图

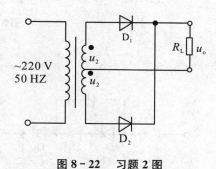

图 8-22　习题 2 图

3. 电路如图 8-23 所示,变压器副边电压有效值 $U_{21} = 50$ V,$U_{22} = 20$ V.试问:

(1) 输出电压平均值 $U_{o_1(AV)}$ 和 $U_{o_2(AV)}$ 各为多少?

(2) 各二极管承受的最大反向电压为多少?

4. 电路如图 8-24 所示.

(1) 分别标出 u_{o_1} 和 u_{o_2} 对地的极性.

(2) u_{o_1}、u_{o_2} 分别是半波整流还是全波整流?

(3) 当 $U_{21} = U_{22} = 20$ V 时,$U_{o_1(AV)}$ 和 $U_{o_2(AV)}$ 各为多少?

(4) 当 $U_{21} = 18$ V,$U_{22} = 22$ V 时,画出 u_{o_1}、u_{o_2} 的波形;并求出 $U_{o_1(AV)}$ 和 $U_{o_2(AV)}$ 各为多少?

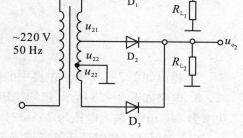

图 8-23　习题 3 图

5. 分别判断如图 8-25 所示各电路能否作为滤波电路,简述理由.

6. 试在如图 8-26 所示电路中,标出各电容两端电压的极性和数值,并分析负载电阻上能够获得几倍压的输出.

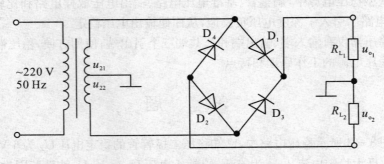

图 8-24　习题 4 图

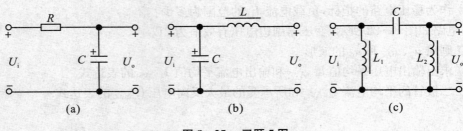

图 8-25　习题 5 图

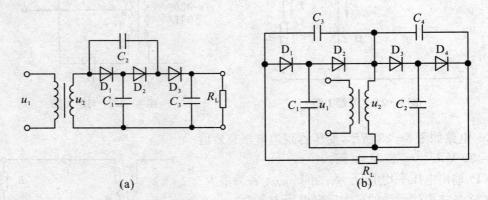

图 8-26　习题 6 图

7. 指出如图 8-27 所示电路中的错误,并加以改正.

8. 电路如图 8-28 所示,已知稳压管的稳定电压为 6 V,最小稳定电流为 5 mA,允许耗散功率为 240 mW;输入电压为 20～24 V,$R_1 = 360$ Ω. 试问:

(1) 为保证空载时稳压管能够安全工作,R_2 应选多大?

(2) 当 R_2 按上面原则选定后,负载电阻允许的变化范围是多少?

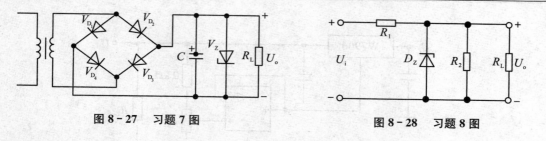

图 8 - 27　习题 7 图　　　　　图 8 - 28　习题 8 图

9. 直流稳压电源如图 8 - 29 所示.

（1）说明电路的整流电路、滤波电路、调整管、基准电压电路、比较放大电路、采样电路等部分各由哪些元件组成.

（2）标出集成运放的同相输入端和反相输入端.

（3）写出输出电压的表达式.

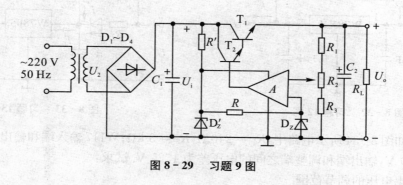

图 8 - 29　习题 9 图

10. 电路如图 8 - 30 所示. 合理连线，构成 5 V 的直流电源.

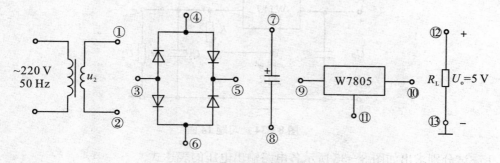

图 8 - 30　习题 10 图

11. 电路如图 8 - 31 所示，要求 $-8 \sim -12$ V 可调，求 R_P 的值.

12. 三端稳压器扩展输出电流电路如图 8 - 32 所示，试说明扩大输出电流的原理.

13. 电路如图 8 - 33 所示，设 $I'_1 \approx I'_o = 1.5$ A，晶体管 T 的 $U_{BE} \approx U_D$，$R_1 = 1\ \Omega$，$R_2 = 2\ \Omega$，$I_D \gg I_B$. 求负载电流 I_L 与 I'_o 的关系式.

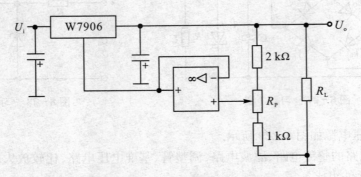

图 8-31　习题 11 图

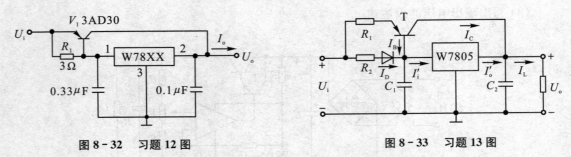

图 8-32　习题 12 图　　　　　　　　图 8-33　习题 13 图

14. 在如图 8-34 所示电路中，$R_1 = 240\ \Omega$，$R_2 = 3\ \text{k}\Omega$；W117 输入端和输出端电压允许范围为 $3 \sim 40\ \text{V}$，输出端和调整端之间的电压差为 $1.25\ \text{V}$. 试求：

（1）输出电压的调节范围.

（2）输入电压允许的范围.

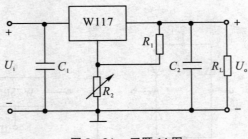

图 8-34　习题 14 图

15. 试分别求出如图 8-35 所示各电路输出电压的表达式.

16. 两个恒流源电路分别如图 8-36(a)、(b) 所示.

（1）求各电路负载电流的表达式.

（2）设输入电压为 20 V，晶体管饱和压降为 3 V，b-e 间电压数值 $|U_{\text{BE}}| = 0.7\ \text{V}$；W7805 输入端和输出端间的电压最小值为 3 V；稳压管的稳定电压 $U_Z = 5\ \text{V}$；$R_1 = R = 50\ \Omega$. 分别求出两电路负载电阻的最大值.

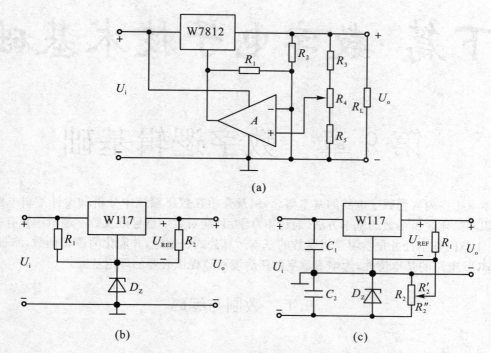

(a)

(b)　　　　　　　　　　　　　(c)

图 8 - 35　习题 15 图

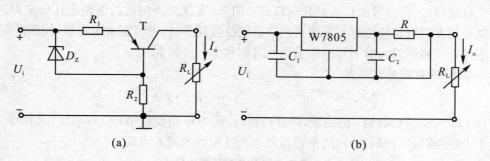

(a)　　　　　　　　　　　　　(b)

图 8 - 36　习题 16 图

下篇 数字电子技术基础

第9章 数字逻辑基础

本章主要内容为数字电路的基本概念,以及介绍在数字系统中分析和设计逻辑电路的基础知识和简化逻辑函数的基本方法.通过本章学习,应对数字信号以及数字逻辑运算有很好的掌握.本章的基本任务是学习逻辑函数的基本运算公式和定理,并能化简逻辑函数,掌握 TTL 和 CMOS 电路的基本持性,为学习数字电路后续章节提供必要的理论基础.

9.1 数制与编码

9.1.1 数制

数制是计数进位制的简称.在我们日常生活中常使用的是十进制数,而在数字电路中采用的是二进制数.二进制数的优点是其运算规律简单,实现二进制数的电路也比较简单.二进制数的缺点是人们对其使用时不习惯且当二进制位数较多时,书写起来很麻烦,特别是在写错了以后不易查找错误,为此,书写时常采用八进制和十六进制数.

一个 K 进制数可表示为

$$(N)_K = \sum a_i \times K^i \qquad i = 0, \pm 1, \pm 2, \pm 3, \cdots$$

其中,K^i 称为 K 进制数第 i 位的权,简称位权.a_i 称为 K 进制数第 i 位的系数,共 K 个.表 9-1 列出了十进制数、二进制数、八进制数以及十六进制数的表示形式.

表 9-1 不同进制的表示形式

进位计数制	十进制数	二进制数	八进制数	十六进制数
系数 a_i	$0,1,\cdots,9$	$0,1$	$0,1,\cdots,7$	$0,1,\cdots,9,A,B,C,$ $D,E,F,$其中 $A \sim F$ 依次表示十进制数 $10,11,12,13,14,15$
基数	10	2	8	16
位权值	10^i	2^i	8^i	16^i
按权展开式	$(N)_D = \sum a_i \times 10^i$	$(N)_B = \sum a_i \times 2^i$	$(N)_0 = \sum a_i \times 8^i$	$(N)_H = \sum a_i \times 16^i$

不同的进位计数制只是描述数值的不同手段,可以相互转换,转换的原则是保证转换前后所表示的数值相等.

9.1.2　编码

数字系统中的信息可分为两类,一类是数值,另一类是文字符号(包括控制符).数值信息的表示方法已如前述.为了表示文字符号信息,往往也采用一定位数的二进制数码表示.建立这种二进制码与十进制数值、字母、符号的一一对应的关系称为编码.

用二进制数对特定事物编码所得二进制代码称为二进制码,该二进制码称为原码,将其各位取反(0 变 1,1 变 0)所得二进制码称为该原码的反码.在反码基础上加"1"所得二进制码称为该原码的补码.

对一位十进制数 0～9 给予一一对应的二进制代码,此二进制码称为二～十进制(BCD)码.BCD 码有 8421BCD 码、2421BCD 码、余 3 码等.8421BCD 码是最常用的 BCD 码,常简称为 BCD 码.表 9-2 给出了十进制数的几种 BCD 码.

8421BCD 码用四位二进制数的前 10 个数分别与十进制数 0～9 一一对应,而后 6 个二进制码 1010～1111 则不代表任何数.BCD 码每一位都有固定的码权值,分别为 8、4、2、1.8421 码是一种有权码,各位码乘以各位权值相加即可得 8421 码所表示的十进制数.

余 3 码用四位二进制数中间的 10 个数分别与十进制数 0～9 一一对应.将余 3 码看作为一个四位二进制数,该数值比余 3 码表示的十进制数大 3,所以称为余 3 码.两余 3 码相加,结果要比十进制数之和所对应的二进制数大 6.若两十进制数之和是 10,用余 3 码实行十进制加法运算,结果是二进制数的 16,即自动产生向高位进位信号.余 3 码中 0 和 9,1 和 8,2 和 7,3 和 6,4 和 5 对应的二进制码互为反码.

2421 码也是一种有权码,用四位二进制数前 5 个和后 5 个与十进制数对应.2421 码的 0 和 9,1 和 8,2 和 7,3 和 6,4 和 5 也互为反码.

余 3 循环码是一种变权码,每一位的"1"在不同代码中不具有固定数值.其特点是相邻两代码间只有一位的状态不同.

5211 码也是一种有权码,用四位二进制与十进制 0～9 一一对应.

表 9-2 几种常用 BCD 码

十进制数	8421 码	2421 码	余 3 码	余 3 循环码	5211 码
0	0000	0000	0011	0010	0000
1	0001	0001	0100	0110	0001
2	0010	0010	0101	0111	0100
3	0011	0011	0110	0101	0101
4	0100	0100	0111	0100	0111
5	0101	1011	1000	1100	1000
6	0110	1100	1001	1101	1001
7	0111	1101	1111	1111	1100
8	1000	1110	1011	1110	1101
9	1001	1111	1100	1010	1111

9.1.3 数制转换

1. 将 K 进制数转换为十进制数

其方法为按"权"展开,也就是按照各种进制的权值展开式,求出系数与位权的乘积,然后把诸项乘积求和,即可得到转换结果.

【例 9.1】 将二进制数 $(1011.101)_B$ 转换为十进制数.

解: 将二进制数按权展开如下:

$$(1011.101)_B = 1 \times 2^3 + 0 \times 2^2 + 1 \times 2^1 + 1 \times 2^0 + 1 \times 2^{-1} + 0 \times 2^{-2} + 1 \times 2^{-3}$$
$$= (11.625)_D$$

其他进制数转换为十进制的方法与上类似,如下例.

【例 9.2】 将十六进制数 $(FA59)_H$ 转换为十进制数.

解: $(FA59)_H = 15 \times 16^3 + 10 \times 16^2 + 5 \times 16^1 + 9 \times 16^0 = (64089)_D$

2. 将十进制转换成 K 进制

方法:将整数部分和小数部分分别进行转换,然后再将它们合并起来.

整数部分转换:除"K"取余数法.

小数部分转换:乘"K"取整数法.

(1) 十进制数整数转换成 K 进制数整数,采用逐次除以基数 K 取余数("除 K 取余")的方法.

① 将给定的十进制数除以 K,余数作为 K 进制数的最低位.

② 把第一次除法所得的商再除以 K,余数作为次低位.

③ 重复 ② 的步骤,记下余数,直至最后的商数为 0,最后的余数即为 K 进制的最高位.

(2) 十进制数纯小数转换成 K 进制小数,采取逐次乘以 K,截取乘积的整数部分("乘 K 取整")方法.

① 将给定的十进制数小数乘以 K,截取其整数部分作为 K 进制小数部分的最高位.

② 把第一次积的小数部分再乘以 K,所得积的整数部分为 K 进制的小数次高位.

③ 依次进行下去,直至最后乘积为 0. 若最后乘积不会出现 0,要求达到一定的精度为止.

若要求精确到 0.1%(千分之一),   取 10 位,   因为 $1/2^{10} = 0.000\ 97$.

若要求精确到 1%(百分之一),   取 7 位,   因为 $1/2^7 = 0.007\ 8$.

若要求精确到 10%(十分之一),   取 4 位,   因为 $1/2^4 = 0.062\ 5$.

【例 9.3】 将十进制整数 (58) 转化为等值的二进制.

解: 十进制整数转化为 K 进制用基数连除法.

得$(58)_{10} = (111010)_2$.

【例 9.4】　将十进制小数$(0.8125)_{10}$转化为等值的二进制.

解：十进制小数转化为 K 进制用基数连乘法.

$$
\begin{array}{r}
0.\ 8\ 1\ 2\ 5 \\
\underline{\hspace{3cm}2} \\
[1.]\ 6\ 2\ 5\ 0 \\
\underline{\hspace{3cm}2} \\
[1.]\ 2\ 5\ 0\ 0 \\
\underline{\hspace{3cm}2} \\
[0.]\ 5\ 0\ 0\ 0 \\
\underline{\hspace{3cm}2} \\
[1.]\ 0\ 0\ 0\ 0
\end{array}
$$

…… 取整数 1
…… 取整数 1
…… 取整数 0
…… 取整数 1

读取次序

得$(0.8125)_{10} = (1101)_2$.

(3) 基数 K 为 2^i 的各进制数之间的相互转换

① 二进制 → 八进制、十六进制

由于八进制的基数 $8 = 2^3$，十六进制的基数 $16 = 2^4$，因此一位八进制所能表示的数值恰好相当于 3 位二进制数能表示的数值，而一位十六进制与 4 位二进制数能表示的数值正好相当，所以将二进制数转换成八进制数和十六进制数相当方便. 其转换规则是：

从小数点起向左右两边按 3 位（或四位）分组，不满 3 位（或 4 位）的，加 0 补足，每组以其对应的八进制（或十六进制）数码代替，即 3 位合 1 位（或 4 位合 1 位），顺序排列即为变换后的等值八进制（或十六进制）数.

【例 9.5】　$(110101.001000111)_B = (\qquad)_O = (\qquad)_H$

解：先从小数点起向两边每 3 位合 1 位，不足 3 位的加 0 补足，则得相应的八进制数

$$(\underline{110}\ \underline{101}\ .\ \underline{001}\ \underline{000}\ \underline{111})_B = (65.107)_O$$
$$\quad 6 \quad 5 \quad\ \ 1 \quad 0 \quad 7$$

从小数点起向两边每 4 位合 1 位，不足 4 位的加 0 补足，则得相应的十六进制数

$(110101.001000111)_B = (\underline{0011}\ \underline{0101}.\ \underline{0010}\ \underline{0011}\ \underline{1000})_B = (35.238)_H$

② 八进制、十六进制 → 二进制

方法：从小数点起，对八进制数，1 位用 3 位二进制数代替；对十六进制数，1 位用 4 位二进制数代替.

【例 9.6】　$(\underline{3}\quad \underline{5}\quad .\underline{6})_O = (11101.11)_B$

解：$\underline{011}\ \underline{101}\ \underline{110}$

$$(\underline{2}\quad \underline{B}.\quad \underline{F})_H = (101011.1111)_B$$
$$\underline{0010}\ \underline{1011}\ \underline{1111}$$

9.2　逻辑函数和逻辑表达式

9.2.1　逻辑变量与逻辑函数

利用二值数字逻辑中的 1 和 0 不仅可以表示二进制数，还可以表示许多对立的逻辑状态.

逻辑函数则是用数学的方法来描述逻辑问题,即条件满足与否,结果成立与否都是二值的,也就是说逻辑变量和逻辑函数都是二值的,只能用0和1表示.这里0和1并不表示数值大小,仅表示条件是否满足,结果是否成立,只是作为一种符号表示两个对立的逻辑状态,称为逻辑"0"和逻辑"1".0可以表示条件不满足,结果不成立;1可以表示条件满足,结果成立.反之,可用0表示条件满足,结果成立,用1表示条件不满足,结果不成立.这是正负两种不同的逻辑体制.把"1"定义为高电平,"0"定义为低电平,这种逻辑体制称为正逻辑;反之,将"1"定义为低电平,"0"定义为高电平,这种逻辑体制称为负逻辑.

9.2.2　基本逻辑运算

在分析和设计数字里逻辑电路时,所使用的逻辑运算称为逻辑代数,又称为布尔代数.在逻辑代数中有"与"运算、"或"运算和"非"运算三种基本逻辑运算.这三种基本运算可构成更复杂的逻辑运算.

1. "与" 逻辑

逻辑代数中的逻辑乘和与逻辑关系对应.当所有条件都满足,结果才成立;反之,有一个或一个以上条件不满足,结果就不成立的逻辑关系称为与逻辑关系.与逻辑关系可用如图9-1所示开关电路来表示,当所有开关都合上,灯泡才亮;有一个或一个以上开关打开,灯泡就熄灭.

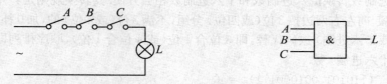

图9-1　"与"逻辑开关电路及逻辑符号

用逻辑函数 L 描述图9-1所示开关电路灯亮和开关合上的逻辑关系:

$$L = A \cdot B \cdot C = ABC$$

式中"·"称为逻辑乘,读作 A 与 B 与 C. 在不发生误解时,逻辑乘"·"符号可以省略.由于逻辑变量和逻辑函数都是二值的,3个开关一共有8种开关状态,可用列表方式将开关和灯的状态罗列出来.令开关合上和灯亮用逻辑值1表示,反之用0表示,所得表9-3称为"与"逻辑真值表.

表9-3　"与"逻辑真值表

A	B	C	L
0	0	0	0
0	0	1	0
0	1	0	0
0	1	1	0
1	0	0	0
1	0	1	0
1	1	0	0
1	1	1	1

分析表 9-3 可知,输入变量(A,B,C)中有 0(有开关打开),输出函数(L)为 0,仅当 $A,B,$ C 全为 1(所有开关合上),L 才为 1(灯亮). 即与逻辑有"见 0 为 0,全 1 为 1"的逻辑特点.

图 9-1 中逻辑符号表示逻辑电路输入(变量)和输出(函数)之间的逻辑关系,符号"&"表示"与"逻辑.

2. "或"逻辑

逻辑代数中的逻辑加和或逻辑关系对应. 当有一个或一个以上条件得到满足,结果就成立;仅当所有条件都不满足,结果才不成立的逻辑关系称为或逻辑关系. 或逻辑关系可用如图 9-2 所示开关电路来表示,有开关合上,灯泡就亮;开关全打开,灯泡才熄灭.

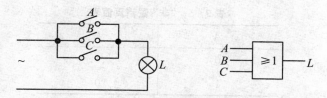

图 9-2　"或"逻辑开关电路及逻辑符号

用逻辑函数 L 描述图 9-2 所示开关电路灯亮和开关合上的逻辑关系:

$$L = A + B + C$$

式中"+"称为逻辑加,读作 A 或 B 或 C. 表 9-4 是或逻辑真值表,由真值表可知,或逻辑具有"见 1 为 1,全 0 为 0"的逻辑特点.

表 9-4　"或"逻辑真值表

A	B	C	L
0	0	0	0
0	0	1	1
0	1	0	1
0	1	1	1
1	0	0	1
1	0	1	1
1	1	0	1
1	1	1	1

图 9-2 逻辑符号中"≥1"表示输入输出之间为或逻辑关系.

3. "非"逻辑

非逻辑关系可用一单刀双掷开关电路来描述,如图 9-3 所示. 若开关在"0"位置,电路通,灯亮. 开关在"1"位置,电路不通,灯熄灭. 由此电路得"非"逻辑真值表(表 9-5).

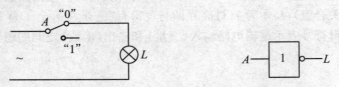

图 9－3 "非"逻辑开关电路及逻辑符号

从表 9－5 可以看出,输入和输出之间逻辑值互相相反. 逻辑符号中的小圆圈表示取反的意义.

表 9－5 "非"逻辑真值表

A	L
0	1
1	0

9.2.3 常用逻辑运算

除上述基本逻辑运算外,实际应用中经常用到由基本逻辑运算构成的复合逻辑运算. 常用复合逻辑运算有"与非"、"或非"、"异或"等.

1."与非"运算

"与非"逻辑运算是先进行"与"运算再进行"非"运算的两级逻辑运算. "与非"运算可表示为

$$L = \overline{ABC}$$

图 9－4 和表 9－6 分别是与非逻辑符号和真值表.

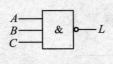

图 9－4 与非逻辑符号

表 9－6 "与非"真值表

A	B	C	L
0	0	0	1
0	0	1	1
0	1	0	1
0	1	1	1
1	0	0	1
1	0	1	1
1	1	0	1
1	1	1	0

分析与非真值表可知,与非运算具有"见 0 为 1,全 1 为 0"的逻辑特点.

2."或非"运算

"或非"逻辑运算是先进行"或"运算再进行"非"运算的两级逻辑运算. "或非"运算可表示为

$$L = \overline{A + B + C}$$

或非逻辑符号和真值表见图 9-5 和表 9-7.

表 9-7 "或非"真值表

A	B	C	L
0	0	0	1
0	0	1	0
0	1	0	0
0	1	1	0
1	0	0	0
1	0	1	0
1	1	0	0
1	1	1	0

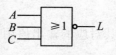

图 9-5 或非逻辑符号

由表 9-7 得知或非逻辑运算有"见 1 为 0,全 0 为 1"的逻辑特点.

3. "异或"运算

"异或"运算的逻辑函数表达式为

$$L = A\overline{B} + \overline{A}B = A \oplus B$$

"异或"逻辑符号及真值表见图 9-6 和表 9-8. 由真值表可知"异或"逻辑有"相异为 1,相同为 0"的逻辑特点,而且 $0 \oplus A = A, 1 \oplus A = \overline{A}$.

表 9-8 "异或"真值表

A	B	L
0	0	0
0	1	1
1	0	1
1	1	0

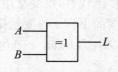

图 9-6 异或逻辑符号

将表 9-8 中 L 逻辑值取反,即 0 变 1,1 变 0,得"异或非"真值表. 异或运算后再进行非运算具有"相同为 1,相异为 0"的逻辑特点,故称为"同或",记作为

$$L = \overline{A \oplus B} = AB + \overline{AB} = A \odot B$$

4. TTL 与非门举例——7400

7400 是一种典型的 TTL 与非门器件,内部含有 4 个 2 输入端与非门,每个与非门可单独使用,公用电源 V_{cc}(14 脚)和地 GND(7 脚). 引脚排列图如图 9-7 所示,共有 14 个引脚,是双列直插式 DIP14 封装.

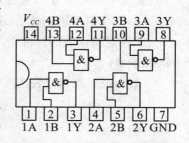

图 9-7 7400 引脚排列

9.2.4 逻辑函数的表达方式

在逻辑电路中,如果输入变量 $X_1, X_2, \cdots, X_n \in \{0,1\}$,所以共有 2^n 种取值可能,对于其中的若干种取值时,其输出变量 $F \in \{0,1\}$ 就有一个对应的确定值,我们把这种对应关系称为逻辑函数.

1. 逻辑函数的表示方法

逻辑函数使用二值函数进行逻辑运算,这样,一些用语言描述显得十分复杂的逻辑命题,使用数学语言后,就变成了简单的代数式.为了求解逻辑代数式,常用的逻辑函数表示方法有四种,即真值表、逻辑表达式、卡诺图和逻辑图.

(1) 真值表.是将一个逻辑电路输入变量的所有各种取值和其对应的输出值用列表的方式来表示,是直观地描述逻辑变量之间的逻辑关系的有效方法.

(2) 逻辑表达式.由逻辑变量和基本逻辑运算符所组成的表达式.逻辑式有多种表示形式:与-或式、或-与式、与非-与非式、或非-或非式和与或非式.这五种逻辑式可以相互转换,即同一种逻辑关系可以表达为以上五种形式.对于一个给定的逻辑函数只能得出一个真值表,但同一个逻辑函数却可以有多种逻辑表达式.

(3) 逻辑图.用逻辑符号及其相互连线来表示一定逻辑关系的电路图.

(4) 卡诺图.卡诺图是真值表的图形化表示方式.它是将输入变量分成两组而构成的平面图表,共有 2^n 个小方格,每一个小方格都与一个最小项相对应,各小方格之间按邻接原则布列,详细内容见 9.4 节.

真值表、逻辑表达式、卡诺图和逻辑图之间可以互相转换,知道其中的一个就可以推出另外三个.

2. 逻辑函数的标准型

(1) 最小项.最小项的定义是,若逻辑函数有 n 个输入变量,则全部这 n 个变量的乘积项即是一项最小项.在最小项中,每个变量或以原变量或以反变量的形式出现,且仅出现一次,所以应该有 2^n 个最小项,用符号 m_i 表示.将最小项中的原变量用"1"代替,反变量用"0"代替,这个二进制代码所对应的十进制数码就是最小项的下标 i.最小项的下标 i 与变量排序有关.例如二变量逻辑函数 $L(A,B)$ 的 $m_1 = \overline{A}B$,三变量逻辑函数 $L(A,B,C)$ 的 $m_1 = \overline{A}\,\overline{B}C$,四变量逻辑函数 $L(A,B,C,D)$ 的 $m_1 = \overline{A}\,\overline{B}\,\overline{C}D$.

(2) 最大项.定义逻辑函数的最大项为 n 个输入变量的逻辑和,每个变量或以原变量或以反变量的形式出现,且仅出现一次,所以应该有 2^n 个最大项,每个最大项用符号 M_i 表示,下标 i 是或项中原变量为 1,反变量为 0 对应的二进制数.例如二变量逻辑函数 $L(A,B)$ 的 $M_1 = A + \overline{B}$,三变量逻辑函数 $L(A,B,C)$ 的 $M_1 = A + \overline{B} + \overline{C}$.

(3) 逻辑函数的标准型.同一逻辑关系有多种表达形式.下列两个表达式都称为逻辑函数的标准型:

最小项标准与或表达式

$$F(A,B) = \sum m_i$$

例如

$$F(A,B) = m_1 + m_2 = \sum m(1,2) = \overline{A}B + A\overline{B}$$

都是异或逻辑函数的最小项表达式.

最大项标准或与表达式

$$F(A,B) = \prod M_i$$

例如

$$F(A,B) = M_0 \cdot M_3 = \prod M(0,3) = (A + B) \cdot (\overline{A} + \overline{B})$$

都是异或逻辑函数的最大项表达式.

（4）最小项性质. 给定最小项 m_i 只有一种与最小项下标 i 对应的变量取值使之为"1"；给定变量取值只有一个对应下标 i 的最小项为"1". 例如，三变量逻辑函数 $L(A,B,C)$ 给定最小项 m_3 只有 $ABC = 011$ 使 m_3 为"1"，$ABC \neq 011$ 则 m_3 为"0"；给定变量取值 $ABC = 101$ 只有一个对应下标 $i = 5$ 的最小项 m_5 为"1"，下标 $i \neq 5$ 最小项 $m_{i\neq5}$ 为"0". 在某变量取值条件下逻辑函数为"1"，则该逻辑函数最小项表达式中必含有对应下标的最小项.

3. 逻辑函数的建立

逻辑函数的建立是通过逻辑条件和结果的关系建立的，下面用具体的实例了解其建立步骤.

【例 9.7】　三个人表决一件事情，结果按"少数服从多数"的原则决定，试建立该逻辑函数.

解：第一步，设置自变量和因变量.

第二步，状态赋值.

对于自变量 A、B、C 设：同意为逻辑"1"，不同意为逻辑"0".

对于因变量 L 设：事情通过为逻辑"1"，没通过为逻辑"0".

第三步，根据题义及上述规定列出函数的真值表如表.

表 9-9　三人表决真值表

A	B	C	L
0	0	0	0
0	0	1	0
0	1	0	0
0	1	1	1
1	0	0	0
1	0	1	1
1	1	0	1
1	1	1	1

一般地说，若输入逻辑变量 A、B、C… 的取值确定以后，输出逻辑变量 L 的值也唯一地确定了，就称 L 是 A、B、C 的逻辑函数，写作

$$L = f(A,B,C\cdots)$$

逻辑函数与普通代数中的函数相比较，有两个突出的特点：

（1）逻辑变量和逻辑函数只能取两个值 0 和 1.

（2）函数和变量之间的关系是由"与"、"或"、"非"三种基本运算决定的.

由真值表可以转换为函数表达式.

由"三人表决"的真值表可写出逻辑表达式为

$$L = \overline{A}BC + A\overline{B}C + AB\overline{C} + ABC$$

反之,由函数表达式也可以转换成真值表.

9.3　逻 辑 代 数

9.3.1　逻辑代数的基本公式

逻辑代数亦称为布尔代数,其基本思想是英国数学家布尔于1854年提出的.1938年,香农把逻辑代数用于开关和继电器网络的分析、化简,率先将逻辑代数用于解决实际问题.经过几十年的发展,逻辑代数已成为分析和设计逻辑电路不可缺乏的数学工具.

逻辑代数的基本公式又称基本定律,是用逻辑表达式来描述逻辑运算的一些基本规律,有些和普通代数相似,有些则完全不同,是逻辑运算的重要工具,也是学习数字逻辑电路的必要基础.逻辑代数的基本定律和恒等式列于表9-9.

表 9-9　逻辑代数的基本定律和恒等式(基本公式)

表达式	名　称	运算规律
$A + 0 = A$	0-1律	变量与常量的关系
$A \cdot 0 = 0$		
$A + 1 = 1$		
$A \cdot 1 = A$		
$A + A = A$	同一律	逻辑代数的特殊规律,不同于普通代数
$A \cdot A = A$		
$A + \overline{A} = 1$	互补律	
$A \cdot \overline{A} = 0$		
$\overline{\overline{A}} = A$	非非律	
$A + B = B + A$	交换律	与普通代数规律相同
$A \cdot B = B \cdot A$		
$(A + B) + C = A + (B + C)$	结合律	
$(A \cdot B) \cdot C = A \cdot (B \cdot C)$		
$A \cdot (B + C) = A \cdot B + A \cdot C$	分配律	
$A + BC = (A + B)(A + C)$		
$\overline{A + B} = \overline{A} \cdot \overline{B}$	反演律(摩根定律)	逻辑代数的特殊规律,不同于普通代数
$\overline{A \cdot B} = \overline{A} + \overline{B}$		

9.3.2　常用公式

以表9-9所示的基本公式为基础,又可以推出一些常用公式,如表9-10所示.这些公式的使用频率非常高,直接运用这些常用公式,可以给逻辑函数化简带来很大方便.

表 9 - 10　逻辑代数的常用公式

表　达　式	含　义	方法说明
$A + AB = A$	在一个与或表达式中,若其中一项包含了另一项,则该项是多余的	吸收法
$A + \overline{A}B = A + B$	两个乘积项相加时,若一项取反后是另一项的因子,则此因子是多余的	消因子法
$A\overline{B} + AB = A$	两个乘积项相加时,若两项中除去一个变量相反外,其余变量都相同,则可用相同的变量代替这两项	并项法
$AB + \overline{A}C + BC = AB + \overline{A}C$	若两个乘积项中分别包含了 A、$\overline{A}$ 两个因子,而这两项的其余因子组成第三个乘积项时,则第三个乘积项是多余的,可以去掉	消项法
$\overline{AB + \overline{A}C} = \overline{A}C$	在一个与或表达式中,如其中一项含有某变量的原变量,另一项含有此变量的反变量,那么该函数的反函数为 0.	互补法

9.3.3　基本规则

逻辑代数有三条基本运算规则,或称基本定理,具体内容如表 9 - 11 所示.

表 9 - 11　逻辑代数的基本规则

规则名称	定　义	用途与例证
代入规则	任一个逻辑等式中,如将所有出现在等式两边的某一变量都代之以一个函数,等式仍然成立	等式变换中导出新公式例如 $\overline{A+B} = \overline{A}\,\overline{B}$ 中 B 用 $B = B + C$ 代入,则可得到 $\overline{A+B+C} = \overline{A}\,\overline{B}\,\overline{C}$.
对偶规则	对偶定理指出:若一个逻辑等式成立,则它们的对偶式也相等. 对偶规则是在保持逻辑优先顺序的前提下,将原式中的符号"+"→"·"、"·"→"+";常量"0"→"1"、"1"→"0". 记作 L'.	等式成立,则它们的对偶式也必定成立,可以使所需证明和记忆的等式减少一半. 例如 $A(B+C) = AB + AC$,则其对偶式 $A + BC = (A+B)(A+C)$ 也必定成立.
反演规则	求一个函数的反函数则只要将原式作下列变换:符号"+"→"·"、"·"→"+";原变量→反变量,反变量→原变量;常数"0"→"1","1"→"0". 记作 $\overline{L}$.	可以容易地求出一个函数的非函数. 例如 $L = AB + CD$,则 $\overline{L} = (\overline{A} + \overline{B})(\overline{C} + \overline{D})$.

运用反演规则时必须注意两点:

(1) 保持原来的运算优先顺序,即如果在原函数表达式中,AB 之间先运算,再和其他变量进行运算,那么非函数的表达式中,仍然是 AB 之间先运算.

(2) 对于反变量以外的非号应保留不变.

9.4 卡 诺 图

9.4.1 卡诺图编排规律和特点

1. 卡诺图的编排

卡诺图是逻辑函数真值表的一种图形化表示，n 个变量的逻辑函数的卡诺图有 2^n 方格组成，每个小方格与一个最小项对应. 例如二变量逻辑函数可有 00、01、10、11 四种变量取值，$\overline{A}\,\overline{B}$、$\overline{A}B$、$A\overline{B}$、$AB$ 四个最小项. 二变量的卡诺图可用图 9-8(a) 和 (b) 两种形式来表示. 9-8(a) 图采用变量取值表示，9-8(b) 图采用最小项变量表示，两者是等效的. 9-8(a) 图中的最小项下标和 9-8(b) 图中的最小项仅仅是为了说明对应关系，画卡诺图时并不需要写出它们.

图 9-8 二变量卡诺图的两种表示形式

n 个变量卡诺图的 2^n 方格且按邻接关系排列，相邻两个方格的变量取值只有一个不同，即任何两个相邻的最小项中只有一个变量是互补的，其余变量都是相同的. 换句话说，卡诺图中变量取值只有一个不同的两方格是相邻的方格. 因此，为使相邻两行或两列之间变量取值仅一个不同，变量值不是按二进制数的顺序排列，而是按 00、01、11、10 循环码的顺序排列. 如图 9-9 所示三变量和四变量的卡诺图，每个方格对应的最小项标号，不是按一般的递增顺序排

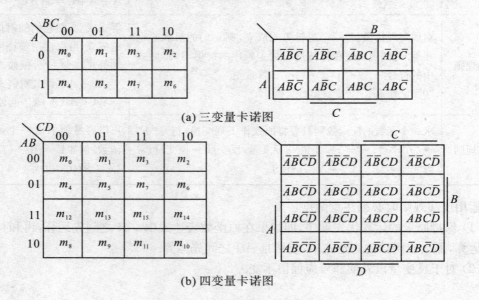

(a) 三变量卡诺图

(b) 四变量卡诺图

图 9-9 三变量和四变量的卡诺图

列,而是具有跳跃. 如在四变量卡诺图中, m_3 排在 m_2 前面, m_7 排在 m_6 的前面等等.

2. 卡诺图的特点

上面所得各种变量的卡诺图,其共同特点是可以直接观察**相邻项**. 也就是说,各小方格对应于各变量不同的组合,而且上下左右在几何上相邻的方格内只有一个因子有差别,这个重要特点成为卡诺图化简逻辑函数的主要依据. 现以 4 变量卡诺图为例来说明,为清楚起见,把各最小项填入对应方格内,如图 9 - 9(b) 所示. 可见,图中各行或各列上下左右相邻的方格内只有一个因子不同,例如, m_4 对应于 $\overline{A}\,\overline{B}\,\overline{C}\,\overline{D}$, m_5 对应于 $\overline{A}\,\overline{B}\,\overline{C}D$,它们的差别仅在 D 和 $\overline{D}$, m_5 和 m_{13} 的差别为 A 和 $\overline{A}$,其余类推. 要特别指出的是,卡诺图水平方向同一行里,最左和最右端的方格也是符合上述相邻规律的,例如, m_4 和 m_6 的差别仅在 C 和 $\overline{C}$. 同样,垂直方向同一列里最上端和最下端两个方格也是相邻的,这是因为都只有一个因子有差别. 这个特点说明卡诺图呈现**循环邻接**的特性.

以上各卡诺图变量的排列形式(即卡诺图方格外 A、B、C、D 等所表示的变量)是为了获得循环邻接的特性. 实际上,在满足循环邻接的前提下,卡诺图还有其他形式的画法,上面所列的只是其中的一种.

9.4.2　用卡诺图表示逻辑函数

1. 从真值表到卡诺图

若已知函数的真值表,则在那些使函数 $F = 1$ 的输入组合所对应的小方格中填"1",其余的填"0".

2. 从标准式到卡诺图

若已知函数的标准式,则对于标准式中出现了的最小项(或最大项),在所对应的小方格中填"1"(或"0"),其余填"0"(或"1").

9.4.3　卡诺图化简原理

卡诺图中两相邻最小项合并可消去乘积项中一个变量取值变化的变量,如图 9 - 10 所示. 图中 $L_1 = A\overline{B} + AB = A$,即最小项 m_2 和相邻最小项 m_3 合并消去了变量 B; $L_2 = \overline{A}B + AB = B$,即最小项 m_1 和相邻最小项 m_3 合并消去了变量 A. 逻辑函数

$$L = \overline{A}B + A\overline{B} + AB = m_1 + m_2 + m_3$$
$$= \overline{A}B + AB + AB + A\overline{B}$$
$$= A + B = L_1 + L_2$$

在最小项合并过程中最小项可重复利用,如以上逻辑函数 L 中的 m_3.

卡诺图中两两相邻的四个最小项合并可消去乘积项中二个变量取值变化的变量,如图9 - 11 所示 F 中实线包含的最小项.

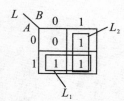

图 9 - 10　相邻两最小项合并

$$F = m_0 + m_1 + m_2 + m_3 + m_4 + m_5$$
$$= \overline{A} + \overline{B} = F_1 + F_2$$

F_1 包含方格的 B, C 逻辑值不同, A 逻辑值恒等于 0,所以 B 和 C 被消去 $F_1 = \overline{A}$; F_2 包含方格的 A, C 逻辑值不同, B 逻辑值恒等于 0,所以 A 和 C 被消去 $F_2 = \overline{B}$.

如图 9 - 11 所示 Y 中虚线包围的最小项 Y_1.

$$Y_1 = m_0 + m_2 + m_8 + m_{10} = \overline{B}\,\overline{D}$$

Y_1 包含方格的 A,C 逻辑值不同,BD 逻辑值恒等于 00,所以 B 和 C 被消去,$Y_1 = \overline{B}\,\overline{D}$.

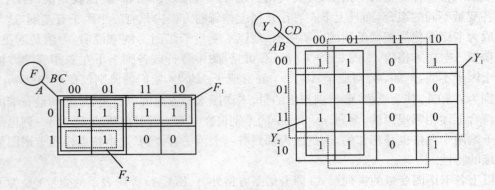

图 9 - 11　相邻最小项合并

八个两两相邻的最小项合并可消去乘积项中三个变量取值变化的变量,如图 9 - 11 所示 Y 中的实线包围圈 Y_2 包围的八个最小项.

$$Y_2 = m_0 + m_1 + m_4 + m_5 + m_8 + m_9 + m_{12} + m_{13} = \overline{C}$$

八个方格中 A,B,D 变化,而 C 恒等于 0,因此 $Y_2 = \overline{C}$,$Y = Y_1 + Y_2 = \overline{B}\,\overline{D} + \overline{C}$.

2^n 个两两相邻的最小项合并可消去乘积项中 n 个变量取值变化的变量,所谓两两相邻是指 2^n 个方格排成一个矩形,即画一个矩形包围圈(正则圈). 非正则包围圈中 2^n 个方格变量变化的数目将超过 n 个.

五变量卡诺图及其相邻关系如图 9 - 12 所示. 填写最小项(或最大项)原则一致,这里不再展开叙述.

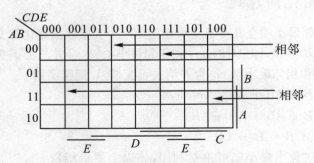

图 9 - 12　五变量卡诺图及其相邻关系

9.5　逻辑函数化简

根据逻辑函数表达式,可以画出相应的逻辑电路图. 逻辑式的繁简程度直接影响到逻辑电路中所用元件的多少. 因此,往往需要对逻辑函数进行化简,找出最简的逻辑函数,以节省器件,降低成本,提高电路的可靠性. 通常情况下,化简就是将逻辑函数表达式化成最简与 - 或表达式,所谓最简的与 - 或表达式就是表达式中所含的乘积项最少,且每个乘积项中所含变量的个数也最少.

常用的化简方法有公式化简法和卡诺图化简法.

1. 公式化简法

公式法化简就是利用逻辑代数的基本公式、常用公式和定律对逻辑式进行化简.

公式法化简常用的方法有：

（1）合并法：利用公式 $A\overline{B} + AB = A$，将两项合并为一项，合并时消去一个变量.

（2）吸收法：利用公式 $A + AB = A$，吸收多余的乘积项.

（3）消去法：利用公式 $A + \overline{A}B = A + B$，消去多余的变量.

（4）配项法：将逻辑函数乘以逻辑（如 $1 = A + \overline{A}$），以获得新的项，便于重新组合，或利用公式 $AB + \overline{A}C = AB + \overline{A}C + BC$，为原逻辑函数的某一项配上一项，有利于函数的重新组合和化简.

2. 卡诺图化简法

利用代数法化简逻辑函数要求熟练掌握逻辑代数的基本公式，而且需要一些技巧，特别是经代数法化简后得到的逻辑表达式是否是最简式有时较难判断. 而卡诺图化简法则有规律可循，且一定能化简获得最简表达式，易于掌握. 但当变量数超过六个时，卡诺图化简也难以进行.

（1）用卡诺图化简得到最简与－或表达式的步骤.

① 根据逻辑函数画出逻辑函数的卡诺图.

② 合并最小项. 对卡诺图上相邻的"1"方格画包围圈，并注意以下要点：

a. 包围圈中的"1"的个数必须为 2^n 个（$n = 0, 1, 2, \cdots$）.

b. 画尽可能大的包围圈，以便消去更多的变量因子. 某些"1"方格可被重复圈.

c. 画尽可能少的包围圈，以便使与－或表达式中的乘积项最少，只需画必要的圈，若某个包围圈中所有的"1"均被别的包围圈圈过，则这个包围圈是多余的.

d. 不能漏圈任何一个"1". 若某个"1"没有与其他"1"相邻，则单独圈出.

③ 写出每个包围圈所对应与项的表达式（变量发生变化的自动消失，变量无变化的保留，见"0"用反变量，见"1"用原变量）.

④ 将所有包围圈所对应的乘积项相或就得到最简与－或表达式.

（2）用卡诺图化简得到最简或－与表达式的步骤.

化简的步骤与上述求最简与－或式类似，不同的是对卡诺图中的"0"方格画包围圈，写包围圈对应的或项时见"0"写原变量，见"1"写反变量，化简的结果为各个或－与项.

3. 具有约束项（无关项或任意项）的逻辑函数

约束项，又称无关项和随意项. 一个 n 变量的函数并不一定与 2^n 个最小项都有关，有时，它仅与其中一部分有关，而与另一部分无关. 也就是说这另一部分最小项为"1"或为"0"均与逻辑函数的逻辑值无关，例如BCD码，只用了4位二进制数组成的16个最小项中的10个编码，其中必有 6 个最小项是不会出现的，我们称这些最小项为约束项（无关项或任意项）. 在表达式中用 d 表示，在卡诺图和真值表中用 φ 或 $\times$ 表示这些无关项或任意项.

由于约束项的取值可以为1或0，在利用卡诺图化简逻辑函数时，可以随意地将其视为"1"或"0"参与化简，从而使函数式化简为最简的形式，同时又不会影响该逻辑函数的实际功能.

【例 9.8】　试用代数化简法将逻辑函数 $L = AB + \overline{A}C + BC$ 化简成最简与－或表达式.

解：本例题实际是证明表 9-10 的吸收公式 $AB + \overline{A}C + BC = AB + \overline{A}C$，利用配项方法，将

乘积项 BC 拆成两项,再与其他乘积项合并消去更多乘积项.

$$L = AB + \overline{A}C + BC$$
$$= AB + \overline{A}C + (A + \overline{A})BC$$
$$= AB + \overline{A}C + ABC + \overline{A}BC$$
$$= AB(1 + C) + \overline{A}C(1 + B) = AB + \overline{A}$$

【例9.9】 试用代数化简法将逻辑函数 $L = AC + \overline{B}C + B\overline{D} + A(B + \overline{C}) + \overline{A}C\overline{D} + A\overline{B}DE$ 化简成最简与－或表达式.

解:利用代数法化简逻辑函数,即用逻辑代数的基本公式和常用公式以及运算规则,消去函数中多余的乘积项和每一乘积项中多余的因子.常用的方法有:

(1) 并项法.利用 $A\overline{B} + AB = A$,将两项合并成一项.

(2) 吸收法.利用 $A + AB = A$,吸收多余的乘积项.

(3) 消去法.利用 $A + \overline{A}B = A + B$,消去多余的因子.

(4) 配项法.利用 $A = A(B + \overline{B}) = A\overline{B} + AB$,将某一项分拆成两项,再与其他项配项合并后,消去多余的乘积项.

在化简复杂的逻辑函数时,往往需要熟练、灵活、交替地运用上述方法,才能获得好的化简结果.

$L = AC + \overline{B}C + B\overline{D} + A(B + \overline{C}) + \overline{A}C\overline{D} + A\overline{B}DE$ 　利用摩根定理

$= AC + \overline{B}C + B\overline{D} + A\overline{B}\overline{C} + \overline{A}C\overline{D} + A\overline{B}DE$ 　利用 $A + \overline{A}B = A + B$ 消去 $\overline{B}\overline{\overline{C}}$

$= AC + \overline{B}C + B\overline{D} + A + \overline{A}C\overline{D} + A\overline{B}DE$ 　利用 $A + AB = A$ 吸收所有带 A 的乘积项

$= A + \overline{B}C + B\overline{D} + \overline{A}C\overline{D}$ 　再用消去法消去

$= A + \overline{B}C + B\overline{D} + C\overline{D}$

$= A + \overline{B}C + B\overline{D}$

代数化简法没有固定的步骤和规律可循,对逻辑代数基本公式和常用公式应用的熟练程度和化简的技巧是能够快速化简的基本要素.

本例也可按这样化简:

$$L = AC + \overline{B}C + B\overline{D} + A(B + \overline{C}) + \overline{A}C\overline{D} + A\overline{B}DE$$
$$= A(C + B + \overline{C} + \overline{B}DE) + \overline{B}C + B\overline{D} + \overline{A}C\overline{D}$$
$$= A + \overline{B}C + B\overline{D} + \overline{A}C\overline{D}$$
$$= A + \overline{B}C + B\overline{D} + C\overline{D}$$
$$= A + \overline{B}C + B\overline{D}$$

【例9.10】 试用代数法证明 $(A + B)(\overline{A} + C)(B + C) = (A + B)(\overline{A} + C)$.

解:证明逻辑等式成立是逻辑代数中的一类题型.与逻辑函数化简一样,证明时将等式左边或右边分别用不同的公式和方法进行变换和简化,使其两边相等.也可通过分别列出左右两边的真值是否相等来进行证明.总之要善于选择比较精练的方法.

解法1:左边 $= (A + B)(\overline{A} + C)(B + C)$

$$= (A + B)(\overline{A}B + C)$$
$$= \overline{A}B + AC + BC$$
$$= (A + B)C + (A + B)\overline{A}$$
$$= (A + B)(\overline{A} + C) = 右边$$

解法 2：令 $F = (A+B)(\overline{A}+C)(B+C)$

$$G = (A+B)(\overline{A}+C)$$

求 F, G 两个函数的对偶函数

$$F' = AB + \overline{A}C + BC = AB + \overline{A}C$$
$$G' = AB + AC$$

由于 $F' = G'$，则有 $F = G$.

本例题采用两种方法证明给定的逻辑等式. 由于原式是用或 – 与表达式表示，用对偶规则证明较为方便，对偶规则有一个重要的推论：两个逻辑函数相等，则其对偶函数式必然相等. 因此可将等式两边同时对偶成与 – 或表达式，从而证明等式成立.

【例 9.11】　将逻辑函数 $L = AB + \overline{C}\,\overline{D}$ 转换成最小项之和的形式（逻辑函数的标准形式之一）.

解：求取逻辑函数最小项之和形式一般采用两种方法：

（1）配项法. 利用乘 $1, 1 = A + A$，将缺因子的乘积项补齐因子成为最小项.

（2）卡诺图法. 将函数用卡诺图表示，卡诺图中每一个小方格对应于一个最小项，卡诺图中有几个 1，就有几个最小项，从而构成此函数的最小项之和表达式.

（1）配项法.

$$L = AB + \overline{C}\,\overline{D} = AB(C+\overline{C})(D+\overline{D}) + (A+\overline{A})(B+\overline{B})\overline{C}\,\overline{D}$$
$$= AB\overline{C}\,\overline{D} + AB\overline{C}D + ABC\overline{D} + ABCD + \overline{A}\,\overline{B}\,\overline{C}\,\overline{D} + \overline{A}B\overline{C}\,\overline{D} + A\overline{B}\,\overline{C}\,\overline{D} + (AB\overline{C}\,\overline{D})$$
$$= m_{12} + m_{13} + m_{14} + m_{15} + m_0 + m_4 + m_8 + m_{12}$$
$$= \sum m(0, 4, 8, 12, 13, 14, 15)$$

（2）卡诺图法.

画出函数的卡诺图如图 9 – 13 所示. 然后由卡诺图可直接写出逻辑函数的最小项表达式：

$$L(A, B, C, D) = \sum m(0, 4, 8, 12, 13, 14, 15)$$

【例 9.12】　用卡诺图法将逻辑函数

$$L_1(A, B, C, D) = \sum m(1, 2, 3, 5, 6, 7, 8, 9, 12, 13)$$
$$L_2(A, B, C, D) = \sum m(0, 2, 4, 6, 8, 10)$$

化简为最简与 – 或表达式.

L $\diagdown$ CD AB	00	01	11	10
00	1	0	0	0
01	1	0	0	0
11	1	1	1	1
10	1	0	0	0

图 9 – 13　例 9.11 图

解：利用卡诺图化简逻辑函数的原理是反复应用 $A\overline{B} + AB = A$，即相邻的小方格可以合并，并以此消去某些变量，使函数简化. 合并规律为：

两个为 1 的小方格相邻（包括处于一行或列的两端）时，可以合并，合并后消去一个变量.

四个为 1 的小方格组成一个大方格或组成一列（行）或处于两行（列）的末端或处于四角时，可以合并，合并后消去两个变量.

八个为 1 的小方格组成相邻的两行（列）或组成两端的两行（列）时，可以合并，合并后消去三个变量.

……

合并后写出的乘积项，由圈内所有小方格所代表的最小项变量不变的因子组成，发生变化的变量在合并时被消去了.

以本例题将逻辑函数化简为最简与 – 或表达式为例，所谓最简的与 – 或式就是在包含函数所有最小项的前提下,乘积项最少,而且每个乘积项中所含的变量因子的个数也最少.

我们常用画包围圈的办法对相邻小方格所代表的最小项进行合并.为使函数最简,画圈时应遵循以下原则:

(1) 所画的包围圈的数量应尽可能的少,从而使函数所含的乘积项尽可能的少.

(2) 所画包围圈应尽可能的大,使每个乘积项所含的因子个数最少.

同时还应注意以下几点:

(1) 必须包含所有的最小项,即不能漏去任一个"1".

(2) 某些为"1"的最小项可以被重复多次使用.

(3) 每个圈内必须包含一个或一个以上未被其他圈包含的为"1"最小项.

具体的解题步骤为:

(1) 将组成函数的最小项填入卡诺图中相应的位置,获得函数 L_1、L_2 的卡诺图分别如图 9-14 和图 9-15 所示.

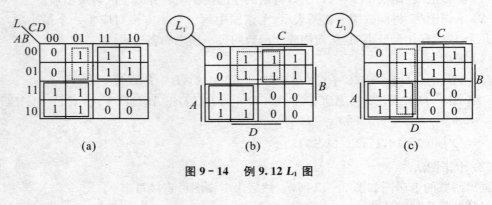

图 9-14　　例 9.12 L_1 图

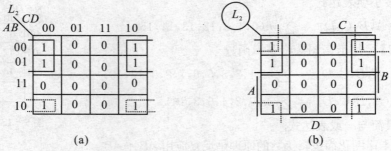

图 9-15　　例 9.12 L_2 图

合并相邻的最小项.

(2) 对 L_1 卡诺图,图中画了三个圈,分别为:

$$m_1 \text{ 和 } m_5, \qquad \text{对应的函数为 } \overline{A}\,\overline{C}D$$

$$m_2, m_3, m_6, m_7, \qquad \text{对应的函数为 } \overline{A}C$$

$$m_8, m_9, m_{12}, m_{13}, \qquad \text{对应的函数为 } A\overline{C}$$

根据最小项的小方格可以重复圈和尽可能大的原则,m_1, m_5 和 m_3, m_7 可组成更大的圈,如图 9-14(b) 虚线所示;或者 m_1, m_5 和 m_9, m_{13} 四个方格组成的圈,如图 9-14(c) 虚线所示;

即比 m_1 和 m_5 组成的圈（如图 $9-14(a)$ 虚线所示）更大，因此将 L_1 图中两个方格组成的圈改为由四个小方格组成的圈.

同理，对 L_2 卡诺图(a)中，m_8 和 m_{10} 组成的虚线圈应改 L_2 卡诺图(b)中 m_8，m_{10} 和 m_0，m_2 组成的虚线圈.

（1）写出函数的最简与－或表达式为：

$$L_1 = \overline{A}C + A\overline{C} + \overline{A}D$$
$$= \overline{A}C + A\overline{C} + \overline{C}D$$
$$L_2 = \overline{A}\,\overline{D} + \overline{B}\,\overline{D}$$

由 L_1 表达式可知逻辑函数的最简与－或式也不一定是唯一的.

【例 9.13】　用卡诺图法将逻辑函数

$$L(A, B, C, D) = \sum m(0, 1, 2, 3, 4, 5, 8, 10, 11)$$

解：在用卡诺图化简逻辑函数时，采用合并相邻的"1"方格可得出原函数的最简与－或表达式. 为了最简，包围圈要尽可能大，这就要特别注意卡诺图"上下相邻，左右相邻"的关系；包围圈要尽可能少，这就要特别注意每个包围圈中至少有一个未被其他圈包围的为"1"方格，在画包围圈时，先从较孤立的为"1"方格圈起.

画出给定函数 L 的卡诺图如图 $9-16$ 所示.

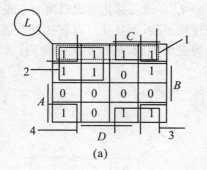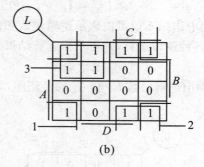

图 9-16　例 9.13 图

若不是从孤立"1"开始画包围圈，而是如图 $9-16(a)$ 所示，先画 1 号虚线圈，剩下的为"1"方格再画 2，3 号圈，最后剩下左下角为"1"方格（m_8），考虑到四个角上方格两两相邻，画 4 号包围圈，如此，得 4 个乘积项的与式

$$L = \overline{A}\,\overline{B} + \overline{A}\,\overline{C} + \overline{B}C + \overline{B}\,\overline{D}$$

这不是最简与－或表达式，因为 1 号圈中所有为"1"方格都被其他圈包围过，所以，1 号包围圈是多余的包围圈，乘积项 $\overline{A}\,\overline{B}$ 是多余的乘积项. 若按图 $9-16(b)$ 先从孤立的 m_8 圈起，得 1 号圈，剩下 m_{11} 比较孤立，从而再画 2 号圈，余下 m_1，m_4 和 m_5 用一个 3 号包围圈就可包围，得最简与－或表达式

$$L = \overline{A}\,\overline{C} + \overline{B}C + \overline{B}\,\overline{D}$$

只有三个乘积项，每个乘积项有两个变量因子.

【例 9.14】　用卡诺图法将逻辑函数

$$L(A, B, C, D) = A\overline{B} + \overline{B}\,\overline{C} + \overline{D}$$

化简为最简或－与表达式及最简或非－或非表达式.

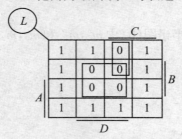

图 9－17　例 9.14 图

解:在用卡诺图化简逻辑函数时,采用合并相邻的"1"方格可得出原函数的最简与－或表达式;采用合并相邻的"0"方格可得出反函数的最简与－或表达式,然后再求反,即可得出原函数的最简或－与表达式.经进一步变换后则可得出函数的最简或非－或非表达式.

画出给定函数的卡诺图如图 9－17 所示.

圈"0"得出反函数的最简与－或表达式为

$$\overline{L} = BD + \overline{A}CD$$

将上式求反即得函数式的最简或－与表达式

$$L = \overline{BD + \overline{A}CD} = (\overline{B} + \overline{D})(A + \overline{C} + \overline{D})$$

经逻辑变换后,函数式的最简或非－或非表达式为

$$L = \overline{(\overline{B} + \overline{D})(A + \overline{C} + \overline{D})} = \overline{\overline{\overline{B} + \overline{D}} + \overline{A + \overline{C} + \overline{D}}}$$

本例给出一个重要的关系,若要把一个逻辑函数化简为最简的或非－或非表达式,简便的方法是:在卡诺图上圈"0"得出反函数的最简与－或表达式,然后将每一个与项(包括单变量)及整个或式均用或非关系代替,并把原变量变为反变量,反变量变为原变量就可以了.

【例 9.15】　已知逻辑函数 $L_1 = ABC + \overline{B}D + BC\overline{D}$ 和 $L_2 = AB\overline{D} + CD + AB\overline{C}$.

试求 $L_与 = L_1 \cdot L_2$,$L_或 = L_1 + L_2$ 和 $L_{异或} = L_1 \oplus L_2$,并化简成最简与－或表达式.

解:用卡诺图不仅可以表示逻辑函数和化简逻辑函数,而且还可以直接在卡诺图上进行逻辑函数的各种逻辑运算,并可获得运算结果的最简逻辑函数.通过本例的介绍,须掌握了解此方法.

(1) 画出逻辑函数 L_1 和 L_2 的卡诺图,如图 9－18 所示.

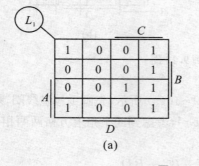
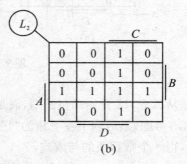

图 9－18　例 9.15 图

(2) 画出函数 $L_与$ 的卡诺图如图 9－19 所示.

L_1 和 L_2 卡诺图中相同的位置上的两个小方格同时为"1"时,$L_与$ 卡诺图相同位置上也为"1",否则为"0". 因此卡诺图可得最简的 $L_与$ 表达式为

$$L_与 = ABC$$

(3) 画出函数 $L_或$ 的卡诺图如图 9－20 所示.

L_1 和 L_2 卡诺图中相同的位置上的两个小方格只要有一个"1",$L_或$ 卡诺图相同位置上就为"1",否则为"0". 由此卡诺图可得 $L_或$ 最简的与－或表达式为

$$L_{或} = C + AB + \overline{B}\,\overline{D}$$

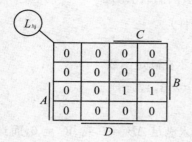

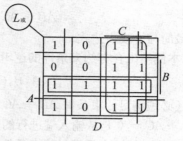

图 9-19 $L_{与} = L_1 \cdot L_2$ 的卡诺图 　　　　　图 9-20 $L_{或} = L_1 + L_2$ 的卡诺图

（4）画出函数 $L_{异或}$ 的卡诺图如图 9-21 所示. L_1 和 L_2 卡诺图中相同的位置上的两个小方格只要一个是"1"另一个是"0"，则 $L_{异或}$ 卡诺图相同位置上即为"1"，否则为"0". 由此卡诺图可得最简的 $L_{异或}$ 与 - 或表达式为

【**例 9.16**】　用卡诺图法将逻辑函数

$$L(A,B,C,D) = \sum m(0,1,4,5,6,8,9) + \sum d(10,11,12,13,14,15)$$

化简成最简与非 - 与非表达式.

解：本例给出的是一种含有约束项（或任意项或无关项）的逻辑函数，约束项对于逻辑函数是一种约束条件，其含义有：其一是这些最小项不允许出现，其二是即使出现也不影响电路的逻辑功能. 在化简时，可将任意项看作"1"或"0"参与化简，究竟是"1"还是"0"，视使逻辑函数为最简而定.

在卡诺图中将给定逻辑函数的最小项(0,1,4,5,6,8,9)在相应的小方格内填 1，对于给定逻辑函数的约束项(10,11,12,13,14,15)，在相应的小方格内填 ×，其余填 0，就得到给定逻辑函数的卡诺图，如图 9-22 所示.

圈"1"可得 L 的最简与 - 或表达式为

$$L = \overline{C} + B\overline{D}$$

对 L 的最简与 - 或式两次求反即得最简与非 - 与非表达式为

$$L = \overline{\overline{\overline{C} + B\overline{D}}} = \overline{\overline{C}\,\overline{B\overline{D}}}$$

$$L_{异或} = AC + \overline{B}C + \overline{B}\,\overline{D} + AB\overline{C}$$

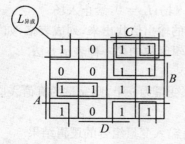

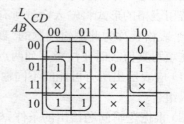

图 9-21 $L_{异域} = L_1 \oplus L_2$ 的卡诺图 　　　　　图 9-22 例 9.16 图

【例 9.17】　用卡诺图将逻辑函数

$$\begin{cases} L(A,B,C,D) = \sum m(2,3,4,6,8), \\ AB + AC = 0(约束条件) \end{cases}$$

化简成最简与-或表达式.

解： 本例给出含有约束条件的逻辑函数式. 它表示在满足函数

$$L(A,B,C,D) = \sum m(2,3,4,6,8)$$

的同时还必须满足约束条件 $AB + AC = 0$.

$AB + AC = 0$ 是从输入端进行约束的，要求输入满足 $AB = 0$ 或 $AC = 0$，而当 $AB = 11$ 和 $AC = 11$ 时的输入不满足约束条件，这样的输入是不允许出现的，没有这样的输入，当然也不允许有这样的输出，所以 $AB = 11$ 所对应的最小项（12,13,14,15）以及 $AC = 11$ 所对应的最小项（10,11,14,15）均为任意项，即 $AB + AC = 0$ 表示含有任意项

$$\sum d(10,11,12,13,14,15)$$

本例与上例都含有该六个任意项，只不过表示任意项的方法不同.

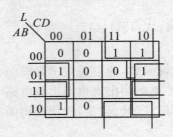

图 9-23　例 9.17 图

在卡诺图中将给定逻辑函数的最小项（2,3,4,6,8,）所对应的小方格内填 1，在逻辑函数的约束项（10,11,12,13,14,15）相应的小方格内填 ×，其余填 0，就得到给定逻辑函数的卡诺图，如图 9-23 所示.

圈"1"可得 L 的最简与-或表达式为

$$L = \overline{B}C + B\overline{D} + A\overline{D}$$

【例 9.18】　军民联欢会的入场券分为红、黄两色，军人持红票入场，群众持黄票入场. 会场入口处若设一台"自动检票机"，符合条件者可自动放行，不符合条件者则不准入场，请用逻辑问题表示方法来描述完成此自动检票机的逻辑关系.

解： 对于一个二值逻辑问题，常常可以设定此问题产生的条件为输入逻辑变量，设定此问题产生的结果为输出逻辑变量. 当对输入逻辑变量和输出变量进行赋值后，就可建立起相应的逻辑函数，并可用四种方法表示它.

首先，应仔细推敲逻辑问题给出的条件和结果，正确设定输入、输出逻辑变量.

设变量 A 为军民信号（$A = 1$，为军人；$A = 0$，为群众），变量 B 为红票信号（$B = 1$，有红票；$B = 0$，无红票），变量 C 为黄票信号（$C = 1$，有黄票；$C = 0$，无黄票），A、B、C 均为输入变量. 再设定输出变量 L 表示此逻辑问题的结果，$L = 1$，可入场；$L = 0$，禁止入场.

若用表格的形式将输入变量所有的取值下对应的输出值找出来，列成表格，如表 9-12 所示，这个表格就称为此逻辑问题的"真值表". 这是逻辑函数的第一种表示方法.

在填写真值表时要注意下列两点：

（1）应表示出所有可能的不同输入组合，若输入变量为 n 个，则完整的真值表应有 2^n 种不同输入组合.

（2）根据逻辑问题给出的条件，相应的填入所有输入变量组合的逻辑结果.

表 9 - 12 真值表

A	B	C	L
0	0	0	0
0	0	1	1
0	1	0	0
0	1	1	1
1	0	0	0
1	0	1	0
1	1	0	1
1	1	1	1

从真值表上,我们发现输出真(即 $L = 1$)时,由"与"运算概念,仅有以下几种输入量的组合与之相对应:$\overline{A}\,\overline{B}C$、$\overline{A}BC$、$AB\overline{C}$、$ABC$,当这些组合有一个为 1 时,$L = 1$,因此 L 就是上述组合的逻辑或. 可用下列表达式描述输入变量与输出变量的逻辑关系

$$L = \overline{A}\,\overline{B}C + \overline{A}BC + AB\overline{C} + ABC$$

这种关系式称"逻辑函数表达式",这是逻辑函数的第二种表示方法.

要构成自动检票机,先应将逻辑函数表达式简化,如本例中可用公式化简

$$L = \overline{A}\,\overline{B}C + \overline{A}BC + AB\overline{C} + ABC$$
$$= \overline{A}C(\overline{B} + B) + AB(\overline{C} + C) = \overline{A}C + AB$$

然后可用有与门、或门逻辑符号构成的逻辑图如图 9 - 24 所示来表示此函数,这种用逻辑符号来表示逻辑函数的图形称"逻辑电路图",是逻辑函数的第三种表示方法.

若将逻辑函数展开成最小项表达式,将函数的最小项表达式中各最小项相应地填入一个特定的方格图内,此方格图就称为卡诺图,是逻辑函数的一种图形表示,也是逻辑函数的第四种表示方法. 本例函数的最小项表达式是

$$L(A,B,C) = \overline{A}\,\overline{B}C + \overline{A}BC + AB\overline{C} + ABC = \sum m(1,3,6,7)$$

因此可得其卡诺图如图 9 - 25 所示.

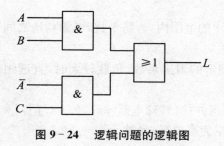

图 9 - 24 逻辑问题的逻辑图

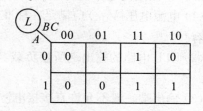

图 9 - 25 由表达式得卡诺图

9.6 TTL 电路与 COMS 电路

在目前 TTL 与 COMS 两种电路并存的情况下,在电路中常遇到 TTL 电路和 CMOS 电路

混合使用的情况,由于这些电路相互之间的电源电压和输入、输出电平及负载能力等参数不同,因此他们之间的连接必须通过电平转换或电流转换电路,使前级器件输出的逻辑电平满足后级器件对输入电平的要求,并不得对器件造成损坏。逻辑器件的接口电路主要应注意电平匹配和输出能力两个问题,并与器件的电源电压结合起来考虑.

9.6.1 TTL 电路

1. TTL 集成逻辑门电路系列

(1)74 系列,为 TTL 集成电路的早期产品,属中速 TTL 器件.

(2)74L 系列,为低功耗 TTL 系列,又称 LTTL 系列.

(3)74H 系列,为高速 TTL 系列.

(4)74S 系列,为肖特基 TTL 系列,进一步提高了速度.

(5)74LS 系列,为低功耗肖特基系列.

(6)74AS 系列,为先进肖特基系列,它是 74S 系列的后继产品.

(7)74ALS 系列,为先进低功耗肖特基系列,是 74LS 系列的后继产品.

2. TTL 几个重要参数

(1)输出高电平电压 V_{OH},在正逻辑体制中代表逻辑"1"的输出电压.V_{OH} 的理论值为 3.6 V,产品规定输出高电压的最小值 $V_{OH(min)} = 2.4$ V.

(2)输出低电平电压 V_{OL},在正逻辑体制中代表逻辑"0"的输出电压.V_{OL} 的理论值为 0.3 V,产品规定输出低电压的最大值 $V_{OL(max)} = 0.4$ V.

(3)关门电平电压 V_{OFF},是指输出电压下降到 $V_{OH(min)}$ 时对应的输入电压.与非门电路为输入低电压的最大值.在产品手册中常称为输入低电平电压,用 $V_{IL(max)}$ 表示.产品规定 $V_{IL(max)} = 0.8$ V.

(4)开门电平电压 V_{ON},是指输出电压下降到 $V_{OL(max)}$ 时对应的输入电压.与非门电路为输入高电压的最小值.在产品手册中常称为输入高电平电压,用 $V_{IH(min)}$ 表示.产品规定 $V_{IH(min)} = 2$ V.

(5)阈值电压 V_{th},电压传输特性的过渡区所对应的输入电压,即决定电路截止和导通的分界线,也是决定输出高、低电压的分界线.当 $V_i < V_{th}$,与非门关门,输出高电平;$V_i > V_{th}$,与非门开门,输出低电平.V_{th} 又常被形象化地称为门槛电压.V_{th} 的值为 $1.3 \sim 1.4$ V.

3. TTL 集成门电路使用注意事项

(1)电源电压(V_{CC})应满足在标准值 5 V±5% 的范围内,为防干扰,电源与地之间可接滤波电容.

(2)TTL 电路的输出端所接负载,不能超过规定的扇出系数,负载较大时,宜选用灌电流方式.

(3)输出端一般不允许直接接电源或地,也不可并接(特殊电路除外,如 OC 门).

(4)注意 TTL 门多余输入端的处理方法,悬空为高电平,易被干扰.

9.6.2 CMOS 电路

1. CMOS 集成逻辑门电路系列

(1)基本的 CMOS——4000 系列.

(2)高速的 CMOS——HC 系列.

（3）与 TTL 兼容的高速 CMOS——HCT 系列.

2. CMOS 逻辑门电路主要参数

（1）$V_{OH(min)} = 0.9V_{DD}$；$V_{OL(max)} = 0.01V_{DD}$. 所以 CMOS 门电路的高低电平之差较大.

（2）阈值电压 V_{th} 约为 $V_{DD}/2$.

（3）CMOS 非门的关门电平 V_{OFF} 为 $0.45V_{DD}$，开门电平 V_{ON} 为 $0.55V_{DD}$. 因此，其高、低电平噪声容限均达 $0.45V_{DD}$.

（4）CMOS 电路的功耗很小，一般小于 1 mW/门.

（5）因 CMOS 电路有极高的输入阻抗，故其扇出系数很大，可达 50.

（6）COMS 电路的锁定效应：COMS 电路由于输入太大的电流，内部的电流急剧增大，除非切断电源，电流一直在增大，这种效应就是锁定效应. 当产生锁定效应时，COMS 的内部电流能达到 40 mA 以上，很容易烧毁芯片，要通过限压或限流的方式加以保护.

3. COMS 电路的使用注意事项

TTL 电路的使用注意事项，一般对 CMOS 电路也适用. 另外，还需注意以下问题：

（1）COMS 电路时电压控制器件，它的输入阻抗很大，对干扰信号的捕捉能力很强. 所以，不用的管脚不要悬空，要接上拉电阻或者下拉电阻，给它一个恒定的电平.

（2）输入端接低内阻的信号源时，要在输入端和信号源之间串联限流电阻，使输入的电流限制在 1 mA 之内.

（3）当接长信号传输线时，在 COMS 电路端接匹配电阻.

（4）当输入端接大电容时，应该在输入端和电容间接保护电阻. 电阻值为 $R = V_0/1$ mA，V_0 是外界电容上的电压.

（5）避免静电. 存放 CMOS 电路不能用塑料袋，要用金属将管脚短接起来或用金属盒屏蔽. 工作台应当用金属材料覆盖并应良好接地. 焊接时，电烙铁壳应接地.

（6）在 CMOS 电路中除了三端输出器件外，不允许两个器件输出端并接，因为不同的器件参数不一致，有可能导致 NMOS 和 PMOS 器件同时导通，形成大电流. 但为了增加电路的驱动能力，允许把同一芯片上的同类电路并联使用.

（7）当 CMOS 电路输出端有较大的容性负载时，流过输出管的冲击电流较大，易造成电路失效. 为此，必须在输出端与负载电容间串联一限流电阻，将瞬态冲击电流限制在 10 mA 以下.

9.6.3　TTL 与 COMS 参数

通过前面的学习知道，TTL 和 COMS 电路各有特长，总结如下：

（1）TTL 电路是电流控制器件，而 CMOS 电路是电压控制器件.

（2）TTL 电路的速度快，传输延迟时间短（5～10 ns），但是功耗大.

（3）COMS 电路的速度慢，传输延迟时间长（25～50 ns），但功耗低. COMS 电路本身的功耗与输入信号的脉冲频率有关，频率越高，芯片越热.

TTL 与 COMS 两种电路在 $V_{CC} = 5$ V 供电的情况下输出电压、输出电流、输入电压、输入电流的参数见表 9-13.

表 9 – 13　TTL、COMS 电路的输入、输出特性参数

电路种类 参数名称	TTL 74 系列	TTL 74LS 系列	CMOS 4000 系列	高速 CMOS 74HC 系列	高速 CMOS 74HCT 系列
$V_{OH(min)}$ (V)	2.4	2.7	4.60	4.4	4.4
$V_{OL(max)}$ (V)	0.4	0.5	0.05	0.1	0.1
$I_{OH(max)}$ (mA)	− 0.4	− 0.4	− 0.51	− 4.0	− 4.0
$I_{OL(max)}$ (mA)	16.0	8.0	0.51	4.0	4.0
$V_{IH(min)}$ (V)	2.0	2.0	3.50	3.5	2.0
$V_{IL(max)}$ (V)	0.8	0.8	1.50	1.0	0.8
$I_{IH(max)}$ (μA)	40.0	20.0	0.10	0.1	0.1
$I_{IL(max)}$ (mA)	− 1.6	− 0.4	$− 0.1 \times 10^{-3}$	$− 0.1 \times 10^{-3}$	$− 0.1 \times 10^{-3}$

9.6.4　门电路的带载能力

在实际应用中,经常会遇到需将 TTL 和 CMOS 两种器件互相对接. 无论是用 TTL 电路驱动 CMOS 电路还是 CMOS 电路驱动 TTL 电路,驱动门必须能为负载门提供合乎标准的高、低电平和足够的驱动电流,也就是必须同时满足下列条件.

驱动门的 $V_{OH(min)}$ ≥ 负载门的 $V_{IH(min)}$

驱动门的 $V_{OL(max)}$ ≤ 负载门的 $V_{IL(max)}$

驱动门的 $I_{OH(max)}$ ≥ 负载门的 $I_{IH(max)}$ 的总和

驱动门的 $I_{OL(max)}$ ≥ 负载门的 $I_{IL(max)}$ 的总和

1. 扇出系数

(1) 当驱动门输出低电平时,电流从负载门灌入驱动门称为灌电流负载. 当负载门的个数增加,灌电流增大,输出低电平升高. 因此,把允许灌入输出端的电流定义为输出低电平电流 I_{OL},产品规定 I_{OL} = 16 mA. 由此可得出输出低电平时的扇出系数

$$N_{OL} = \frac{I_{OL}}{I_{IL}}$$

(2) 当驱动门输出高电平时,电流从驱动门拉出,流至负载门的输入端称为拉电流负载. 拉电流增大时,会使输出高电平降低. 因此,把允许拉出输出端的电流定义为输出高电平电流 I_{OH}. 产品规定 I_{OH} = 0.4 mA. 由此可得出输出高电平时的扇出系数

$$N_{OH} = \frac{I_{OH}}{I_{IH}}$$

一般 $N_{OL} \neq N_{OH}$,常取两者中的较小值作为门电路的扇出系数,用 N_O 表示.

2. TTL 电路驱动 COMS 电路

用 TTL 电路去驱动 CMOS 电路时,由于 CMOS 电路是电压驱动器件,所需电流小,因此电流驱动能力不会有问题,主要是电压驱动能力问题,如表 9 – 13 所示,TTL 电路输出高电平的最小值为 2.4 V,而 CMOS 电路的输入高电平一般高于 3.5 V,这就使二者的逻辑电平不能兼容. 为此可采用如图 9 – 26 所示电路,在 TTL 的输出端与电源之间接一个电阻 R(上拉电阻)可将 TTL 的电平提高到 3.5 V 以上.

当 TTL 驱动 CMOS – HCT 时,由于电压参数兼容,不需另加接口电路. 基于这一情况,在

数字电路设计中,也常用 CMOS - HCT 当作接口器件,以免除上拉电阻.

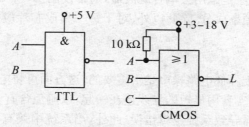

图 9 - 26　　接入上接电阻提高 TTL 电路的输出高电平

3. COMS 电路驱动 TTL 电路

CMOS 电路输出逻辑电平与 TTL 电路的输入电平可以兼容,但 CMOS 电路的驱动电流较小,必须按电流大小计算出扇出数.为此可采用 CMOS/TTL 专用接口电路,如 CMOS 缓冲器 CC4049 等,经缓冲器之后的高电平输出电流能满足 TTL 电路的要求,低电平输出电流可达 4 mA,如图 9 - 27 所示.实现 CMOS 电路与 TTL 电路的连接.需要说明的是,CMOS 与 TTL 电路的接口电路形式多种多样,实用中应根据具体情况进行选择.

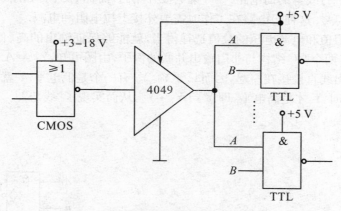

图 9 - 27　　通过缓冲器驱动 TTL 电路

9.6.5　门电路的抗干扰措施

在利用逻辑门电路(TTL 或 CMOS)作具体的设计时,还应当注意下列几个实际问题.

1. 多余输入端的处理

集成逻辑门电路在使用时,一般不让多余的输入端悬空,以防止干扰信号引入.对于输入端处理以不改变电路工作状态及稳定可靠为原则.

对于与非门及与门,多余输入端应接高电平,比如直接接电源正端,或通过一个上拉电阻 (1 ~ 3 kΩ)接电源正端;在前级驱动能力允许时,也可以与有用的输入端并联使用.

对于或非门及或门,多余输入端应接低电平,比如直接接地;也可以与有用的输入端并联使用.

2. 去耦合滤波器

数字电路或系统往往是由多片逻辑门电路构成,它们是由一公共的电源供电.这种电源是非理想的,一般是由整流稳压电路供电,具有一定的内阻抗.当数字电路运行时,产生较大的脉冲电流或尖峰电流,当它们流进公共的内阻抗时,必将产生相互的影响,甚至使逻辑功能发生错乱.一种常用的处理方法是采用去耦合滤波器,通常使用 $10 \sim 100~\mu F$ 的大电容器与直流电源并联以滤除不需要的频率成分.除此以外,对于每一集成芯片应接 $0.1~\mu F$ 的电容器以滤除开关噪声.

3. 接地和安装工艺

正确的接地技术对于降低电路噪声是很重要的.这方面可将电源地与信号地分开,先将信号地汇集在一起,然后将二者用最短的导线连在一起,以避免含有多种脉冲波形或尖峰电流引到某数字器件的输入端而导致系统逻辑错误.此外,当系统中兼有模拟和数字两种器件时,同样需要将两者的地分开,然后再选用一个合适的共同点接地,以免除二者之间的影响.

9.6.6 其他逻辑门电路

1. 集电极开路门(OC 门)

在工程实践中,有时需要将几个门的输出端并联使用,以实现与逻辑,称为**线与**.普通的 TTL 门电路不能进行线与,即不能将输出端直接并联.因为当并联的两个门电路中有一个门的输出是高电平,而另一个门的输出为低电平时,则输出端并联后必将有很大的负载电流同时流经两个门电路的输出极.这个电流远远超过了正常工作电流,甚至使门电路损坏.为此,专门生产了一种可以进行线与的门电路 —— 集电极开路门,简称 OC 门,如图 9-28 所示集电极开路与非门的图形符号.这种门电路在工作时需要外接上拉电阻和电源.

只要电阻的阻值和电源电压的数值选择得当,就能够保证输出的高、低电平符合要求.如图 9-29 所示是将两个 OC 结构与非门输出并联的例子,由图可知,$Y_1 = \overline{A \cdot B}$,$Y_2 = \overline{C \cdot D}$.现将 Y_1、Y_2 两条输出线直接接在一起,因而只要 Y_1、Y_2 有一个是低电平,Y 就是低电平.只有 Y_1、Y_2 同时为高电平时,Y 才是高电平,即 $Y = Y_1 \cdot Y_2$,从而实现了"线与".

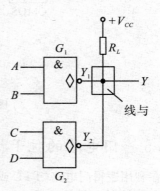

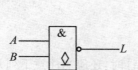

图 9-28　集电极开路与非门的图形符号　　　　图 9-29　OC 门线与逻辑图

因为 $Y = Y_1 \cdot Y_2 = \overline{A \cdot B} \cdot \overline{C \cdot D} = \overline{AB + CD}$,所以将两个 OC 门结构的与非门线与即可得到与或非的逻辑功能.下面简单介绍一下 OC 门外接负载电阻的计算方法.

假定将 n 个 OC 门的输出端并联使用,负载是 m 个 TTL 门的输入端.

当所有 OC 门同时截止时,$Y = V_{OH}$,输出高电平,为保证 V_{OH} 不低于规定值,R_L 不能选的过大.

$$R_{L(max)} = \frac{V_{CC} - V_{OH}}{nI_{OH} + mI_{1H}}$$

当只有一个 OC 门导通时,为了保证流入导通 OC 门的电流不超过最大允许的负载电流 I_{LM},R_L 又不能选的太小.

$$R_{L(min)} = \frac{V_{CC} - V_{OL}}{I_{LM} - mI_{1L}}$$

除了与非门外,反相器、与门、或门、或非门等都可以做成集电极开路的输出结构,而且外接负载电阻的计算方法也相同.

2. 三态输出门(TS 门)

高电平、低电平和高阻称为逻辑门的三态. 能输出这样三态的逻辑门电路叫做三态输出门. 三态门的图形符号如图 9-30 所示,其中 9-30(a) 图的控制端 EN＝0 时,相当于一个正常的二输入端与非门,称为正常工作状态. 当 EN＝1 时,这时从输出端 L 看进去,呈现高阻,称为高阻态,或禁止态. 图 9-30(b) 的控制端的有效信号与图 9-30(a) 相反.

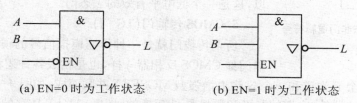

(a) EN＝0 时为工作状态　　　　(b) EN＝1 时为工作状态

图 9-30　三态与非门的图形符号

三态门在计算机总线结构中有着广泛的应用,如图 9-31 所示均为三态与非门. 只要在工作时控制各个门的 EN 端轮流等于 1,而且任何时候仅有一个等于 1,就可以把各个门的输出信号轮流送到公共传输线上,实现了在同一条导线上分时传递若干个输出信号,这种连接方式称为总线结构.

利用三态门电路还能实现数据的双向传输,如图 9-32 所示,当 EN＝1 时 G_1 工作而 G_2 为高组态,数据 D_0 经 G_1 反相后送到总线上去. 当 EN＝0 时 G_2 工作而 G_1 为高组态,来自总线的数据经 G_2 反相后由 $\overline{D_1}$ 送出.

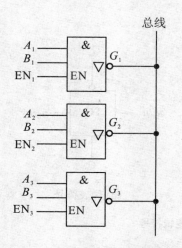

图 9-31　用三态门接成总线结构

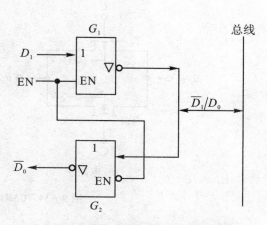

图 9-32　用三态门实现数据双向传输

3. 漏极开路门(OD 门)

如同 TTL 电路中的 OC 门那样,CMOS 门的输出电路结构也可以做成漏极开路的形式,其逻辑符号如图 9-27 所示 CC4049.

在 CMOS 电路中,这种输出电路结构常用在输出缓冲／驱动器中,或者用于输出电平的变换,以及满足吸收大负载电流的需要. 此外也可以实现线与逻辑,使用时需外接电源和电阻,其计算方法已经在介绍 TTL 的 OC 门时讲过,计算方法相同,此处不再重复.

4. CMOS 三态门

从逻辑功能和应用的角度上讲,三态输出的 CMOS 门电路和 TTL 电路中的三态输出门电路没有什么区别,只是 CMOS 的三态输出门内部电路更加简单. 如图 9-33 为三态非门逻辑符号,当 EN＝0 时,为正常的非门确定输入与输出的关系;当 EN＝1 时,输出为高阻状态,所以,这是一个低电平有效的三态门.

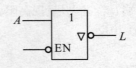

图 9-33　三态非门逻辑符号

5. CMOS 传输门(TG 门)

所谓传输门就是一种传输模拟信号的模拟开关. CMOS 传输门如 CMOS 反相器一样,也是构成各种逻辑电路的基本单元电路,是利用一个 P 沟道和一个 N 沟道增强型 MOSFET 并联而成,如图 9-34(a) 所示,T_P 和 T_N 是结构对称的器件,它们的漏极和源极是可互换的,图 9-34(b) 是它的代表符号. 设它们的开启电压 $|V_T|＝2$ V,且输入模拟信号的变化范围为 -5 V 到 $+5$ V. 为使衬底与漏源之间的 PN 结任何时刻都不致正偏,故 T_P 的衬底接 $+5$ V 电压,而 T_N 的衬底接 -5 V 电压. 两管的栅极由互补的信号电压($+5$ V 和 -5 V)来控制,分别用 C 和 $\overline{C}$ 表示,传输门的工作情况如下:

(1) 当 C 端接高电平 $+5$ V 时,T_N 的栅压即为 $+5$ V,u_i 在 -5 V 到 $+3$ V 的范围内,T_N 导通. 同时,T_P 的栅压为 -5 V,u_i 在 -3 V 到 $+5$ V 的范围内,T_P 导通. 可见,当 C 端高电平时,相当于开关闭合,将输入传到输出,即 $u_o＝u_i$.

(2) 当 C 端接低电平 -5 V 时,T_N 的栅压即为 -5 V,u_i 取 -5 V 到 $+5$ V 的范围内的任意值时,T_N 均不导通. 同时,T_P 的栅压为 $+5$ V,T_P 也不导通. 可见,当 C 端接低电平时,输出呈高阻状态,相当于开关断开.

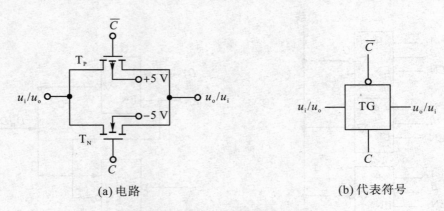

(a) 电路　　　　　　　　　　　　　(b) 代表符号

图 9-34　CMOS 传输门的逻辑符号

由以上分析可知,当 $u_i＜-3$ V 时,仅有 T_N 导通,而当 $u_i＞+3$ V 时,仅有 T_P 导通. 当 u_i

在 -3 V 到 $+3$ V 的范围内，T_N 和 T_P 两管均导通. 进一步分析可看到，一管导通的程度愈深，另一管的导通程度则相应地减小. 换句话说，当一管的导通电阻减小，则另一管的导通电阻就增加. 由于两管是并联运行，可近似地认为开关的导通电阻近似为一常数，这就是 CMOS 传输门的优点. 在正常工作时，模拟开关的导通电阻值约为数百欧，当它与输入阻抗为兆欧级的运放串接时，可以忽略不计.

本 章 小 结

1. 数字电路中用高电平和低电平分别来表示逻辑 1 和逻辑 0，它和二进制数中的 0 和 1 正好对应. 因此，数字系统中常用二进制数来表示数据.

2. 逻辑代数是分析和设计逻辑电路的工具. 应熟记基本定律、基本公式与基本规则.

3. 可用两种方法化简逻辑函数，公式法和卡诺图法.

公式法是用逻辑代数的基本公式与规则进行化简，必须熟记基本公式和规则并具有一定的运算技巧和经验.

卡诺图法是基于合并相邻最小项的原理进行化简的，特点是简单、直观，不易出错，有一定的步骤和方法可循.

4. 常用 BCD 码，尤其是 8421 码使用最广泛，一定要掌握.

5. 数制及其相互之间的转换.

6. 逻辑运算中的三种基本运算是与、或、非运算.

7. 描述逻辑关系的函数称为逻辑函数. 逻辑函数中的变量和函数值都只能取 0 或 1 两个值.

8. 常用的逻辑函数表示方法有真值表、函数表达式、逻辑图等，它们之间可以任意地相互转换.

9. 最简单的门电路是二极管与门、或门和三极管非门. 它们是集成逻辑门电路的基础. 目前普遍使用的数字集成电路主要有两大类，一类由 NPN 型三极管组成，简称 TTL 集成电路；另一类由 MOSFET 构成，简称 MOS 集成电路，注意复习中篇的相关知识.

10. TTL 集成逻辑门电路的输入级采用多发射极三极管、输出级采用达林顿结构，这不仅提高了门电路的开关速度，也使电路有较强的驱动负载的能力. 在 TTL 系列中，除了有实现各种基本逻辑功能的门电路以外，还有集电极开路门和三态门.

11. MOS 集成电路常用的是两种结构. 一种是 NMOS 门电路，另一类是 CMOS 门电路. 与 TTL 门电路相比，它的优点是功耗低，扇出数大，噪声容限大，开关速度与 TTL 接近，已成为数字集成电路的发展方向.

12. 为了更好地使用数字集成芯片，应熟悉 TTL 和 CMOS 各个系列产品的外部电气特性及主要参数，还应能正确处理多余输入端，能正确解决不同类型电路间的接口问题及抗干扰问题.

习　　题

1. 将下列二进制数转换为等值的十六进制数和等值的十进制数.

(1)$(10010111)_2$；　　　　　　　　　　　　　　(2)$(1101101)_2$；

(3)$(0.01011111)_2$;　　　　　　　　　　(4)$(11.001)_2$.

2. 将下列十六进制数转换为等值的二进制数和等值的十进制数.

(1)$(8C)_{16}$;　　　　　　　　　　(2)$(3D.BE)_{16}$;

(3)$(8F.FF)_{16}$;　　　　　　　　　(4)$(10.00)_{16}$.

3. 将下列十进制数转换为等值的二进制数和等值的十六进制数. 要求二进制数保留小数点以后 4 位有效数字.

(1)$(17)_{10}$;　　　　(2)$(127)_{10}$;　　　　(3)$(0.39)_{10}$;　　　　(4)$(25.7)_{10}$.

4. 已知逻辑函数的真值表如表 9 - 14(a)、表 9 - 14(b),试写出对应的逻辑函数式.

表 9 - 14(a) 　逻辑函数真值表

A	B	C	Y
0	0	0	0
0	0	1	1
0	1	0	1
0	1	1	0
1	0	0	1
1	0	1	0
1	1	0	0
1	1	1	0

表 9 - 14(b) 　逻辑函数真值表

M	N	P	Q	Z
0	0	0	0	0
0	0	0	1	0
0	0	1	0	0
0	0	1	1	1
0	1	0	0	0
0	1	0	1	0
0	1	1	0	1
0	1	1	1	1
1	0	0	0	0
1	0	0	1	0
1	0	1	0	0
1	0	1	1	1
1	1	0	0	1
1	1	0	1	1
1	1	1	0	1
1	1	1	1	1

5. 用逻辑代数的基本公式和常用公式将下列逻辑函数化为最简与或形式.

(1)$Y = A\overline{B} + B + \overline{A}B$;

(2)$Y = A\overline{B}C + \overline{A} + B + \overline{C}$;

(3)$Y = \overline{\overline{ABC}} + A\overline{B}$;

(4)$Y = A\overline{B}CD + ABD + A\overline{C}D$;

(5)$Y = A\overline{B}(\overline{A}CD + \overline{AD + \overline{BC}})(\overline{A} + B)$;

(6)$Y = AC(\overline{CD} + \overline{AB}) + BC(\overline{\overline{B} + AD + CE})$;

(7)$Y = A\overline{C} + ABC + AC\overline{D} + CD$;

(8)$Y = A + (\overline{B + \overline{C}})(A + \overline{B} + C)(A + B + C)$;

(9)$Y = B\overline{C} + ABCE + \overline{B}(\overline{\overline{AD} + AD}) + B(A\overline{D} + \overline{A}D)$;

(10)$Y = AC + A\overline{C}D + AB\overline{E}F + B(D \oplus E) + \overline{B}CD\overline{E} + \overline{B}CDE + AB\overline{E}F$.

6. 求下列函数的反函数并化简为最简与或形式.

(1)$Y = AB + C$;

(2)$Y = (A + BC)\overline{C}D$;

(3)$Y = (A + \overline{B})(\overline{A} + C)AC + BC$;

(4)$Y = \overline{\overline{\overline{AB}C} + \overline{CD}(AC + BD)}$;

(5)$Y = A\overline{D} + \overline{A}C + \overline{B}CD + C$;

(6)$Y = \overline{E}\,\overline{F}\,\overline{G} + \overline{E}F\overline{G} + \overline{E}\,\overline{F}G + \overline{E}FG + E\overline{F}\,\overline{G} + E\overline{F}G + EF\overline{G} + EFG$.

7. 将下列各函数式化为最小项之和的形式.

(1)$Y = \overline{A}BC + AC + \overline{B}C$;

(2)$Y = A\overline{B}CD + BCD + \overline{A}D$;

(3)$Y = A + B + CD$;

(4)$Y = AB + \overline{BC(C + \overline{D})}$;

(5)$Y = L\overline{M} + M\overline{N} + N\overline{L}$.

8. 将下列各式化为最大项之积的形式.

(1)$Y = (A + B)(\overline{A} + \overline{B} + \overline{C})$;

(2)$Y = A\overline{B} + C$;

(3)$Y = \overline{A}B\overline{C} + \overline{B}C + A\overline{B}C$;

(4)$Y = BC\overline{D} + C + \overline{A}D$;

(5)$Y(A, B, C) = \sum(m_1, m_2, m_4, m_6, m_7)$.

9. 用卡诺图化简法将下列函数化为最简与或形式.

(1)$Y = ABC + ABD + \overline{C}\,\overline{D} + A\overline{B}C + \overline{A}C\overline{D} + A\overline{C}D$;

(2)$Y = A\overline{B} + \overline{A}C + BC + \overline{C}D$;

(3)$Y = \overline{AB} + B\overline{C} + \overline{A} + \overline{B} + ABC$;

(4)$Y = \overline{AB} + AC + \overline{B}C$;

(5)$Y = AB\overline{C} + \overline{AB} + \overline{A}D + C + BD$;

(6)$Y(A, B, C) = \sum(m_0, m_1, m_2, m_3, m_5, m_6, m_7)$;

(7)$Y(A, B, C) = \sum(m_1, m_3, m_5, m_7)$;

(8)$Y(A, B, C, D) = \sum(m_0, m_1, m_2, m_3, m_4, m_6, m_8, m_9, m_{10}, m_{11}, m_{14})$;

(9)$Y(A, B, C, D) = \sum(m_0, m_1, m_2, m_5, m_8, m_9, m_{10}, m_{12}, m_{14})$;

(10)$Y(A, B, C) = \sum(m_1, m_4, m_7)$.

10. 化简下列逻辑函数(方法不限).

(1)$Y = A\overline{B} + \overline{A}C + \overline{C}\,\overline{D} + D$;

(2)$Y = \overline{A}(C\overline{D} + \overline{C}D) + B\overline{C}D + A\overline{C}D + \overline{A}C\overline{D}$;

(3)$Y = (\overline{A} + \overline{B})D + (\overline{AB} + BD)\overline{C} + \overline{A}CBD + \overline{D}$;

(4)$Y = \overline{ABD} + \overline{ABCD} + \overline{B}CD + \overline{(A\overline{B} + C)} + (B + D)$;

(5)$Y = \overline{ABCD + ACDE + \overline{B}DE + AC\overline{D}E}$.

11. 试画出用与非门和反相器实现下列函数的逻辑图.

(1)$Y = AB + BC + AC$;

$(2)Y = (\overline{A} + B)(A + \overline{B})C + \overline{BC}$;

$(3)Y = \overline{AB\overline{C} + \overline{A}\overline{B}C + \overline{A}BC}$;

$(4)Y = A\,\overline{BC} + \overline{\overline{A}\overline{B}} + \overline{AB} + BC$.

12. 试分析如图 9 - 35 所示由与非门组成的组合逻辑电路所具有的逻辑功能.

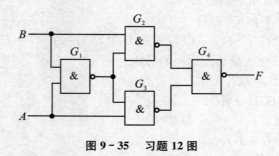

图 9 - 35   习题 12 图

第 10 章　组合逻辑电路

根据逻辑电路的功能特点,逻辑电路可分为组合逻辑电路和时序逻辑电路两大类.本章主要内容为讨论组合逻辑电路的基本概念、特点以及组合电路的分析和设计方法.介绍常用组合电路的功能和主要应用.通过本章学习,应很好地掌握组合电路的分析和设计方法,掌握常用组合逻辑器件的功能以及用组合逻辑器件实现组合逻辑功能的方法.

10.1　组合逻辑电路分析

组合逻辑电路是一种用逻辑门电路组成的,并且输出与输入之间不存在反馈电路和不含有记忆延迟单元的逻辑电路,可用如图 10 - 1 所示框图来描述组合逻辑电路.

图 10 - 1　组合逻辑电路一般框图

一个组合逻辑电路可以有多个输入,如 m 个输入;也可以有多个输出,如 n 个输出.因为组合逻辑电路中不存在反馈电路和记忆延迟单元,所以,某一时刻的输入决定这一时刻的输出,与这一时刻前的输入(过程)无关.换句话说,即当时的输入决定当时的输出.组合逻辑电路的输出和输入关系可用逻辑函数来表示.即

$$Y_j(t) = f_j(X_0(t), X_1(t), \cdots, X_i(t), \cdots, X_{m-1}(t))$$

或写为

$$Y_j = F_j(X_0, X_1, \cdots, X_i, \cdots, X_{m-1})$$

10.1.1　组合逻辑电路的一般分析方法

逻辑电路的分析是对给定逻辑电路获得其逻辑功能的过程.组合逻辑电路的输出是输入的逻辑函数,所以组合逻辑电路的分析以写组合逻辑电路的逻辑函数表达式为核心,其一般步骤如下:

(1) 根据给定组合电路逻辑图,逐级写出组合电路中各个门的输出表达式.

(2) 简化输出表达式.

(3) 列出真值表.

(4) 通过分析真值(功能)表或输出逻辑函数表达式获组合电路的逻辑功能.

下面举例来说明组合逻辑电路的分析方法.

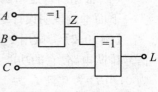

图 10 - 2　例 10.1 图

【例 10.1】 已知逻辑电路如图 10-2 所示,分析该电路的功能.

解: 第一步,根据逻辑图可写出输出函数的逻辑表达式为

$$L = A \oplus B \oplus C = (A \oplus B) \oplus C$$

第二步,列写真值表. 将输入变量 A、B、C 8 种可能的组合一一列出,为方便起见,表中增加中间变量 $A \oplus B$. 根据每一组变量取值的情况和上述表达式,分别确定 $A \oplus B$ 的值和 L 值,填入表中,如表 10-1 所示.

表 10-1 例 10.1 的真值表

A	B	C	$A \oplus B$	$L = (A \oplus B \oplus C)$
0	0	0	0	0
0	0	1	0	1
0	1	0	1	1
0	1	1	1	0
1	0	0	1	1
1	0	1	1	0
1	1	0	0	0
1	1	1	0	1

第三步,分析真值表后可知,当 A、B、C 3 个输入变量中取值有奇数个 1 时,L 为 1,否则 L 为 0. 可见该电路可用于检查 3 位二进制码的奇偶性,由于它在输入二进制码含有奇数个 1 时,输出有效信号,因此称为奇校验电路.

10.1.2 组合逻辑电路的一般设计方法

组合逻辑电路的设计是从对电路的逻辑要求出发,设计出满足要求的逻辑电路的过程. 完成同一逻辑要求的电路可能有多种,在实际设计过程中,这需要从多方面对设计的逻辑电路加以衡量,最终选出最恰当的电路. 在理论设计中,一般只对门电路的类型和器件数量加以考虑.

组合逻辑电路的设计过程是组合逻辑电路的设计过程的逆过程,组合逻辑电路设计的一般步骤如下:

(1) 根据逻辑要求,确定输入(变量)输出(函数)的个数,变量以及函数的逻辑值,列出组合电路的真值表.

(2) 根据所得组合电路的真值表,化简得逻辑函数的最简与或表达式.

(3) 根据所用门电路类型,将最简与或式转换成与门电路类型相对应的表达式.

(4) 根据所得逻辑函数表达式,画逻辑(原理)图.

下面举例说明设计组合逻辑电路的方法和步骤.

【例 10.2】 试用 2 输入与非门和反相器设计一个 3 输入(I_0, I_1, I_2)、3 输出(L_0、L_1、L_2)的信号排队电路. 它的功能是:当输入 I_0 为 1 时,无论 I_1 和 I_2 为 1 还是 0,输出 L_0 为 1,L_1 和 L_2 为 0;当 I_0 为 0 且 I_1 为 1,无论 I_2 为 1 还是 0,输出 L_1 为 1,其余两个输出为 0;当 I_2 为 1 且 I_0 和 I_1 均为 0 时,输出 L_2 为 1,其余两个输出为 0. 如 I_0、I_1、I_2 均为 0,则 L_0、L_1、L_2 也均为 0.

解: (1) 根据题意列出真值表,如表 10-2 所示.

表 10 - 2　例 10.2 的真值表

输　　入			输　　出		
I_0	I_1	I_2	L_0	L_1	L_2
0	0	0	0	0	0
1	×	×	1	0	0
0	1	×	0	1	0
0	0	1	0	0	1

注：×表示可取任意值，即既可取 0 也可取 1.

（2）根据真值表写出各输出逻辑表达式.

$$L_0 = I_0$$
$$L_1 = \overline{I_0} I_1$$
$$L_2 = \overline{I_0}\, \overline{I_1} I_2$$

（3）根据要求将上式变换为与非形式.

$$L_0 = I_0$$
$$L_1 = \overline{\overline{\overline{I_0} I_1}}$$
$$L_2 = \overline{\overline{\overline{I_0}\, \overline{I_1} I_2}}$$

由此可画出逻辑图，如图 10 - 3 所示. 该逻辑电路可用一片内含四个 2 输入端的与非门和另一片内含六个反相器的集成电路组成；也可用两片内含四个 2 输入端与非门的集成电路组成. 原逻辑表达式虽然是最简形式，但它需一片反相器和一片 3 输入端的与门才能实现，器件数和种类都不能节省. 由此可见，最简的逻辑表达式用一定规格的集成器件实现时，其电路结构不一定是最简单和最经济的. 设计逻辑电路时应以集成器件为基本单元，而不应以单个门为单元，这是工程设计与理论分析的不同之处.

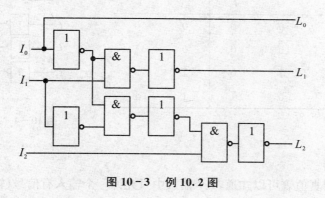

图 10 - 3　例 10.2 图

该电路可选取四双输入端与非门 74LS00 和六反相器 74CS04 构成，也可以用两片 74LS00 完成电路设计.

10.2　常用组合逻辑集成电路

　　在数字集成产品中有许多具有特定组合逻辑功能的数字集成器件,称为组合逻辑器件(或组合逻辑部件).本节主要介绍这些组合器件,以及这些组合部件的应用.

10.2.1　编码器

　　在数字系统中,将某一输入信息变换为某一特定的代码输出称为编码.具有编码功能的逻辑电路称为编码器.

　　常用的编码器有二进制编码器和二 ～ 十进制编码器等.所谓二进制编码器是指输入变量数(m)和输出变量数(n)成 2^n 倍关系的编码器,如有 4 线 /2 线,8 线 /3 线,16 线 /4 线的集成二进制编码器;二 ～ 十进制编码器是输入十进制数(十个输入分别代表 $0 \sim 9$ 十个数)输出相应 BCD 码的 10 线 /4 线编码器.

1. 二进制编码器

　　二进制编码器是对 2^n 个输入进行二进制编码的组合逻辑器件,按输出二进制位数称为 n 位二进制编码器.二线 / 四线编码器有 4 个输入(I_0,I_1,I_2,I_3 分别表示 $0 \sim 3$ 四个数或四个事件),给定一个数(或出现某一事件)以该输入为 1 表示,编码器输出对应二位二进制码(Y_1Y_0),其真值表如表 10-3 所示.根据真值表可得最小项表达式

$$Y_0(I_0,I_1,I_2,I_3) = \sum m(1,3),Y_1(I_0,I_1,I_2,I_3) = \sum m(2,3)$$

　　进一步分析表 10-3,则输出表达式可以用下式表示

$$Y_0 = I_1 + I_3 = \overline{\overline{I_1} \overline{I_3}}$$
$$Y_1 = I_2 + I_3 = \overline{\overline{I_2} \overline{I_3}}$$

　　由此输出函数表达式可得与非门逻辑电路,如图 10-4 所示的 2 线 /4 线编码器逻辑图.

表 10-3　2 线 /4 线编码器真值表

I_0	I_1	I_2	I_3	Y_1	Y_0
1	0	0	0	0	0
0	1	0	0	0	1
0	0	1	0	1	0
0	0	0	1	1	1

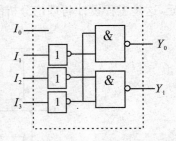

图 10-4　2 线 /4 线编码器

2. 优先编码器

　　由上述编码器真值表可以知道,4 个输入中只允许一个输入有信号(输入高电平).若 I_1 和 I_2 同时为 1,则输出 Y_1Y_0 为 11,此二进制码是 I_3 有输入时的输出编码.即此编码器在多个输入有效时会出现逻辑错误,这是其一.其二,在无输入时,即输入全 0 时,输出 Y_1Y_0 为 00,与 I_0 为 1 时相同.也就是说,当 $Y_1Y_0 = 00$ 时,输入端 I_0 并不一定有信号.

　　为了解决多个输入同时有效问题可采用优先编码方式.优先编码指按输入信号优先权对输入编码,既可以大数优先,也可以小数优先.为了解决输出唯一性问题可增加输出使能端

E_0,用以指示输出的有效性.

大数优先的优先编码器真值表如表 10-4 所示. 表 10-4 中增加一个输入使能信号 E_I, E_I 等于零时,禁止输入,此时无论输入是什么,输出都无效. 只有 E_I 等于 1 时才具有优先编码功能. 增加的输出使能信号 E_0 为 1 时,表示输出有效.

$$Y_1 = E_1(I_2 \overline{I_3} + I_3) = E_1(I_2 + I_3)$$

$$Y_0 = E_1(I_1 \overline{I_2 I_3} + I_3) = E_1(I_1 \overline{I_2} + I_3)$$

$$E_0 = E_1(I_0 \overline{I_1 I_2 I_3} + I_1 \overline{I_2 I_3} + I_2 \overline{I_3} + I_3) = E_1(I_0 + I_1 + I_2 + I_3)$$

由于输入变量数较多,一般通过对真值表分析直接写表达式. 例如, Y_1 有两项"1",对应有两个乘积项. 一项为 $E_I I_3$,另一项为 $E_1 I_2 \overline{I_3}$. 再利用吸收公式简化,得 Y_1 表达式. 同理,可得 Y_0, E_0 两个输出表达式. 用与或非门实现此逻辑功能,图 10-5 给出了该逻辑电路的方框图,一般输入写在方框左边,输出写在方框右边. 方框图只能表示输入和输出端,而输入输出间逻辑关系需用功能表或真值表来描述.

表 10-4　2 线 /4 线优先编码器真值表

E_1	I_0	I_1	I_2	I_3	Y_1	Y_0	E_0
0	×	×	×	×	0	0	0
1	0	0	0	0	0	0	0
1	1	0	0	0	0	0	1
1	×	1	0	0	0	1	1
1	×	×	1	0	1	0	1
1	×	×	×	1	1	1	1

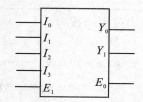

图 10-5　具有输入输出使能的优先编码器

3. 二 ～ 十进制编码器

二 ～ 十进制编码器码对十个输入 $I_0 \sim I_9$(代表 0 ～ 9)进行 8421BCD 编码,输出一位 BCD 码(ABCD). 输入十进制数可以是键盘,也可以是开关输入. 但输入有高电平有效和低电平有效之分,如图 10-6 所示. 图 10-6(a)所示中开关按下时给编码器输入低电平有效信号;图 10-6(b)中开关按下时给编码器输入高电平有效信号. 比较图 10-6(a)、(b)两图,图 10-6(a)中 R 可选较大阻值,图 10-6(b)中 R 应小于门电路的关门电阻 R_{OFF},实际应用中多采用低电平有效信号.

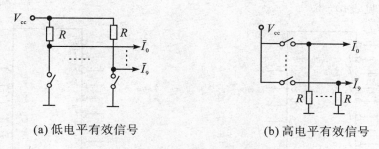

(a) 低电平有效信号　　　　　　　(b) 高电平有效信号

图 10-6　键控输入信号

若输入信号低电平有效可得二 ～ 十进制编码器真值表(表 10-5),表中输入变量上的非代表输入低电平有效的意义.

表 10 - 5　4/10 线编码器真值表

十进制数	输　　入										输　　出			
	$\overline{I_0}$	$\overline{I_1}$	$\overline{I_2}$	$\overline{I_3}$	$\overline{I_4}$	$\overline{I_5}$	$\overline{I_6}$	$\overline{I_7}$	$\overline{I_8}$	$\overline{I_9}$	D	C	B	A
0	0	1	1	1	1	1	1	1	1	1	0	0	0	0
1	1	0	1	1	1	1	1	1	1	1	0	0	0	1
2	1	1	0	1	1	1	1	1	1	1	0	0	1	0
3	1	1	1	0	1	1	1	1	1	1	0	0	1	1
4	1	1	1	1	0	1	1	1	1	1	0	1	0	0
5	1	1	1	1	1	0	1	1	1	1	0	1	0	1
6	1	1	1	1	1	1	0	1	1	1	0	1	1	0
7	1	1	1	1	1	1	1	0	1	1	0	1	1	1
8	1	1	1	1	1	1	1	1	0	1	1	0	0	0
9	1	1	1	1	1	1	1	1	1	0	1	0	0	1

输出逻辑函数为

$$\begin{cases} D = "9" + "8" = I_9 + I_8 = \overline{\overline{I_9}\,\overline{I_8}} \\ C = "7" + "6" + "5" + "4" = I_7 + I_6 + I_5 + I_4 = \overline{\overline{I_7}\,\overline{I_6}\,\overline{I_5}\,\overline{I_4}} \\ B = "7" + "6" + "3" + "2" = I_7 + I_6 + I_3 + I_2 = \overline{\overline{I_7}\,\overline{I_6}\,\overline{I_3}\,\overline{I_2}} \\ A = "9" + "7" + "5" + "3" + "1" = I_9 + I_7 + I_5 + I_3 + I_1 = \overline{\overline{I_9}\,\overline{I_7}\,\overline{I_5}\,\overline{I_3}\,\overline{I_1}} \end{cases}$$

式中"9"表示开关 9 合上,同时只能有一个开关合上. 如图 10 - 7 所示用方框表示此编码器,输入端用非号和小圈双重表示输入信号低电平有效,并不表示输入信号要经过两次反相.输出端没有小圈和非符号,表示输出高电平有效.

4. 集成编码器

编码器集成电路有 TTL 集成编码器也有 CMOS 集成编码器,按功能又有多种型号. 这里仅介绍 74147 和 74148 集成编码器.

(1) 8 线 /3 线优先编码器 74148. 74148 是 TTL 三位二进制优先编码器,双排直立封装. 74148 的方框图如图 10 - 8 所示,它有 8 线输入 $\overline{I_0} \sim \overline{I_7}$ 以及输入使能 $\overline{E_1}$ 共 9 个输入端;共有 5 个输出端,其中,3 线编码输出 $\overline{Y_2} \sim \overline{Y_0}$,一个输出编码有效标志 $\overline{GS}$ 和一个输出使能端 $\overline{E_0}$. 74148 功能表见表10 - 6.

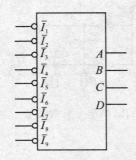

图 10 - 7　10/4 线编码器

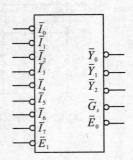

图 10 - 8　8 线 /3 线键控编码器 74148

表 10-6　74148 真值表

$\overline{E_1}$	$\overline{I_0}$	$\overline{I_1}$	$\overline{I_2}$	$\overline{I_3}$	$\overline{I_4}$	$\overline{I_5}$	$\overline{I_6}$	$\overline{I_7}$	$\overline{Y_2}$	$\overline{Y_1}$	$\overline{Y_0}$	$\overline{GS}$	$\overline{E_0}$
1	×	×	×	×	×	×	×	×	1	1	1	1	1
0	1	1	1	1	1	1	1	1	1	1	1	1	0
0	0	1	1	1	1	1	1	1	1	1	1	0	1
0	×	0	1	1	1	1	1	1	1	1	0	0	1
0	×	×	0	1	1	1	1	1	1	0	1	0	1
0	×	×	×	0	1	1	1	1	1	0	0	0	1
0	×	×	×	×	0	1	1	1	0	1	1	0	1
0	×	×	×	×	×	0	1	1	0	1	0	0	1
0	×	×	×	×	×	×	0	1	0	0	1	0	1
0	×	×	×	×	×	×	×	0	0	0	0	0	1

由表 10-6 可知,输入使能信号 $\overline{E_1}$ 低电平有效,$\overline{E_1}$ 低电平时实现 8 线/3 线编码功能;$\overline{E_1}$ 高电平时输入无效,输出与输入无关,且均为无效电平.输入信号 $\overline{I_0} \sim \overline{I_7}$ 也是低电平有效.在 $\overline{E_1}=0$,输入中有信号($\overline{I_0} \sim \overline{I_7}$ 中有 0 时),$\overline{GS}$ 输出低电平(低电平有效),表示此时输出是对输入有效编码;$\overline{E_1}=0$ 及无输入信号($\overline{I_0} \sim \overline{I_7}$ 中无 0)或禁止输入($\overline{E_1}=1$)时,$\overline{GS}$ 输出高电平,表示输出信号无效.当编码器处于编码状态($\overline{E_1}=0$)且输入无信号时,输出使能 $\overline{E_0}$ 为低电平.$\overline{E_0}$ 可作为下一编码器的 $\overline{E_1}$ 输入,用于扩展编码位数.三位二进制输出是以反码形式对输入信号的编码,或者说输出也是低电平有效的.

(2)二~十进制优先编码器 74147.十进制优先编码器 74147 的真值表见表 10-7,与 74148 相比较,74147 没有输入和输出使能端,也没有标志位(GS),实际应用时要附加电路来产生 GS.和 74148 一样,74147 输入和输出信号也都是低电平有效的,输出为相应 BCD 码的反码.图 10-9 给出了 74147 的方框图.

10-7　74147 真值表

十进制数	$\overline{I_0}$	$\overline{I_1}$	$\overline{I_2}$	$\overline{I_3}$	$\overline{I_4}$	$\overline{I_5}$	$\overline{I_6}$	$\overline{I_7}$	$\overline{I_8}$	$\overline{I_9}$	$\overline{D}$	$\overline{C}$	$\overline{B}$	$\overline{A}$
	1	1	1	1	1	1	1	1	1	1	1	1	1	1
0	0	1	1	1	1	1	1	1	1	1	1	1	1	1
1	×	0	1	1	1	1	1	1	1	1	1	1	1	0
2	×	×	0	1	1	1	1	1	1	1	1	1	0	1
3	×	×	×	0	1	1	1	1	1	1	1	1	0	0
4	×	×	×	×	0	1	1	1	1	1	1	0	1	1
5	×	×	×	×	×	0	1	1	1	1	1	0	1	0
6	×	×	×	×	×	×	0	1	1	1	1	0	0	1
7	×	×	×	×	×	×	×	0	1	1	1	0	0	0
8	×	×	×	×	×	×	×	×	0	1	0	1	1	1
9	×	×	×	×	×	×	×	×	×	0	0	1	1	0

(3)74148 扩展应用.图 10-10 是用两片 74148 实现 16 线/4 线编码器的逻辑图.图 10-10 中,高位编码器芯片 74148-2 的 $\overline{E_0}$ 接低位编码器芯片 74148-1 的 $\overline{E_1}$,即高位编码器的 $\overline{E_0}$ 控制低位编码器的工作状态.图中高位编码器($\overline{E_1}$ 接地)始终处于编码状态,输入($\overline{I_8} \sim \overline{I_{15}}$ 中)有

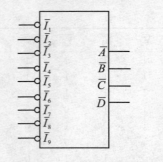

图 10-9　9 线 /4 线编码器 74147

信号时，74148-2 的 $\overline{E_0}$ 为"1"禁止 74148-1 工作，同时又作为高电平有效的四位二进制输出的最高位 Y_3.

例如，$\overline{I_{15}}\,\overline{I_{14}} = 10$，74148-2 编码输出 001，74148-1 禁止输出 111，经与非门输出 $Y_2 Y_1 Y_0 = 110$，考虑到 $\overline{E_0} = 1$，合成输出 $Y_3 Y_2 Y_1 Y_0 = 1110$，即 14 的二进制码. 若 $\overline{I_{15}} \sim \overline{I_8} = 11111111$，$\overline{I_7} = 0$，74148-2 的 $E_0 = 0$，74148-1 编码输出 000，合成输出 $Y_3 Y_2 Y_1 Y_0 = 0111$，即 7 的二进制码. 注意到集成电路有效输出时标志位低电平，经与非门反相后变为高电平有效的标志信号 G_S.

如果将图 10-10 中与非门改为与门，则 $Y_3 Y_2 Y_1 Y_0$ 和 G_S 又都成低电平有效的信号.

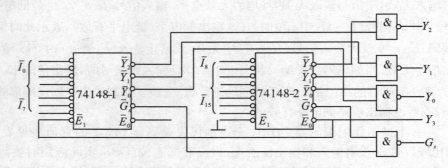

图 10-10　用 74148 实现 4 位二进制编码器

10.2.2　译码器

译码是编码的逆过程，所以，译码器的逻辑功能是将具有特定含义的二进制码进行辨别，并转换成控制信号. 按功能，译码器有两大类：通用译码器和显示译码器.

1. 通用译码器

这里通用译码器是指将输入 n 位二进制码还原成 2^n 个输出信号，或将一位 BCD 码还原为 10 个输出信号的译码器，常用译码器有 2 线 /4 线译码器，3 线 /8 线译码器，4 线 /10 线译码器等.

(1)2 线 /4 线译码器. 广义上讲，通用译码器给定一个(二进制或 BCD)输入就有一个输出(高电平或低电平)有效，表明该输入状态. 一般来说，每一个输出函数都是一个最小项. 表 10-8 给出了两位二进制通用译码器的真值表，其输出函数如下，从而得逻辑图如图10-11 所示.

表 10-8　2 线 /4 线译码器真值表

A_1	A_0	Y_0	Y_1	Y_2	Y_3
0	0	1	0	0	0
0	1	0	1	0	0
1	0	0	0	1	0
1	1	0	0	0	1

$$\begin{cases} Y_0 = \overline{A_1}\,\overline{A_0} = m_0 \\ Y_1 = \overline{A_1} A_0 = m_1 \\ Y_2 = A_1 \overline{A_0} = m_2 \\ Y_3 = A_1 A_0 = m_3 \end{cases}$$

（2）集成 3 线 /8 线译码器 74138. 集成 3 线 /8 线译码器 74138 除了 3 线到 8 线的基本译码输入输出端外，为便于扩展成更多位的译码电路和实现数据分配功能，74138 还有三个输入使能端 EN_1，$\overline{EN}_{2A}$ 和 $\overline{EN}_{2B}$. 74138 真值表和内部逻辑图分别见如表 10-9 和图 10-12 所示. 图中输出低电平有效，74138 的三个输入使能（又称选通 ST）信号之间是与逻辑关系，EN_1 高电平有效，$\overline{EN}_{2A}$ 和 $\overline{EN}_{2B}$ 低电平有效. 只有在所有使能端都为有效电平（$EN_1\ \overline{EN}_{2A}\ \overline{EN}_{2B} = 100$）时，74138 才对输入进行译码，相应输出端为低电平，即输出信号为低电平有效. 在 $EN_1\ \overline{EN}_{2A}\ \overline{EN}_{2B} \neq 100$ 时，译码器停止译码，输出无效电平（高电平）.

表 10-9　译码器 74138 真值表

EN_1	$\overline{EN}_{2A}$	$\overline{EN}_{2B}$	A_2	A_1	A_0	$\overline{Y}_7$	$\overline{Y}_6$	$\overline{Y}_5$	$\overline{Y}_4$	$\overline{Y}_3$	$\overline{Y}_2$	$\overline{Y}_1$	$\overline{Y}_0$
0	×	×	×	×	×	1	1	1	1	1	1	1	1
×	1	×	×	×	×	1	1	1	1	1	1	1	1
×	×	1	×	×	×	1	1	1	1	1	1	1	1
1	0	0	0	0	0	1	1	1	1	1	1	1	0
			0	0	1	1	1	1	1	1	1	0	1
			0	1	0	1	1	1	1	1	0	1	1
			0	1	1	1	1	1	1	0	1	1	1
			1	0	0	1	1	1	0	1	1	1	1
			1	0	1	1	1	0	1	1	1	1	1
			1	1	0	1	0	1	1	1	1	1	1
			1	1	1	0	1	1	1	1	1	1	1

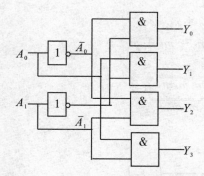
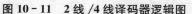

图 10-11　2 线 /4 线译码器逻辑图

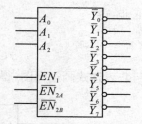

图 10-12　3 线 /8 线译码器 74138

（3）集成译码器的扩展应用. 集成译码器通过给使能端施加恰当的控制信号，就可以扩展其输入位数. 以下用 74138 为例，说明集成译码器扩展应用的方法. 如图 10-13 所示，用两片74138 实现 4 线 /16 线的译码器.

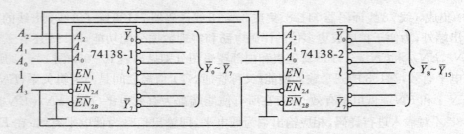

图 10-13　74138 扩展成 4 线 /16 线译码器

(4) 用集成译码器设计组合逻辑电路. 在使能条件下,通用集成译码器的每一个输出与输入是最小项关系,即

$$Y_i = m_i$$

由于集成译码器一般是输出低电平有效,所以,输出又可以写成

$$\overline{Y_i} = \overline{m_i}$$

对于逻辑函数最小项表达式

$$L = \sum m_i$$

两次取非,得逻辑函数与非表达式

$$L = \overline{\prod \overline{m_i}}$$

也就是说,译码器低电平有效的输出经与非门组合可以实现任意逻辑函数. 与数据选择器实现任意逻辑函数相比,用译码器实现时,要多用一与非门,以便将译码器的多个输出适当地组合起来.

【例 10.3】　试用 3 线 /8 线译码器实现全加器.

【分析】　全加器有被加数 A,加数 B 和低位送来的进位 CI 三个输入,与 3 线 /8 线译码器的三个输入 $A_2A_1A_0$ 对应;全加器有累加和 S 及向高位进位 CO 两个输出,可用两个与非门分别组合译码器的最小项输出获得 S 和 CO.

解:由全加器真值表得 S 和 CO 的最小项表达式

$$S(A,B,CI) = m_1 + m_2 + m_4 + m_7$$
$$CO(A,B,CI) = m_3 + m_5 + m_6 + m_7$$

两次取非,得

$$S(A,B,CI) = \overline{\overline{m_1 m_2 m_4 m_7}}$$
$$CO(A,B,CI) = \overline{\overline{m_3 m_5 m_6 m_7}}$$

按照与非表达式画逻辑图,得图 10-14.

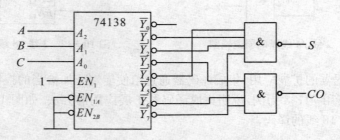

图 10-14　3 线 /8 线译码器 74138 和与非门实现全加器

2. 显示译码器

显示译码器是将输入二进制码转换成显示器件所需要的驱动信号. 数字电路中, 较多地采用七段字符显示器.

(1) 7 段字符显示器. 在数字系统中, 经常要用到字符显示器. 目前, 常用字符显示器有发光二极管 LED 字符显示器和液态晶体 LCD 字符显示器.

发光二极管是用砷化镓、磷化镓等材料制造的特殊二极管. 在发光二极管正向导通时, 电子和空穴大量复合, 把多余能量以光子形式释放出来, 根据材料不同发出不同波长的光. 发光二极管既可以用高电平点亮, 也可以用低电平驱动, 分别如图 10 - 15(a)、(b) 所示.

(a) 高电平驱动　　　　(b) 低电平驱动

图 10 - 15　发光二极管驱动电路

其中限流电阻一般几百到几千欧姆, 由发光亮度(电流)决定. 将七个发光二极管封装在一起, 每个发光二极管做成字符的一个段, 就是所谓的 7 段 LED 字符显示器. 根据内部连接的不同, LED 显示器有共阴极和共阳极之分, 如图 10 - 16 所示. 由图可知, 共阴极 LED 显示器适用于高电平驱动, 共阳极 LED 显示器适用于低电平驱动. 由于集成电路的高电平输出电流小, 而低电平输出电流相对比较大, 采用集成电路直接驱动 LED 时, 较多地采用低电平驱动方式.

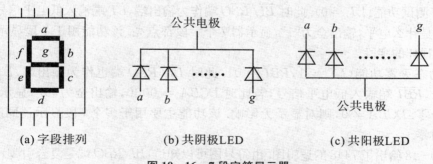

(a) 字段排列　　　　(b) 共阴极LED　　　　(c) 共阳极LED

图 10 - 16　7 段字符显示器

液晶 7 段字符显示器 LCD 利用液态晶体在有外加电场和无外加电场时不同的光学特性来显示字符. 无外加电场时, 液晶排列整齐, 入射光大部分反射回来, 液晶呈透明状态. 外加电场时, 液晶因电离而打破分子规则排列, 入射光散射, 仅一小部分反射回来, 液晶呈混浊状态, 显示暗灰色. LCD 字符显示器的 7 段透明电极做成如图 10 - 16(a) 形状, 并有一公共电极称为背电极也做成此形状. 透明电极和背电极之间加电场, LCD 显示此透明电极形状. 为防止液晶疲劳, 提高液晶寿命, 显示字符时应在透明电极和公共电极之间加 50 ~ 500 Hz 的交变电场. 通常用异或门来产生所需交变电场, 如图 10 - 17 所示.

(2) 集成 7 段显示译码器 7448. 集成显示译码器有多种型号, 有 TTL 集成显示译码器, 也有 CMOS 集成显示译码器;有高电平输出有效的,也有低电平输出有效的;有推挽输出结构的,也有集电极开路输出结构;有带输入锁存的,有带计数器的集成显示译码器. 就 7 段显示译码器而言,它们的功能大同小异,主要区别在于输出有效电平. 7 段显示的译码器 7448 是输出高电平有效的译码器,其真值表如表 10 - 10.

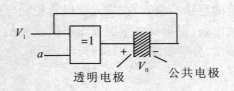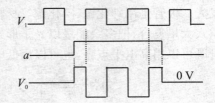

图 10 - 17　LCD 显示驱动电路及波形

7448 除了有实现 7 段显示译码器基本功能的输入($DCBA$)和输出($Y_a \sim Y_g$)端外,7448 还设计有亮灯测试输入端($\overline{LT}$)和动态灭零输入端($\overline{RBI}$),以及既有输入功能又有输出功能的消隐输入 / 动态灭零输出($\overline{BI} / \overline{RBO}$)端.

由 7448 真值表可获知 7448 所具有的逻辑功能:

① 7 段译码功能($\overline{LT} = 1, \overline{RBI} = 1$). 在灯测试输入端($\overline{LT}$)和动态灭零输入端($\overline{RBI}$)都接无效电平时,输入 $DCBA$ 经 7448 译码,输出高电平有效的 7 段字符显示器的驱动信号,显示相应字符. 除 $DCBA = 0000$ 外,$\overline{RBI}$ 也可以接低电平,见表 10 - 10 所示.

② 消隐功能($\overline{BI} = 0$). $\overline{BI} / \overline{RBO}$ 端既可作为输入端也可作为输出端,该端输入低电平信号时,无论 $\overline{LT}$ 和 $\overline{RBI}$ 输入什么电平信号,不管输入 $DCBA$ 为什么状态,输出全为"0",7 段显示器熄灭. 该功能主要用于多显示器的动态显示.

③ 灯测试功能($\overline{LT} = 0$). 此时 $\overline{BI} / \overline{RBO}$ 端作为输出端,$\overline{LT}$ 端输入低电平信号时,无论其他输入端是什么电平,输出全为"1",显示器 7 个字段都点亮. 该功能用于 7 段显示器测试,判别是否有损坏的字段.

④ 动态灭零功能($\overline{LT} = 1, \overline{RBI} = 0$). 此时 $\overline{BI} / \overline{RBO}$ 端也作为输出端,$\overline{LT}$ 端输入高电平信号,$\overline{RBI}$ 端输入低电平信号,若此时 $DCBA = 0000$,输出全为"0",显示器熄灭,不显示这个零. $DCBA \neq 0$,则对显示无影响. 该功能主要用于多个 7 段显示器同时显示时熄灭高位的零.

图 10 - 18 给出了 7448 的逻辑图. 由符号图可以知道,$\overline{BI}/\overline{RBO}$ 端是复合引脚,具有输入和输出双重功能. 作为输入 $\overline{BI}$ 低电平时,所有字段输出置 0,即实现消隐功能. 作为输出($\overline{RBO}$),相当于 $RBO = RBI + A_3 + A_2 + A_1 + A_0$,可实现动态灭零功能. LT 端为有效低电平时,所有字段置 1,实现灯测试功能.

⑤ 显示译码器 7448 应用举例:

【例 10.4】　在四位译码显示电路中,实现显示低位"12".

【分析】　在多个 7 段显示器显示字符时,通常不希望显示高位的"0",例如,四位十进制显示时,数 12 应显示为"12"而不是"0012",即要把高位的两个"0"消隐掉.

表 10 - 10　7 段显示译码器 7448 真值表

| 功能 | 输　入 | | | | 输　出 | | | | | | | 显示 |
十进制	$\overline{LT}$	$\overline{RBI}$	$DCBA$	$\overline{BI}/\overline{RB0}$	Y_a	Y_b	Y_c	Y_d	Y_e	Y_f	Y_g	字符
0	1	1	0 0 0 0	1	1	1	1	1	1	1	0	0
1	1	X	0 0 0 1	1	0	1	1	0	0	0	0	1
2	1	X	0 0 1 0	1	1	1	0	1	1	0	1	2
3	1	X	0 0 1 1	1	1	1	1	1	0	0	1	3
4	1	X	0 1 0 0	1	0	1	1	0	0	1	1	4
5	1	X	0 1 0 1	1	1	0	1	1	0	1	1	5
6	1	X	0 1 1 0	1	0	0	1	1	1	1	1	6
7	1	X	0 1 1 1	1	1	1	1	0	0	0	0	7
8	1	X	1 0 0 0	1	1	1	1	1	1	1	1	8
9	1	X	1 0 0 1	1	1	1	1	0	0	1	1	9
10	1	X	1 0 1 0	1	0	0	0	1	1	0	1	c
11	1	X	1 0 1 1	1	0	0	1	1	0	0	1	コ
12	1	X	1 1 0 0	1	0	1	0	0	0	1	1	U
13	1	X	1 1 0 1	1	1	0	0	1	0	1	1	느
14	1	X	1 1 1 0	1	0	0	0	1	1	1	1	ヒ
15	1	X	1 1 1 1	1	0	1	1	0	0	0	0	
消隐	X	X	X X X X	0	0	0	0	0	0	0	0	
脉冲消隐	1	0	0 0 0 0	0	0	0	0	0	0	0	0	
灯测试	0	X	X X X X	1	1	1	1	1	1	1	1	8

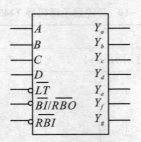

图 10 - 18　7 段显示译码器 7448

解:具有此功能的译码显示电路如图 10 - 19 所示.

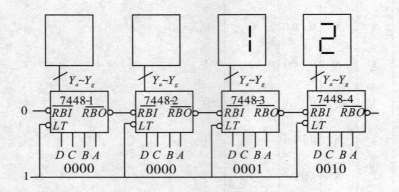

图 10 - 19　高位"0"消隐的四位译码显示电路

图中高位动态灭零输入直接接低电平,高位动态灭零输出作为低位动态灭零输入. 由于最高位动态灭零输入接低电平,7448 - 1 输入 $DCBA = 0000$,显示熄灭,同时 7448 - 1 灭零输出 $\overline{RBO} = 0$ 使 7448 - 2 处于动态灭零状态,7448 - 2 输入 $DCBA = 0000$,显示也熄灭;虽然 7448 - 3 动态灭零输入也是低电平,但输入 $DCBA \neq 0000$,所以显示字符"1",且动态灭零输出为高电平;7448 - 4 的 $\overline{RBI} = 1$,显示字符"2",若 7448 - 4 输入 $DCBA = 0000$ 则可以显示这个"0".

【例 10.5】　试分析如图 10 - 20(a) 所示字符显示电路的工作原理,ST_1、ST_2、ST_3 波形如图 10 - 20(b) 所示.

解:图 10 - 20 给出了三位字符动态显示电路及相应的选通信号(ST),同一时间只有一个选通信号有效(高电平),输入 BCD 码数据线共用. $ST_1 = 1$,7448 - 1 译码驱动对应显示器,其他两个译码器工作在消隐状态对应显示器熄灭,此时数据线输入个位显示字符的 BCD 码. $ST_2 = 1$,中间译码器工作,输入 $DCBA$ 应是百位显示字符的 BCD 码. 依此类推,每个字符显示器只在相应 ST 为 1 时点亮,这种工作方式称为动态扫描方式.

3. CMOS BCD 7 段字符显示译码器 4511

4511 为 CMOS 7 段显示译码器,具有锁存／译码／驱动功能. 其管脚名称和功能如图 10 - 19 所示,$\overline{LT}$ 为灯测试端,$\overline{BI}$ 为灯熄灭端,LE 为锁存使能端. 表 10 - 11 列出了 4511 的逻辑功能.

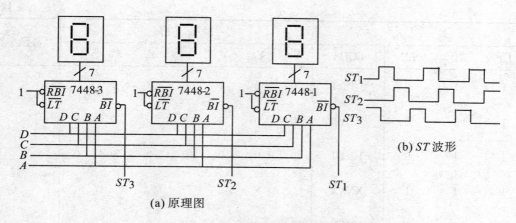

(a) 原理图

(b) ST 波形

图 10-20　三位字符动态显示电路

表 10-11　7 段显示译码器 4511 真值表

输 入				输 出							显示字符
$\overline{LT}$	$\overline{BI}$	LE	$DCBA$	Y_a	Y_b	Y_c	Y_d	Y_e	Y_f	Y_g	
1	1	0	0000	1	1	1	1	1	1	0	０
1	1	0	0001	0	1	1	0	0	0	0	１
1	1	0	0010	1	1	0	1	1	0	1	２
1	1	0	0011	1	1	1	1	0	0	1	３
1	1	0	0100	0	1	1	0	0	1	1	４
1	1	0	0101	1	0	1	1	0	1	1	５
1	1	0	0110	0	0	1	1	1	1	1	６
1	1	0	0111	1	1	1	0	0	0	0	７
1	1	0	1000	1	1	1	1	1	1	1	８
1	1	0	1001	1	1	1	0	0	1	1	９
1	1	0	1010	0	0	0	0	0	0	0	
1	1	0	1011	0	0	0	0	0	0	0	
1	1	0	1100	0	0	0	0	0	0	0	

输　入				输　出							显示字符
$\overline{LT}$	$\overline{BI}$	LE	$DCBA$	Y_a	Y_b	Y_c	Y_d	Y_e	Y_f	Y_g	
1	1	0	1101	0	0	0	0	0	0	0	
1	1	0	1110	0	0	0	0	0	0	0	
1	1	0	1111	0	0	0	0	0	0	0	
1	1	1	XXXX		*						*
1	0	X	XXXX	0	0	0	0	0	0	0	
0	X	X	XXXX	1	1	1	1	1	1	1	8

* —— 取决于 LE 上跳时 BCD 输入.

从表 10-11 可以看出, $\overline{LT} = 0$(低电平有效) 时, 所有字段亮, 实现灯测试功能. $\overline{BI} = 0$(低电平有效) 时, 所有字段熄灭, 实现消隐功能. 在 $\overline{LT}$ 和 $\overline{BI}$ 均为高电平时, 4511 实现 BCD 译码显示功能. 锁存使能 LE 端(高电平有效) 在 LE 上跳时锁存 4511 的输入 BCD 码字符, 以后输入变化显示内容不变; $LE = 0$, 显示输入端此时输入的 BCD 码相对应的字符, 但只能显示字符 "0" ～ "9". 利用 4511 的锁存功能, 多个 7 段译码器可以实现数据线共享. 图 10-21 为译码器 4511 逻辑图.

10.2.3　数据分配器

数据分配是指信号源输入的二进制数据按需要分配到不同的输出通道, 如图 10-22 所示, 实现这种逻辑功能的组合逻辑器件称为数据分配器, $M(= 2^N)$ 个输出通道需要 N 位二进制信号来选择输出通道, 称为 N 位地址(信号).

由通用译码器功能可知, 二进制译码器在使能条件下的每一个输出函数都是一个最小项, 可以实现数据通道的选择.

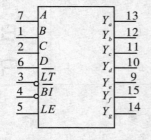

图 10-21　CMOS7 段译码器 4511

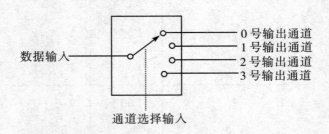

图 10-22　数据分配器示意图

【例 10.6】　试用 3 线 /8 线译码器实现数据分配器功能.

【分析】　以 3 线 /8 线译码器 Y_0 为例,

$$Y_0 = EN_1 \overline{EN}_{2A} \overline{EN}_{2B} \overline{A}_2 \overline{A}_1 \overline{A}_0$$
$$= EN \overline{A}_2 \overline{A}_1 \overline{A}_0 = \overline{A}_2 \overline{A}_1 \overline{A}_0 (EN = 1)$$

其中,$EN = EN_1 \overline{EN}_{2A} \overline{EN}_{2B}$. 考虑到 3 线 /8 线 74138 输出低电平有效,其输出函数可写成以下形式

$$\overline{Y_0} = \overline{EN_1 \overline{EN}_{2A} \overline{EN}_{2B} \overline{A}_2 \overline{A}_1 \overline{A}_0} = \overline{EN \overline{A}_2 \overline{A}_1 \overline{A}_0} = \overline{\overline{A}_2 \overline{A}_1 \overline{A}_0} (EN = 1)$$

若将使能端作为数据输入端,即 $EN = \overline{D}$,则输出 $\overline{Y}_i = \overline{\overline{D} m_i} = D_{m_i}$,$m_i$ 为地址 $A_2 A_1 A_0$ 的组合.

解:74138 的 $A_2 A_1 A_0$ 相当于图 10 - 23 中的通道选择信号,即地址. 输入某一地址,该地址对应的通道输出数据 $\overline{Y}_i = D$. 如图 10 - 23 所示,地址 $A_2 A_1 A_0 = 000$ 时,数据由通道 0 输出,其他输出端为逻辑常量 1;改变地址,数据也改变输出通道,实现数据分配功能.

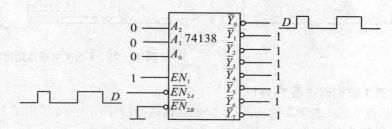

图 10 - 23　74138 用作为数据分配器

10.2.4　数据选择器

数据选择器的逻辑功能与数据分配器的逻辑功能相反,是将多个数据源输入的数据有选择地送到公共输出通道,其功能示意图如图 10 - 24 所示. 一般地说,数据选择器的数据输入端数 M 和数据选择端数 N 成 2^N 倍关系,数据选择端确定一个二进制码(或称为地址),对应地址通道的输入数据被传送到输出端(公共通道).

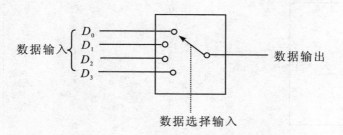

图 10 - 24　数据选择器示意图

1.4 选 1 数据选择器

4 选 1 数据选择器有 4 个数据输入端(D_3, D_2, D_1, D_0)和 2 个数据选择输入端(A_1, A_0),1 个数据输出端(Y),另外附加 1 个使能(选通)端(EN). 根据 4 选 1 数据选择器功能,并设使能信号低电平有效,可得 4 选 1 数据选择器功能表如表 10 - 12 所示. 再由功能表可写出输出逻辑函数

$$Y = \overline{EN}A_1\overline{A_0}D_0 + \overline{EN}\overline{A_1}A_0D_1 + \overline{EN}A_1\overline{A_0}D_2 + \overline{EN}A_1A_0D_3$$

$$= \sum \overline{EN}m_iD_i$$

由此得逻辑图,如图 10-25 所示.

表 10-12　4 选 1 数据选择器功能表

EN	A_1	A_0	Y
1	X	X	0
0	0	0	D_0
0	0	1	D_1
0	1	0	D_2
0	1	1	D_3

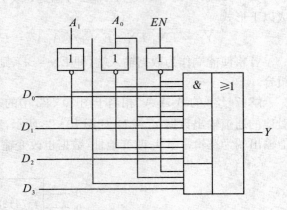

图 10-25　4 选 1 数据选择器逻辑图

2. 集成 8 选 1 数据选择器 74151

74151 是具有 8 选 1 逻辑功能的 TTL 集成数据选择器,图 10-26 给出了 74151 内部逻辑图及双排直立封装的引脚号.

根据逻辑图可得输出逻辑表达式

$$Y = \sum \overline{EN}m_iD_i = \overline{EN}\sum m_iD_i$$

可见,输出函数是输入最小项与对应输入数据乘积之逻辑和. 由表达式可知,使能信号低电平有效,得 74151 功能表,如表 10-13 所示.

表 10-13　74151 功能表

$\overline{EN}$	A_2	A_1	A_0	Y	$\overline{Y}$
1	X	X	X	0	1
0	0	0	0	D_0	$\overline{D_0}$
0	0	0	1	D_1	$\overline{D_1}$
0	0	1	0	D_2	$\overline{D_2}$
0	0	1	1	D_3	$\overline{D_3}$
0	1	0	0	D_4	$\overline{D_4}$
0	1	0	1	D_5	$\overline{D_5}$
0	1	1	0	D_6	$\overline{D_6}$
0	1	1	1	D_7	$\overline{D_7}$

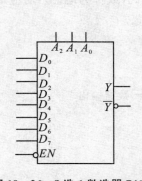

图 10-26　8 选 1 数选器 74151

3. 集成数据选择器的扩展应用

在有些场合需要扩展数据选择器的数据输入端数目.

【例 10.7】　已知 74153 为双 4 选 1 数据选择器,功能表见表 10-14. 试用 74153 实现 16 选 1 数据选择器功能.

【分析】　有 16 个输入数据 $(D_0 \sim D_{15})$ 需要 4 个 4 选 1 数据选择器以形成 16 个数据通道，需要 4 个数据选择信号，即 4 位地址 $(A_0 \sim A_3)$ 以确定哪个数据输出. 如图 10-27 所示中给出了用 4 选 1 数据选择器实现 16 选 1 数据选择器的两种方案.

解：第一种方案，如图 10-27(a) 所示，是将 $A_1 A_0$ 作为公共数选信号以确定 4 选 1 数据选择器的输出数据，$A_3 A_2$ 则作为确定哪个数据选择器工作的使能信号（选择数据选择器的选通信号）. $A_3 A_2$ 经 2 线 /4 线译码器译码后选通数据选择器，4 个输出中只有一个输出有效，四个数据选择器的输出数据经或门组合后输出.

第二种方案，如图 10-27(b) 所示，也是将 $A_1 A_0$ 作为公共地址信号以确定 4 选 1 数据选择器的输出数据，每一个数据选择器都处于使能状态，都输出各自的有效数据. 但是这些输出数据要再经过一个 4 选 1 数据选择器选择输出，$A_3 A_2$ 则作为这个选择数据选择器的地址信号，输出由 4 位地址确定的数据. 这种电路结构称为树形结构，采用树形结构可以方便地构建 2^n 选 1 的数据选择器. 和前一方案比较，显然，树形结构方案要比前一方案简单.

表 10-14　74153 功能表

E	A_1	A_0	W
1	$\times$	$\times$	0
0	0	0	D_0
0	0	1	D_1
0	1	0	D_2
0	1	1	D_3

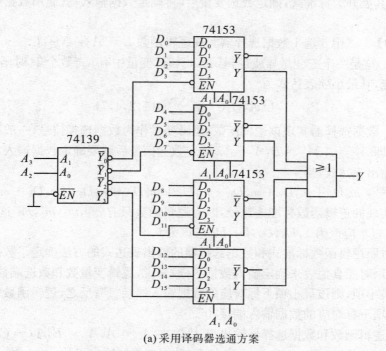

(a) 采用译码器选通方案

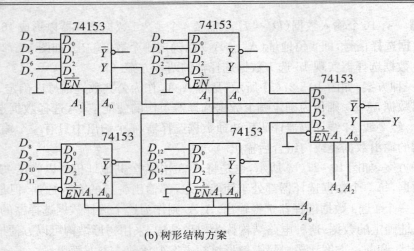

(b) 树形结构方案

图 10-27　数据选择器扩展应用

4. 用集成数据选择器设计组合逻辑函数

集成数据选择器在使能端接有效电平时,其输出函数(Y)为所选端输入$(A_2A_1A_0)$确定的最小项(m_i)及最小项下标(i)确定的输入数据(D_i)乘积之和. 即

$$Y = \sum m_i D_i$$

给定输入数据,输出函数是一系列最小项之和(即最小项表达式或称为标准表达式). 任意逻辑函数都可以表示成最小项表达式,因此,用数据选择器可以实现任意逻辑函数. 给定逻辑函数,只要将其展开为标准式,确定数选变量后,再确定数据输入,就能用数据选择器实现该逻辑函数.

【例 10.8】　试用 8 选 1 数据选择器实现逻辑函数 $L = A \oplus B \oplus C$.

【分析】　这是一个三变量异或逻辑函数,具有(变量中有)奇数个 1(时函数)为 1 的奇偶校验逻辑功能,其最小项表达式为

$$L(A,B,C) = \sum m(1,2,4,7)$$

用 8 选 1 数据选择器实现该逻辑函数,逻辑变量作为数据选择信号,一般高位变量作为高位选择信号,即 $A_2 = A, A_1 = B, A_0 = C$. 确定数选信号后就要确定数据输入,将 ABC 代入数据选择器的输出表达式,得

$$Y = m_0 D_0 + m_1 D_1 + m_2 D_2 + m_3 D_3 + m_4 D_4 + m_5 D_5 + m_6 D_6 + m_7 D_7$$

与所要实现的逻辑函数标准式比较,因为逻辑函数只有 m_1, m_2, m_4, m_7 这 4 个最小项,所以 D_1, D_2, D_4, D_7 应该为 $1, D_0, D_3, D_5, D_6$ 应该为 0.

以上用对照逻辑函数标准式和数据选择器的输出表达式的方法确定了数据选择器的输入数据,也可以用对照真值表来确定输入数据. 一般来说,逻辑变量数和数选端数相等时,逻辑函数中有一个最小项,则该最小项下标对应的数据输入端接"1";反之,逻辑函数中没有某一最小项,则该最小项下标对应的数据输入端接"0".

解:比照逻辑函数和数据选择器输出表达式,在 $A_2 = A, A_1 = B, A_0 = C; D_1 = D_2 = D_4 = D_7 = 1, D_0 = D_3 = D_5 = D_6 = 0$ 条件下,数据选择器输出函数

$$Y = \overline{A}\,\overline{B}C + \overline{A}B\overline{C} + A\,\overline{B}\,\overline{C} + ABC$$
$$= A \oplus B \oplus C = L$$

得逻辑图如图 10 - 28 所示.

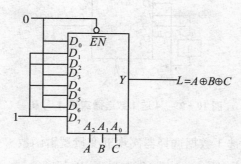

图 10 - 28　用 8 选 1 数选器实现 $A \oplus B \oplus C$

【**例 10.9**】　试用 4 选 1 数据选择器实现逻辑函数 $L = A \oplus B \oplus C$.

【**分析**】　本例依然是实现一个三变量异或逻辑函数,但采用 4 选 1 数据选择器来完成. 4 选 1 数据选择器只有两个数选输入与该例中输入变量不对应,多出的变量只能作为数据输入. 因为三变量异或逻辑函数与变量次序无关,所以可任选两变量作为数选信号,如 $A_1 A_0 = AB$. 逻辑函数真值表如表 10 - 15 所示,现在以 AB 为最小项变量,以正逻辑关系改写逻辑函数表达式为:

$$L = m_0 C + m_1 \overline{C} + m_2 \overline{C} + m_3 C$$

4 选 1 数据选择器真值表如表 10 - 16 所示,4 选 1 数据选择器输出函数

$$Y = m_0 D_0 + m_1 D_1 + m_2 D_2 + m_3 D_3$$

通过比较两真值表和表达式可得

$$D_0 = D_3 = C, D_1 = D_2 = \overline{C}$$

也可以用比较两者真值表的方法,得数据输入.

表 10 - 15　逻辑函数真值表

A	B	L
0	0	C
0	1	$\overline{C}$
1	0	$\overline{C}$
1	1	C

表 10 - 16　4 选 1 数据选择器真值表

A_1	A_0	Y
0	0	D_0
0	1	D_1
1	0	D_2
1	1	D_3

解:按 $D_0 = D_3 = C, D_1 = D_2 = \overline{C}$ 连接电路,如图 10 - 29 所示,4 选 1 数据选择器的输出与输入实现三变量异或逻辑. 与前例相比,多用一个反相器,但数据选择器规模减小.

以上两例介绍了用数据选择器实现逻辑函数的一般方法和降元设计方法. 可以用最小项表达式和真值表对比的办法求数据选择器的数据输入. 也可以采用卡诺图法求取数据选择器的数据输入函数,适合更多变量输入的情况.

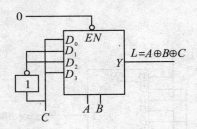

图 10-29　　4 选 1 数选器实现 $A \oplus B \oplus C$

【例 10.10】　　试用 8 选 1 数据选择器实现五变量逻辑函数

$$L(A,B,C,D,E) = \sum m(2,4,8,9,12,15,20,22,23,25,28,31)$$

【分析】　　用 8 选 1 数据选择器实现五变量逻辑函数,只能有三个变量作为数据选择输入,另外两个变量要作为数据输入.首先,列出逻辑函数卡诺图,如图 10-30 所示.

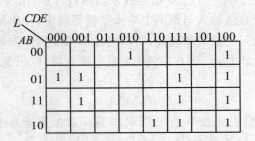

图 10-30　　例 10.10 图

若将 CDE 作为数据选择输入 $A_2 A_1 A_0$,则数据输入 D_i 是 AB 的函数,即卡诺图中每一列分别是 D_i 的子卡诺图,从而五元函数降为三元函数.对照图 10-30 卡诺图可得数据选择输入与各输出数据的关系如表 10-17 所示.

$$D_0 = \overline{A}B, D_1 = B, D_2 = \overline{A}\,\overline{B}, D_3 = 0, D_4 = 1, D_5 = 0, D_6 = A\overline{B}, D_7 = A + B$$

解:按 $D_0 = \overline{A}B, D_1 = B, D_2 = \overline{A}\,\overline{B}, D_3 = 0, D_4 = 1, D_5 = 0, D_6 = A\overline{B}, D_7 = A + B,$
$A_2 A_1 A_0 = CDE$

得逻辑图,如图 10-31 所示.

表 10-17　　数据选择输入与输出数据对照表

C	D	E	L	A	B
0	0	0	D_0	0	1
0	0	1	D_1	$\times$	B
0	1	0	D_2	0	0
0	1	1	$D_3 = 0$	$\times$	$\times$
1	0	0	$D_4 = 1$	$\times$	$\times$
1	0	1	$D_5 = 0$	$\times$	$\times$
1	1	0	D_6	A	$\overline{B}$
1	1	1	D_7	$A+$	B

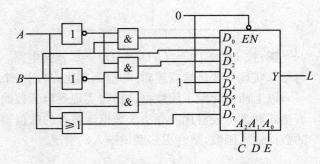

图 10-31　　8 选 1 数据选择器实现 5 变量函数逻辑图

10.2.5　加法器

加法器是能实现二进制加法逻辑运算的组合逻辑电路,分为半加器和全加器.

1. 半加器

所谓半加器是指只有被加数(A)和加数(B)输入的一位二进制加法电路.加法电路有两个输出,一个是两数相加的和(S),另一个是相加后向高位进位(CO).

根据半加器定义,得其真值表,如表 $10-18$ 所示.由真值表得输出函数表达式

表 $10-18$　半加器真值表

A	B	S	CO
0	0	0	0
0	1	1	0
1	0	1	0
1	1	0	1

$$\begin{cases} S = A\overline{B} + \overline{A}B = A \oplus B \\ CO = AB \end{cases}$$

显然,半加器的和函数 S 是其输入 A,B 的异或函数;进位函数 C 是 A 和 B 的逻辑乘.用一个异或门和一个与门即可实现半加器功能.图 $10-32$ 给出了半加器逻辑图和半加器逻辑符号.

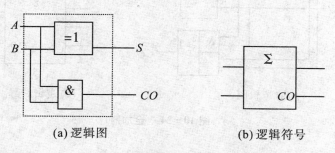

(a) 逻辑图　　　　　　　　　(b) 逻辑符号

图 $10-32$　半加器

2. 全加器

全加器不仅有被加数 A 和加数 B,还有低位来的进位 CI 作为输入;三个输入相加产生全加器两个输出,和 S 及向高位进位 CO.根据全加器功能得真值表,如表 $10-19$ 所示.

表 $10-19$　全加器真值表

A	B	CI	S	CO
0	0	0	0	0
0	0	1	1	0
0	1	0	1	0
0	1	1	0	1
1	0	0	1	0
1	0	1	0	1
1	1	0	0	1
1	1	1	1	1

再由全加器输出函数卡诺图,如图 $10-33$ 所示,得

$$\begin{cases} S = \overline{A}\,\overline{B}CI + \overline{A}B\,\overline{CI} + A\overline{B}\,\overline{CI} + ABCI = A \oplus B \oplus CI \\ CO = (A\overline{B} + \overline{A}B)CI + AB = (A \oplus B)CI + AB \end{cases}$$

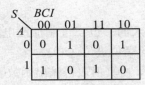
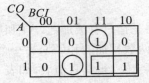

图 10-33　全加器输出函数卡诺图

由此可见,和函数 S 是三个输入变量的异或.为了利用和函数的共同项,进位函数 CO 按图 10-33 所示化简,而不是按最简与或式化简,得逻辑图,如图 10-34 所示.

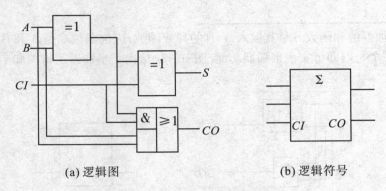

(a) 逻辑图　　　　　　　　(b) 逻辑符号

图 10-34　全加器

3. 多位二进制加法电路

用全加器可以实现多位二进制加法运算,实现 4 位二进制加法运算的逻辑图如图 10-35 所示.图中低位进位输出作为高位进位输入,依此类推,这种进位方式称为异步进位.

异步进位方式中,进位信号是后级向前级一级一级传输的,由于门电路具有平均传输延迟时间 t_{pd},经过 n 级传输,输出信号要经过 $n \times t_{pd}$ 时间才能稳定,即总平均传输延迟时间等于 $n \times t_{pd}$.所以,异步进位方式仅适用于位数不多,工作速度要求不高的场合.

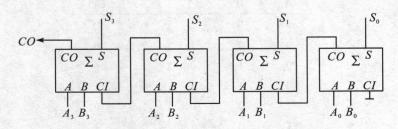

图 10-35　采用异步进位的 4 位二进加法器逻辑图

4. 集成 4 位二进制加法器 74283

为克服异步进位方式平均传输延迟时间增大的问题,集成 4 位二进制加法器 74283 采用了超前进位方式,从而使 4 位二进制加法器平均传输延迟时间大大小于采用异步进位方式的 4 位二进制加法器.74283 逻辑图如图 10－36 所示.表 10－20 是 74283 的功能表,由表 10－20 可知 74283 4 位二进制加法器采用模 16 加法,先判断低 4 位是否向高位进位.

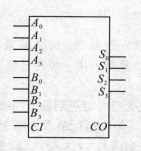

图 10－36　4 位二进制加法器 74283

表 10－20　74283 功能表

S	CO
$A+B+CI$（模 16）	$0（A+B+CI$ 模 $<16）$
	$1（A+B+CI$ 模 $>16）$

5. 减法运算的实现

数字系统中,二进制数的减法运算通常是通过加法器来实现的.例如 A 减 B 可用 A 加负 B 来完成,因此,实现减法的实质是负数的表示问题.二进制计数体制中,通常用补码和符号位表示负数.定义一个无符号数 N 的 n 位自然二进制码为该数的原码,原码各位取反定义为该数的反码,2^n 减这个数的原码定义为该数的补码.即

$$N_反 = (2^n - 1) - N_原,\quad N_补 = 2^n - N_原$$

可见,补码和反码之间存在以下关系

$$N_补 = N_反 + 1$$

即一个数的补码可将其原码取反后加 1 获得.例如,十进制数 $(9)_D$ 的四位原码为 1001,$(9)_D$ 的反码为 0110,$(9)_D$ 的补码为 0111.又如,$(6)_D$ 的原码为 0110,反码为（1001）,补码为（1010）.

两数相减 $(A-B)$ 可表示为

$$A_原 - B_原 = A_原 - B_原 + 2^n - 2^n = A_原 + B_补 - 2^n$$

其中 2^n 是自然二进制数的第 $n+1$ 位的权,在 n 位二进制算术运算中,(-2^n) 是向 $n+1$ 位的借位,所以,A 的原码加上 B 的补码实现 A 减去 B 的减法运算.

在 $A>B$ 时,例如,$9-6=3$;用 4 位二进制减法,$1001-0110=0011$（3 的自然二进制码）;用 4 位二进制加法,减数用补码表示,$1001+1010=(1)0011$,第 5 位的 1 在 4 位二进制加法器中是有进位输出,在和函数中并不存在,称之为溢出,舍去进位,结果是 0011,即为 3.

$$
\begin{array}{r}
9 \\
-6 \\
\hline
3
\end{array}
\qquad
\begin{array}{r}
1001 \\
-0110 \\
\hline
0011
\end{array}
\qquad
\begin{array}{r}
1001 \\
+\ 1010 \\
\hline
10011
\end{array}
$$

进位(溢出)

进位反相 ⟶ 00011

在 $A<B$ 时,例如,$6-9=-3$;用 4 位二进制减法,$0110-1001=(1)1101$（-3 的有符号位补码）;用 4 位二进制加法,减数用补码表示,$0110+0111=(0)1101$,第 5 位的 0 在 4 位二进制加法器中是无进位输出,和函数是 1101（3 的补码）.

$$
\begin{array}{r}
6 \\
-9 \\
\hline
-3
\end{array}
\qquad
\begin{array}{r}
0110 \\
-1001 \\
\hline
11101
\end{array}
\qquad
\begin{array}{r}
0110 \\
+\ 0111 \\
\hline
01101
\end{array}
$$

借位⬧   进位(溢出)⬧   ⬇

进位反相 ⟶ 11101

从以上两例可以看出,用补码表示减数,加法器可以实现减法.从结果来看,一个是3(0011),一个是-3(11101第5位是符号位).也就是说,一个负数可用一位符号位及其绝对值的补码来共同表示,符号位0表示正值,符号位1表示负值.

如图10-37所示用4位二进制加法器和异或门实现4位无符号二进制数的加或减.实现加法运算时,控制信号0,送入74283的两个数都是原码(B不反相),运行结果为两个数之和,符号位输出为0,表示输出和信号是原码.实现减法运算时,控制信号1,送入74283的两个数一个是原码,另一个是反码(B反相),同时$CI=1$完成反码加1作用,运行结果为两个数之差,符号位输出为CO反相,0表示输出和信号是原码(正数),1表示输出和信号是补码(负数).

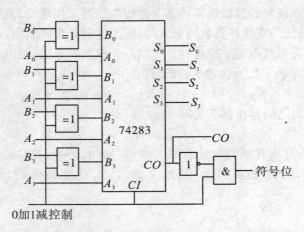

图 10 - 37   用 74283 实现 4 位二进制加减运算原理电路

10.2.6   数值比较器

数值比较器是一种比较两个输入数值大小的组合逻辑器件,比较有三种结果,即大于、小于和等于,分别用三个输出指示比较结果.

1. 一位数值比较器

一位数值比较器是多位比较器的基础.当A和B都是1位数时,它们只能取0或1两种值,由此写出一位数值比较器的真值表,如表10-21所示.

表 10 - 21   一位数值比较器真值

A	B	$F_{A>B}$	$F_{A=B}$	$F_{A<B}$
0	0	0	1	0
0	1	0	0	1
1	0	1	0	0
1	1	0	1	0

由真值表得到如下逻辑表达式

$$\begin{cases} F_{A>B} = A\overline{B}; \\ F_{A=B} = AB + \overline{A}\,\overline{B} = \overline{A \oplus B}; \\ F_{A<B} = \overline{A}B \end{cases}$$

由以上逻辑表达式可画出逻辑电路如图 10-38 所示. 实际应用中可根据具体情况选用逻辑门.

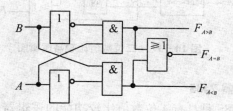

图 10-38　　一位数值比较器的逻辑图

2. 二位数值比较器

二位数值比较器输入有两个二位二进制数 $A = A_1 A_0$ 和 $B = B_1 B_0$. 当高位 A_1 大于 B_1,则 A 大于 B,$F_{A>B}$ 为 1;当高位 A_1 小于 B_1,则 A 小于 B,$F_{A<B}$ 为 1;当高位 A_1 等于 B_1,则要对低位进行比较,A_0 大于 B_0,则 A 大于 B,$F_{A>B}$ 为 1;A_0 小于 B_0,则 A 小于 B,$F_{A<B}$ 为 1;A_0 等于 B_0, 则 A 等于 B,$F_{A=B}$ 为 1. 二位数值比较器的简化真值表如表 10-22 所示.

表 10-22　　二位数值比较器简化真值

$A_1 B_1$	$A_0 B_0$	$F_{A>B}$	$F_{A=B}$	$F_{A<B}$
$A_1 > B_1$	X　X	1	0	0
$A_1 < B_1$	X　X	0	0	1
$A_1 = B_1$	$A_0 > B_0$	1	0	0
$A_1 = B_1$	$A_0 < B_0$	0	0	1
$A_1 = B_1$	$A_0 = B_0$	0	1	0

由以上分析,以一位数值比较器输出函数作为变量,可得二位数值比较器输出函数表达式如下:

$$\begin{cases} F_{A>B} = (A_1 > B_1) + (A_1 = B_1)(A_0 > B_0) \\ \qquad = F_{A_1 > B_1} + F_{A_1 = B_1} F_{A_0 > B_0} \\ F_{A<B} = (A_1 < B_1) + (A_1 = B_1)(A_0 < B_0) \\ \qquad = F_{A_1 < B_1} + F_{A_1 = B_1} F_{A_0 < B_0} \\ F_{A=B} = (A_1 = B_1)(A_0 = B_0) \\ \qquad = F_{A_1 = B_1} F_{A_0 = B_0} \end{cases}$$

根据此表达式,可得如图 10-39 所示的逻辑图.

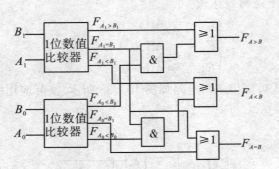

图 10 - 39　二位数值比较器逻辑图

3. 集成 4 位数值比较器 7485

数字集成产品中的 7485 是具有 4 位数值比较功能的逻辑器件,为能扩展数值位数,集成芯片 7485 将低位数值比较器的三个输出作为它的输入,分别是大于输入 $I_{A>B}$、等于输入 $I_{A=B}$ 和小于输入 $I_{A<B}$. 其简化真值表和逻辑图分别如表 10 - 23 和图 10 - 40 所示.

表 10 - 23　7485 简化真值表

$A\quad B$	$I_{A>B}$	$I_{A<B}$	$I_{A=B}$	$Y_{A>B}$	$Y_{A<B}$	$Y_{A=B}$
$A > B$	X	X	X	1	0	0
$A < B$	X	X	X	0	1	0
$A = B$	1	0	0	1	0	0
$A = B$	0	1	0	0	1	0
$A = B$	X	X	1	0	0	1
$A = B$	1	1	0	0	0	0
$A = B$	0	0	0	1	1	0

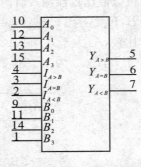

图 10 - 40　7485 内部逻辑图及引脚分布

由于增加了比较输入,4 位数值比较器的输出函数则要增加一些项,输出表达式可写成以下形式

$$\begin{cases} Y_{A>B} = F_{A>B} + F_{A=B}I_{A>B}\bar{I}_{A<B}\bar{I}_{A=B} \\ Y_{A=B} = F_{A=B}I_{A=B} \\ Y_{A<B} = F_{A<B} + F_{A=B}\bar{I}_{A>B}I_{A<B}\bar{I}_{A=B} \end{cases}$$

从表 10 - 23 中可以看出,仅仅对 4 位数进行比较时,应对 $I_{A>B}$、$I_{A<B}$、$I_{A=B}$ 进行适当的处理,即 $I_{A>B} = I_{A<B} = 0, I_{A=B} = 1$.

4. 集成数值比较器扩展连接

利用多片 4 位数值比较器的比较输入,$I_{A>B}$,$I_{A=B}$ 和 $I_{A<B}$,可以很方便地连接成更多位的数值比较器,只要将低位芯片的输出作为高位数值比较器的比较输入即可. 如图 10 - 41 所示是用两片 7485 实现 8 位数值比较逻辑功能的原理图. 当高 4 位数值比较器输入相等 $A_7A_6A_5A_4 = B_7B_6B_5B_4$ 时,8 位数值比较器的输出由低 4 位数值比较器输出决定. 当高 4 位数值比较器输入不相等时,8 位数值比较器的输出与低 4 位数值比较器输出无关. 按图示级联方式,可以组成更多位数值比较器.

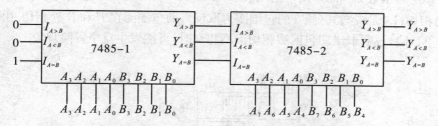

图 10-41　4 位数值比较器 7485 级联成 8 位数值比较器原理图

10.3　组合逻辑电路的竞争和冒险

在前面组合逻辑电路的分析和设计中,只考虑电路在稳态条件下,输入和输出之间的逻辑关系.但在输入发生变化后,由于门电路的传输延迟,电路并不能马上进入稳定状态,此时输入输出之间的逻辑关系可能不符合稳态时的逻辑关系.组合电路中信号从输入端传输到输出端会经过不同路径,不同通路上门级数的不同,或者门电路平均传输延迟时间有差异,使信号通过不同的路径汇合到某一门的输入端时产生一定的时差,由于这个原因,可能会使逻辑电路产生错误输出,这种现象称为竞争冒险.

一般来说,在组合电路中,如果有两个或两个以上的信号经不同路径加到同一门的输入端,在门的输出端得到稳定的输出之前,可能出现短暂的、不是原设计要求的错误输出,其形状是一个宽度仅为时差的窄脉冲.图 10-42 给出了这种毛刺生成的过程.

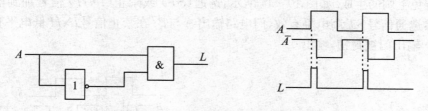

图 10-42　由于竞争而产生的毛刺

10.3.1　判断组合逻辑电路是否存在竞争冒险

在判断组合逻辑电路是否存在竞争冒险有以下几种方法:

1. 代数法

经分析得知,若输出逻辑函数式在一定条件下最终能化简为 $L = A + \overline{A}$ 或 $L = A \cdot \overline{A}$ 的形式时,则可能有竞争冒险出现.例如,有两逻辑函数 $L_1 = AB + \overline{A}C$,$L_2 = (A + B)(\overline{B} + C)$.显然,函数 L_1 在 $B = C = 1$ 时,$L_1 = A + \overline{A}$,因此,按此逻辑函数实现的逻辑电路会出现竞争冒险现象.同理,$A = C = 0$ 时,$L_2 = B \cdot \overline{B}$,所以此函数也存在竞争冒险.

2. 卡诺图法

若在逻辑函数的卡诺图中,为使逻辑函数最简而画的包围圈中有两个包围圈之间的相切而不交接的话,则在相邻处也可能有竞争冒险出现.

　　将上述逻辑函数 L_1 和 L_2 用卡诺图表示,如图 10-43 所示. L_1 是最简与或式,两包围圈在 A 和 $\overline{A}$ 处相切; L_2 是或与式(画 0 的包围圈再取反),两包围圈在 B 和 $\overline{B}$ 处相切.由于 L_1 和 L_2 都存在竞争冒险,说明卡诺图包围圈相切但不相交时,可能发生竞争冒险现象.

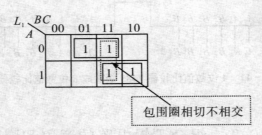

图 10-43　包围圈相切不相交的情况

3. 电路测试方法和计算机仿真方法

　　用电路测试来观察是否有竞争冒险,这是最直接最有效的方法.

　　用计算机仿真也是一种可行的方法.目前有多种计算机电路仿真软件,将设计好的逻辑电路通过仿真软件,观察输出有无竞争冒险.

10.3.2　消除竞争冒险现象的方法

　　竞争冒险的出现会使逻辑发生错误,必须加以克服.消除竞争冒险现象的方法有以下几种:

1. 引入封锁脉冲或选通脉冲

　　在信号状态转换的时间内,把可能产生毛刺输出的门封锁住,或者等电路状态稳定后打开输出门,避免毛刺的生成.如图 10-44 所示,选通(ST)或禁止($\overline{INH}$)信号加到输出门,输入 AB 稳定后选通信号 ST 高电平有效,门电路输出 A 与 B.在禁止信号 $\overline{INH}$ 低电平有效时(选通信号无效)输出门被封锁,输出 0.

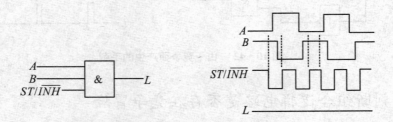

图 10-44　用选通或禁止脉冲消除毛刺

2. 发现并消掉互补变量

　　如 $L_2 = (A+B)(\overline{B}+C)$ 中有互补变量 B 和 $\overline{B}$,因此会产生竞争冒险,将 L_2 改写

$$L_2 = A\overline{B} + AC + BC$$

可消除竞争冒险现象.

3. 修改设计方案

　　增加乘积项,在卡诺图中增加冗余包围圈以提高电路的可靠性.例如在 L_1 卡诺图包围圈相切处增加虚框所示的冗余包围圈, $L_1 = AB + \overline{A}C + BC$,即函数表达式增加冗余项 BC.虽然

电路复杂,但电路工作可靠了.

4. 在输出端并联滤波电容吸收毛刺

竞争冒险引起的输出干扰脉冲宽度很窄,输出端并接小电容可以抑制干扰.但是滤波电容影响电路工作速度,因此要合理选择滤波电容容量.

本 章 小 结

1. 组合逻辑电路的特点是,电路任一时刻的输出状态只决定于该时刻各输入状态的组合,而与电路的原状态无关.组合电路就是由门电路组合而成,电路中没有记忆单元,没有反馈通路.

2. 组合逻辑电路的分析步骤为:写出各输出端的逻辑表达式 → 化简和变换逻辑表达式 → 列出真值表 → 确定功能.

3. 组合逻辑电路的设计步骤为:根据设计求列出真值表 → 写出逻辑表达式(或填写卡诺图) → 逻辑化简和变换 → 画出逻辑图.

4. 常用的中规模组合逻辑器件包括编码器、译码器、数据选择器、数值比较器、加法器等.这些组合逻辑器件除了具有其基本功能外,通常还具有输入使能、输出使能、输入扩展、输出扩展功能,使其功能更加灵活,便于构成复杂的逻辑系统.

5. 应用组合逻辑器件进行组合逻辑电路设计时,所应用的原理和步骤与用门电路时是基本一致的,但也有其特殊之处.

① 对逻辑表达式的变换与化简的目的是使其尽可能与组合逻辑器件的形式一致,而不是尽量简化.

② 设计时应考虑合理充分应用组合器件的功能.同种类的组合器件有不同的型号,应尽量选用较少的器件数和较简单的器件满足设计要求.

③ 可能出现只需一个组合器件的部分功能就可以满足要求,这时需要对有关输入,输出信号作适当的处理.也可能会出现一个组合器件不能满足设计要求的情况,这就需要对组合器进行扩展,直接将若干器件组合或者由适当的逻辑门将若干器件组合起来.

习 题

1. 写出如图 10-45 所示电路的逻辑表达式,列出真值表并说明电路完成的逻辑功能.

2. 分析如图 10-46 所示逻辑电路,已知 S_1、S_0 为功能控制输入,A、B 为输入信号,L 为输出,求电路所具有的功能.

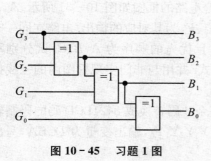

图 10-45　习题 1 图

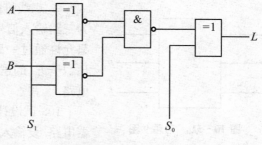

图 10-46　习题 2 图

3. 由与非门构成的某表决电路如图 10-47 所示. 其中 $ABCD$ 表示 4 个人, $L = 1$ 时表示决议通过.

(1) 试分析电路, 说明决议通过的情况有几种.

(2) 分析 $ABCD$ 四个人中, 谁的权利最大.

4. 试分析如图 10-48 所示电路的逻辑功能, 并用最少的与非门实现.

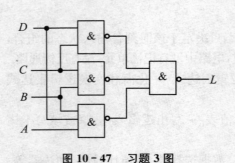

图 10-47　习题 3 图

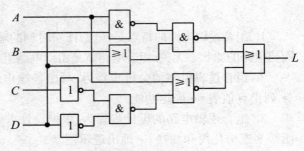

图 10-48　习题 4 图

5. 分析如图 10-49 所示电路, 写出输出函数 F.

6. 分析如图 10-50 所示的组合逻辑电路, 写出输出表达式 F.

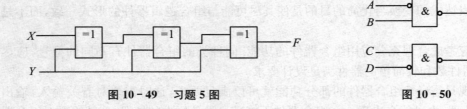

图 10-49　习题 5 图　　　　　　　　　　图 10-50　习题 6 图

7. 设计以下 3 变量组合逻辑电路:

(1) 判奇电路. 输入中有奇数个 1 时, 输出为 1, 否则为 0.

(2) 判偶电路. 输入中有偶数个 1 时, 输出为 1, 否则为 0.

(3) 一致电路. 输入变量取值相同时, 输出为 1, 否则为 0.

(4) 不一致电路. 输入变量取值不一致时, 输出为 1, 否则为 0.

(5) 被 3 整除电路. 输入代表的二进制数能被 3 整除时, 输出为 1, 否则为 0.

(6) A, B, C 多数表决电路. 有 2 个或 2 个以上输入为 1 时, 输出为 1, 否则为 0.

8. 试设计一个组合逻辑电路, 其功能是将 8421BCD 码转换成 2421BCD 码.

9. 三线排队的组合电路的框图如图 10-51 所示. A、B、C 为三路输入信号, F_1、F_2、F_3 为其对应的输出. 电路在同一时间只允许通过一路信号, 且优先的顺序为 A, B, C. 试分别写出 F_1、F_2、F_3 的逻辑表达式. 并用与非门实现框图内的三线排队电路.

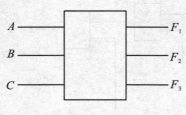

图 10-51　习题 9 图

10. 试设计一个将余 3 码转换成 8421BCD 码的码制转换器电路. 设输入变量为 $Y_3 Y_2 Y_1 Y_0$, 输出变量为 $DCBA$, 写出电路的逻辑表达式.

11. 试设计一个 8421BCD 码的检码电路. 要求当输入量 $ABCD \leqslant 2$,或 $\geqslant 7$ 时,电路输出 L 为高电平,否则为低电平. 用与非门设计该电路,写出 L 的表达式.

12. 一个组合逻辑电路有两个功能选择输入信号 C_1、C_0,A、B 作为其两个输入变量,F 为电路的输出. 当 C_1C_0 取不同组合时,电路实现如下功能:

(1)$C_1C_0 = 00$ 时,$F = \overline{A}$.

(2)$C_1C_0 = 01$ 时,$F = A \oplus B$.

(3)$C_1C_0 = 10$ 时,$F = AB$.

(4)$C_1C_0 = 11$ 时,$F = A + B$.

试用门电路设计符合上述要求的逻辑电路.

13. 设计机房上机控制电路,假设有 X、Y 为控制端,控制上午时的取值为 01;控制下午时的取值为 11;控制晚上时的取值为 10. A、B、C 为需要上机的三个班级,其上机的优先顺序为:上午为 ABC;下午为 BCA;晚上为 CAB. 电路的输出 F_1、F_2 和 F_3 为 1 时分别表示 A、B 和 C 能上机. 试用与非门实现该电路图. 写出用与非门实现该功能的逻辑表达式.

14. 试分析如图 $10-52$ 所示 TTL 器件组成的电路,填写真值表.

15. 试列出如图 $10-53$ 所示 TTL 电路的输出真值表并写出输出函数.

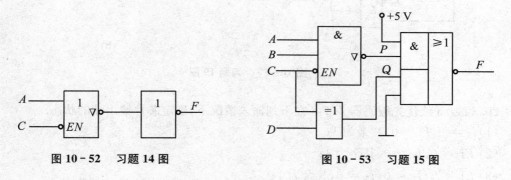

图 10-52　习题 14 图　　　　　　　　图 10-53　习题 15 图

16. 已知某组合电路的输入 A、B、C 和输出 F 的波形如图 $10-54$ 所示,试写出 F 的最简与或表达式.

17. 在如图 $10-55$ 所示电路中,欲使 Z 端加入的正脉冲能同样出现在输出端,则 WXY 输入的逻辑值应为什么?若要反相输出又如何?

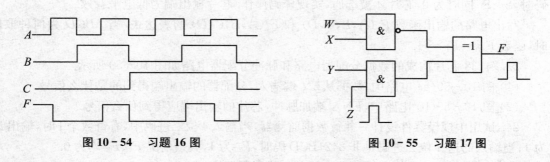

图 10-54　习题 16 图　　　　　　　　图 10-55　习题 17 图

18. 为实现函数 $F(A,B,C) = \overline{\overline{AB} + \overline{\overline{CA}}}$,如图 $10-56$ 所示电路中有几处多余输入端(a)、(b)、(c)、(d),请注明应加什么电平.

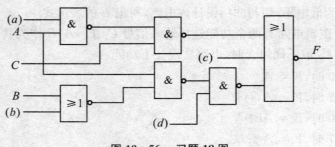

图 10-56　习题 18 图

19. 已知电路如图 10-57(a) 所示,输入端 A、B 的波形如图 10-57(b),试画出相应的输出波形 F,不计门的延迟.

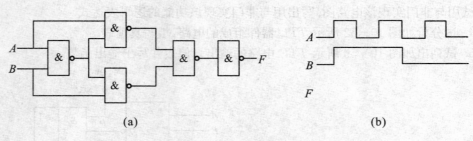

(a)　　　　　　　　　　　　　(b)

图 10-57　习题 19 图

20. 8 线 /3 线优先编码器 74148 在下列输入情况下,确定芯片输出端的状态.

(1) $\overline{I_5} = 0$, $\overline{I_3} = 0$,其余为 1;

(2) $\overline{EI} = 0$, $\overline{I_5} = 0$,其余为 1;

(3) $\overline{EI} = 0$, $\overline{I_5} = 0$, $\overline{I_7} = 0$,其余为 1;

(4) $\overline{EI} = 0$, $\overline{I_0} \sim \overline{I_7}$ 全为 0;

(5) $\overline{EI} = 0$, $\overline{I_0} \sim \overline{I_7}$ 全为 1.

21. 试用 8 线 /3 线优先编码器 74148 连成 64 线 /6 线的优先编码器.

22. 4 线 /16 线译码器 74154 接成如图 10-58 所示电路. 图中 $\overline{S_0}$、$\overline{S_1}$ 为选通输入端,芯片译码时,$\overline{S_0}$、$\overline{S_1}$ 同时为 0,芯片才被选通,实现译码操作. 芯片输出端为低电平有效.

写出电路的输出函数 $F_0(A,B,C,D)$ 和 $F_1(A,B,C,D)$ 的表达式,当 $ABCD$ 为何种取值时,函数 $F_0 = F_1 = 1$.

23. 74138 芯片构成的数据分配器电路和脉冲分配器电路如图 10-59 所示.

(1) 图 10-59(a) 电路中,数据从 $\overline{EN}$ 端输入,分配器的输出端得到的是什么信号.

(2) 图 10-59(b) 电路中,$\overline{EN}_{2A}$ 端加脉冲,芯片的输出端应得到什么信号.

24. 试用中规模器件设计一并行数据监测器,当输入 4 位二进码中,有奇数个 1 时,输出 F_1 为 1;当输入的这 4 位二进码是非 8421BCD 码时,F_2 为 1,其余情况 F_1、F_2 均为 0.

25. 试用 3 线 /8 线译码器组建 6 线 /64 线译码器.

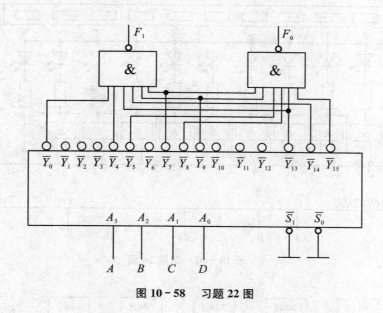

图 10-58　习题 22 图

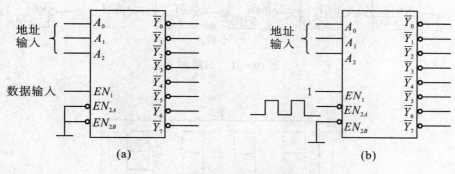

图 10-59　习题 23 图

26. 已知某仪器面板有 10 只 LED 构成的条式显示器. 它受 8421BCD 码驱动, 经译码而点亮, 如图 10-60 所示. 当输入 $DCBA = 0111$ 时, 试说明该条式显示器点亮的情况.

27. 如图 10-61 所示的多位译码显示电路中, 7 段译码器的灭零输入、输出信号连接是否正确, 如何才能有效灭零?

28. 试用低电平输出有效的 8421BCD7 段译码器 74LS47 及共阳数码管, 实现 5 位 8421BCD 码的显示, 包括小数点后 2 位. 要求实现无效零的匿影, 请画出电路连线简图.

29. 试用如图 10-62 所示组合共阳 LED 显示管, 显示 4 位十进制数 (W, X, Y, Z), 画出其必要的外围电路, 要求用扫描显示原理设计.

30. 双 4 选 1 数据选择器 74153, 接成的电路如图 10-63(a)、(b) 所示. 分析电路的功能, 写出函数 F_1、F_2、F_3 的表达式, 用最小项之和 $\sum m_i$ 的形式表示.

31. 用 8 选 1 数据选择器 74LS151 构成如图 10-64 所示电路, 写出输出 F 的逻辑表达式, 列出真值表并说明电路功能.

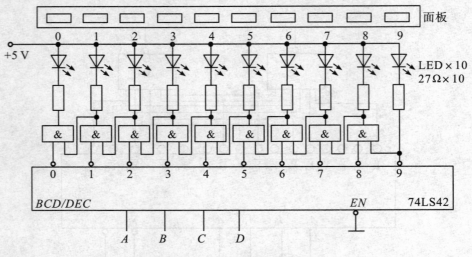

图 10-60　习题 26 图

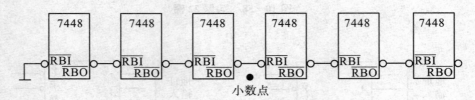

图 10-61　习题 27 图

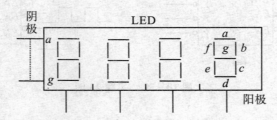

图 10-62　习题 29 图

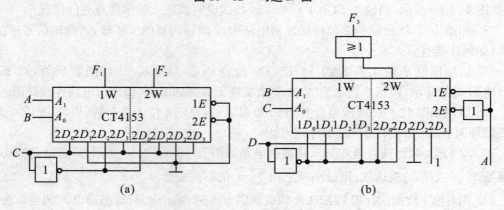

图 10-63　习题 30 图

32. 试用 4 选 1 数据选择器,实现逻辑函数 $F(A,B,C,D) = A \oplus B \oplus C \oplus D$,并画出逻辑图.

33. 试仅用三片 4 选 1 的数据选择器实现 4 变量逻辑函数

$$F(A,B,C,D) = \sum m(1,5,6,7,9,11,12,13,14).$$

34. 试用 4 选 1 数据选择器实现函数

$$F(A,B,C,D) = \sum m(0,2,3,5,6,7,8,9) + \sum d(10,11,12,13,14,15).$$

35. 具有原、反码输出的 8 选 1 数据选择器 74LS151 芯片构成如图 10-65 所示电路. 图中 $\overline{E}$ 为使能端,$\overline{E} = 0$ 时,芯片正常工作;$\overline{E} = 1$ 时,$Y = 0(\overline{Y} = 1)$. 分析电路功能,写出电路输出函数 F 的表达式. 若要使函数 $F(A,B,C,D) = \sum m(1,2,5,7,8,10,14,15)$,则图 10-65 所示电路中的接线应怎样改动?

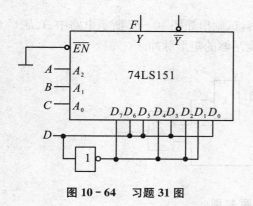

图 10-64　习题 31 图　　　　　　　　**图 10-65　习题 35 图**

36. 试用 8 选 1 数据选择器 74151 芯片实现下列函数:

$$F_1(A,B,C) = \sum m(1,2,4,7);$$

$$F_2(A,B,C,D) = \sum m(0,3,6,7,10,11,13,14);$$

$$F_3(A,B,C,D,E) = \sum m(0,1,3,7,15,16,24,28,30,31).$$

37. 试用双 4 选 1 数据选择器 74153 芯片设计一个全减器电路,画出接线图.

38. 试用有效输出为低电平的 4 线/16 线数据分配器及 16 选 1 数据选择器,构成两个 4 位二进制数的相等比较器.

39. 4 位超前进位全加器 74283 组成如图 10-66 所示电路,分析电路,说明在下述情况下电路输出 CO 和 $S_3 S_2 S_1 S_0$ 的状态.

(1)$K = 0, A_3 A_2 A_1 A_0 = 0101, B_3 B_2 B_1 B_0 = 1001$;

(2)$K = 0, A_3 A_2 A_1 A_0 = 0111, B_3 B_2 B_1 B_0 = 1101$;

(3)$K = 1, A_3 A_2 A_1 A_0 = 1011, B_3 B_2 B_1 B_0 = 0110$;

(4)$K = 1, A_3 A_2 A_1 A_0 = 0101, B_3 B_2 B_1 B_0 = 1110$.

40. 某电路的输入为两个 2 位二进制数 $A_1 A_0$ 及 $B_1 B_0$,仅当它们互为反码时,电路才输出 1,否则为 0,试列出真值表,写出电路的输出函数,并用最少的或非门实现之.

41. 若要用 CT1154 芯片实现两个 2 位二进制数 $A_1 A_0, B_1 B_0$ 的大小比较电路,即 $A > B$ 时,$F_1 = 1$;$A < B$ 时,$F_2 = 1$. 试画出其接线图.

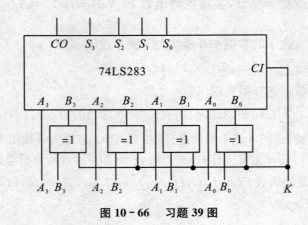

图 10-66　习题 39 图

42. 设每个门的平均传输延迟时间 $t_{pd} = 20$ ns,试画出如图 10-67 所示电路中 A、B、C、D 及 v_0 各点的波形图,并注明时间参数,设 v_1 为宽度足够的矩形脉冲.

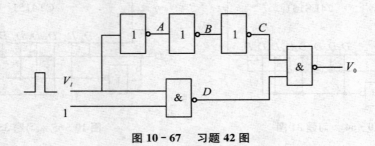

图 10-67　习题 42 图

43. 下列各逻辑函数相等,其中无冒险现象的为(　　).

A. $F = \overline{W}\overline{X}\overline{Y}Z + \overline{W}\overline{X}YZ + \overline{W}X\overline{Y}Z + \overline{W}XYZ + W\,\overline{X}\overline{Y}Z + W\,\overline{X}Y\overline{Z} + WX\overline{Y}\overline{Z} + WX\overline{Y}Z$
  $+ WX\,\overline{YZ}$

B. $F = W\,\overline{YZ} + W\overline{X} + \overline{W}Z + \overline{X}Z$

C. $F = W\,\overline{YZ} + W\overline{X} + \overline{W}XZ + \overline{X}Z$

D. $F = \overline{W}Z + W\overline{X} + W\,\overline{YZ}$

44. TTL 或非门组成的电路如图 10-68 所示.

(1) 分析电路在什么时刻可能出现冒险现象?

(2) 用增加冗余项的方法来消除冒险,电路应该怎样修改?

45. TTL 与非门组成如图 10-69 所示电路.

(1) 采用增加冗余项来消除冒险现象,电路应怎样修改?

(2) 若已知与非门的 $t_{pd} = 10$ ns,$V_{0H} = 3.6$ V,$V_{0L} = 0.1$ V,门的输出电阻 $V_T = 1.4$ V,$R_0 = 100$ Ω,采用输出端接滤波电容的方法来消除冒险现象,电容 C 的容量应为多大?

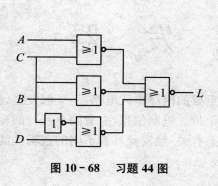

图 10 - 68 习题 44 图

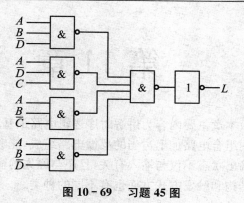

图 10 - 69 习题 45 图

第 11 章 触 发 器

本章主要内容为讲解时序逻辑电路最基本、最重要的时序单元电路——触发器,触发器是用组合电路加上适当的反馈电路组成,能够存储 1 位二进制信息,它有两个互补的输出端,其输出状态不仅与输入有关,且还与原先的输出状态有关. 触发器具有不同的逻辑功能,在电路结构和触发方式方面也有不同的种类.

11.1 触发器基本概念

11.1.1 触发器的一般特点

触发器是构成时序逻辑电路的基本单元电路,具有数码的记忆功能,即能够保存 1 位二进制的两个数码 1 和 0. 各种不同的触发器都具有下述共同的特点:

(1) 触发器具有两个互补的输出端 Q 端和 $\overline{Q}$ 端. 规定将触发器的 Q 端状态称为触发器的状态. $Q=0, \overline{Q}=1$ 称触发器处于 0 状态;$Q=1, \overline{Q}=0$ 则称触发器处于 1 状态. 所以触发器具有两个稳定状态:1 态和 0 态,因而又将其称为"双稳态"电路. 它是实现记忆的基础,可分别用来表示二进制数 0 和 1 以及两个相互对立的各种逻辑状态. 当然,在每一具体时刻,触发器只能处于两个稳态中的一个,即为 0 或 1.

(2) 触发器具有置数功能(预置功能). 触发器的状态可以通过输入信号置为 1(置位)或置为 0(复位),而输入信号撤消后,其状态仍然保持. 在电路中置位端常以 S(SET) 表示,复位端常以 R(RESET) 表示,预置数功能又称为直接置数(置位),通常对信号 S 和 R 加下标"D"写成 S_D、R_D,若置数信号是低电平有效则写成 $\overline{S}_D$、$\overline{R}_D$.

(3) 在外加信号的作用下,可能使触发器状态发生变化,即由一个稳态(0 或 1) 变为另一个稳态(1 或 0),这种触发器状态的转换称为翻转,引起翻转的输入信号称为触发信号. 一般来说,触发信号一旦使触发器状态翻转,就可以撤消,而由此引起的触发器状态则维持下来. 与组合电路作用不同的是,触发信号一般要与时钟脉冲 CP 配合才能有效.

综上所述,触发器具有"记忆、预置、触发"三个基本功能. 当然,预置数和触发引起的输出状态效果是相同的,只是产生动作的信号不同.

11.1.2 触发器分类及其逻辑功能描述方法

1. 分类

(1) 按结构不同可将触发器分成:

① 置位、复位触发器(基本 RS 触发器、同步 RS 触发器);

② 主从型触发器(由主触发器和从触发器构成);

③ 边沿型触发器(上升沿触发、下降沿触发和利用传输延时的边沿触发器).

(2) 按功能不同可将触发器分成:

RS 型、JK 型、D 型和 T 型(含 T′ 型) 触发器.

（3）按器件不同可将触发器分成：

TTL 型和 CMOS 型触发器.

2. 触发器逻辑功能的描述方法

按照逻辑功能的不同特点，通常将时钟控制的触发器分为 RS 触发器、JK 触发器、D 触发器和 T 触发器等几种类型.

触发器输出端状态和输入激励信号之间的关系称为触发器的逻辑功能. 描述触发器的功能通常有五种不同的方式，或者称为五种功能描述方法：

（1）特性表（功能表）. 以表格形式描述触发器的逻辑功能，输入（激励）和输出可用逻辑值 0 或 1 表示，也可用逻辑电平高（H）或低（L）表示.

（2）特性方程（特征方程）. 以表达式形式描述触发器的逻辑功能，但特征方程的两边表示的时间是不一致的.

（3）状态转换图（状态图）. 以图形形式描述触发器状态转换的激励条件.

（4）激励表. 以表格形式描述触发器状态转换的激励条件.

（5）时序图. 以时序波形形式描述触发器在相应激励下状态转换的过程.

这些描述方法与组合逻辑电路的逻辑功能描述方法是相似的，根据时序电路的特殊情况而有所不同. 比如描述门电路或组合逻辑电路输入输出关系的是电路的逻辑函数，在这里称为触发器的特性方程，以便和逻辑函数相区别；真值表在这里称为特性表或功能表；状态转换图反映的是时序电路状态转换规律及相应输入、输出取值关系的图形；激励表的功能与状态图是一致的，只是表示形式不同；时序图是时序电路的工作波形，能直观地描述时序电路的输入信号、时钟信号、输出信号及电路的状态转换在时间上的对应关系.

需要特别强调，这些描述方法所表示的输出状态与激励信号之间的关系中还必须有时钟信号的配合（基本 RS 触发器除外），没有有效的时钟信号到来，即使加上了激励信号，触发器状态也不会改变，即维持原来的 Q 状态不变. 除了时序波形中画时钟信号外，其他描述方法中一般不给出与时钟信号的关系.

11.2　触发器的工作原理

11.2.1　RS 触发器

1. 基本 RS 触发器

由两个首尾交叉连接的与非门构成的基本 RS 触发器，如图 11 - 1(a) 所示，图 11 - 1(b) 是基本 RS 触发器的逻辑符号. 它有两个输入 $\overline{R}_D$、$\overline{S}_D$ 和两个输出 Q 和 $\overline{Q}$，符号方框内 R、S 分别表示复位和置位输入. 复位端（R）加低电平，即 $\overline{R}_D = 0$，与非门 G_2 见"0"输出"1"，置位端（S）加低电平，即 $\overline{S}_D = 0$，与非门 G_1 见"0"输出"1". 因此，复位和置位输入信号中只能有一个为低电平，低电平加在复位端，触发器复位，$Q = 0$；低电平加在置位端，触发器置位，$Q = 1$. 所以，RS 触发器称为置位复位触发器. 在逻辑符号中引脚端用"o"表示低电平是有效信号.

通过在 $\overline{R}_D$、$\overline{S}_D$ 端加不同的信号同时考虑 Q 和 $\overline{Q}$ 的状态，可得其真值表如表 11 - 1 所示. 当 $\overline{R}_D = \overline{S}_D = 0$ 时，两个输出端 Q 和 $\overline{Q}$ 都为 1，破坏了触发器输出互补的逻辑关系，特别当 $\overline{R}_D = \overline{S}_D = 0$ 信号同时消失时，由于 G_1、G_2 门的传输延迟时间的不确定，触发器的新状态也是不确定

的,故在真值表中描述为不定状态,这种输入情况应避免使用.

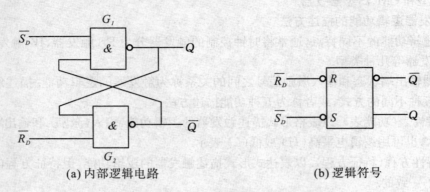

(a) 内部逻辑电路   (b) 逻辑符号

图 11-1   基本 RS 触发器

表 11-1   基本 RS 触发器真值表

$\overline{R_D}$	$\overline{S_D}$	Q
1	0	1
0	1	0
1	1	不变
0	0	不定

【例 11.1】   电路如图 11-2(a)、(b) 所示,设初态 $Q = 0$,当将输入控制信号如图 11-2(c) 所示加到这两个电路时,画它们输出端 Q 和 $\overline{Q}$ 的波形.

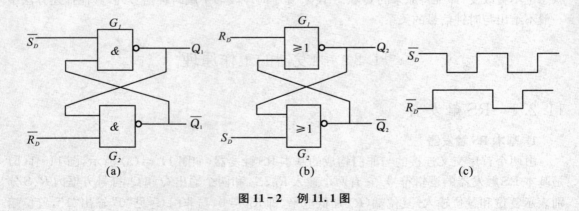

图 11-2   例 11.1 图

解:本例的两个电路都是基本 RS 触发器,具有直接置 0、置 1 功能. 信号是直接加在其上的. 可以由与非门和或非门的逻辑功能,根据输入信号直接画出其输出波形. 图 11-2(a) 电路由两个与非门构成,触发信号为低电平有效,$\overline{S_D}$ 是置 1 端,$\overline{R_D}$ 是置 0 端. 由于是低电平有效,一般在 S_D,R_D 上加非号,记为 $\overline{S_D}$,$\overline{R_D}$. 图 11-2(b) 电路由两个或非门构成,触发信号为高电平有效,同样是 S_D 置 1 端,R_D 置 0 端. 需要特别指出的是:对于由与非门构成的触发器,若 $\overline{R_D} = \overline{S_D} = 0$,则 Q、$\overline{Q}$ 均为"1",破坏了他们的互补的逻辑关系,由于不同与非门传输时间的不完全相等,会使输出产生状态不能确定的现象,因此这种输入信号一般是限制出现的. 同样对于或非门构成的触发器,当 $R_D = S_D = 1$ 输出也会产生不确定状态.

根据以上分析可以画出图 11-2(a) 电路输出 Q_1、$\overline{Q}_1$ 的波形和图 11-2(b) 电路输出 Q_2、$\overline{Q}_2$ 的波形如图 11-3 所示.

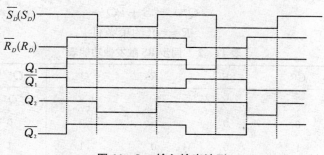

图 11-3　输入输出波形

2. 同步 RS 触发器

同步 RS 触发器是由一时钟脉冲信号 CP 控制的 RS 触发器. 当要求触发器状态不是单纯地受 R、S 端信号控制,还要求按一定时间节拍把 R、S 端的状态反映到输出端时,就必须再增加一个控制端,只有控制端出现脉冲信号时,触发器才动作,至于触发器输出变到什么状态,仍然由 R、S 端的高低电平来决定,采用这种触发方式的触发器,称为同步 RS 触发器,如图 11-4 所示,由 4 个与非门构成.

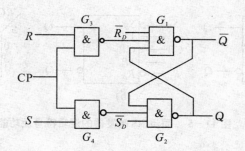

图 11-4　同步 RS 触发器

分析图 11-4 中 G_1、G_2 门构成基本 RS 触发器,G_3、G_4 门组成控制电路,CP 是控制脉冲. 所谓同步就是触发器状态的改变与时钟脉冲同步. 当 CP = 0 时,G_3、G_4 门被封锁,R、S 状态不能改变 G_3、G_4 门输出,均为高电平,则触发器 G_1、G_2 输出保持原来状态;当 CP = 1 时,R、S 信号才能经过 G_3、G_4 门影响到输出. $\overline{S}_D$ 为直接置 1 端,$\overline{R}_D$ 为直接置 0 端,它们的电平可以不受 CP 信号的控制而直接影响到触发器的输出. 利用基本 RS 触发器的真值表,可得同步 RS 触发器的功能如表 11-2 所示. 因为有 CP 脉冲的加入,要考虑 CP 脉冲作用前后 Q 端的状态,所以将 CP 脉冲作用前 Q 端的状态用 Q^n 表示,称为触发器的原状态,CP 脉冲作用后 Q 端的状态用 Q^{n+1} 表示,称为触发器的次状态. 将这种考虑了 CP 脉冲作用前后 Q 状态的表格称为特性表或功能表.

同步 RS 触发器的逻辑符号如图 11-5(a)、(b) 所示. 在标准图形符号中,为了表示时钟输入对激励输入（R、S）的这种控制作用，时钟端用控制字符 C 加标记序号 1 表示，置位端 S 前加标记序号 1 写成 $1S$，同理复位端写成 $1R$，表示它们是受 $C1$ 控制的置位、复位端。图中 R_D 和 S_D 的前面没有标记序号，表示是不受时钟控制的置位、复位端，也称为异步置位端和异步复位端，且置位、复位有高低电平的不同，图 11-5(a) 为高电平，图 11-5(b) 为低电平.

根据表 11-2 通过卡诺图如图 11-5(c) 所示，可得到同步 RS 触发器的特征方程

$$Q^{n+1} = S + \overline{R}Q^n$$

$$SR = 0(\text{约束条件})$$

表 11-2　同步 RS 触发器功能表

CP	S	R	Q^n	Q^{n+1}
×	×	×	×	Q^n
0	0	0	0	0
1	0	0	1	1
1	0	1	0	0
1	0	1	1	0
1	1	0	0	1
1	1	0	1	1
1	1	1	0	不定
1	1	1	1	不定

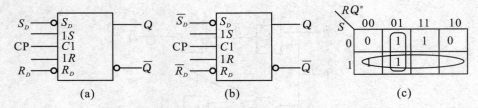

图 11-5　同步 RS 触发器的逻辑符号及功能

特征（特性）方程同样描述了 RS 触发器的逻辑功能. 将 RS 的不同状态代入特征方程可得：RS = 00，$Q^{n+1} = Q^n$，触发器状态不变；RS = 01，$Q^{n+1} = 1$，触发器置位；RS = 10，$Q^{n+1} = 0$，触发器复位；RS = 11 不满足约束条件，这是一种禁止输入状态. 由图 11-4 可见，CP = 1 时输出端不互补，既不是 0 状态，也不是 1 状态；CP 变为 0 时，钟控门（G_3、G_4）输出同时变为 1，触发器状态不确定. 根据分析，可得如表 11-3 所示的 RS 触发器简化功能表. 比较表 11-1 和表 11-3，可以发现，用 $\overline{R}$ 替代 R_D，$\overline{S}$ 替代 S_D，Q^{n+1} 替代 Q，它们实质上是相同的.

表 11-3　RS 触发器简化功能表

R	S	Q^{n+1}
0	0	Q^n
0	1	1
1	0	0
1	1	×

3. 主从 RS 触发器

同步 RS 触发器在 CP = 1 期间接收 R、S 信号，若 CP = 1 期间 R、S 信号发生变化，则 Q 端状态会发生多次翻转，这种现象称为空翻. 这种时钟控制方式为电平触发控制，在某些场合会造成逻辑混乱. 为克服空翻现象，引入主从结构的触发

器. 图 11-6(a) 为主从 RS 触发器逻辑电路图,11-6(b) 为逻辑符号.

由图 11-6(a) 可知主从 RS 触发器分别由两个互补的时钟脉冲信号控制两个同步 RS 触发器,在 CP = 1 时,主触发器被打开,从触发器被封锁,由于 CP = 0,主触发器被封锁,从触发器打开,R、S 信号决定主触发器的状态. R、S 信号变化不能直接影响到输出,主触发器的状态决定从触发器的状态. 因此无论 CP 为高还是低,主、从触发器总是一个打开,另一个被封锁,R、S 的状态的改变不可能直接影响输出状态,从而解决了空翻现象.

主从 RS 触发器的功能与同步 RS 触发器完全一样,都是在 CP 的作用下将 R、S 端的状态反映给输出端. 同步 RS 触发器的翻转发生在 CP 脉冲的上升沿. 主从 RS 触发器由两个同步触发器组成,CP 上升沿时,主触发器翻转,从触发器封锁,Q 不变;CP 下降沿时,主触发器被封锁,而从触发器打开,将主触发器的状态反映到 Q 端,所以主从触发器翻转发生在 CP 脉冲的下降沿,逻辑符号中时钟端 C1 的小圆圈表示了这层含义.

为防止干扰,时序逻辑常用边沿触发方式,在时钟端加上 "▷" 符号,有小圆圈表示下降触发,无小圆圈表示上升沿触发.

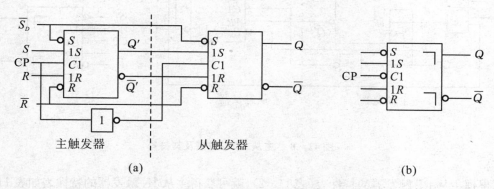

| (a) | (b) |

图 11-6　主从 RS 触发器

凡是在时钟信号作用下逻辑功能满足表 11-2 特性表所规定的逻辑功能的电路,就是 RS 触发器. RS 触发器的次状态与激励 R、S 有关,也与其原状态有关,将表 11-2 表示的触发器状态转换关系用图形表示,得如图 11-7 所示的状态转换图.

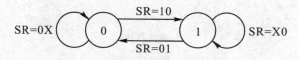

图 11-7　RS 触发器符号和状态图

从结构上分,RS 触发器可分为基本 RS 触发器、同步 RS 触发器和主从 RS 触发器. 无论什么结构,表 11-2 和图 11-7 都反映了 RS 触发器的逻辑功能,所不同的是,不同结构的触发器状态变化的时间不一样. 基本 RS 触发器的输出直接由 R、S 状态决定,原状态 Q^n 是 R、S 变化前的触发器状态,次状态 Q^{n+1} 是 R、S 变化后的触发器状态,即按输入 R、S 信号变化划分原状态和次状态. 同步 RS 触发器在外接时钟信号 CP = 1 期间,根据 R、S 按表 11-2 或图 11-5 状态改变. 换句话说,CP = 0 期间,无论输入 R、S 如何变化,触发器状态不会改变. 主从型 RS 触发器在时钟脉冲 CP 的下降沿(或后沿) 触发状态变化,但是,是 CP = 1 期间 R、S 的状态决定 CP 下跳后触发器状态.

11.2.2 JK 触发器

1. JK 触发器

由 RS 触发器特性表(表 11-2)可知当 $R=S=1$ 时,触发器输出状态不定,须避免使用,这给使用带来不便,为此引入 JK 触发器,从电路设计上让 $R=S=1$ 这种情况不出现.

考虑到 RS 触发器的 Q 和 $\overline{Q}$ 互补的特点,将输出 Q 和 $\overline{Q}$ 反馈到输入端,通过两个与门使加到 R 和 S 端的信号不能同时为 1,从而解决了 RS 触发器输入的约束条件. 为区别于原来的 RS 触发器,将对应于原图中的 R 用 K 表示、S 用 J 表示,如图 11-8(a) 所示. 这种改接后的电路,称为主从 JK 触发器. 其逻辑符号如图 11-8(b) 所示.

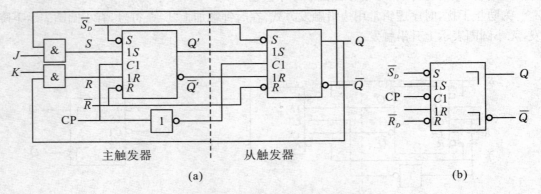

(a)   (b)

图 11-8 主从 JK 触发器及其符号

根据主从 RS 触发器的特性表(表 11-2),就可获得主从 JK 触发器的特性表如表 11-4 和表 11-5 所示. 在画 JK 触发器工作波形以及分析 JK 触发器组成的时序逻辑电路时,要求熟记其特性表或其特征方程.

<table>
<tr><td colspan="6" align="center">表 11-4 JK 触发器功能表</td></tr>
<tr><td>J</td><td>K</td><td>Q^n</td><td>Q^{n+1}</td><td colspan="2">说　　明</td></tr>
<tr><td>0</td><td>0</td><td>0</td><td>0</td><td colspan="2" align="center">0</td></tr>
<tr><td>0</td><td>0</td><td>1</td><td>1</td><td colspan="2" align="center">1</td></tr>
<tr><td>0</td><td>1</td><td>0</td><td>0</td><td colspan="2" align="center">与 J 端状态相同</td></tr>
<tr><td>0</td><td>1</td><td>1</td><td>0</td><td colspan="2" align="center">与 J 端状态相同</td></tr>
<tr><td>1</td><td>0</td><td>0</td><td>1</td><td colspan="2" align="center">与 J 端状态相同</td></tr>
<tr><td>1</td><td>0</td><td>1</td><td>1</td><td colspan="2" align="center">与 J 端状态相同</td></tr>
<tr><td>1</td><td>1</td><td>0</td><td>1</td><td colspan="2" align="center">1</td></tr>
<tr><td>1</td><td>1</td><td>1</td><td>0</td><td colspan="2" align="center">0</td></tr>
</table>

<table>
<tr><td colspan="3" align="center">表 11-5 JK 触发器简化功能表</td></tr>
<tr><td>J</td><td>K</td><td>Q^{n+1}</td></tr>
<tr><td>0</td><td>0</td><td>Q^n</td></tr>
<tr><td>0</td><td>1</td><td>0</td></tr>
<tr><td>1</td><td>0</td><td>1</td></tr>
<tr><td>1</td><td>1</td><td>$\overline{Q}^n$</td></tr>
</table>

JK 触发器的状态转换图如图 11-9 所示. 图 11-9(b) 给出了负边沿 JK 触发器的逻辑符号,方框中小三角表示边沿触发器. 这也是一种在时钟下降沿才能改变状态的触发器,但和主从 JK 触发器有所区别,该触发器 CP 下跳后的状态由 CP 下跳前一刻的输入 J 和 K 决定. 而主

从 JK 触发器次状态是由 CP = 1 期间的 J 和 K 确定.时钟前沿变化的边沿 JK 触发器逻辑符号中时钟端没有小圆圈.

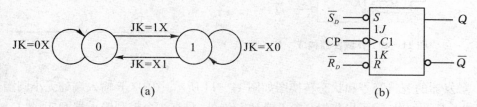

$$\text{图 11-9}\quad \text{JK 触发器状态图和负边沿 JK 触发器逻辑符号}$$

由功能表 11-4 可得 JK 触发器特征方程(又称次态方程)

$$Q^{n+1} = J\overline{Q}^n + \overline{K}Q^n$$

从结构上分,JK 触发器可分为主从型 JK 触发器和边沿型 JK 触发器.主从型 JK 触发器只能在 CP 脉冲的下降沿触发,而边沿型 JK 触发器可以是在 CP 脉冲的下降沿或上升沿触发.相对于边沿型触发器,主从型 JK 触发器的抗干扰能力差些,且存在一次变化问题.

2. 主从 JK 触发器的一次变化问题

主从型触发器有两个重要的动作特点:

(1)触发器状态的转换分两步进行,第一步在 CP = 1 期间主触发器接收输入激励信号,第二步当 CP 下降沿到来时,从触发器接收主触发器的激励进行转换.

(2)在 CP = 1 期间,输入激励信号都将对主触发器起控制作用,这就要求在 CP = 1 期间输入的激励信号不能发生突变,否则就不能再用通常给出的动作特性的规律来决定触发器的状态.输入激励信号在 CP = 1 期间的变化统称为干扰,对于这种干扰必须考虑在 CP = 1 期间输入激励信号的整个变化过程后才能确定触发器状态如何转换.

就主从型 JK 触发器而言,经分析可按下述的方法处理这一类干扰.

(1)在 CP = 1 期间,若输入激励信号出现负向干扰,则这一干扰对触发器状态转换不起作用.也就是说,当 CP 信号下降沿到来时,触发器状态转换由负向干扰之前的输入激励信号决定.

(2)在 CP = 1 期间,若输入激励信号中 J 信号上出现正向干扰,又若此时触发器状态处于 0 态,则这一干扰将起激励作用.也就是说,在当 CP 信号下降沿到来时,触发器状态转换应取 $J = 1$ 的关系再视 K 值决定.

在 CP = 1 期间,若输入激励信号中 K 信号上出现正向干扰,又若此时触发器状态处于 1 态,则这一干扰也将起激励作用.也就是说,当 CP 信号下降沿到来时,触发器状态转换应取 $K = 1$ 的关系再视 J 值决定.

11.2.3　D 触发器

JK 触发器功能较完善,应用广泛.但需两个输入控制信号(J 和 K),如果在 JK 触发器的 K 端前面加上一个非门再接到 J 端,如图 11-10 所示,使输入端只有一个,在某些场合用这种电路进行逻辑设计可使电路得到简化,将这种触发器的输入端符号改用 D 表示,称为 D 触发器.

由 JK 触发器的特性表可得 D 触发器的特性表如表 11-6 所示.

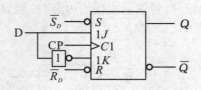

图 11 - 10　D 触发器构成

表 11 - 6　D 触发器功能表

D	Q^{n+1}
0	0
1	1

D 触发器的逻辑符号和状态转换图如图 11 - 11 所示. 图中 CP 输入端处无小圆圈, 表示在 CP 脉冲上升沿触发. 除了异步置 0 置 1 端 R_D、S_D 外, 只有一个控制输入端 D. 因此 D 触发器的特性表比 JK 触发器的特性表简单. D 触发器的特征方程为:

$$Q^{n+1} = D$$

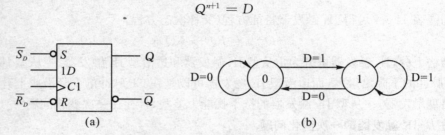

　　　　　　　　　　(a)　　　　　　　　　　　　　　　　　(b)

图 11 - 11　D 触发器的逻辑符号和状态转换图

D 触发器的抗干扰能力力强. 工作时, 对 CP 脉冲宽度的要求没有主从 JK 触发器那么苛刻.

【例 11. 2】　如图 11 - 12 所示是三种不同类型的 D 触发器符号及其输入波形. 设触发器的初态为 0, 分别求出输出波形 Q_1、Q_2、Q_3.

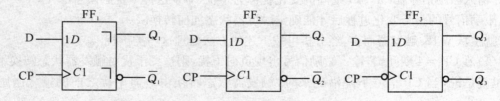

图 11 - 12　三种不同类型的 D 触发器

　　解: FF_1 为主从 D 触发器, 若电路是由 TTL 型的 JK 触发器变换为 D 触发器, 则考虑可能存在一次变化问题, 若是 CMOS 主从 D 触发器, 则有效激励信号为 CP 下跳沿前一瞬间的 D 信号. FF_2 为边沿 D 触发器, CP 上升沿触发. FF_3 也为边沿 D 触发器, 是 CP 下跳沿触发的.

　　分别做出各触发器输出波形如图 11 - 13 所示, 其中将 FF_1 作为 TTL 和 CMOS 电路分别予以考虑.

11.2.4　T 触发器

　　T 触发器又称受控翻转型触发器. 这种触发器的特点很明显: T = 0 时, 触发器由 CP 脉冲触发后, 状态保持不变. T = 1 时, 每来一个 CP 脉冲, 触发器状态就改变一次. T 触发器并没有独立的产品, 由 JK 触发器或 D 触发器转换而来如图 11 - 14(a)、(b) 所示.

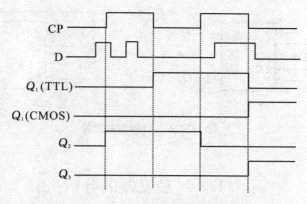

图 11 - 13　触发器输出波形图

特性表如表 11 - 7 所示. 从特性表写出 T 触发器的特性方程为

$$Q^{n+1} = T\overline{Q^n} + \overline{T}Q^n = T \oplus Q^n$$

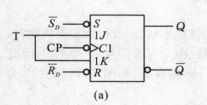

(a)

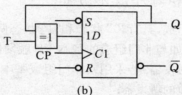

(b)

图 11 - 14　T 触发器的构成

表 11 - 7　T 触发器功能表

T	Q^{n+1}
0	Q^n
1	$\overline{Q^n}$

T 触发器的状态转换图和逻辑符号如图 11 - 15 所示.

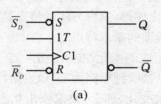

(a)

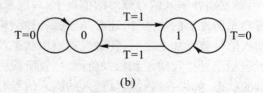

(b)

图 11 - 15　T 触发器逻辑符号和状态转换图

11.2.5　T′触发器

T′触发器又称为翻转型(计数型) 触发器,其功能是在脉冲输入端每收到一个 CP 脉冲,触发器输出状态就改变一次. T′触发器也没有独立的产品,主要由 JK 触发器和 D 触发器转换而来,令 J = K = 1 或 D = $\overline{Q^n}$,如图 11 - 16 所示.所以可得其特性方程为 $Q^{n+1} = \overline{Q^n}$.

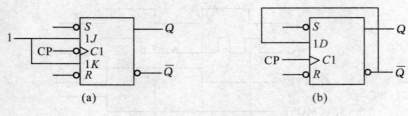

图 11 - 16   计数型触发器

11.3   触发器的分析

不同类型触发器可以通过附加组合电路实现不同逻辑功能之间的转换,如上述 JK 和 D 触发器转换成 T 和 T′ 触发器. 同样, JK 触发器和 D 触发器之间也能实现相互转换, 转换后的触发器结构不变, 主从型仍然是主从型, 边沿型仍然是边沿型.

11.3.1   触发器功能和时序波形分析

触发器由门电路加反馈组成, 具有"0"状态和"1"状态两种稳定状态. 分析触发器功能时, 应从门电路的有效电平入手, 如与非门组成的基本 RS 触发器. 由于与非门见"0"为"1", 因此该触发器应是低电平有效的触发器. 若采用或非门组成基本 RS 触发器, 则因或非门见"1"为"0", 该触发器应是高电平有效的触发器.

在分析有触发器的逻辑电路时, 对触发器的功能应有充分的掌握, 特别应该了解触发器的有效时钟, 即触发器状态能发生翻转的时刻, 及影响触发器次状态的激励是有效时钟前的激励信号.

描述触发器的功能除了特性表、特性方程和状态转换图之外, 通常还采用画时序图的方法, 即给出触发器各输入信号波形的前提下, 对应求出输出波形, 这种方法的特点是直观. 画波形除了要熟悉触发器的功能外, 还必须掌握各种结构触发器的基本特点.

当输入信号波形加上之后, 使触发器输出状态产生相应的变化, 必须经历一个过程, 这个过程一般包括信号接收阶段和触发阶段. 接收阶段将信号接收到电路内部, 触发阶段才真正改变输出端的状态. 如果在接收阶段送入的输入信号有多次变化, 那么, 决定输出状态的有效信号是什么呢? 这就取决于触发器的结构, 表 11-8 给出了各种结构触发器的有效信号、触发输出的动作时间, 可以作为画波形的依据. 而具体的输出状态由特性表决定.

表 11 - 8   各种结构触发器的有效信号与触发输出的动作时间

触发器的结构名称	接收信号的时间	激励信号有效时间	触发时间
基本 RS 触发器	接收时间不受限制, 随时接收	决定于输入信号的有效电平而与时间无关	有效输入电平到达后即产生触发
同步 RS 触发器	CP = 1 的整个时间内	CP = 1 期间且信号电平为 1 时有效	CP = 1 且信号有效即产生触发

触发器的结构名称	接收信号的时间	激励信号有效时间	触发时间
TTL 主从触发器 CP ＝1 期间	CP 下降沿前一瞬间. 其中主从 JK 触发器用 "一次变化"原则判断	CP 的下跳沿到达的前一瞬间,即 CP 为 1 期间的最后瞬间	CP 的下跳沿
CMOS 主从触发器	CP ＝ 1 期间	CP 下跳沿到达的前一瞬间,即 CP 为 1 期间的最后瞬间	CP 的下跳沿
正边沿触发器	CP ＝ 0 期间	CP 上升沿到达的前一瞬间,即 CP 为 0 期间的最后瞬间	CP 的上升沿
负边沿触发器	CP ＝ 1 期间	CP 下降沿到达的前一瞬间,即 CP 为 1 期间的最后瞬间	CP 的下降沿

11.3.2　触发器功能和状态转换

1. 触发器状态转换

触发器的特性表及特性方程都是把控制输入信号和触发器原状态作为已知条件,去求次状态的. 而在时序逻辑电路的设计中,则常常是已知触发器原状态,指定触发器的次状态,去求应该加的输入控制信号(激励信号).

根据特性表可以推出激励表,它全面描述了触发器各状态相互转换时,对输入端所需激励信号的要求,RS、JK、D、T 触发器的激励表统一列在表 11－9 中.

表 11－9　触发器状态转换激励表

Q^n	Q^{n+1}	R	S	J	K	D
0	0	0	0	0	×	0
0	1	0	1	1	0	1
1	0	1	0	×	1	0
1	1	0	0	1	×	1

2. 不同类型触发器功能的相互转换

转换的方法一般是通过比对特性方程,从一种触发器转换为另一种触发器. 用 JK 触发器转换成 D 触发器,令这两种触发器的特性方程相等:$Q^n + DQ^n = JQ^n + \overline{K}Q^n$,因此有 J＝D,K＝$\overline{D}$. 如图 11－10 所示,用 JK 触发器转换成 T 触发器如图 11－14(a)所示,用 JK 触发器转换成 T′触发器如图 11－16(a) 所示. 其他类型触发器同样是采用比较特性方程的方法来实现.

D 触发器的特性方程是

$$Q^{n+1} = D$$

JK 触发器的特性方程是

$$Q^{n+1} = J\overline{Q}^n + \overline{K}Q^n$$

将D型触发器转换为JK型触发器就是在D触发器前面增加一些附加逻辑门,以实现JK触发器的功能,其输入端也由D演变为J和K.不难看出,这里只要让$D = J\bar{Q}^n + \bar{K}Q^n$,即D触发器输入端前面接入实现$D = J\bar{Q}^n + \bar{K}Q^n$的逻辑门电路就能实现JK触发器的功能.

同样,要将D触发器变为T触发器,只要注意T触发器的特性方程是$Q^{n+1} = T \oplus Q^n$,就能得到附加逻辑方程$D = T \oplus Q^n$,如图11-14(b)所示,即在D型触发器的基础上增加上式所表示的逻辑电路就能得到T触发器,实现计数和保持功能.

由D触发器变成T′触发器,同样用比较特性方程的办法,其电路是在D触发器上增加一条附加线,使$D = \bar{Q}$即可,如图11-14(b)所示.

不同功能的触发器可以相互转换,转换前后时钟脉冲方式不变.如转换前的触发器为上升沿触发翻转,转换后的触发器仍为上升沿触发翻转.

【例11.3】 电路和输入波形如图11-17(a)、(b)所示,画出Q_1、Q_2、Z的输出波形.

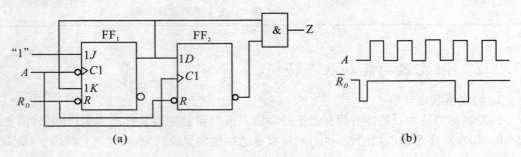

图11-17 例11.3图

解: 在这个电路中,两个触发器的激励输入都不是直接来自外来信号.对于这种比较复杂的情况,一般先列出所有激励输入端的方程.因为Z是组合逻辑输出,所以也应列出Z的方程.这些方程为

$$J_1 = 1, \quad K_1 = Q_1, \quad D_2 = Q_1, \quad Z = Q_1\bar{Q}_2$$

从上述逻辑式中,可知应先画出Q_1波形,然后画Q_2波形,最后再画Z的波形.画Q_1波形时,由于K与触发器本身状态有关,如果按特性表画比较复杂,所以不妨将J、K代入特征方程,若得到简单的表达式,则可利用它来画Q_1波形.这里将$J = 1$、$K = Q_1$代入,得

$$Q_{1n+1} = J\bar{Q}_1 + \bar{K}Q_1 = \bar{Q}_1 + \bar{Q}_1 Q_1 = \bar{Q}_1$$

这个方程十分简单,并且意味着,只要$\bar{R}_D (= \bar{S}_D) = 1$,每个CP脉冲下降沿处FF$_1$会出现$Q_1$的翻转.画$Q_2$波形时,注意D触发器是在CP脉冲上升沿触发,且$Q_{2n+1} = D_2 = Q_1$.画$Z$波形时,因为它与$\bar{Q}_2$有关,所以最好也画出$\bar{Q}_2$波形,便于判断$Z$的状态.

按照图中JK触发器的次态方程为$Q^{n+1} = \bar{Q}_1$以及JK触发器下降沿翻转的特性,可画出Q_1波形,根据图中D触发器的次态方程为$Q_{2n+1} = D_2 = Q_1$以及D触发器上升沿翻转的特性可以画出Q_2波形.最后根据$Z = Q_1\bar{Q}_2$的逻辑关系就可以得到Z的波形如图11-18所示.

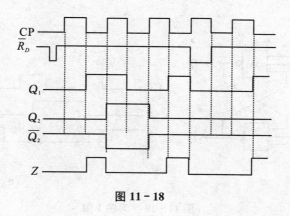

图 11 - 18

本 章 小 结

1. 触发器有两个基本性质:

(1) 在一定条件下,触发器可维持在两种稳定状态(0 或 1 状态) 之一而保持不变.

(2) 在一定的外加信号作用下,触发器可从一个稳定状态转变到另一个稳定状态.

2. 描写触发器逻辑功能的方法主要有特性表、特性方程、驱动表、状态转换图和波形图(又称时序图) 等.

3. 按照结构不同,触发器可分为:

(1) 基本 RS 触发器,为逻辑触发方式,无统一时序.

(2) 同步触发器,为脉冲触发方式,受时序脉冲控制.

(3) 主从触发器,为脉冲触发方式,受时序下降沿(上升沿) 控制.

(4) 边沿触发器,为边沿触发方式,受时序下降沿(上升沿) 控制.

4. 根据逻辑功能的不同,触发器可分为:

①RS 触发器;②JK 触发器;③D 触发器;④T 触发器(T′ 触发器).

5. 同一电路结构的触发器可以做成不同的逻辑功能;同一逻辑功能的触发器可以用不同的电路结构来实现.

6. 利用特性方程可实现不同功能触发器间逻辑功能的相互转换.

习 题

1. 电路如图 11 - 19(a) 所示,设初态 $Q = 0$,给电路加入如图 11 - 19(b) 所示控制信号,画出图 11 - 19(a) 电路的输出 Q 的波形. 设初态 $Q = 0$.

2. 同步 RS 触发器和基本 RS 触发器的主要区别是什么?

3. 归纳基本 RS 触发器、同步触发器、主从触发器和边沿触发器,触发翻转的特点.

4. 图 11 - 20(a) 中有 4 个 RS 触发器,所加信号波形如图 11 - 20(b) 所示. 分别指出各触发器的类型并分别画出各触发器的输出波形 Q_1、Q_2、Q_3、Q_4.

5. 设主从 JK 触发器的初始状态为 0,CP,J、K 信号如图 11 - 21 所示,试画出触发器 Q 端的波形.

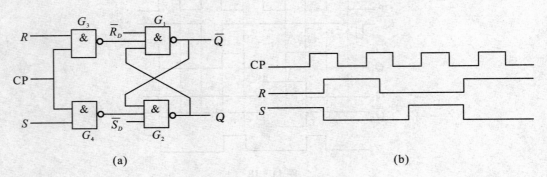

图 11 - 19　习题 1 图

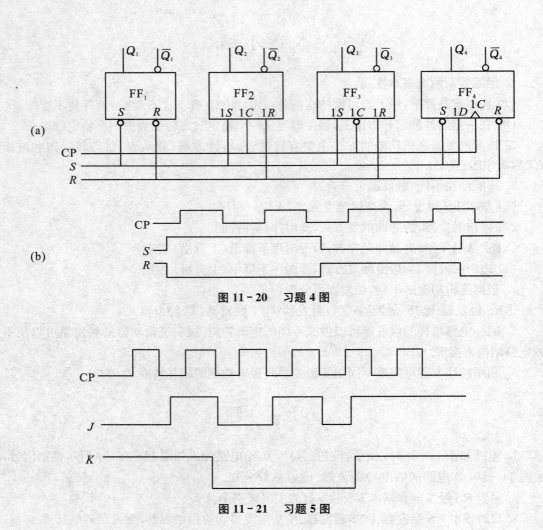

图 11 - 20　习题 4 图

图 11 - 21　习题 5 图

6. 逻辑电路如图 11-22 所示,设各触发器的初态为 0,画出在 CP 脉冲作用下 Q 端的波形.

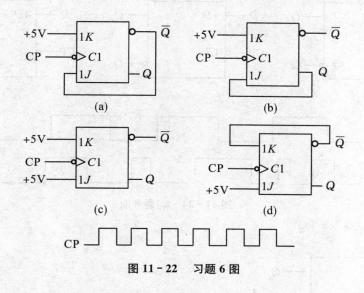

图 11-22　习题 6 图

7. 逻辑电路如图 11-23 所示,已知 CP 和 X 的波形,试画出 Q_1 和 Q_2 的波形.触发器的初始状态均为 0.

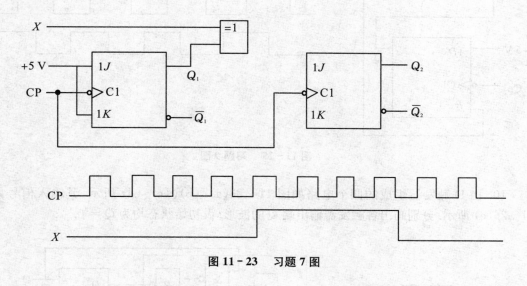

图 11-23　习题 7 图

8. 3 种不同触发方式的 D 端触发器逻辑符号,时钟 CP 和信号 D 的波形如图 11-24 所示,画出各触发器 Q 端的波形图.各触发器的初始状态为 0.

9. 逻辑电路和输入信号波形如图 11-25 所示,画出各触发器 Q 端的波形.触发器的初始状态均为 0.

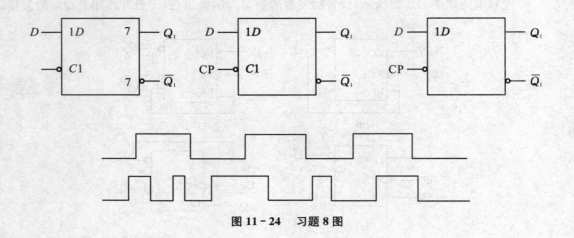

图 11-24　习题 8 图

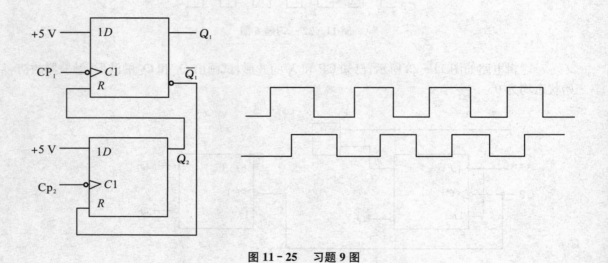

图 11-25　习题 9 图

10. 由 D 触发器组成的四个电路如图 11-26(a)、(b)、(c)、(d) 所示,其输入信号如图 11-26(e) 所示.分别画出各触发器输出端 Q 的波形.设初始状态均为 $Q = 0$.

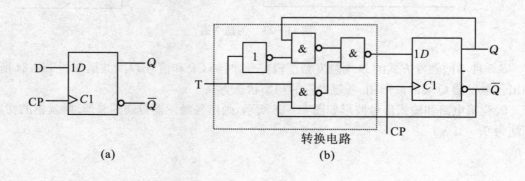

(a)

转换电路

(b)

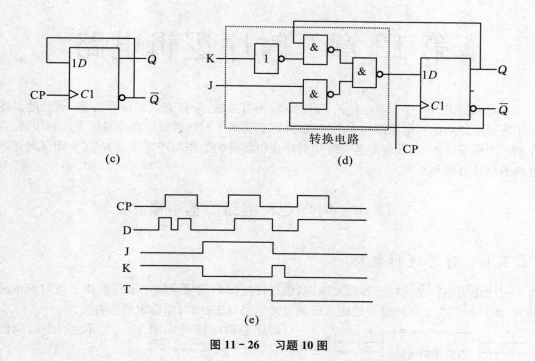

(c)

(d)

转换电路

(e)

图 11-26 习题 10 图

第12章 时序逻辑电路

本章系统讲授时序逻辑电路的工作原理、表示方法、分析方法和设计方法. 概要地讲述了时序逻辑电路功能和电路结构上的特点,并详细讲解了时序逻辑电路的具体方法和步骤. 重点介绍了集成寄存器、计数器等各种常用时序逻辑器件的工作原理和使用方法. 介绍了时序逻辑电路的设计方法和步骤.

12.1 时序逻辑电路的基本概念

12.1.1 时序逻辑电路

时序逻辑电路是这样一种逻辑电路,他在任何时刻的稳定输出不仅取决于该时刻电路的输入,而且还取决于电路过去的输入所确定的电路状态,即与原输出状态有关.

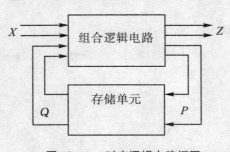

图 12-1 时序逻辑电路框图

时序逻辑电路可用图 12-1 所示的逻辑框图来描述:

其中,X 为输入变量集合,$X = \{X_1, X_2, \cdots, X_m\}$;

Z 为输出变量集合,即 $Z = \{Z_1, Z_2, \cdots, Z_n\}$;

P 为存储单元输入变量集合,即激励,$P = \{P_1, P_2, \cdots, P_k\}$;

Q 为存储单元输出变量集合,即时序电路状态集合,$Q = \{Q_1, Q_2, \cdots, Q_j\}$.

触发器就是一个最简单的时序逻辑电路,其输出 Z 就是触发器的状态 Q,触发器的激励信号 P 就是输入信号 X.

12.1.2 同步和异步时序逻辑电路

时序逻辑电路按其存储单元状态变换的时间控制可以分为两大类.

1. 同步时序逻辑电路

逻辑电路中的存储单元(触发器)具有相同的时钟信号,并在同一时刻进行各自状态的转换. 如图 12-2(a) 中两触发器具有相同的时钟 CP,都只能在 CP 的上跳时刻能够发生状态变化.

2. 异步时序逻辑电路

逻辑电路中的存储单元(触发器)有不完全相同的时钟信号,各存储单元状态转换在不同时刻进行. 如图 12-2(b) 中两触发器具有不同的时钟,触发器(FF_1)以 CP 为时钟,在 CP 的上跳时刻发生状态变化;触发器(FF_2)以 $\overline{Q_1}$ 为时钟,在 Q_1 的下跳时刻发生状态变化.

12.1.3 状态转换表和状态转换图

时序电路的输出 Z 与组合电路不同,它不仅与当时的输入 X 有关,而且与时序电路的状态

Q 有关. 时序电路状态的变化规律可用状态转换表或状态转换图来描述. 状态转换表或状态转换图简称为状态表或状态图.

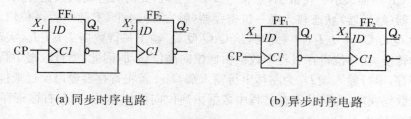

(a) 同步时序电路　　　　　　　　　(b) 异步时序电路

图 12 - 2　同步和异步时序逻辑电路

状态表以表格形式表示输入变量 X 和时序电路原状态 Q^n 与输出变量 Z 和时序电路次状态 Q^{n+1} 之间的转换关系.

状态图则是以图形的形式来表示这种转换关系, 比状态表更直观地描述状态转换与循环规律.

表 12-1 和图 12-3 分别表示两个状态变量、一个输入变量、一个输出变量某个时序电路的状态表和状态图. 由表 12-1 和图 12-3 可知, 在输入变量 $X = 0$ 时, 该时序电路实现来一个时钟脉冲电路状态对应二进制数加 1, 且 $Q_2 Q_1 = 11$ 时来一个时钟脉冲, 输出 $Z = 1, Q_2^{n+1} Q_1^{n+1} = 00$. 在输入变量 $X = 1$ 时, 该时序电路实现来一个时钟脉冲电路状态对应二进制数减 1, 且 $Q_2 Q_1 = 00$ 时来一个时钟脉冲, 输出 $Z = 1, Q_2^{n+1} Q_1^{n+1} = 11$. 即该时序电路是 2 位二进制可逆计数器, $X = 0$ 时加法计数, Z 为进位信号; $X = 1$ 时减法计数, Z 为借位信号.

表 12 - 1　2 位二进制可逆计数器状态表

$Z/Q_2^{n+1} Q_1^{n+1}$ $Q_2^n Q_1^n$	X	
	0	1
00	0/01	1/11
01	0/10	0/00
10	0/11	0/01
11	1/00	0/10

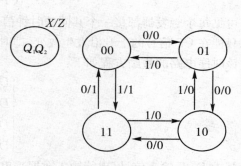

图 12 - 3　状态图

12.2　寄　存　器

一个触发器能存储一位二进制数, n 位二进制数则需 n 个触发器来存储. 当 n 位数据同时出现时称为并行数据, 而 n 位数据按时间先后一位一位出现时称为串行数据. 串行数据需要一个时钟信号来分辨每一个数据位. 用 n 个触发器组成的 n 位移位寄存器可以用来寄存 n 位串行数据, 可以实现串行数据到并行数据的转换, 也可实现并行数据到串行数据的转换.

触发器与组合电路组成的反馈电路能实现不同的寄存器功能, 实现不同的输出状态序列.

【例 12.1】　试分析如图 12-4 所示逻辑电路的逻辑功能. 设 $I_3 I_2 I_1 I_0 = 1101$, 画出输入输

出时序波形.

【分析】 如图 12-4 所示逻辑电路是 D 触发器构成的四位移位寄存器,高位数据在前(先出现),一个 CP 周期表示一位数据,每来一个 CP 上跳,此时对应输入数据移入寄存器 FF_0,相应低位寄存器(触发器)状态移入高一位寄存器(触发器).4 个 CP 脉冲后,4 位输入数据全部移入寄存器 $Q_3 Q_2 Q_1 Q_0 = I_3 I_2 I_1 I_0$,此时,从 $Q_3 Q_2 Q_1 Q_0$ 输出并行数据 $I_3 I_2 I_1 I_0$,实现串行数据到并行数据的转换.在移位寄存过程中数据由低位向高位移动,因此,串行数据中高位数据在前,实现左移寄存,串行输入端 D_I 为左移串行输入端 D_{SL}.若将寄存器输出反过来排列,输入串行数据中低位数据在前,在移位寄存过程中数据由高位向低位移动,实现右移寄存,串行输入端 D_I 为右移串行输入端 D_{SR}.

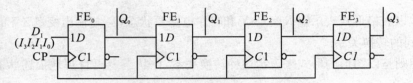

图 12-4　D 触发器构成的 4 位移位寄存器

作为时序逻辑电路一般分析的例子,其分析过程如下:

解:(1)求时钟方程和激励方程.根据逻辑图得时钟方程组如下:

$$\begin{cases} CP_0 = CP, \\ CP_1 = CP, \\ CP_2 = CP, \\ CP_3 = CP. \end{cases}$$

可见每个触发器都接一个共同的时钟信号 CP,这是一个同步时序逻辑电路,而且触发器状态只能在 CP 信号的上升沿发生改变,即时序电路的状态只能在 CP 上升沿(前沿)改变.

该时序电路的激励方程如下:

$$\begin{cases} D_0 = D_I \\ D_1 = Q_0 \\ D_2 = Q_1 \\ D_3 = Q_2 \end{cases}$$

其中 D_I 是输入信号(串行输入数据),串行输入数据以时钟信号的一个周期为一位数据.假设 $D_I = I_3 I_2 I_1 I_0$,即四位串行输入数据,且高位数据在前(I_3 先出现).

(2)将各触发器的激励(驱动信号)代入 D 触发器的特征方程得到该电路的状态方程组

$$\begin{cases} Q_0^{n+1} = D_I \\ Q_1^{n+1} = Q_0^n \\ Q_2^{n+1} = Q_1^n \\ Q_3^{n+1} = Q_2^n \end{cases}$$

(3)根据输入和状态方程得状态表如表 12-2 所示.

表 12 - 2 例 12.1 状态表

$Q_3^n Q_2^n Q_1^n Q_0^n$	$Q_3^{n+1} Q_2^{n+1} Q_1^{n+1} Q_0^{n+1}$	
	$D_I = 0$	$D_I = 1$
0 0 0 0	0000	0001
0 0 0 1	0010	0011
0 0 1 0	0100	0101
0 0 1 1	0110	0111
0 1 0 0	1000	1001
0 1 0 1	1010	1011
0 1 1 0	1100	1101
0 1 1 1	1110	1111
1 0 0 0	0000	0001
1 0 0 1	0010	0011
1 0 1 0	0100	0101
1 0 1 1	0110	0111
1 1 0 0	1000	1001
1 1 0 1	1010	1011
1 1 1 0	1100	1101
1 1 1 1	1110	1111

（4）由状态表且假设 $D_I = 1101$ 得时序波形图，如图 12 - 5 所示.

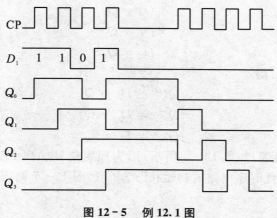

图 12 - 5　例 12.1 图

（5）由状态表或时序波形图可知，经过 4 个时钟后 4 位串行输入数据被移位输入到各触

发器的 Q 端. 譬如 I_3 先寄存到 Q_0 端,下一个时钟来到后又移位寄存到 Q_1 端,依次类推,4 个时钟后 I_3 被寄存到 Q_3 端. 由此可见,该时序电路实现串行数据的移位寄存功能,并能实现串行数据到并行数据的转换,即 4 个时钟后 $Q_3Q_2Q_1Q_0 = I_3I_2I_1I_0$. 同理,再经过 4 个时钟周期,寄存在触发器的四位数据被移出该时序电路,Q_3 端可作为串行数据的输出端. 因此,该时序电路实现的是移位寄存器功能. 因为高位数据在前,数据从低位向高位移位,所以称为右移寄存器.

【例 12.2】 如图 12-6 所示逻辑电路,试分析该电路的逻辑功能,并画出各 Q 端时序波形.

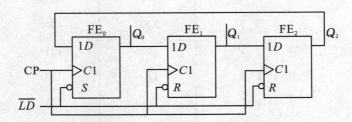

图 12-6 3 个 D 触发器构成的环形计数器

【分析】 如图 12-6 所示逻辑电路是由 3 个上升翻转的 D 触发器构成的环形计数器. 3 个 D 触发器同步连接,低位触发器 Q 端接高位触发器 D,形成 3 位移位寄存器结构,与移位寄存器不同,最高位触发器的 Q 又与最低位触发器的 D 相连,构成一反馈环路,所以称为环形计数器. 环形计数器实质上是移位寄存器的一种应用.

$\overline{LD}$ 是环形计数器的预置数装载信号,直接连接到图 12-6 D 端触发器的置位端 S 和复位端 R,当 $\overline{LD}$ 加低电平脉冲,通过直接置位和直接复位端对触发器进行置位或复位,当 $\overline{LD} = 1$ 时,进入计数循环状态. 图示电路的初始状态 $Q_2Q_1Q_0 = 001$.

该时序电路可用时序电路一般分析法分析,也可利用移位寄存器的工作特点直接分析.

解:解法一 按时序电路一般分析法分析.

(1) 根据逻辑图可知这是一个同步时序电路,时钟方程可以省略. 激励方程为

$$\begin{cases} D_0 = Q_2 \\ D_1 = Q_0 \\ D_2 = Q_1 \end{cases}$$

(2) 写出状态方程,得

$$\begin{cases} Q_2^{n+1} = D_2 = Q_1^n \\ Q_1^{n+1} = D_1 = Q_0^n \\ Q_0^{n+1} = D_0 = Q_3^n \end{cases}$$

(3) 写出状态转换表,如表 12-3 所示. 因为预置信号加到 FE_0 的直接置位端、FE_1 和 FE_2 的直接复位端,因此时序电路的初始状态为 001,图 12-7 画出了在此初始条件下的时序波形.

表 12-3 环形计数器状态

Q_2^n	Q_1^n	Q_0^n	Q_2^{n+1}	Q_1^{n+1}	Q_0^{n+1}
0	0	0	0	0	0
0	0	1	0	1	0
0	1	0	1	0	0
0	1	1	1	1	0
1	0	0	0	0	1
1	0	1	0	1	1
1	1	0	1	0	1
1	1	1	1	1	1

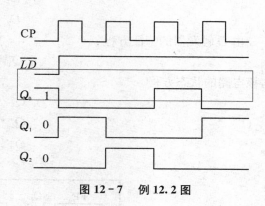

图 12-7 例 12.2 图

（4）由状态表可画出状态图如图 12-8 所示,由状态图可知该时序电路有多个状态循环.时序电路工作在哪个计数循环取决于状态的预置数. 本例中预置数为 $Q_2Q_1Q_0 = 001$.

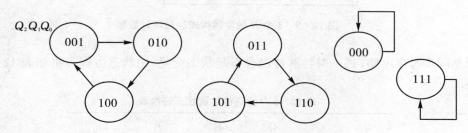

图 12-8 环形计数器状态图

解法二 观察时序电路的结构可以发现,图示时序电路是在三位移位寄存器基础上将高位输出 Q_2 反送到低位输入端 D_0,构成一个环形计数器. 当初始状态 $Q_2Q_1Q_0$ 为 001 时,寄存的数据就循环移位,高电平数据"1"就从最低位向高位移动. 当"1"移入最高位后,下一个 CP 作用下又移入最低位,得状态转换表如表 12-4 所示. 表 12-4 中 S 是状态序号,0 表示初始状态,状态表中上一行是原状态,下

表 12-4 环形计数器状态转换表

S	Q_2	Q_1	Q_0
0	0	0	1
1	0	1	0
2	1	0	0

一行是次状态,表中箭头表示状态变化顺序及计数循环. 本例电路状态按 $001 \rightarrow 010 \rightarrow 100 \rightarrow 001$ 循环,由此得出如图 12-7 所示的时序波形图. 从波形图可以看出,触发器各输出端波形在相位上各相差 120 度,为三相脉冲. 脉冲周期均为 3 个时钟周期,$T = 3T_{CP}$,即实现对时钟信号的三分频$\left(f = \dfrac{1}{T} = \dfrac{1}{3T_{CP}} = \dfrac{f_{CP}}{3} \right)$,脉冲宽度为一个时钟周期 T_{CP}.

【例 12.3】 分析如图 12-9 所示逻辑电路.

【分析】 图示逻辑电路与例 12.2 不同之处在于反馈是从最高位触发器的 $\overline{Q_2}$ 端送至最低位触发器输入端 D_0,而不是从 Q_2 端接到 D_0 端,从而构成一个所谓的扭环计数器.

解:图示同步时序电路的激励方程为

$$D_0 = \overline{Q_2^n}$$
$$D_1 = Q_0^n$$
$$D_2 = Q_1^n$$

由 D 触发器的特征方程

$$Q^{n+1} = D$$

得该电路的状态方程

$$Q_2^{n+1} = Q_1^n$$
$$Q_1^{n+1} = Q_0^n$$
$$Q_0^{n+1} = \overline{Q_2^n}$$

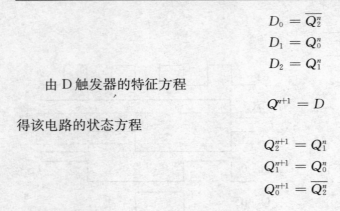

图 12 - 9　3 个 D 触发器构成的扭环计数器

因是同步时序电路,每一时钟脉冲都会引起状态变化,由状态方程可得如表 12 - 5 所示状态表.

表 12 - 5　扭环计数器状态转换表

Q_2^n	Q_1^n	Q_0^n	Q_2^{n+1}	Q_1^{n+1}	Q_0^{n+1}
0	0	0	0	0	1
0	0	1	0	1	1
0	1	0	1	0	1
0	1	1	1	1	1
1	0	0	0	0	0
1	0	1	1	0	0
1	1	0	1	0	0
1	1	1	1	1	0

图 12 - 10 画出了该时序电路的状态图,很显然,它有两个计数循环,一个工作在计数长度为 6 的循环计数. 同时,其状态表,如表 12 - 6 所示. 在表 12 - 6 中,上一个状态为原状态 Q^n,下一个为次状态 Q^{n+1},其中 S 为状态序号(也可以认为是时钟脉冲的个数). 通过状态表和状态图,可清晰地表明计数器的状态转换规律.

另一个计数循环只有 010 和 101 两个状态. 可见该时序电路的初始状态不同,循环计数的状态也不一样. 状态图包含了 8 种状态,但不能启动,如图 12 - 11 所示画出了该时序电路的时序波形,$\overline{LD} = 0$ 时,触发器复位,$Q_2 Q_1 Q_0 = 000$,$\overline{LD} = 1$ 时,在时钟 CP 上升触发计数.

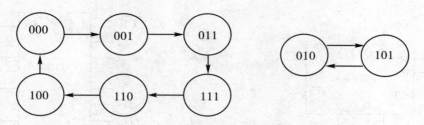

图 12-10　扭环计数器状态图

表 12-6　扭环计数器状态(循环)表

S	Q_2	Q_1	Q_0
0	0	0	0
1	0	0	1
2	0	1	1
3	1	1	1
4	1	1	0
5	1	0	0

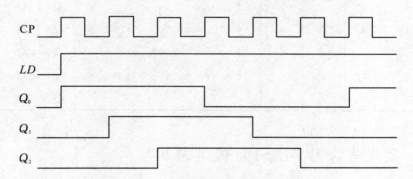

图 12-11　扭环计数器时序波形

12.2.1　寄存器工作原理及其应用

在寄存器中存储的数据在时钟信号 CP 的控制下由低位向高位移动一位时,即数据左移,例如二进数 0011 向高位移动一位变成 0110,二进制数由 3 变为 6. 同理,数据在时刻钟信号 CP 的控制下由高位向低位移动称为右移. 集成寄存器 $74LS194$ 如图 12-12 所示具有双向移位功能,$74LS194$ 功能表如表 12-7 所示,$74LS194$ 在 $\overline{\text{CR}}$ 端为低电平时具有异步清零功能. $\overline{\text{CR}}$ 条件下,$M_1 M_0 = 00$ 时,寄存器实现保持(数据)功能;$M_1 M_0 = 01$ 时,寄存器实现右移功能,CP 作用下,数据由高位向低位移动,右移输入端 D_{SR} 数据移入 Q_3;$M_1 M_0 = 10$ 时,寄存器实现左移功能,CP 作用下,数据由低位向高位移动,左移输入端 D_{SL} 数据移入 Q_0;$M_1 M_0 = 11$ 时,寄存器实现并行输入(预置)功能,并行输入数据 $D_3 D_2 D_1 D_0 = ABCD$ 寄存到 Q 端,时钟上跳后 $Q_3 Q_2 Q_1 Q_0 = D_3 D_2 D_1 D_0 = ABCD$.

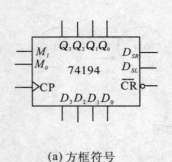

(a) 方框符号

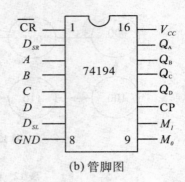

(b) 管脚图

图 12 - 12　4 位双向移位寄存器 74194

表 12 - 7　74LS194 功能表

$\overline{CR}$	M_1	M_0	D_{SL}	D_{SR}	CP	D_3	D_2	D_1	D_0	Q_3	Q_2	Q_1	Q_0
0	×	×	×	×	×	×	×	×	×	0	0	0	0
1	×	×	×	×	×	×	×	×	×	Q_3	Q_2	Q_1	Q_0
1	1	1	×	×	↑	A	B	C	D	A	B	C	D
1	1	0	1	×	↑	×	×	×	×	Q_2	Q_1	Q_0	1
1	1	0	0	×	↑	×	×	×	×	Q_2	Q_1	Q_0	0
1	0	1	×	1	↑	×	×	×	×	1	Q_3	Q_2	Q_1
1	0	1	×	0	↑	×	×	×	×	0	Q_3	Q_2	Q_1
1	0	0	×	×	×	×	×	×	×	Q_3	Q_2	Q_1	Q_0

12.2.2　集成寄存器 74LS194 及其应用

【例 12.4】　试分析如图 12 - 13 所示 74LS194 组成的计数电路,画出状态转换图.

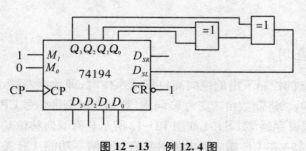

图 12 - 13　例 12.4 图

【分析】　74LS194 是具有双向移位功能的集成寄存器,其逻辑图和逻辑功能表分别见图 12-12 和表 12-7. 图 12-12 中 M_1M_0 = 10,74194 接成左移寄存器,D_{SL} 端为数据输入端,CP 上跳时, 实现数据左移, 即 $Q_3 \leftarrow Q_2 \leftarrow Q_1 \leftarrow Q_0 \leftarrow Q_{SL}$.

解:
$$D_{SL} = Q_3 \oplus Q_1 \oplus Q_0$$

假设不同的初始状态可得状态转换图如图 12-14 所示,包含了 16 个状态,可见,该电路有两个计数长度为 7 的计数循环,可通过预置的方法进入相应计数循环. 1111 和 0000 自成循环,因此,是不能自启动的.

【例 12.5】　若例 12.4 电路中 $D_{SL} = Q_3 \oplus Q_2 \oplus Q_1 \oplus Q_0$,画出状态转换图.

【分析】　与例 12.4 相似,所不同之处在于反馈函数不同.

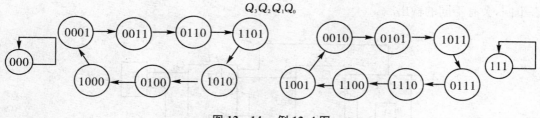

图 12 − 14　　例 12.4 图

假定不同的初始状态,就可得到如图 12−15 所示的状态循环图,系 4 组闭环图.因此,循环状态也不能自启动.

解:

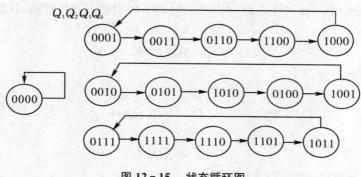

图 12 − 15　　状态循环图

12.2.3　时序逻辑电路的一般分析方法

时序逻辑电路的分析是根据给定的逻辑电路图,通过分析,求出它的电路状态 Q 的转换规律以及它的输出 Z 的变化规律.从而获得该时序逻辑电路的逻辑功能和工作特性.

时序逻辑电路的一般分析步骤如下:

(1) 根据给定时序逻辑图写出各触发器的时钟方程和激励方程.

(2) 将激励方程代入各触发器的特征方程得触发器次态方程,即时序电路的状态方程(组).

(3) 根据状态方程(组)和时钟方程(组),分析得出时序电路的状态(转换)表.

(4) 由状态表可以画出状态(转换)图,以及各触发器输出端 Q 的时序波形.

(5) 根据逻辑图写出输出方程,并由此画出输出逻辑波形图.

需要说明的是以上步骤并非必须的固定程式,实际分析时,可根据实际情况加以取舍.例如,同步时序电路中各触发器具有相同的时钟信号,即相同的时钟方程,因此分析时,时钟方程可以不写.

【**例 12.6**】　如图 12−16 所示逻辑电路,试分析其逻辑功能.若输入 X 的串行序列为 $(5D36)_H$,试问输出 Z 的序列是什么?

【**分析**】　图示时序电路在 CP 下跳沿状态变化,输入二进制序列以时钟 CP 划分二进制序列位.要分析输出序列,首先要分析得出该逻辑电路的状态转换图或状态转换表.然后,根据状态图或状态表以及输入序列,逐一求出相应输入时的输出,**注意**:相同的输入由于当前输出状态不同,会有不同的输出.

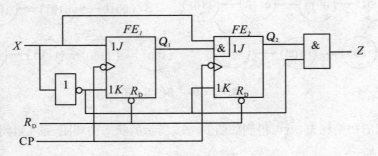

图 12 - 16　例 12. 6 图

解:(1) 这是一个同步时序电路,在 CP 信号的下降沿状态发生转换. 其激励方程为:

$$J_1 = X, \quad K_1 = \overline{X}$$
$$J_2 = XQ_1^n, \quad K_2 = \overline{X}$$

(2) 列出状态方程

$$Q_1^{n+1} = X$$
$$Q_2^{n+1} = X(Q_1^n + Q_2^n)$$

输出方程

$$Z = \overline{X}Q_2$$

(3) 作状态转换表,如表 12 - 8 所示.

表 12 - 8　例 12. 6 状态转换表

$Q_2^n Q_1^n$ \ $Z/Q_2^{n+1} Q_1^{n+1}$		X	
		0	1
0	0	0/00	0/01
0	1	0/00	0/11
1	0	1/00	0/11
1	1	1/00	0/11

(4) 画逻辑电路状态图,如图 12 - 17 所示.

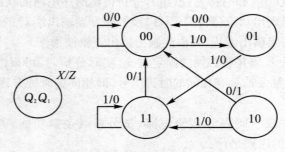

图 12 - 17　例 12. 6 图

（5）求电路在输入 $X = (5D36)_H$ 作用下的输出响应序列，即作出在相应输入信号作用下的输出信号时序波形图. 由逻辑图知该电路输出方程为

$$Z = \overline{X}Q_2$$

根据输出方程，由输入和触发器各 Q 端逻辑波形，可以得到输出逻辑波形，如图 12 - 18 所示.

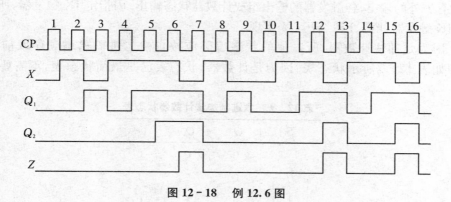

图 12 - 18　　例 12.6 图

由时序波形图可以看出，在串行输入 $X = (5D36)_H = (0101110100110110)_B$ 作用下，输出序列信号 $Z = (0209)_H = (0000001000001001)_B$.

12.2.4　同步时序逻辑电路的一般设计方法

时序逻辑电路的设计是时序逻辑电路分析的逆过程. 时序电路设计是根据给定时序电路逻辑功能要求，选择适当逻辑器件，设计出符合逻辑要求的时序电路. 这里讲述的时序电路的设计方法仅为同步时序电路设计的一般方法.

同步时序电路设计的一般步骤如下：

（1）根据给定的逻辑功能要求确定输入变量（集合）X、输出变量（集合）Z 以及该逻辑电路应包含的状态，并以字母 S_0、S_1、… 表示这些状态.

（2）分别以这些状态为原始状态，分析在每一种可能的输入条件下应转入的状态（即次状态）及相应的输出，即可获得原始状态表或原始状态图.

（3）以上得到的原始状态表（或图）并不一定是最简单的状态表（或图），它可能包含多余状态，即存在可以合并的状态，因此需要进行状态化简或称之为状态合并，从而得到最简状态表（或图）.

（4）得到的简化状态表中每一个状态都必须分配一个唯一的二进制代码，即进行状态编码. 编码的方案不同，设计得到的电路结构也不相同. 确定状态编码方案后，用相应的二进制码替代这些状态，得编码形式的状态表或状态图.

（5）根据简化状态表中包含的状态个数 M 确定触发器个数 n，

$$2^{n-1} < M \leqslant 2^n$$

并选定触发器类型.

（6）根据编码后的状态表及触发器的特征方程，写出各触发器的激励方程 P 和输出方程 Z.

（7）根据激励方程、输出方程和触发器类型画出时序逻辑电路图. 同时还需检查电路自启

动能力.

【例 12.7】　试用负边沿 JK 触发器设计一个同步六进制加法计数器.

【分析】　设计同步时序电路不存在触发器时钟确定问题,设计计数器也不存在状态化简问题.因此,设计一个同步六进制加法计数器,就是确定状态编码和触发器激励方程.

(1) 因为是六进制计数器,它有六个计数状态至少需要三个触发器,没有附加的输入信号,也没有另外的输出,各触发器的输出组成计数器状态输出.因指定 JK 触发器,所以用三个负边沿 JK 触发器(FF_0、FF_1、FF_2)来实现.

(2) 因为是加法计数器,所以他的状态编码应按自然二进码递增顺序取前六个二进制码,即如表 12-9 所示状态表.因为是计数器,状态表已是最简状态表,不需要进行状态化简.

表 12-9　六进制加法计数器状态表

S	Q_2	Q_1	Q_0
	0	0	0
0	0	0	1
1	0	1	0
2	0	1	1
3	1	0	0
4	1	0	1
5	0	0	0

(3) 根据状态表写出激励方程,有两种方法,一是用次态卡诺图,二是用激励(驱动)表.下面分别用这两种方法来求得各触发器的激励方程.

解:方法一(次态卡诺图法)

所谓次态卡诺图也就将原状态 Q^n 和输入 X 作为变量,次状态 Q^{n+1} 作为函数所得的卡诺图.本例状态卡诺图如图 12-19(a)所示,卡诺图最小项方格中填入其相对应的次状态.这张卡诺图可拆分成三张对应于三个触发器的状态卡诺图,如图 12-19(b)、(c)、(d)所示.由这三张卡诺图得次态方程 Q^{n+1},并对照触发器特征方程($Q^{n+1} = \overline{Q^n} + \overline{K}Q^n$)可得各触发器激励方程如下:

$$Q_2^{n+1} = Q_1^n Q_0^n \overline{Q_2^n} + \overline{Q_0^n} Q_2^n, \qquad J_2 = Q_1^n Q_0^n, \qquad K_2 = Q_0^n$$

$$Q_1^{n+1} = \overline{Q_2^n} Q_0^n \overline{Q_1^n} + \overline{Q_0^n} Q_1^n, \qquad J_1 = \overline{Q_2^n} Q_0^n, \qquad K_1 = Q_0^n$$

$$Q_0^{n+1} = \overline{Q_0^n}, \qquad J_0 = 1, \qquad K_0 = 1$$

方法二(激励表法)

该方法用列表的方法列出相应状态转换时各触发器所需的激励信号,然后求出激励函数. JK 触发器保持"0"状态不变,输入 JK = 0x;JK 触发器保持"1"状态不变,输入 JK = x0;JK 触发器从"0"状态翻转为"1"状态,输入 JK = 1x;JK 触发器从"1"状态翻转为"0"状态,输入 JK = x1.由此而得本例激励表如表 12-10 所示.

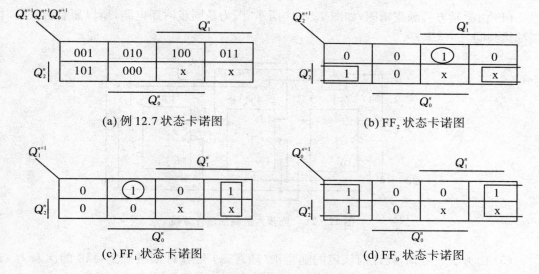

(a) 例 12.7 状态卡诺图　　　　(b) FF$_2$ 状态卡诺图

(c) FF$_1$ 状态卡诺图　　　　(d) FF$_0$ 状态卡诺图

图 12 - 19　状态卡诺图

表 12 - 10　例 12.7 激励表

Q_2^n	Q_1^n	Q_0^n	Q_2^{n+1}	Q_1^{n+1}	Q_0^{n+1}	J_2	K_2	J_1	K_1	J_0	K_0
0	0	0	0	0	1	0	$\times$	0	$\times$	1	$\times$
0	0	1	0	1	0	0	$\times$	1	$\times$	$\times$	1
0	1	0	0	1	1	0	$\times$	$\times$	0	1	$\times$
0	1	1	1	0	0	1	$\times$	$\times$	1	$\times$	1
1	0	0	1	0	1	$\times$	0	0	$\times$	1	$\times$
1	0	1	0	0	0	$\times$	1	0	$\times$	$\times$	1
1	1	0	$\times$	$\times$	$\times$	$\times$	$\times$	$\times$	$\times$	$\times$	$\times$
1	1	1	$\times$	$\times$	$\times$	$\times$	$\times$	$\times$	$\times$	$\times$	$\times$

　　由激励表得激励函数卡诺图,如图 12 - 20 所示.由激励函数卡诺图化简,所得激励函数与方法一所得激励函数相同.

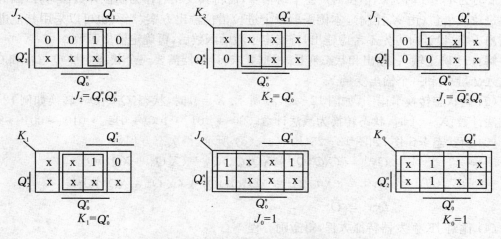

$J_2 = Q_1^n Q_0^n$　　　　$K_2 = Q_0^n$　　　　$J_1 = \overline{Q_2^n} Q_0^n$

$K_1 = Q_0^n$　　　　$J_0 = 1$　　　　$K_0 = 1$

图 12 - 20　六进制加法计数器激励卡诺图

（4）由激励方程画逻辑图，如图 12-21 所示．因为是同步时序电路，所以所有触发器时钟端都接到同一个 CP 端．

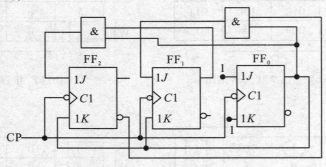

图 12-21　　同步六进制加法计数器

（5）由方法一可知，设计前认定的随意项（随意态）经设计而被确定，110 的次态为 111，111 的次态为 000．图 12-21 同步六进制加法计数器的状态图如图 12-22 所示．由此可见，这是一个能自启动的六进制加法计数器．

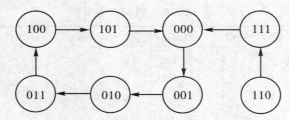

图 12-22　　六进制加法计数器状态图

【例 12.8】　试用 JK 触发器设计一计数器，当控制输入 $X = 0$ 时实现六进制加法计数，$X = 1$ 时实现六进制减法计数，并提供一个输出 Y 作为向高位进位或借位信号．

【分析】　本例仅规定用 JK 触发器设计可逆计数器，而未规定触发器工作时钟边沿，可任意选定时钟的工作边沿．若选定触发器上升沿翻转，进位信号在 101 时为 1，000 时为 0；借位信号 000 时为 1，101 时为 0，借位时产生下跳信号，需将其反相后作为高位计数器时钟．因只要求提供进位或借位（由 X 控制），本例采取以上进位借位输出方案，当然也可以采用其他进位借位输出方案．设计时可先不考虑输出，待确定了激励函数后，再确定输出函数．

解：（1）确定输入、输出和状态变量．根据要求，计数器需要三个状态变量 Q_2、Q_1 和 Q_0，一个输入变量 X 和一个输出变量 Y．

（2）画状态转换卡诺图，如图 12-23（a）所示．$X = 0$ 时，状态（$Q_2 Q_1 Q_0$）转换如例 12.7，实现加法计数；$X = 1$ 时，状态转换为减法计数，$000 \rightarrow 101 \rightarrow 100 \rightarrow 011 \rightarrow 010 \rightarrow 001 \rightarrow 000$．

（3）由状态卡诺图，如图 12-23（b）、（c）、（d）所示，得次态方程

$$Q_2^{n+1} = (\overline{X}Q_1^n Q_0^n + XQ_1^n \overline{Q}_0^n)\overline{Q}_2^n + (\overline{X}\,\overline{Q}_0^n + XQ_0^n)Q_2^n$$

$$Q_1^{n+1} = (\overline{X}\,\overline{Q}_2^n Q_0^n + XQ_2^n \overline{Q}_0^n)\overline{Q}_1^n + (\overline{X}\,\overline{Q}_0^n + XQ_0^n)Q_1^n$$

$$Q_0^{n+1} = \overline{Q}_0^n$$

（4）比对 JK 触发器特征方程，得激励方程

$$J_2 = \overline{X}Q_1^n Q_0^n + X\overline{Q}_1^n \overline{Q}_0^n, \quad K_2 = \overline{X \oplus Q_0^n}$$

$$J_1 = \overline{X}\,\overline{Q}_2^n Q_0^n + XQ_2^n \overline{Q}_0^n, \quad K_1 = \overline{X \oplus Q_0^n}$$

$$J_0 = 1, \qquad\qquad\qquad K_0 = 1$$

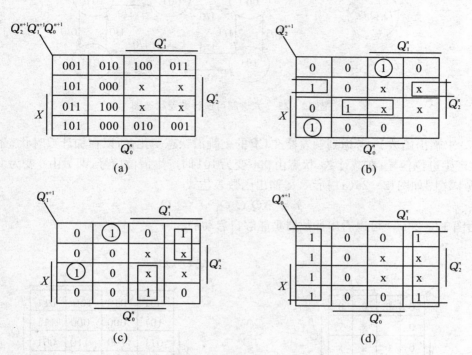

图 12 - 23　例 12.8 图

（5）按激励方程，采用正边沿 JK 触发器，画出逻辑电路如图 12 - 24 所示.

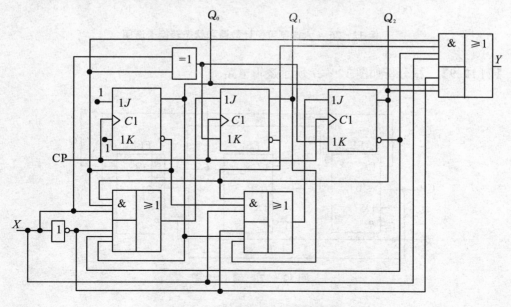

图 12 - 24　六进制可逆计数器逻辑图

（6）图 12-25 给出了本例时序电路的状态图，由此可见，逻辑电路可以自启动.

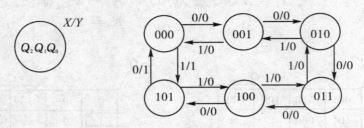

图 12-25　六进制可逆计数器状态图

（7）求输出函数 Y. 考虑到触发器在 CP 的上跳沿状态变化，所以在加计数时状态由 101 变为 000 产生进位信号；在减计数，状态由 000 变为 101 时产生借位信号，即 Y 由 0 变为 1. 对应输出函数卡诺图如图12-26(a) 所示，得输出函数表达式

$$Y = X\overline{Q}_2\overline{Q}_1\overline{Q}_0 + \overline{X}Q_2Q_0$$

由图 12-26(b) 可以看出计数器是能够自启动的.

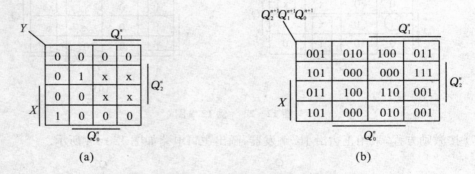

(a)　　　　　　　　　　　　　　(b)

图 12-26　六进制可逆计数器和状态转换卡诺图

【例 12.9】　试分析如图 12-27 所示逻辑电路.

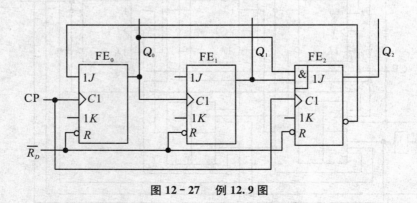

图 12-27　例 12.9 图

【分析】　图示逻辑电路是用时钟上升沿翻转的 JK 触发器组成的异步时序电路，逻辑图输入端悬空相当于接高电平. 触发器 FE₂ 有两个输入"与"后作为 FE₂ 的 J 输入. 所有直接复位

端都接复位信号,即表示初始状态 000.

解:(1)确定各级触发器时钟和激励方程.

$$\begin{cases} CP_0 = CP \\ CP_1 = Q_0 \\ CP_2 = CP \end{cases}$$

$$\begin{cases} J_0 = \overline{Q}_2, \quad K_0 = 1 \\ J_1 = K_1 = 1 \\ J_2 = Q_1^n Q_0^n, \quad K_2 = 1 \end{cases}$$

这是一个异步时序电路,Q_0、Q_2 在 CP 下跳沿变化,Q_1 在 Q_0 的下跳沿改变状态.

(2)列出状态方程并附上状态方程有效的时刻.

$$Q_2^{n+1} = \overline{Q_2^n} Q_1^n Q_0^2 \qquad (CP\downarrow)$$

$$Q_1^{n+1} = Q_1^n \qquad\qquad (Q_0\downarrow)$$

$$Q_0^{n+1} = \overline{Q}_2^n \overline{Q}_1^n Q_0^n \qquad (CP\downarrow)$$

(3)得状态表如表 12-11 所示.

表 12-11　例 12.9 状态表

Q_2^n	Q_1^n	Q_0^n	Q_2^{n+1}	Q_1^{n+1}	Q_0^{n+1}	
0	0	0		0	0	1	
	0	0	1		0	1	0	Q_0 下跳为 FE_1 提供时钟
0	1	0		0	1	1	Q_0 下跳为 FE_1 提供时钟
	0	1	1		1	0	0	Q_0 下跳为 FE_1 提供时钟
1	0	0		0	0	0	Q_0 下跳为 FE_1 提供时钟
	1	0	1		0	1	0	
1	1	0		0	1	0	
	1	1	1		0	0	0	

(4)由状态表 12-11,画出状态转换图,如图 12-28 所示.

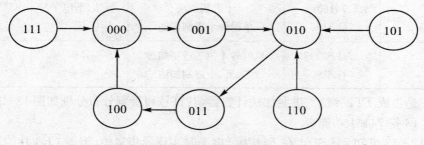

图 12-28　例 12.9 图

由状态图可知该电路是一能自启动异步五进制加法(递增)计数器.并由此得时序波形如图 12-29 所示.

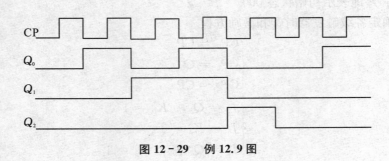

图 12-29　　例 12.9 图

12.3　计　数　器

　　计数器对输入的时钟脉冲进行计数,来一个 CP 脉冲计数器状态变化一次.根据计数器计数循环长度 M,称之为模 M 计数器(M 进制计数器).通常,计数器状态编码按二进制数的递增或递减规律来编码,对应地称之为加法计数器或减法计数器.

　　一个计数型触发器就是一位二进制计数器. N 个计数型触发器可以构成同步或异步 N 位二进制加法或减法计数器.当然,计数器状态编码并非必须按二进制数的规律编码,可以给 M 进制计数器任意地编排 M 个二进制码.

　　在数字集成产品中,通用的计数器是二进制和十进制计数器.按计数长度、有效时钟、控制信号、置位和复位信号的不同有不同的型号,常用的几种集成计数器如表 12-12 所示.

表 12-12　　几种集成计数器

CP 脉冲 引入方式	型　　　号	计数模式	清零方式	预置数 方　　式
同步	74161	4 位二进制加法	异步(低电平)	同步
	74HC161	4 位二进制加法	异步(低电平)	同步
	74HCT161	4 位二进制加法	异步(低电平)	同步
	74LS191	单时钟 4 位二进制可逆	无	异步
	74LS193	双时钟 4 位二进制可逆	异步(高电平)	异步
	74160	十进制加法	异步(低电平)	同步
	74LS190	单时钟十进制可逆	无	异步
异步	74LS293	双时钟 4 位二进制加法	异步	无
	74LS290	二、五、十进制加法	异步	异步

　　74161 是集成 TTL 4 位二进制加法计数器,其符号和管脚分布分别如图 12-30(a)、(b)所示,表 12-13 是 74161 功能表.

　　从表 12-13 可知 74LS161 在 $\overline{RD}$ 为低电平时实现异步复位(清零 $\overline{CR}$)功能,即复位不需要时钟信号.在复位端高电平条件下,预置端 $\overline{LD}$ 为低电平时实现同步预置功能,即需要有效时钟信号才能使输出状态 $Q_3 Q_2 Q_1 Q_0$ 等于并行输入预置数 $D_3 D_2 D_1 D_0$.在复位和预置端都为无效电平时,两计数使能端输入使能信号 $CT_T CT_P = 1$,74161 实现模 16 加法计数.

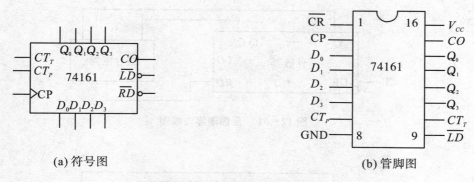

(a) 符号图　　　　　　　　　　　　(b) 管脚图

图 12 - 30　集成 4 位二进计数器 74LS161

表 12 - 13　74LS161 功能表

$\overline{RD}$	$\overline{LD}$	CT_T	CT_P	CP	D_3	D_2	D_1	D_0	Q_3	Q_2	Q_1	Q_0
L	$\times$	$\times$	$\times$	$\times$	$\times$	$\times$	$\times$	$\times$	L	L	L	L
H	L	$\times$	$\times$	$\uparrow$	d_3	d_2	d_1	d_0	d_3	d_2	d_1	d_0
H	H	L	$\times$	$\times$	$\times$	$\times$	$\times$	$\times$	保		持	
H	H	$\times$	L	$\times$	$\times$	$\times$	$\times$	$\times$	保		持	
H	H	H	H	$\uparrow$	$\times$	$\times$	$\times$	$\times$	计		数	

计数功能，$Q_3^{n+1}Q_2^{n+1}Q_1^{n+1}Q_0^{n+1} = Q_3^n Q_2^n Q_1^n Q_0^n + 1$；两计数使能端输入禁止信号，$CT_T CT_P = 0$，集成计数器实现状态保持功能，$Q_3^{n+1}Q_2^{n+1}Q_1^{n+1}Q_0^{n+1} = Q_3^n Q_2^n Q_1^n Q_0^n$. 在 $Q_3^n Q_2^n Q_1^n Q_0^n = 1111$ 时，进位输出端 $CO = 1$.

74160 是 TTL 集成 BCD 码计数器，它与 74161 有相同的管脚分布和功能表，但 74160 按 BCD 码实现模 10 加法计数，且 $Q_3^n Q_2^n Q_1^n Q_0^n = 1001$ 时，$CO = 1$.

在数字集成电路中有许多型号的计数器产品，可以用这些数字集成电路来实现所需要的计数功能和时序逻辑功能. 在设计时序逻辑电路时有两种方法，一种为反馈清零法，另一种为反馈置数法.

1. 反馈清零法

反馈清零法是利用反馈电路产生一个给集成计数器的复位信号，使计数器各输出端为零（清零）. 反馈电路一般是组合逻辑电路，计数器输出部分或全部作为组合逻辑电路的输入，在计数器一定的输出状态下即时产生复位信号，使计数电路同步或异步复位. 反馈清零法的逻辑框图如图 12 - 31 所示.

2. 反馈置数法

反馈置数法将反馈逻辑电路产生的信号送到集成计数器的置位端，在满足条件时，计数电路输出状态为给定的二进制码. 反馈置数法的逻辑框图如图 12 - 32 所示.

在时序电路设计中，以上两种方法有时可以并用.

3. 集成计数器的扩展连接

用集成计数器构成模 M 计数器时，如果模长 M 大于单片集成计数器模长，则需将多片集成计数器连接成模大于或等于 M 的计数器，然后按反馈清零或反馈预置法实现 M 模长计数.

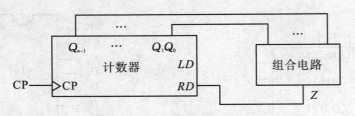

图 12 - 31   反馈清零法框图

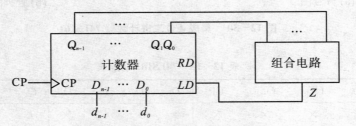

图 12 - 32   反馈清零法框图

集成计数器连接有同步和异步两种连接方式.以集成计数器 74161 为例组成 256 进制(8 位二进制) 计数器,图 12 - 33 为同步连接,图 12 - 34 为异步连接.

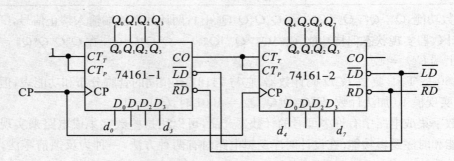

图 12 - 33   74161 组成 $M = 256$ 同步计数器

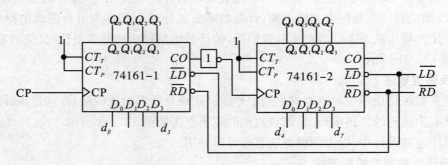

图 12 - 34   74161 组成 $M = 256$ 异步计数器

图 12-33 电路中, 两片集成计数器的时钟端并接在一起具有相同的时钟, 且都在输入时钟的上跳沿改变计数输出状态, 因此, 图 12-33 电路中两片集成计数器按同步方式组成同步计数器. 要实现 $M = 256$ 同步计数, 低位芯片来一个 CP 脉冲计数一次, 高位芯片来 16 个 CP 脉冲计数一次. 为使高位芯片来 16 个 CP 脉冲计数一次, 高位芯片的使能端 CT_T、CT_P 接低位芯片的进位输出 CO. 第 15 个 CP 脉冲后, $74161-1$ 的 $CO = 1$; 第 16 个 CP 脉冲来时, $74161-2$ 满足计数条件, 高位芯片计数一次. 第 16 个 CP 脉冲后, 低位芯片状态 $Q_3Q_2Q_1Q_0 = 0000$, $CO = 0$, 所以, 第 17 个 CP 脉冲来时, 只能是低位芯片计数, 高位芯片处于保持状态.

图 12-34 电路中, 两片集成计数器按异步方式连接, $74161-1$ 以计数脉冲为时钟, $74161-2$ 以低位芯片的进位输出为时钟. $74161-1$ 每来 16 个 CP 脉冲, 其 CO 端输出一个 T_{CP} 脉宽的正脉冲, 因为 $Q_3Q_2Q_1Q_0 = 1111$ 时 $CO = 1$, 所以 CO 要经反相后作为 $74161-2$ 的时钟, 即 CO 下跳, 为 $74161-2$ 计数器提供数脉冲.

【例 12.10】　试用 74LS161 4 位二进制同步加法计数器组成一个同步十二进制计数器.

【分析】　74LS161 是具有异步清零和同步预置功能的集成 TTL 4 位二进制同步加法计数器, 其逻辑符号及功能表如图 12-30 和表 12-13 所示. 根据功能表或逻辑符号图知道, 74LS161 有一个低电平有效的异步复位端 RD, 一个低电平有效的同步置位端 LD 和四位预置数输入端 $D_3D_2D_1D_0$, 二个使能输入端 CT_T、CT_P. 74LS161 除四个计数状态输出 Q_3、Q_2、Q_1、Q_0 外, 还有一个进位输出 CO. 用 74LS161 实现十二进制计数可有以下两种方法: 反馈清零法和反馈置数法, 反馈置数法按预置不同又有不同接法.

解: (1) 反馈清零法. 74LS161 从 $Q_3Q_2Q_1Q_0 = 0000$ 开始计数, 经 $M-1$ 个时钟脉冲 (M 为模, 本例为 12) 状态对应二进制数最大, 下一个 CP 后计数器应复位, 开始新一轮模 M 计数. 因为是异步清零, 所以复位信号不应在 $M-1$ 个 CP 时产生, 而应在 M 个 CP 时产生. 所以复位信号在 $Q_3Q_2Q_1Q_0 = 1100$ 时, 使计数器复位 $Q_3Q_2Q_1Q_0 = 0000$. 状态从 $1100 \rightarrow 0000$ 是异步变化的, 不受时钟 CP 控制, 所示状态 1100 持续的时间很短暂, 仅几级门的传输延迟而已. 由状态 1100 产生低电平复位信号可用与非门实现, 即

$$\overline{RD} = \overline{Q_3Q_2}$$

电路连接图及输出时序波形如图 12-35 所示.

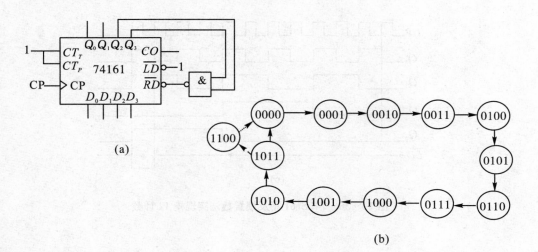

(a)

(b)

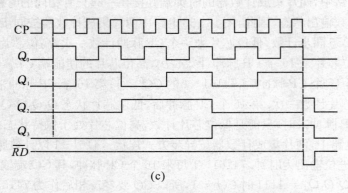

图 12 - 35   74LS161 用反馈清零法实现模 12 计数

(2) 反馈置数法. 反馈置数法是通过反馈产生置数信号 $\overline{LD}$,将预置数 $D_3 D_2 D_1 D_0$ 预置到输出端. 74LS161 是同步置数的,需 CP 和 $\overline{LD}$ 都有效才能置数,因此 $\overline{LD}$ 应先于 CP 出现. 所以 M -1 个 CP 后就应产生有效 $\overline{LD}$ 信号. 若用四位二进制数前 12 个数作为计数状态,预置数 $D_3 D_2 D_1 D_0 = 0000$,应在 $Q_3 Q_2 Q_1 Q_0 = 1011$ 时预置端变为低电平,故

$$\overline{LD} = \overline{Q_3 Q_1 Q_0}$$

此法连接的电路图及时序波形如图 12 - 36 所示.

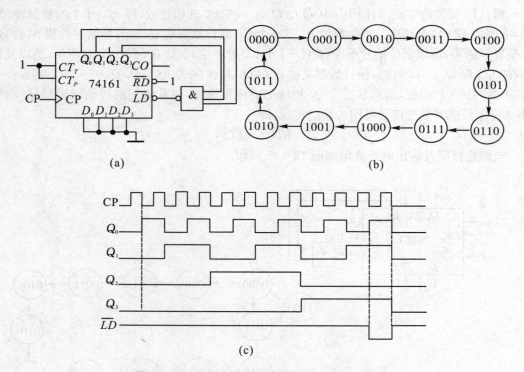

图 12 - 36   74LS161 用反馈置数法实现模 12 计数

（3）反馈置数法二. 将预置数设为 0100，即用 4 位二进制后 12 个状态计数，则可将 74LS161 的进位输出 CO 作为预置信号 $\overline{LD}$，即

$$\overline{LD} = \overline{CO}$$

电路图及时序图如图 12 - 37 所示.

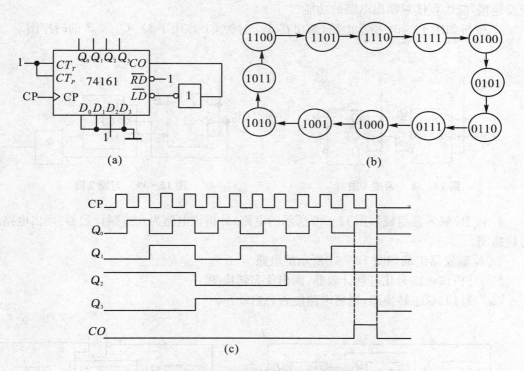

图 12 - 37　74LS161 用反馈置数法二实现模 12 计数

本 章 小 结

1. 掌握时序（逻辑）电路与组合电路的不同，其电路内部是由触发器所组成的，触发器的电路结构具有反馈的环路，因而触发器具有"记忆"的功能，即其输出不仅与输入变量有关，而且与电路原始的状态有关.

2. 描述时序逻辑电路逻辑功能的方法有状态转换真值表、状态转换图和时序图等.

3. 时序逻辑电路的分析步骤一般为：逻辑图 → 时钟方程（异步）、驱动方程、输出方程 → 状态方程 → 状态转换真值表 → 状态转换图和时序图 → 逻辑功能.

4. 时序逻辑电路的设计步骤一般为：设计要求 → 最简状态表 → 编码表 → 次态卡诺图 → 驱动方程 → 输出方程 → 逻辑图.

5. 掌握同步和异步的概念，正确使用状态转换表和状态图解决实际问题.

6. 常用中规模时序逻辑器件（寄存器、计数器等）的功能与使用方法.

习　题

1. 分析如图 12-38 所示电路,画出在 5 个时钟 CP 作用下 Q_1、Q_2 的时序图. 根据电路的组成及连接,能否直接判断出电路的功能?

2. 分析如图 12-39 所示电路,画出在 5 个时钟 CP 作用下 Q_1、Q_2 和 Z 的时序图.

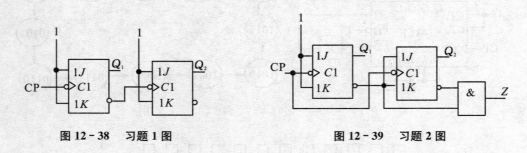

图 12-38　习题 1 图　　　　　　　　　　图 12-39　习题 2 图

3. 由 JK 触发器组成如图 12-40 所示的电路. 分析该电路为几进制计数器?画出电路的状态转换图.

4. JK 触发器组成如图 12-41 所示的电路.

(1) 分析该电路为几进制计数器,画出状态转换图.

(2) 通过其状态转换图,说明电路能否自启动.

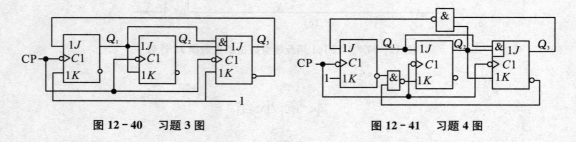

图 12-40　习题 3 图　　　　　　　　　图 12-41　习题 4 图

5. 分析如图 12-42 所示电路,画出电路的状态转换图和时序图. 并说明电路能否自启动.

6. 由 JK 触发器组成如图 12-43 所示的异步计数电路. 分析该电路为几进制计数器?画出电路的状态转换图.

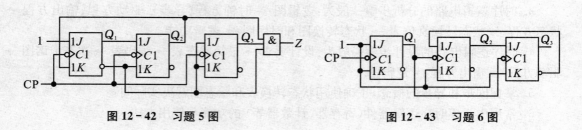

图 12-42　习题 5 图　　　　　　　　　图 12-43　习题 6 图

7. 分析由 JK 触发器组成如图 12-44 所示的异步计数电路.

(1) 该电路为几进制计数器?

（2）画出电路的状态转换图，说明电路能否自启动，其状态编码为何种码制．

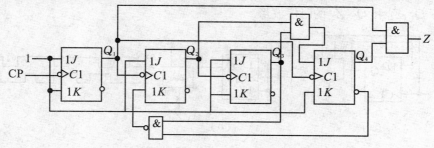

图 12 - 44　习题 7 图

8. 分析如图 12 - 45 所示异步计数电路为几进制计数器，画出电路的状态转换图和时序图．

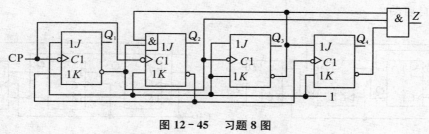

图 12 - 45　习题 8 图

9. 时序电路如图 12 - 46 所示，分析其逻辑功能，画出电路的状态转换图．

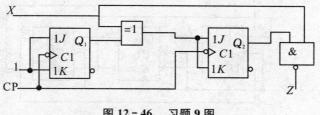

图 12 - 46　习题 9 图

10. 如图 12 - 47 所示时序电路，分析其逻辑功能，画出电路的状态转换图．并画出给定输入条件下 Q_1、Z_1 和 Q_2、Z_2 的时序波形．

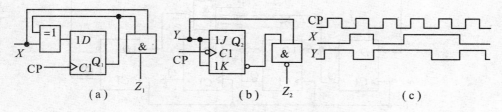

（a）　　　　　　　　　　（b）　　　　　　　　　（c）

图 12 - 47　习题 10 图

11. 时序电路如图 12-48 所示,分析其逻辑功能,画出电路的状态转换图. 并画出给定输入条件下 Q_1、Z_1 和 Q_2、Z_2 的时序波形.

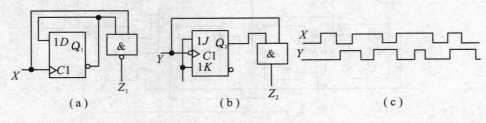

图 12-48　习题 11 图

12. 由 D 触发器组成的同步计数电路如图 12-49 所示. 分析该电路功能,画出其状态转换图,说明电路的特点是什么.

13. 分析如图 12-50 所示同步计数电路为几进制计数器,画出电路的状态转换图,并说明电路能否自启动.

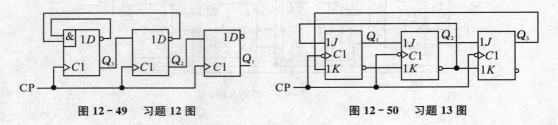

图 12-49　习题 12 图　　　　　　　图 12-50　习题 13 图

14. 分析如图 12-51 所示同步计数电路为几进制计数器,画出电路的状态转换图.

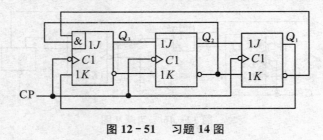

图 12-51　习题 14 图

15. 分析如图 12-52 所示的电路,画出电路的状态转换图,并说明电路能否自启动.

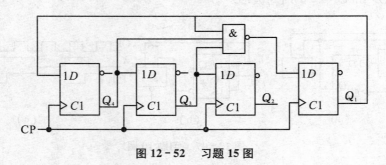

图 12-52　习题 15 图

16. 最大长度移位寄存器型计数电路如如图 12-53 所示,分析电路循环长度,画出电路的状态转换图,并说明电路能否自启动.

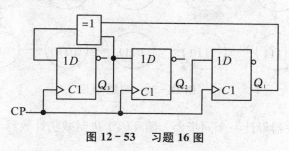

图 12-53　习题 16 图

17. 移位寄存器型计数电路如图 12-54 所示,分析电路循环长度,画出电路的状态转换图,并说明电路能否自启动.

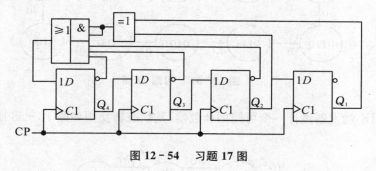

图 12-54　习题 17 图

18. 移位寄存器型计数电路如图 12-55 所示,分析电路循环长度,画出电路的状态转换图.

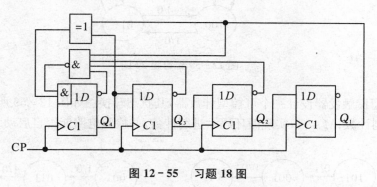

图 12-55　习题 18 图

19. 试用 JK 触发器设计一个同步八进制循环码计数器,其状态 S_0、$S_1 \cdots S_7$ 的编码分别为 000、001、011、010、110、111、101、100.

20. 试用 JK 触发器设计一个同步 2421(A) 码十进制计数器,其状态转换图如图 12-56 所示.

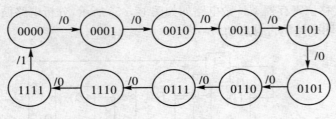

图 12-56　习题 20 图

21. 试用 JK 触发器设计一个同步余 3 循环码十进制减法计数器,其状态转换图如图 12-57 所示.

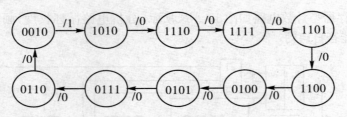

图 12-57　习题 21 图

22. 试用 JK 触发器设计一个可控型计数器,其状态转换图如图 12-58 所示,并检验电路能否自启动.

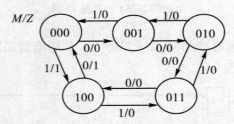

图 12-58　习题 22 图

23. 试用 JK 触发器设计一个可控型计数器,其状态转换图如图 12-59 所示,$M=0$,实现 8421 码五进制计数;$M=1$,实现循环码六进制计数,并检验电路能否自启动.

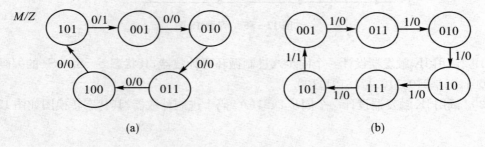

(a)　　　　　　　　　　　　　　(b)

图 12-59　习题 23 图

24. 时序电路的状态转换图如如图 12-60 所示,X、Y 为输入,Z 为输出.试用 JK 触发器设计该时序逻辑电路.

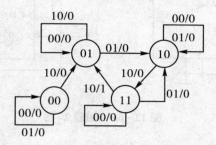

图 12 - 60　习题 24 图

25. 二、五、十进制计数器 74LS290 按照如图 12-61 所示连接,分析计数长度 M,并画出其状态转换图.

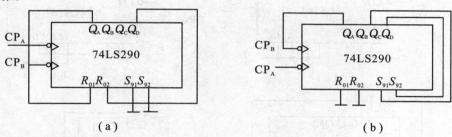

图 12 - 61　习题 25 图

26. 二、五、十进制计数器 74LS290 按照如图 12-62 所示连接,分析计数长度 M,并画出相应的状态转换图.

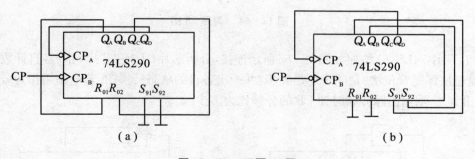

图 12 - 62　习题 26 图

27. 二、五、十进制计数器 74LS290 按照如图 12-63 所示连接,分析计数长度 M,并画出相应的状态转换图.

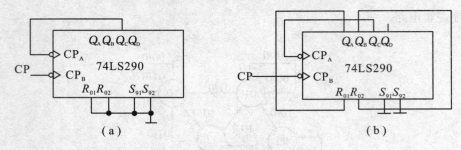

图 12 - 63   习题 27 图

28.74LS161 按照如图 12 - 64 所示连接,分析各电路计数长度 M,并画出相应的状态转换图.

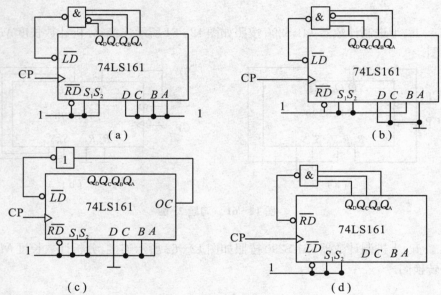

图 12 - 64   习题 28 图

29. 两片 74LS161 按照如图 12 - 65 所示连接,分析芯片(Ⅰ)和芯片(Ⅱ)各自计数长度 M,采用复位法还是置位法?是同步还是异步?并画出各自的状态转换图.若电路用作为分频器,则芯片(Ⅱ)OC 端输出脉冲和时钟 CP 的分频比为多少.

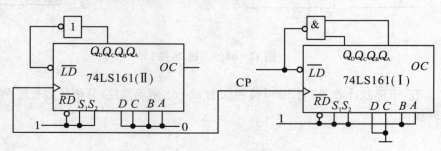

图 12 - 65   习题 29 图

30. 74LS161 按照如图 12-66 所示连接,分析各电路计数长度 M,并画出相应的状态转换图.

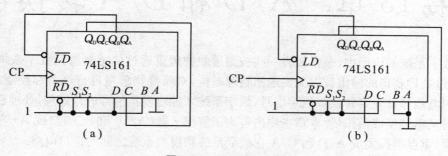

图 12-66　习题 30 图

31. 74LS161 按照如图 12-67 所示连接,分析各电路计数长度 M,画出相应的状态转换图. 并说明电路能否自启动.

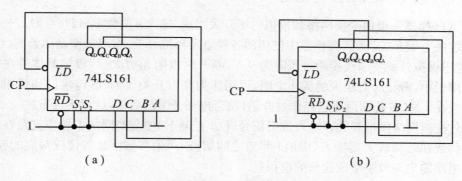

图 12-67　习题 31 图

32. 试用 74LS161 连接成计数长度 $M = 8$ 的计数器,可采用几种方法?并画出相应的接线图.

33. 试用 74LS161 分别连接成计数长度 $M = 5,7,10,14$ 的计数器,画出相应的接线图和状态转换图.

34. 试用两片 74LS161 芯片(Ⅰ)和(Ⅱ)连接成 8421BCD 码二十四进制的计数器,要求芯片的级间同步,画出相应的接线图.

35. 试用两片 74LS161 芯片(Ⅰ)和(Ⅱ)连接成 8421BCD 码六十进制的计数器,要求芯片的级间异步,画出相应的接线图.

36. 试用 74LS161 芯片设计一个分频电路,采用 $M = 9 \times 12$ 的形式,芯片(Ⅱ)的进位输出 CO 端和时钟 CP 的分频比为 1/108. 画出相应的接线图.

37. 试用 74LS161 芯片和部分门电路设计一个脉冲序列发生器. 电路输出端 Z 能周期地输出 010100110 的脉冲序列.

第13章　A/D和D/A转换器

在数字系统的应用中,通常要将一些被测量的物理量通过传感器送到数字系统进行加工处理;经过处理获得的输出数据又要送回物理系统,对系统物理量进行调节和控制.传感器输出的模拟电信号首先要转换成数字信号,数字系统才能对模拟信号进行处理,处理后获得的数字量有时又需转换成模拟量.本章主要内容为了解模／数(A/D)和数／模(D/A)变换电路的工作原理,重点掌握集成A/D和D/A在数字系统和模拟系统之间的接口电路.

13.1　D/A转换器

13.1.1　D/A变换基本概念

D/A转换器一般由变换网络和模拟电子开关组成.输入n位数字量$D(=D_{n-1}\cdots D_1 D_0)$分别控制这些电子开关.D/A转换器中使用的各种电子模拟开关.有双极型晶体管的,也有MOS管的.理想模拟开关要求在接通时压降为0V,断开时电阻无穷大.双极型晶体管在饱和导通时管压降很小,截止时有很大的截止电阻,可用作为模拟开关.CMOS传输门和反相器组成的模拟开关在CMOS传输门中已经作过介绍,符合电子开关的要求,这里不再重述.

通过变换网络模拟开关在输入数字信号(D_i)控制下,使变换网络中相应支路在基准电源和地之间或在运算放大器输入(虚地)和地之间切换,产生与数字量各位权对应的模拟量,通过加法电路输出与数字量成比例的模拟量.

1. 变换网络

变换网络一般有权电阻变换网络、R－2R T型电阻变换网络和权电流变换网络等几种.

(1)权电阻变换网络.权电阻变换网络如图13－1所示,每一个电子开关S_i所接的电阻R_i

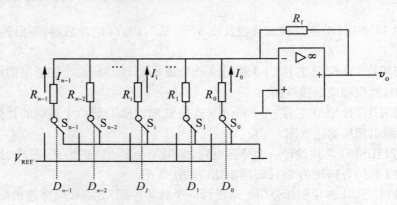

图13－1　权电阻 D/A 变换器

等于$2^{n-1-i}R(i=0\sim n-1)$,即与二进制数的位权相似,$R_0=2^{n-1}R,R_{n-1}=R$.对应二进制位$D_i=1$时,电子开关S_i合上,R_i上流过的电流:

$$I_i = V_{REF}/R_i$$

令 $V_{REF}/2^{n-1}R = I_{REF}$，则有 $I_i = 2^i I_{REF}$，即 R_i 上流过对应二进制位权倍数的基准电流，R_i 称为权电阻. 输出电压

$$V_o = -\frac{V_{REF}}{2^n} \cdot \frac{R_f}{R}(D_0 2^1 + D_1 2^2 + \cdots + D_n 2^n) = -\frac{V_{REF}}{2^n} \cdot \frac{R_f}{R}\left[\sum_{i=0}^{n-1}(D_i 2^{i+1})\right]$$

权电阻网络中的电阻从 R 到 $2^{n-1}R$ 成倍增大，位数越多阻值越大，很难保证精度.

（2）R-2R 电阻变换网络. R-2R 电阻网络中串联臂上的电阻为 R，并联臂上的电阻为 $2R$，如图 13-2 所示. 从每个并联臂 $2R$ 电阻往后看，电阻都为 $2R$，所以流过每个与电子开关 S_i 相连的 $2R$ 电阻的电流 I_i 是前级电流 I_{i+1} 的 $1/2$. 因此，$I_i = 2^i I_0 = 2^i I_{REF}/2^n$，即与二进制 i 位权成正比.

输出电压

$$v_o = -\frac{V_{REF}}{2^n}\frac{R_f}{R}(D_{n-1} \cdot 2^{n-1} + D_{n-2} \cdot 2^{n-2} + \cdots + D_0 2^0)$$

$$= -\frac{V_{REF}}{2^n}\frac{R}{R}\left[\sum_{i=0}^{n-1}(D_i \cdot 2^i)\right]$$

如果取 $R_f = R$，则输出模拟电压为

$$v_o = -\frac{V_{REF}}{2^n}\left[\sum_{i=0}^{n-1}(D_i 2^i)\right]$$

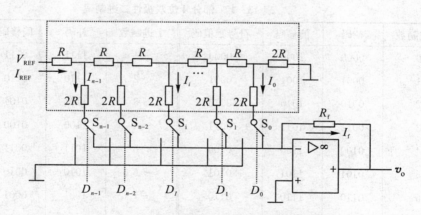

图 13-2　R-2R T 型电阻网络 D/A 变换器

（3）权电流型变换网络. R-2R T 型电阻变换网络虽然只有两个电阻值，有利于提高转换精度，但电子开关并非理想器件，模拟开关的压降以及各开关参数的不一致都会引起转换误差. 采用恒流源权电流能克服这些缺陷，集成 D/A 变换器一般采用这种变换方式. 图 13-3 给出了四位权电流型 D/A 变换器的示意图. 高位电流是低位电流的倍数，即各二进制位所对应的电流为其权乘最低位电流 $I_i = 2^i I/2^n$，与二进制 i 位权成正比. 取 $n=4$，从图 13-3 中可得出

$$v_o = \frac{I}{2^4} \cdot R_f \sum_{i=0}^{3}(D_i \cdot 2^i)$$

2. D/A 转换器的输出方式

D/A 转换器大部分是数字电流转换器，实用中通常需增加输出电路，实现电流电压变换.

在变换网络中,电流是单方向的,即在 0 和正满度值或负满度值之间变化,是单极性的.若要使输出在正负满度值之间变化,即为双极性输出,本节主要介绍单极性电压输出 D/A 转换器.

在单极性输出方式时,数字量采用自然二进制码表示大小,输出电路只要完成电流 → 电压的变换即可,如图 13-1～13-3 所示.

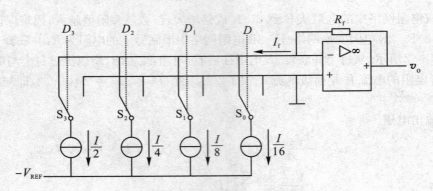

图 13-3　权电流 D/A 变换器

双极性输出方式时,数字量是双极性数.二进制双极性数字的负数可采用 2 的补码、偏移二进制码或符号数值码(符号位加数值码).表 13-1 列出了部分 4 位双极性二进制码.

表 13-1　部分 4 位双极性二进制码

十进制数	补码	偏移码	符号数值码	十进制数	补码	偏移码	符号数值码
0	0000	1000	0000	－1	1111	0111	1001
1	0001	1001	0001	－2	1110	0110	1010
2	0010	1010	0010	－3	1101	0101	1011
3	0011	1011	0011	－4	1100	0100	1100
4	0100	1100	0100	－5	1011	0011	1101
5	0101	1101	0101	－6	1010	0010	1110
6	0110	1110	0110	－7	1001	0001	1111
7	0111	1111	0111	－8	1000	0000	

注:符号数值码 10000 表示(－0).

由表 13-1 可知,偏移二进制码是在自然二进制码的基础上偏移而成的,4 位偏移二进制码的偏移量为 1000(8H).因此,按自然二进制码进行 D/A 变换后,只要将输出模拟量也进行相应偏移(减去 1000 对应的模拟值)即可获双极性输出.数字量以 2 的补码表示时,需先将 2 的补码转换成偏移二进制码(2 的补码加 1000),然后送 D/A 转换器,可得双极性输出.

3. 转换精度

D/A 变换器转换精度用分辨率和转换误差描述.

(1) 分辨率.分辨率是 D/A 变换器在理论上可达到的精度,定义为电路能分辨的最小输出(ΔV)和满度输出(V_m)之比.其实,D/A 变换器的位数 n 就表示了分辨率,即分辨率也可以用数字位数 n 表示.位数成长,分辨率值越小,分辨能力越强.实际应用中分辨率也可用百分比表示,即

$$分辨率 = 1/(2^n - 1) \cdot 100\%$$

（2）转换误差. 转换误差用以说明 D/A 转换器实际上能达到的转换精度. 转换误差可用满度值的百分数表示, 也可用 LSB 的倍数表示, LSB 是数字信号, 最低为 1, 其他位为 0 时对应的模拟量. 如转换误差为 $(1/2)$LSB, 表示绝对误差为 $\Delta V/2$.

【例 13.1】　某一权电阻 8 位二进制 D/A 转换器如图 13-4 所示, 已知 $V_{REF} = 5$ V, $R_f = 10$ kΩ, 运算放大器电压输出范围为 0 V～＋5 V, 试求各权电阻 $(R_0 \sim R_7)$ 阻值, 最小和最大输出电压的绝对值.

【分析】　由图 13-4 可知运算放大器反相输入端为虚地, 所以, 如果 $D_i = 0$ 时 S_i 接地, $I_i = 0$; 如果 $D_i = 1$ 时 S_i 接 V_{REF}, $I_i = V_{REF}/R_i$, 即权电阻 R_i 上电流 $I_i = D_i \times (V_{REF}/R_i)$. 运算放大器反馈电阻 R_f 上流过电流

$$I_f = \sum I_i = (D_7/R_7 + D_6/R_6 + D_5/R_5 + D_4/R_4 + \cdots + D_1/R_1 + D_0/R_0)V_{REF}$$

$$v_o = -R_f I_f = -(D_7/R_7 + D_6/R_6 + D_5/R_5 + D_4/R_4 + \cdots + D_1/R_1 + D_0/R_0)V_{REF}R_f$$

根据二进制 D/A 转换器输出定义, 输出电压

$$v_o = (2^7 D_7 + 2^6 D_6 + 2^5 D_5 + 2^4 D_4 + \cdots + 2^1 D_1 + 2^0 D_0) \times \Delta$$

比较这二式的绝对值, 得

$$R_7 = V_{REF}R_f/2^7\Delta, R_6 = V_{REF}R_f/2^6\Delta = 2R_7, R_5 = V_{REF}R_f/2^5\Delta = 2^2 R_7, R_4 = V_{REF}R_f/2^4\Delta$$
$$= 2^3 R_7, \cdots, R_1 = V_{REF}R_f/2^1\Delta = 2^6 R_7, R_0 = V_{REF}R_f/2^0\Delta = 2^7 R_7.$$

该 D/A 转换器单极性输出最大幅度为 5 V, 8 位 D/A 转换器将 5 V 分成 $2^8 - 1$ 个等份, 称为量化阶 Δ, 得 $\Delta = 5/(2^8 - 1) \approx 19.6$ mV, $R_7 \approx 19.93$ kΩ.

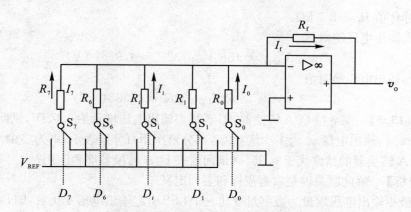

图 13-4　8 位权电阻 D/A 转换器

解: R_7 取整数, 即 $R_7 = 20$ kΩ, $R_6 = 40$ kΩ, $R_5 = 80$ kΩ, $R_4 = 160$ kΩ, $\cdots, R_1 = 1280$ kΩ, $R_0 = 2560$ kΩ, 电阻阻值相差极大. 1LSB 对应输出电压绝对值为

$$\Delta = V_{REF}R_f/R_0 = V_{REF}R_f/2^7 R_7 \approx 19.53 \ (\text{mV})$$

最大输出电压绝对值 $V_{om} = (2^8 - 1)\Delta \approx 4.98$ (V).

【例 13.2】　某一 R-$2R$ T 型电阻网络 4 位二进制 D/A 转换器如图 13-5 所示, 已知 $V_{REF} = 5$ V, $R_f = 10$ kΩ, 运算放大器电压输出范围为 -5 V～＋5 V, 试求电阻 R 阻值, 最小和最大输出电压的绝对值.

【分析】　图示 R-$2R$ T 型电阻网络无论开关接地或接虚地, 从串联臂 R 往后级看进去的

等效电阻都等于 $2R$,所以参考电流 $I_{REF} = V_{REF}/2R$, $I_3 = I_{REF}/2$. 因为流经反馈电阻 R_f 上的电流最大值为各 $2R$ 电阻上电流之和,而高位电流是低位电流的倍数,即 $I_3 = 2I_2 = 4I_1 = 8I_0$,所以 $I_{fmax} = 15I_0$. 因为单极性输出最大幅度 V_{om} 为 5 V, $I_{fmax} \times R_f \leqslant V_{om}$, $I_0 \leqslant V_{om}/15R_f$,同时 $I_0 = I_{REF}/16 = V_{REF}/32R$,所以, $R \geqslant 15R_f V_{REF}/32V_{om} = 4.6875$ kΩ.

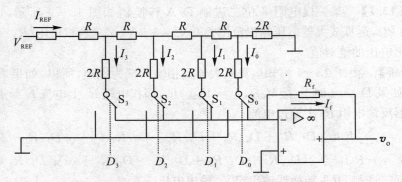

图 13-5　R-2R T 型电阻网络 D/A 转换器

　　解:取整数 $R = 5$ kΩ:

最大输出电压绝对值

$$V_{omax} = 15R_f V_{REF}/32R = 4.6875 \text{ (V)}$$

最小输出电压绝对值

$$V_{omin} = R_f V_{REF}/32R = 0.3125 \text{ (V)}$$

取标称值 $R = 4.7$ kΩ:

最大输出电压绝对值

$$V_{omax} = 15R_f V_{REF}/32R = 4.9867 \text{ (V)}$$

最小输出电压绝对值

$$V_{omin} = R_f V_{REF}/32R = 0.3324 \text{ (V)}$$

　　【例 13.3】　某 8 位 D/A 转换器:① 若最小输出电压增量为 0.02 V,试问当输入二进制码 01001101 时,输出电压 v_o 为多少伏?② 若其分辨率用百分数表示,则为多少?③ 若某一系统中要求 D/A 转换器的精度优于 0.25%,试问这一 D/A 转换器能否应用?

　　【分析】　解此题关键是掌握指标和名词定义.

　　① 最小输出电压增量为数字量变化一个 LSB 引起输出电压变化量,即 $D = 00000001$ 时输出电压($V_{omin} = \Delta$). 所以, $D = 01001101$ 时,输出电压

$$v_o = (2^6 + 2^3 + 2^2 + 2^0) \times 0.02 = 1.54 \text{ (V)}$$

　　② 分辨率定义为最小输出电压增量 V_{omin} 与最大输出电压 V_{omax} 之比,或 D/A 转换器的(数字量)位数 n. 8 位 D/A 转换器分辨率为 8 位,百分数表示为

$$1/(2^8 - 1) \times 100\% = 0.392\%$$

　　③ 转换精度取决于转换误差. 若该 D/A 转换器的绝对误差为 0.01 V(即为 1/2LSB),用相对值百分数表示即为 $0.01/\{(2^8 - 1)0.02\} = 0.196\%$,优于系统要求 0.25%,可用于该系统. 若该 D/A 转换器的绝对误差为 0.02 V(即为 1LSB),用相对值百分数表示即为

$$0.02/\{(2^8 - 1)0.02\} = 0.392\%$$

劣于系统要求 0.25%,不可用于该系统.

解: ① 输入 $D = 01001101$ 时,输出 $v_\text{o} = 1.54$ V. ② 分辨率百分数 $= 0.392\%$. ③ 绝对误差为 0.01 V(即为 1/2LSB) 时,可用于该系统.

【例 13.4】 如图 13-6 所示 D/A 转换器标称满量程输出 10 V,对其输入代码 101001 分别为自然二进制码、偏移二进制码和 2 的补码,求相应的输出模拟信号电压 v_o 各为多少?

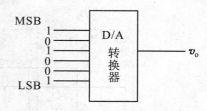

图 13-6　给定输入代码的 D/A 转换器(DAC)

【分析】 ①101001 为自然二进制码时,只表示大小而无极性,对应 DAC 为单极性自然二进制码 DAC,最小输出电压增量 $V_\text{omin} = 10/(2^6 - 1) = 158.7$ mV,对应输出电压 $v_\text{o} = (2^5 + 2^3 + 2^0) \times 158.7 = 6.5$ V.

② 当 101001 表示为偏移二进制码时,最高位为 1 表示正数,为 0 时表示负数. 表示正数时低位为自然二进制码,表示负数时低位为 2 的补码,所以 101001 表示 $+9$. DAC 满量程输出 10 V,即 -5 V $\sim +5$ V,最小输出电压增量 V_omin 仍为 158.7 mV,对应输出电压 $v_\text{o} = 158.7 \times (2^3 + 2^0) = 1.428$ V.

③101001 表示为 2 的补码时,高位为 0 表示正数,高位为 1 表示负数,所以 101001 减 1 求反 10111 $= (23)_\text{D}$ 即为负数大小. 对应输出电压 $v_\text{o} = -23 \times 158.7 = -3.65$ V. 也可以先转换成偏移二进制码(符号位求反)001001,得对应输出电压 $v_\text{o} = 9 \times 158.7 - 2^5 \times 158.7 = -3.65$ V.

解: ①101001 为自然二进制码时,$v_\text{o} = 6.5$ V.

② 当 101001 表示为偏移二进制码时,$v_\text{o} = 1.428$ V.

③101001 表示为 2 的补码时,$v_\text{o} = -3.65$ V.

13.1.2　集成 D/A 转换器及其应用

单片集成 D/A 转换器产品种类繁多,性能指标各异,按其内部电路结构一般可分为两类:一类集成芯片内部只集成了转换网络和模拟电子开关;另一类则集成了组成 D/A 转换器的所有电路. AD7520 十位 D/A 转换器属于前一类集成 D/A 转换器,DAC0832 属于后一类集成 D/A 转换器. 下面以它们为例介绍集成 D/A 转换器结构及其应用.

1. D/A 转换器 AD7520

AD7520 芯片内部只含 R-$2R$ 电阻网络、10 位 CMOS 电流开关型 D/A 转换器,反馈电阻($R_\text{f} = 10$ kΩ),其结构简单,功耗低,转换速度较快,温度系数小,通用性好. 应用 AD7520 时必须外接参考电源和运算放大器. 由 AD7520 内部反馈电阻组成的 D/A 转换器如图 13-7 所示,虚框中是 AD7520 内部电路.

在分析 D/A 转换器时,关键在于转换网络分析,转换网络相应模拟开关 S_i 合上时流向运算放大器虚地的电流(即 R_f 上的电流) 应与对应二进制码位的权相关联. 输入数字信号为自然二进制码时,高位数字位的权是低位数字位权的 2 倍,所以高位开关合上流经 R_f 的电流是低位电流的 2 倍. 权电阻网络各电阻接在虚地和 V_REF 之间($D_i = 1$),或地之间($D_i = 0$),所以对应权电阻为 $2^0 R, 2^1 R, \cdots, 2^{n-1} R$. 因为 R-2R 电阻网络前后级并联臂(2R 电阻)上电流为 2 倍关系,所以可作为自然二进制码的转换网络.

2. D/A 转换器 DAC0832

DAC0832 是 NSC 公司(美国国家半导体公司)生产的 8 位 DAC 芯片,可直接与多种 CPU

总线连接而不必增加任何附加逻辑电路. DAC0832 的组成框图如图 13-8 所示，DAC0832 由两级数据缓冲器和 DAC 转换器组成，第一级数据缓冲器称为输入寄存器，第二级称为 DAC 寄存器.

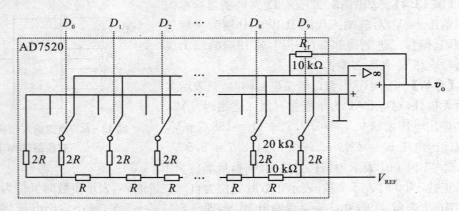

图 13-7　AD7520 内部电路及组成的 D/A 转换器

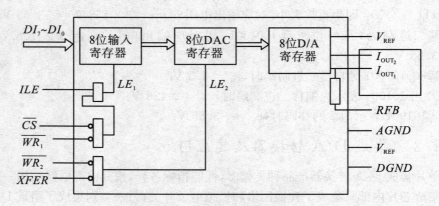

图 13-8　DAC0832 组成框图

DAC0832 的引脚功能说明如下：

$DI_0 \sim DI_7$：数据输入线，TLL 电平.

ILE：数据锁存允许控制信号输入线，高电平有效.

CS：片选信号输入线，低电平有效.

WR_1：为输入寄存器的写选通信号.

WR_2：为 DAC 寄存器写选通输入线.

$XFER$：数据传送控制信号输入线，低电平有效.

I_{OUT_1}：电流输出线. 当输入全为 1 时 I_{OUT_1} 最大.

I_{OUT_2}：电流输出线. 其值与 I_{OUT_1} 之和为一常数.

RFB：反馈信号输入线，芯片内部有反馈电阻.

V_{CC}：电源输入线（+5 V ～+15 V）.

V_{REF}：基准电压输入线（-10 V ～+10 V）.

$AGND$：模拟地，模拟信号和基准电源的参考地.

$DGND$：数字地，两种地线在基准电源处共地比较好.

DAC0832 的工作方式有双缓冲器方式、单缓冲器方式和直通方式三种，DAC0832 的输出方式有两种，一种是单极性输出，即输出的电压极性是单一的；另一种是双极性输出，即输出的电压极性有正有负. DAC0832 需要外接运算放大器进行电流电压变换才能得到模拟电压输出，其应用电路如图 13 − 9 所示.

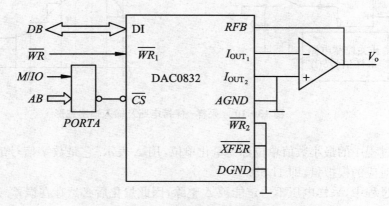

图 13 − 9　DAC0832 的应用电路

13.2　A/D 转换器

13.2.1　A/D 转换的一般工作过程

将时间连续和幅值连续的模拟量转换为时间离散、幅值也离散的数字量为 A/D 转换器的目的. A/D 转换一般要经过采样、保持、量化及编码 4 个过程. 在实际电路中，有些过程是合并进行的，如采样和保持，量化和编码在转换过程中是同时实现的.

1. 采样和保持

采样是将时间连续的模拟量转换为时间上离散的模拟量，即获得某些时间点（离散时间）的模拟量值. 因为，进行 A/D 转换需要一定的时间，在这段时间内输入值需要保持稳定，因此，必须有保持电路维持采样所得的模拟值. 采样和保持通常是通过采样－保持电路同时完成的.

为使采样后的信号能够还原模拟信号，根据取样定理，采样频率 f_S 必须大于或等于 2 倍输入模拟信号的最高频率 f_{Imax}：

$$f_S \geqslant 2f_{Imax}$$

即两次采样时间间隔不能大于 $1/f_S$，否则将失去模拟输入的某些特征.

图 13-10 给出了采样－保持电路的原理图和经采样、保持后的输出波形. 图中采样电子开关 S 受采样信号 $S(t)$ 控制，定时地合上 S，对保持电容 C_H 充放电. 因 A_1、A_2 接成电压跟随器，此时 $v_o = v_I$. S 打开时，保持电容 C_H 因无放电回路保持采样所获得的输入电压，输出电压亦保持不变.

2. 量化与编码

数字信号不仅在时间上是离散的，而且在幅值上也是不连续的. 任何一个数字量只能是某个最小数量单位的整数倍. 为将模拟信号转换为数字量，在转换过程中还必须把采样－保持电路的输出电压,按某种近似方式归化到与之相应的离散电平上.这一过程称为数值量化,简称量化.

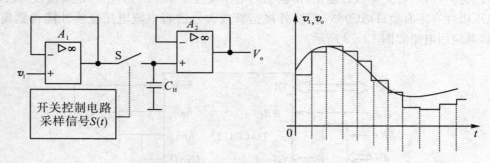

图 13 - 10　采样 - 保持电路及输入输出波形

量化过程中的最小数值单位称为量化单位,用 Δ 表示.它是数字信号最低位为 1,其他位为 0 时所对应的模拟量,即 1LSB.

量化过程中,采样电压不一定能被 Δ 整除,因此量化后必然存在误差.这种量化前后的不等(误差)称之为量化误差,用 ε 表示.量化误差是原理性误差,只能用较多的二进制位缩小量化误差.

量化的近似方式有:只舍不入和四舍五入两种.只舍不入量化方式量化后的电平总是小于或等于量化前的电平,即量化误差 ε 始终大于 0,最大量化误差为 Δ,即 $\varepsilon_{max} = 1LSB$.采用四舍五入量化方式时,量化误差有正有负,最大量化误差为 $\Delta/2$,即 $|\varepsilon_{max}| = LSB/2$.显然,后者量化误差小,故为大多数 A/D 转换器所采用.

量化后的电平值为量化单位 Δ 的整数倍,这个整数用二进制数表示即为编码.量化和编码也是同时进行的.

3. A/D 转换器

按工作原理不同,A/D 转换器可以分为:直接型 A/D 转换器和间接型 A/D 转换器.直接型 A/D 转换器可直接将模拟信号转换成数字信号,因此工作速度快.并行比较型和逐次比较型 A/D 转换器属于这一类.而间接型 A/D 转换器先将模拟信号转换成中间量(如时间、频率等),然后再将中间量转换成数字信号,转换速度比较慢.双积分型 A/D 转换器则属于间接型 A/D 转换器.

（1）并行比较型 A/D 转换器.如图 13 - 11 所示给出了并行比较型 A/D 转换器的结构框图.转换器由 $2^n - 1$ 个比较器、$2^n - 1$ 位寄存器、优先编码器和能产生 $2^n - 1$ 个基准电压的 2^n 个精密电阻组成,图中精密电阻构成的分压电路并未画出,仅标出了比较器基准电

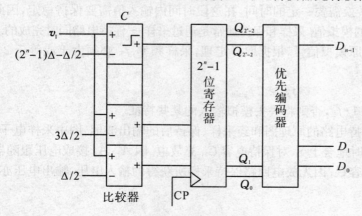

图 13 - 11　并行比较型 A/D 转换器原理框图

压. 输入模拟电压 v_I 与各比较器参考电平比较, 产生的 2^n-1 位二进制码, 通过寄存器寄存, 被译码成 n 位二进制数($D_0 \sim D_{n-1}$), 完成模拟信号到数字信号的转换. 并行比较型 A/D 的优点在于转换速度快, 但输出位数增加一位, 所需的电路元件翻倍.

（2）反馈比较型 A/D 转换器. 反馈比较型 A/D 转换器的基本原理是计数器产生一个二进制数, 经过 D/A 转换器将该二进制数转换成模拟电压, 此模拟电压和输入模拟电压分别送到比较器的不同输入端进行电压比较, 根据比较结果控制计数器状态, 二进制数逼近输入模拟电压完成 A/D 转换, 计数器中二进制数即为 A/D 转换后的数字输出.

逐次比较型 A/D 转换器(图 13-12) 和计数型 A/D 转换器(图 13-13) 都属于反馈比较型 A/D 转换器. 逐次比较型 A/D 转换器是在计数型 A/D 转换器基础上用寄存器和控制逻辑电路取代计数器而成. 逐次比较型用最快的方法逼近输入模拟量, 而计数型则用计数器递增方式逼近模拟量. 显然, 逐次比较型 A/D 转换器转换速度优于反馈比较计数型 A/D 转换器.

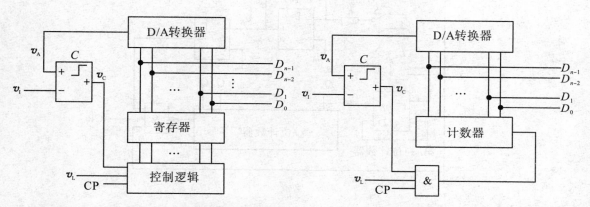

图 13-12   逐次比较型 A/D 转换器原理框图   图 13-13   反馈比较型 A/D 转换器原理框图

逐次比较型 A/D 转换器开始转换时计数器最高位为 1, D/A 转换器输出 $u_A = 1/2$ 最大输出电压与输入电压 v_I 进行比较, 若 v_A 大于 v_I 则下个 CP 脉冲后, 计数器高位为 0、本位为 1; 若 v_A 小于 v_I 则 CP 脉冲来到后, 计数器高位保持而本位为 1. 也即第二个 CP 后 $v_A = v_{Amax}/4$ 或 $3v_{Amax}/4$, 依次类推, 最终计数器各位数值被确定. 确定 n 位计数器各位值至少需要 n 个时钟周期(T_{CP}), 一般一次转换需($n+2$) 个 T_{CP}.

（3）双积分型 A/D 转换器. 双积分型 A/D 转换器原理图如图 13-14 所示. 它由积分电路、比较器、$n+1$ 位计数器和门电路组成. 转换开始, v_L 高电平, 计数器为零. 输入模拟信号 v_I 经积分电路第一次积分, 经过 2^n-1 个 CP 脉冲 n 位计数器计满, 第 2^n 个 CP 后, n 位计数器复位, 第 $n+1$ 位计数器置 1, 经固定积分时间 $T_1 = 2^n T_{CP}$, 积分电路输出 v_o 与输入 v_I 成正比. 第 $n+1$ 位计数器为 1 后, 积分输入改为与输入反极性的固定电压($-V_{REF}$), 进行固定速率的第二次积分, 积分电路输出反方向变化. 当 v_o 变为 0 时, 比较器输出 v_C 为 0, 与非门关闭, 计数器停止计数, 第二次积分时间 T_2 与第一次积分输出成正比, 即与停止计数时 n 位计数器中所计数 N 成正比, 从而, 把模拟输入 v_I 转换成数字输出 $N = D_{n-1} \cdots D_1 D_0$.

4. 主要技术指标

（1）转换精度. A/D 转换器也采用分辨率和转换误差来描述转换精度. 分辨率是指引起输出数字量变动一个二进制码最低有效位(LSB) 时, 输入模拟量的最小变化量. 它反映了 A/D 转换器对输入模拟量微小变化的分辨能力. 在最大输入电压一定时, 位数越多, 量化单位越小,分辨率越高.

转换误差通常用输出误差的最大值形式给出,常用最低有效位的倍数表示,反映 A/D 转换器实际输出数字量和理论输出数字量之间的差异.

(2) 转换时间. 转换时间是指转换控制信号(v_L)到来,到 A/D 转换器输出端得到稳定的数字量所需要的时间. 转换时间与 A/D 转换器类型有关,并行比较型一般在几十个纳秒,逐次比较型在几十个微秒,双积分型在几十个毫秒数量级.

实际应用中,应根据数据位数、输入信号极性与范围、精度要求和采样频率等几个方面综合考虑 A/D 转换器的选用.

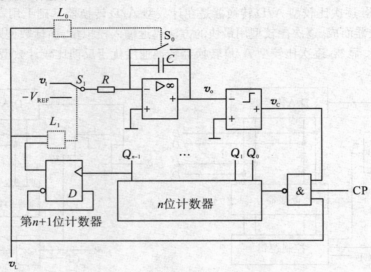

图 13 - 14　双积分型 A/D 转换器原理图

13.2.2　集成 A/D 转换器及其应用

集成 A/D 转换器品种繁多,选用时应综合各种因素选取集成芯片.

1. A/D 转换器 ADC0804

ADC0804 是逐次比较型集成 A/D 转换器. ADC0804 采用 CMOS 工艺 20 引脚集成芯片,分辨率为 8 位,转换时间为 $100\ \mu s$,输入电压范围为 $0 \sim 5$ V. 芯片内具有三态输出数据锁存器,可直接接在数据总线上. 图 13 - 15 为 ADC0804 双排直立式封装引脚分布图. 各引脚名称及作用如下:

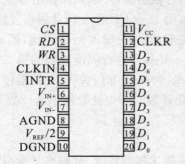

图 13 - 15　ADC0804 管脚分布图

V_{IN+},V_{IN-}:模拟信号输入端.

$D_7 \sim D_0$:具有三态特性数字信号输出.

AGND:模拟信号地.

DGND:数字信号地.

CKLIN:时钟信号输入端.

CLKR:内部时钟发生器的外接电阻端.

CS:低电平有效的片选端.

WR:写信号输入,低电平启动 A/D 转换.

RD:读信号输入,低电平输出端有效.

INTR:A/D 转换结束信号,低电平表示本次转换已完成.

$V_{REF}/2$:参考电平输入,决定量化单位.

2. A/D 转换器 ADC0809

ADC0809 转换器内部结构如图 13 - 16 所示.

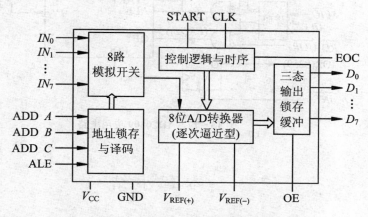

图 13 - 16　ADC0809 内部结构

ADC0809 的引脚功能说明如下:

$D_7 \sim D_0$:8 位数字量输出引脚.

$IN_0 \sim IN_7$:8 位模拟量输入引脚.

V_{CC}:+5V 工作电压.

GND:地.

REF(+):参考电压正端.

REF(−):参考电压负端.

START:A/D 转换启动信号输入端.

ALE:地址锁存允许信号输入端(以上两种信号用于启动 A/D 转换).

EOC:转换结束信号输出引脚,开始转换时为低电平,当转换结束时为高电平.

OE:输出允许控制端,用以打开三态数据输出锁存器.

CLK:时钟信号输入端(一般为 500 kHz).

A、B、C:地址输入线.

ADC0809 在实践中广泛运用,应用电路如图 13 - 17 所示,其工作工作过程如下:

(1) 根据所选通道编号,输入 ADD A,ADD B,ADD C 的值,并使 ALE = 1(正脉冲),锁存通道地址.

(2) 使 START = 1(正脉冲)启动 A/D 转换.

(3) 检测 EOC 信号是否为"1",是则表示转换结束.

(4) 在 EOC = 1 时,使 OE = 1 将 A/D 转换后的数据取出.

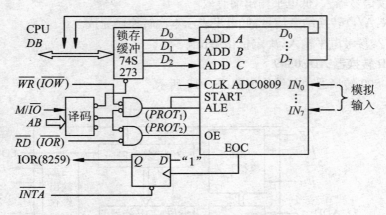

图 13-17 ADC0809 应用电路

本 章 小 结

1. A/D 和 D/A 转换器是现代数字系统的重要部件,应用日益广泛.

2. 倒 T 型电阻网络 D/A 转换器中电阻网络阻值仅有 R 和 $2R$ 两种,各 $2R$ 支路电流 I_i 与 D_i 数码状态无关,是一定值. 由于支路电流流向运放反相端时不存在传输时间,因而具有较高的转换速度.

3. 在权电流型 D/A 转换器中,由于恒流源电路和高速模拟开关的运用使其具有精度高、转换快的优点,双极型单片集成 D/A 转换器多采用此种类型电路.

4. 不同的 A/D 转换方式具有各自的特点,并行 A/D 转换器速度高;双积分 A/D 转换器精度高;逐次比较型 A/D 转换器在一定程度上兼有以上两种转换器的优点,因此得到普遍应用.

5. A/D 转换器和 D/A 转换器的主要技术参数是转换精度和转换速度,在与系统连接后,转换器的这两项指标决定了系统的精度与速度. 目前,A/D 与 D/A 转换器的发展趋势是高速度、高分辨率及易于与微型计算机接口,用以满足各个应用领域对信号处理的要求.

习   题

1. 八位权电阻 D/A 转换器电路如图 13-18 所示. 输入 $D = D_7 D_6 \cdots D_0$,相应的权电阻 $R_7 = R_0/2^7, R_6 = R_0/2^6, \cdots, R_1 = R_0/2^1$,已知 $R_0 = 10 \text{ M}\Omega, R_F = 50 \text{ k}\Omega, V_{REF} = 10 \text{ V}$.

(1) 求 v_o 的输出范围.

(2) 求输入 $D = 10010110$ 时的输出电压.

2. 12 位权电阻 D/A 转换器的权电阻 R_0, R_1, R_2, R_3 分别是 40.96 MΩ, 20.48 MΩ, 10.24 MΩ, 5.12 MΩ;R_4, R_5, R_6, R_7 的阻值分别是 R_0, R_1, R_2, R_3 的 1/10;R_8, R_9, R_{10}, R_{11} 的阻值又分别是 R_4, R_5, R_6, R_7 的 1/10,电路如图 13-1 所示.

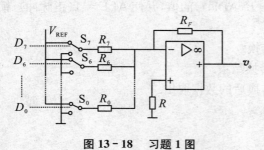

图 13-18 习题 1 图

(1) 当 $V_{\text{REF}} = -10$ V, $R_{\text{F}} = 30$ kΩ, 求 $D = 100001000010$ 时的输出电压 v_{o}.

(2) 当 $V_{\text{REF}} = -10$ V, $R_{\text{F}} = 30$ kΩ, 已知 v_{o} 的范围为 $0 \sim 7.32$ V, 试问 $D = D_{11}D_{10}\cdots D_0$ 应是什么状态?

(3) 若 $V_{\text{REF}} = -10$ V, $R_{\text{F}} = 40$ kΩ, 求 v_{o} 的输出范围.

3. T 型电阻网络 D/A 转换器电路如图 13-19 所示.

(1) 根据电路工作原理, 写出 v_{o} 的表达式.

(2) 若电阻网络为 8 位, $V_{\text{REF}} = -10.04$ V, $R = 20$ kΩ, $R_{\text{F}} = 60$ kΩ, 求 v_{o} 的输出范围.

4. 8 位 T 型电阻网络 D/A 转换器如图 13-19 所示, 已知 $V_{\text{REF}} = -10$ V, $R = 50$ kΩ, $R_{\text{F}} = 150$ kΩ, 已测得输出电压 $v_{\text{o}} = 7.03$ V.

(1) 求输入 D 的状态.

(2) 电阻 R 的大小对输出误差的影响如何?

5. 某 D/A 转换器的电阻网络如图 13-20 所示. 若 $V_{\text{REF}} = 10$ V, 电阻 $R = 10$ kΩ, 试问输出电压 v_{o} 应为多少伏?

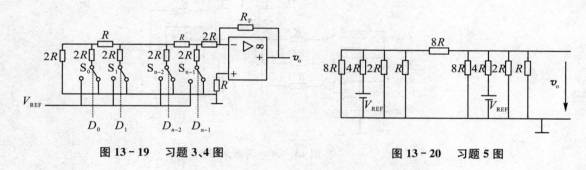

图 13-19　习题 3、4 图　　　　　图 13-20　习题 5 图

6. D/A 转换器如图 13-21 所示. 若 $r = 8R$, 写出 v_{o} 的表达式.

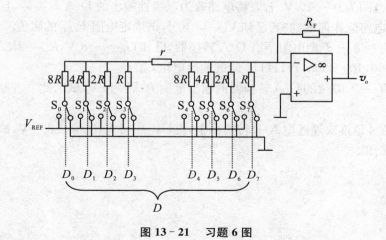

图 13-21　习题 6 图

7. 某恒流源驱动的 T 型电阻网络 D/A 转换器电路如图 13-22 所示. 写出 v_{o} 的表达式.

8. 权电流型 D/A 转换器的原理电路如图 13-23 所示. 写出 v_{o} 的表达式, 并说明电路的特点.

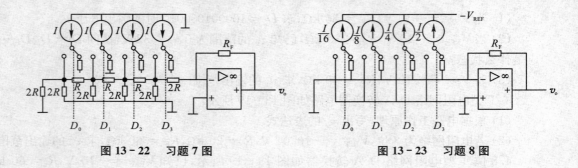

图 13－22　习题 7 图　　　　　　　　图 13－23　习题 8 图

9. 具有双极性输出的 D/A 转换器电路如图 13－24 所示. 分析电路功能, 当 $D_2 D_1 D_0$ 分别取 $000, 001, \cdots, 111$ 时, v_o 各为多少伏? 并列表表示.

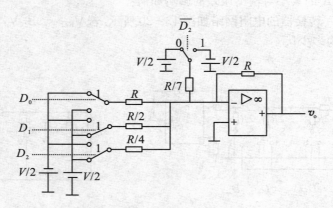

图 13－24　习题 9 图

10. 8 位 T 型电阻网络的 D/A 转换器电路如图 13－19 所示. 已知 $R = 20 \text{ k}\Omega$, $R_F = 60 \text{ k}\Omega$, v_o 的输出范围为 $0 \sim 10 \text{ V}$. 若要将电路改为双极性输出的 D/A 转换器, 且的范围改为 $-5 \sim +5 \text{ V}$, 则电路应作何改动? 若已知 $V_{OFF} = 6 \text{ V}$, 试确定电阻 R_{OFF} 的阻值.

11. 有一 8 位 T 型电阻网络 D/A 转换器, 已知 $U_R = +8 \text{ V}$, $R_f = 3R$, 试求 $D_7 \sim D_0$ 分别为 $00000000, 10000000, 11111111$ 时的输出电压 U_o.

12. 有一个 10 位的 D/A 转换器的输出范围为 $0 \sim 20 \text{ V}$, 试求此二进制的最低位表示多少伏?

13. 在 4 位逐次逼近型 A/D 转换器中, 设 $U_R = +5 \text{ V}$, $U_i = +3.5 \text{ V}$, 试说明逐次比较的过程和转换结果.

第14章 信号产生与变换电路

本章主要讲述了正弦波振荡电路、非正弦波振荡电路的工作原理和555定时器的应用. 在正弦波振荡电路方面介绍了正弦波振荡电路的组成以及产生振荡的两个条件；在非正弦波振荡电路方面介绍了比较器、方波发生器、三角波发生器和锯齿波发生器；介绍了555定时器和用它构成的施密特触发器、单稳态触发器和多谐振荡器的方法.

14.1　正弦波振荡电路

任何一个振荡电路都要实现没有输入却有输出的功能，这就是振荡电路与放大电路的一个明显区别. 正弦波发生电路能产生正弦波输出，它是在放大电路的基础上加上正反馈而形成的，它是各类波形发生器和信号源的核心电路，正弦波发生电路也称为正弦波振荡电路或正弦波振荡器.

14.1.1　正弦波产生

1. 正弦波振荡电路

为了产生正弦波，必须在放大电路里加入正反馈，因此放大电路和正反馈网络是振荡电路的最主要部分. 但是，这样两部分构成的振荡器一般得不到正弦波，这是因为如果正反馈量大，则增幅，输出幅度越来越大，最后由三极管的非线性限幅，这必然产生非线性失真. 反之，如果正反馈量不足，则减幅，可能停振，为此振荡电路要有一个稳幅电路.

为了获得单一频率的正弦波输出，应该有选频网络，选频网络往往和正反馈网络或放大电路合二为一，而且必须要反馈信号使输入信号幅度逐渐增大，并趋于稳定，同时反馈信号的相位与原信号要一致，保证输出频率稳定. 选频网络由R、C或L、C等电抗性元件组成.

因此，正弦波振荡电路由放大电路、正反馈网络、选频网络、稳幅电路等组成.

2. 振荡的起振条件

产生正弦波的条件与负反馈放大电路产生自激的条件十分类似. 只不过负反馈放大电路中是由于信号频率达到了通频带的两端，产生了足够的附加相移，从而使负反馈变成了正反馈. 在振荡电路中加的就是正反馈，振荡建立后只是一种频率的信号，无附加相移，如图14-1所示. 比较两图可以明显地看出负反馈放大电路和正反馈振荡电路的区别. 首先是输入信号正反馈$\dot{X_i} = 0$，负反馈则有输入；反馈信号正反馈相位相同，负反馈相位相反. 在无输入情况下如何起振?振荡电路"无中生有"的基本原理是什么?下面就一些具体的振荡电路加以说明.

在振荡电路接通电源的瞬间，由于电路中产生的电流突变或回路中的固有噪声，它们都具有很宽的频带，由于选频网络的选频特性，将频率为f_0的电压成分"挑选"出来，成为最初的输入信号X_i，如图14-1(b)所示.

该信号放大和反馈后得到反馈信号X_f，如果两者同相，并且$|u_f| > |u_i|$，说明环路增益$AF > 1$，反馈，放大，再反馈，再放大，反复循环，频率为f_0的信号幅度将会迅速增大起来，自激振荡也就建立起来了.

综上所述，正反馈放大电路起振需要两个条件：幅度条件和相位条件.

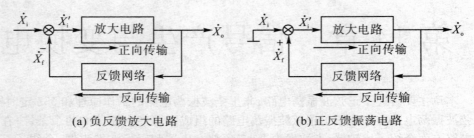

图 14-1　负反馈放大电路和正反馈振荡电路框图比较

相位条件：

$$\varphi_A + \varphi_F = \pm 2n\pi \quad (n = 0, 1, 2\cdots)$$

即环路增益的总相移为零或是 2π 的整数倍. 具体地说，就是包含选频网络在内的基本放大电路 A 的相移 φ_A 与反馈网络下的相移 φ_F 之和应等于零或 2π 的整数倍.

幅度条件： 由于 $A = \dfrac{X_o}{X_i}$, $F = \dfrac{X_f}{X_o}$, 所以环路增益 $A \cdot F = \dfrac{X_f}{X_i}$. 为保证电路的反馈信号的幅度大于原来的幅度，环路增益值必须大于 1，即

$$|A \cdot F| = \left| \frac{X_f}{X_i} \right| > 1$$

3. 振荡的稳幅原理

振荡建立起来后，振荡的幅度并不会无限制地增长，这是因为随着输入信号的幅度的不断增大，放大电路将进入非线性工作状态（晶体管进入饱和或截止），放大器的电压放大倍数下降，使环路增益下降，振荡幅度越大，进入非线性状态越深，放大器的电压放大倍数下降越多. 当振荡幅度增加到一定值时，环路增益 $|A \cdot F| = 1$，即反馈电压等于输入电压，振荡幅度不再增大，此时得到了平衡状态. 因此振荡器的平衡条件是

$$\varphi_A + \varphi_F = \pm 2n\pi \quad (n = 0, 1, 2\cdots)$$

$$|A \cdot F| = \left| \frac{X_f}{X_i} \right| = 1$$

稳幅电路有内稳幅和外稳幅两种，内稳幅是利用元件本身的非线性达到稳幅目的的；外稳幅则是在振荡电路中专门加入的稳幅电路.

14.1.2　RC 正弦波振荡电路

RC 正弦波振荡电路最显著的特点是能实现低频振荡，甚至频率可达到 1 Hz 以下.

1. RC 网络的频率响应

RC 正弦振荡电路有桥式振荡电路、双 T 网络式和移相式振荡电路等类型，这里重点讨论桥式振荡电路.

（1）RC 串并联网络的电路. 如图 14-2 所示. RC 串联臂的阻抗用 Z_1 表示，RC 并联臂的阻抗用 Z_2 表示.

其频率响应如下：

$$Z_1 = R_1 + (1/\mathrm{j}\omega C_1)$$

$$Z_2 = R_2 \,/\!/\, (1/\mathrm{j}\omega C_2) = \frac{R_2}{1 + \mathrm{j}\omega R_2 C_2}$$

（2）频率特性. 设

$R_1 = R_2 = R, C_1 = C_2 = C, \omega_0 = 1/RC$，则

① 幅频特性表达式

$$|\dot{F}| = \cfrac{1}{\sqrt{\left(1 + \cfrac{R_1}{R_2} + \cfrac{C_2}{C_1}\right)^2 + \left(\omega R_1 C_2 - \cfrac{1}{\omega R_2 C_1}\right)^2}}$$

$$= \cfrac{1}{\sqrt{3^2 + \left(\cfrac{\omega}{\omega_0} - \cfrac{\omega_0}{\omega}\right)^2}}$$

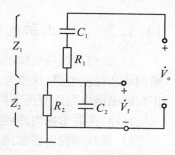

图 14-2 *RC* 串并联网络

② 相频特性表达式

$$\varphi_F = -\arctan \cfrac{\omega R_1 C_2 - \cfrac{1}{\omega R_2 C_1}}{1 + \cfrac{R_1}{R_2} + \cfrac{C_2}{C_1}} = -\arctan \cfrac{\cfrac{\omega}{\omega_0} - \cfrac{\omega_0}{\omega}}{|\dot{F}|}$$

频率特性曲线如图 14-3 所示.

振荡频率为 $f = f_0 = \dfrac{1}{2\pi RC}$ 时，幅频值最大为 $1/3$，相位 $\varphi_F = 0°$，因此该网络有选频特性.

2. RC 文氏桥振荡器

RC 文氏桥振荡电路如图 14-4 所示，RC 串并联网络具有选频特性，在放大电路中是正反馈网络，另外还增加了 R_3 和 R_4 负反馈网络. C_1、R_1 和 C_2、R_2 正反馈支路与 R_3、R_4 负反馈支路，正好构成一个桥路，称为文氏桥.

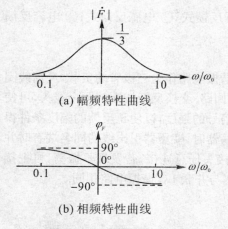

(a) 幅频特性曲线

(b) 相频特性曲线

图 14-3 频率特性曲线

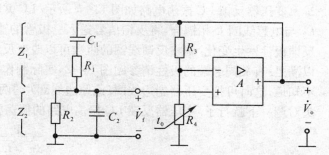

图 14-4 文氏桥式振荡电路

为满足振荡的幅度条件 $|AF| = 1$，所以 $A_f \geqslant 3$. 可导出

$$A_f = 1 + \frac{R_3}{R_4} \geqslant 3$$

RC 文氏桥振荡电路的稳幅过程：RC 文氏桥振荡电路的稳幅作用是靠热敏电阻 R_4 实现的. R_4 是正温度系数热敏电阻，当输出电压升高，R_4 上所加的电压升高，即温度升高，R_4 的阻值增加，负反馈增强，输出幅度下降. 反之输出幅度增加. 若热敏电阻是负温度系数，应放置在 R_3 的位置.

14.1.3　LC 正弦波振荡电路

LC 正弦波振荡电路的构成与 RC 正弦波振荡电路相似,包括有放大电路、正反馈网络、选频网络和稳幅电路. 这里的选频网络是由 LC 并联谐振电路构成,正反馈网络因不同类型的 LC 正弦波振荡电路而有所不同.

1. LC 并联谐振电路的频率响应

LC 并联谐振电路如图 14-5 所示,我们知道 LC 并联谐振电路具有选频特性,输出电压是频率的函数 $\dot{V}_\text{o}(\omega) = f[\dot{V}_\text{i}(\omega)]$,其谐振频率 $\omega_0 = \dfrac{1}{\sqrt{LC}}$,只有当频率为 ω_0 的正弦交流电输入时,LC 并联谐振回路才发生谐振,此时 LC 两端电压最大,因此输出也就最大,如图 14-6 所示. 并联谐振曲线在 f_0 处输出电压总是每条曲线的峰值. 因为输入信号频率过高,电容的旁路作用加强,输出减小;反之频率太低,电感将短路输出.

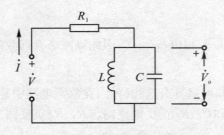

图 14-5　LC 并联谐振电路

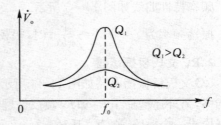

图 14-6　LC 并联谐振曲线

LC 振荡电路按反馈耦合的方式分为四种:① 变压器反馈式;② 电感反馈式;③ 电容反馈式;④ 石英晶体反馈式.

2. 变压器反馈 LC 振荡器

变压器反馈 LC 振荡电路如图 14-7 所示. LC 并联谐振电路作为三极管的负载,反馈线圈 L_2 与电感线圈 L 相耦合,将反馈信号送入三极管的输入回路. 交换反馈线圈的两个线头,可使反馈极性发生变化. 调整反馈线圈的匝数可以改变反馈信号的强度,以使正反馈的幅度条件得以满足. 有关同名端的极性请参阅图 14-8,实际制作振荡器时,变压器引出线的同名端有时并不知道,这时可把变压器副边线圈(或原边线圈)的两个接头任意连接,若发现不振荡,再把接头对调一下就行了. 变压器反馈 LC 振荡电路的振荡频率与并联 LC 谐振电路相同.

$$f_0 = \frac{1}{2\pi\sqrt{LC}}$$

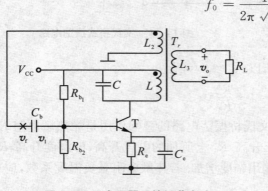

图 14-7　变压器反馈振荡电路

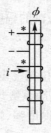

图 14-8　同名端的极性

3. 电感三点式 LC 振荡器

图 14-9 为电感三点式 LC 振荡电路. 电感线圈 L_1 和 L_2 是一个线圈, 2 点是中间抽头. 如果设某个瞬间集电极电流减小, 线圈上的瞬时极性如图 14-9 所示, 反馈到发射极的极性对地为正, 图中三极管是共基极接法, 所以使发射结的净输入减小, 集电极电流减小符合正反馈的相位条件. 图 14-10 为另一种电感三点式 LC 振荡电路. 从图 14-9 和图 14-10 可以看出, 电感的三个端子 ①②③ 分别与三极管的三个极(E, B, C)相连, 这就是电感三点式振荡器的由来, 其谐振频率为

$$f_0 = \frac{1}{2\pi \sqrt{(L_1 + L_2 + 2M)C}}$$

其中 M 为互感系数.

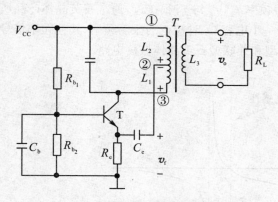

图 14-9   电感三点式 LC 振荡电路

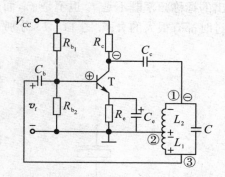

图 14-10   电感三点式 LC 振荡电路

4. 电容三点式 LC 振荡电路

与电感三点式 LC 振荡电路类似的有电容三点式 LC 振荡电路, 如图 14-11 所示, 电容 C_1 和 C_2 的三个端子分别与晶体管的三个极相连, $C_1 C_2 L$ 构成并联谐振回路, $C_1 C_2$ 对回路电压进行分压, 形成正反馈, 满足振荡的相位条件, 谐振频率为

$$f_0 = \frac{1}{2\pi \sqrt{\dfrac{C_1 C_2}{C_1 + C_2} L}}$$

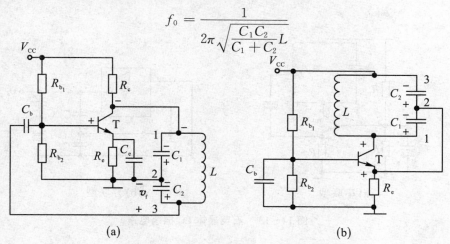

(a)   (b)

图 14-11   电容三点式 LC 振荡电路

5. 石英晶体 LC 振荡电路

影响 LC 振荡电路频率 f_0 的因素主要是 LC 并联谐振回路的参数 L、C、R. LC 谐振回路的 Q 值对频率稳定也有较大的影响,可以证明,Q 值愈大,频率稳定度愈高. 由电路理论可知,$Q = \dfrac{\omega_0 L}{R} = \dfrac{1}{R} \cdot \sqrt{\dfrac{L}{C}}$. 为了提高 Q 值,应尽量减小回路的损耗电阻 R 并加大 L/C 值. 但一般的 LC 振荡电路,其 Q 值只可达数百,石英晶体的 Q 值很高,可达到几千以上,在要求频率稳定度高的场合,往往采用石英晶体电路.

石英晶体振荡电路,就是用石英晶体取代 LC 振荡电路中的 L、C 元件所组成的正弦波振荡电路. 它的频率稳定度可高达 10^{-9} 以上. 下面介绍石英晶体的基本特性.

石英晶体的符号和阻抗频率特性如图 14-12 所示. 从石英晶体的阻抗频率特性可知,石英晶体有一个串联谐振频率 f_s 和一个并联谐振频率 f_p,f_s 与 f_p 很接近,通常石英晶体产品所给出的标称频率既不是 f_s 也不是 f_p,而是外接一小电容 C_s 时校正的振荡频率,其他频率信号通过时都有很大的衰减. 图 14-13 分别为串联型和并联型石英晶体振荡电路.

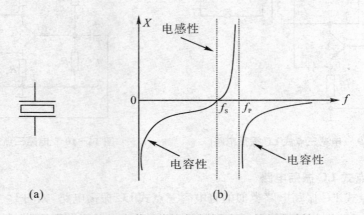

图 14-12　石英晶体的电路符号及阻抗频率特性

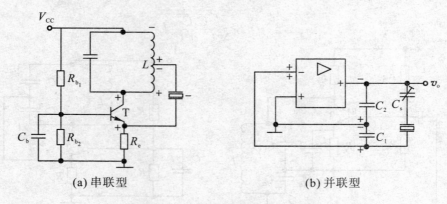

(a) 串联型　　　　　　　　　(b) 并联型

图 14-13　石英晶体 LC 振荡电路

14.2　非正弦信号产生电路

14.2.1　比较器

比较器是将一个模拟电压信号与一个基准电压相比较的电路. 常用的幅度比较电路有电压幅度比较器、窗口比较器和具有滞回特性的比较器. 这些比较器的阀值是固定的, 有的只有一个阀值, 有的具有两个阀值.

1. 固定幅度比较器

(1) 过零比较器和电压幅度比较器. 过零电压比较器是典型的幅度比较电路, 它的电路图和传输特性曲线如图 14-14 所示, 输入信号电压每次过零时, 输出就会发生突变. 将过零电压比较器的一个输入端从接地改接到一个电压值为 V_{REF} 上, 就得到电压幅度比较器, 它的电路图和传输特性曲线如图 14-15 所示, 参考电压 V_{REF} 又被称为门限电压或阀值电压.

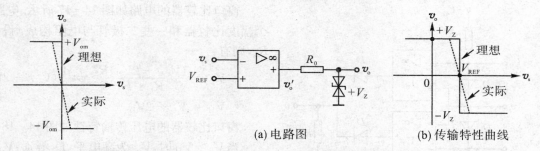

(a) 电路图　　　　(b) 传输特性曲线

图 14-14　过零比较器传输特性曲线　　　**图 14-15　电压幅度比较器电路图和传输特性曲线**

(2) 比较器的基本特点.

① 工作在开环或正反馈状态.

② 开关特性, 因开环增益很大, 比较器的输出只有高电平和低电平两个稳定状态.

③ 非线性, 因大幅度工作, 输出和输入不成线性关系.

2. 滞回比较器

固定幅度电压比较器虽然电路简单、灵敏度高, 但其抗干扰差, 提高抗干扰能力的一种方案是采用滞回比较器. 电路从输出引一个电阻分压支路到同相输入端, 电路如图 14-16 所示. 当输入电压 V_I 从零逐渐增大, 门限电平 V_T 随 V_o 的变化而变化. 当输入电压 $v_I \leqslant V_T$ 时, V_T 称为上限触发电平.

$$V_T = \frac{R_1 V_{REF}}{R_1 + R_2} + \frac{R_2}{R_f + R_2} V_Z$$

当输入电压时 $v_I \geqslant V_T$ 时, $v_o = V_{om}^-$, 此时触发电平变为 V_T', V_T' 称为下限阀值 (触发) 电平.

$$V_T' = \frac{R_1 V_{REF}}{R_1 + R_2} + \frac{R_2}{R_f + R_2} (-V_Z)$$

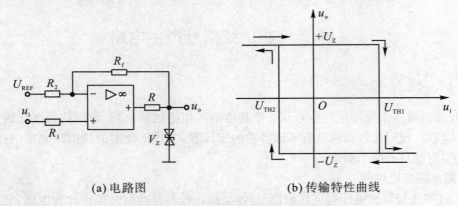

(a) 电路图　　　　　　　(b) 传输特性曲线

图 14 - 16　滞回比较器电路图和传输特性曲线

3. 窗口比较器

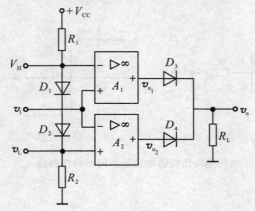

图 14 - 17　窗口比较器

窗口比较器的电路如图 14 - 17 所示. 电路由两个幅度比较器和一些二极管与电阻构成. 设 $R_1 = R_2$, 则有:

$$V_L = \frac{(V_{CC} - 2V_D)R_2}{R_1 + R_2} = \frac{1}{2}(V_{CC} - 2V_D)$$

$$V_H = V_L + 2V_D$$

窗口比较器的电压传输特性如图 14 - 18 所示.

当 $V_I > V_H$ 时, V_{o_1} 为高电平, D_3 导通; V_{o_2} 为低电平, D_4 截止, $V_o = V_{o_1}$.

当 $V_I < V_L$ 时, V_{o_2} 为高电平, D_4 导通; V_{o_1} 为低电平, D_3 截止, $V_o = V_{o_2}$.

当 $V_H > V_I > V_L$ 时, V_{o_1} 为低电平, V_{o_2} 为低电平, D_3、D_4 截止, V_o 为低电平.

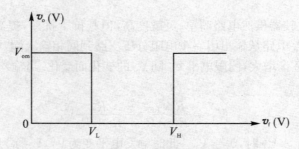

图 14 - 18　窗口比较器的电压传输特性

4. 比较器的应用

比较器主要用来对输入波形进行整形, 可以将不规则的输入波形整形为方波输出, 如图 14 - 19 所示.

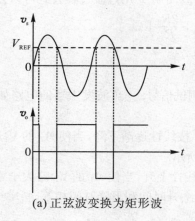
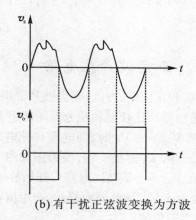

(a) 正弦波变换为矩形波　　　　　(b) 有干扰正弦波变换为方波

图 14-19　　比较器原理图

14.2.2　方波产生电路

由于方波或矩形波包含极丰富的谐波,因此,这种电路又称为多谐振荡电路. 方波发生电路是由滞回比较电路和 RC 定时电路构成的,电路如图 14-20 所示,在运放的输出端引入限流电阻 R 和两个背靠背的稳压管就组成了一个双向限幅的方波发生电路.

电源刚接通时,设

$$V_C = 0, \quad v_o = +V_Z$$

所以

$$V_P = \frac{R_2 V_Z}{R_1 + R_2}$$

电容 C 充电,V_C 升高. 参阅图 14-21.

当 $v_C = V_N \geqslant V_P$ 时,$v_o = -V_Z$,$V_p = -\dfrac{R_2 V_z}{R_1 + R_2}$.

当电容 C 放电,v_C 下降.

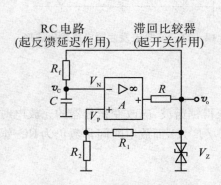

图 14-20　　方波发生电路

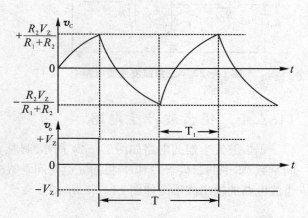

图 14-21　　方波发生电路输出波形

当 $v_C = V_N \leqslant V_P$，$v_o = +V_Z$ 时，返回初态．方波周期 T 用过渡过程公式可以方便地求出

$$T = 2R_f C \ln\left(1 + \frac{2R_2}{R_1}\right)$$

14.2.3　三角波产生电路

三角波和正弦波、方波、锯齿波是常用的基本测试信号．三角波发生器的电路如图 14 - 22 所示．它是由滞回比较器和积分器闭环组合而成的．

（1）当 $V_{o_1} = +V_Z$ 时，则电容 C 充电，同时 V_o 按线性逐渐下降，当使 A_1 的 V_P 略低于 V_N 时，V_{o_1} 从 $+V_Z$ 跳变为 $-V_Z$．波形图如图 14 - 23 所示．

（2）在 $V_{o_1} = -V_Z$ 后，电容 C 开始放电，V_o 按线性上升，当使 A_1 的 V_P 略大于零时，V_{o_1} 从 $-V_Z$ 跳变为 $+V_Z$，如此周而复始，产生振荡．V_o 的上升时间和下降时间相等，斜率绝对值也相等，故 V_o 为三角波．

（3）输出峰值

$$V_{om} = \frac{R_1}{R_2}V_Z, \quad V_{om} = -\frac{R_1}{R_2}V_Z, \quad \frac{1}{C}\int_0^{T/2} \frac{V_Z}{R_4}dt = 2V_{om}$$

（4）振荡周期

$$T = 4R_4 C \frac{V_{om}}{V_Z} = \frac{4R_4 R_1 C}{R_2}$$

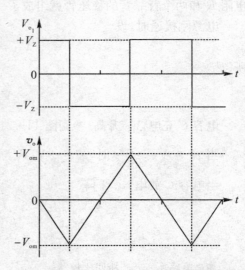

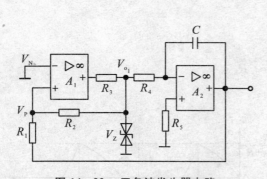

图 14 - 22　三角波发生器电路

图 14 - 23　三角波发生器电路输出波形

14.2.4　锯齿波产生电路

锯齿波发生器的电路如图 14 - 24 所示．显然，为了获得锯齿波，应改变积分器的充放电时间常数．图中的二极管 D 和 R' 将使充电时间常数减为 $(R /\!/ R')C$，而放电时间常数仍为 RC．锯齿波电路的输出波形图如图 14 - 25 所示．

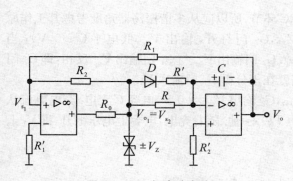

图 14-24 锯齿波电路

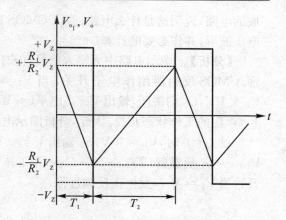

图 14-25 锯齿波电路输出波形

锯齿波周期可以根据时间常数和锯齿波的幅值求得. 锯齿波的幅值为

$$V_{o_1 m} = |V_Z| = V_{om} R_2 / R_1, V_{om} = |V_Z| R_1 / R_2$$

于是有

$$\frac{V_Z}{RC} T_2 = \frac{2R_1}{R_2} V_Z$$

$$T_2 = \frac{2R_1}{R_2} RC$$

$$T_1 = \frac{2R_1}{R_2} (R /\!/ R') C$$

14.3 门电路组成的波形发生器

数字电路中的时钟信号一般都是通过波形产生电路形成;必要时,需要对已有信号进行波形变换,以满足系统对信号波形要求. 在波形产生与变换电路中,多谐振荡器、单稳态触发器和施密特触发器是三种基本的波形产生电路.

14.3.1 多谐振荡器

数字信号中的多谐振荡器是一种能够自行产生一定频率、一定幅度方波信号输出的电路. 因为,方波信号中含多次谐波成分,所以该信号发生器称为多谐振荡器. 多谐振荡器是一种无稳态电路,电路输出在"0"状态和"1"状态之间来回变换,"0"和"1"都是电路的暂稳态(非稳定状态).

门电路组成的多谐振荡器中如图14-26所示,门电路用作开关,提供高、低电平(即决定方波信号的幅度);反馈回路中的 RC 电路起延迟作用,利用RC电路的充放电特性,控制门电路的开或关(即决定方波信号的频率). 改变RC电路的时间常数($\tau = RC$),可以改变振荡频率. 但由于 R、C 参数会受多种因素影响,从而振荡频率不够稳定.

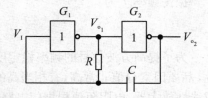

图 14-26 CMOS 门组成的多谐振荡器

【例 14.1】 试分析图 14-26 由 CMOS 门电路组

成的电路,说明这是什么电路,假设 CMOS 门的门坎电压(阀值电压)$V_{th} = V_{DD}/2$,画出各点电压波形,并作必要的计算.

【分析】 图示电路中无输入信号,但有 RC 环节,所以应从多谐振荡器角度考虑其工作原理. CMOS 反相器用作电子开关,当 $V_I > V_{th}$,G_1 门打开,输出 V_{o_1} 低电平(≈ 0 V);当 $V_I < V_{th}$,G_1 门关闭,输出 V_{o_1} 高电平($\approx V_{DD}$). G_2 门输出 V_{o_2} 与 G_1 门输出 V_{o_1} 反相,即 G_1 门和 G_2 门的工作状态相反. 因此,分析图示电路就在于分析 G_1 门输入 V_I.

设 $t = 0$ 时,$V_I = 0$ V,G_1 输出 $V_{o_1} \approx V_{DD}$,G_2 输出 $V_{o_2} \approx 0$ V,电容 C 充电. 充电电流从 $V_{DD} \rightarrow G_1$ 负载管(T_P)$\rightarrow R \rightarrow C \rightarrow G_2$ 工作管(T_N)$\rightarrow$ 地. 随着充电,电容上电压上升(即 V_I 上升),当 $V_I = V_{th}$,发生正反馈过程

$$V_I\uparrow \rightarrow V_{o_1}\downarrow \rightarrow V_{o_2}\uparrow$$

结果,V_{o_1} 下跳为 0 V,V_{o_2} 上跳为 V_{DD}. V_{o_2} 上跳 V_{DD},V_I 也应上跳 V_{DD}(电容上电压不能突变),但由于门电路输入端保护二极管作用,V_I 只能上跳到 $V_{DD} + \Delta V_+$.

V_{o_2} 变为 V_{DD} 后,电容放电,放电回路 $V_{DD} \rightarrow G_2(T_P) \rightarrow C \rightarrow R \rightarrow G_1(T_N) \rightarrow$ 地. 随电容放电,V_I 不断下降. 当 V_I 下降到 V_{th},发生又一个正反馈过程

$$V_I\downarrow \rightarrow V_{o_1}\uparrow \rightarrow V_{o_2}\downarrow$$

结果,V_{o_1} 上跳为 V_{DD},V_{o_2} 下跳为 0 V. 同理,下跳后 V_I 不能小于 $-\Delta V_-$,因此,电容重新开始充电,V_I 从 $-\Delta V_-$ 上升.

解: 图示电路 V_I 从 $V_{DD} - \Delta V_-$ 上升到 V_{th} 后跳变为 $V_{DD} + \Delta V_+$,V_I 从 $V_{DD} + \Delta V_+$ 下降到 V_{th} 后跳变为 $V_{DD} - \Delta V_-$. 如此周而复始,门电路输出方波信号,该电路是一个多谐振荡器,各电压波形如图 14-27 所示. 振荡周期 $T = T_1 + T_2$. T_1 为电容充电,V_I 从 $V_{DD} - \Delta V_-$ 上升至 V_{th} 所需时间,将 $V_I(0) = -\Delta V_- \approx 0$ V,$V_I(\infty) = V_{DD}$,$\tau = RC$ 代入 RC 过渡过程,由三要素公式得

$$T_1 = RC\ln\frac{V_{DD}}{V_{DD} - V_{th}}$$

T_2 为电容放电,V_I 从 $V_{DD} + \Delta V_+ (\approx V_{DD})$ 下降至 V_{th} 所需时间,计算得

$$T_2 = RC\ln\frac{V_{DD}}{V_{th}}$$

将 $V_{th} = V_{DD}/2$ 代入,得振荡周期 T

$$T = T_1 + T_2 = RC\ln 4 \approx 1.4RC$$

振荡频率 f 为

$$f = \frac{1}{T} \approx \frac{0.7}{RC}$$

为了提高方波信号的频率稳定度,一般采用石英晶体振荡器. 石英晶体具有很好的选频特性,品质因素 Q 值非常高,有相当高的频率稳定度. 如图 14-28 所示. G_1、G_2 门经电阻 R 反馈构成线性放大器,电阻阻值根据门电路类型不同有较大差异,一般 TTL 门在 $0.7 \sim 2\,000$ Ω 之间,CMOS 门在 $10 \sim 100$ MΩ. 电路中,电容 C_1 用于两个反相器间的耦合,而 C_2 的作用,则是抑

制高次谐波,以保证稳定的频率输出.电容 C_2 的选择应使 $2\pi RC_2 f_s \approx 1$,f_s 为石英晶体的串联谐振频率,如图 14 - 12 所示,从而使 RC_2 并联网络在 f_s 处产生极点,以减少谐振信号损失.C_1 的选择应使 C_1 在频率为 f_s 时的容抗可以忽略不计.图 14 - 29 给出了一种二相时钟发生器实例,G_3 门用于对晶体振荡器输出进行整形,并增强了带负载能力.

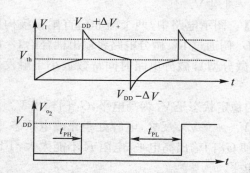

图 14 - 27　CMOS 门多谐振荡器工作波形

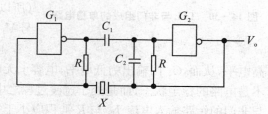

图 14 - 28　石英晶体振荡器

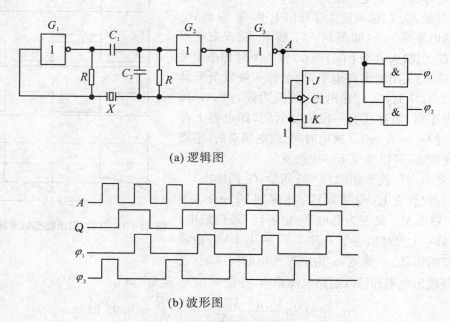

(a) 逻辑图

(b) 波形图

图 14 - 29　双相时钟发生器

14.3.2　单稳态触发器

　　单稳态触发器是一种只有一个稳定状态的电路,当外加触发信号使单稳态电路进入暂稳态(非稳定状态)后,这个暂稳态将维持一段时间,然后电路由暂稳态回到稳态.单稳态触发器必须有一个触发信号,其次还必须有一个 RC 延时环节决定其维持暂稳态时间的长短.单稳态电路主要用于脉冲波形的变换,将窄脉冲变换成宽脉冲,或者反之.单稳态触发器可分为可重复触发和不可重复触发两种.可重复触发单稳态电路在触发进入暂稳态后,若又施加触发信号,则暂稳态持续时间从后一个触发信号算起;不可重复触发的单稳态电路在暂稳态期间再施加触发信号也不会影响暂稳态的持续时间.

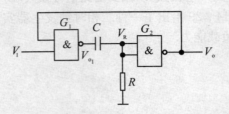

图 14-30 TTL 与非门组成的单稳电路

【例 14.2】 试分析如图 14-30 所示 TTL 门电路构成的微分型单稳态触发器,并画出各点电压波形,设 TTL 与非门(开门电平)V_{ON} =(关门电平)V_{OFF} =(门槛电平)$V_r = 1.4$ V.

【分析】 图示电路中,两个与非门首尾相接构成反馈环路,G_1 门通过 RC 微分电路将输出耦合给 G_2 门(所以称为微分型),微分电路时间常数远小于触发信号 V_I 周期.

电路的稳定状态是 V_I 为高电平,G_2 门输出 V_{o_2} 为高电平,从而,G_1 门输出为低电平,电容上无电荷($V_C \approx 0$ V). 反之,电容处于充放电状态,这不是电路的稳定状态,而是处于过渡过程之中. 要使 G_2 门输出高电平,电阻 R 不能太大,TTL 与非门的短路输入电流 I_{IS} 与 R 乘积应小于关门电平.

输入触发负窄脉冲,G_1 门输出 V_{o_1} 跳变为高电平(V_{OH}),电容充电,充电回路为 $V_{CC} \rightarrow V_{o_1} \rightarrow C \rightarrow R \rightarrow$ 地. 充电开始,G_2 门输入远大于开门电平,G_2 输出 V_{o_2} 跳变为低电平(V_{OL}),如图 14-31 所示. 随着充电不断进行,G_2 门输入电平下降,当 G_2 输入下降到小于关门电平,G_2 门关闭输出高电平,此前输入触发负窄脉冲应已结束,从而,G_1 门输出 V_{o_1} 跳变为低电平. G_2 跳变为高电平后,电路还有一段恢复时间,即电容上存储电荷(经 $G_1 \rightarrow R \rightarrow C$) 放电时间. 放电结束后,电路进入稳定状态,可以接受下一次触发.

解: 各点电压波形如图 14-31 所示,G_1 门输出 V_{o_1} 高电平时,电容充电,V_R 下降;V_R 下降到 $V_r = 1.4$ V 时,G_1 门输出 V_{o_1} 跳变为低电平,电容经 G_1 门放电,V_R 上升(V_R 上升终值等于 $I_{iS}R < V_r = 1.4$ V). 由波

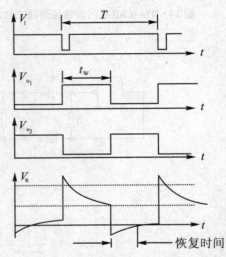

图 14-31 TTL 门单稳态触发器工作波形

形图可知输出(V_{o_1}) 脉宽 t_W 由电容充电时间决定(忽略门电路输出电阻和输入短路电流影响,并设 $V_{OH} = 3.6$ V,$V_{OL} = 0$ V).

$$t_W = RC\ln \frac{V_{OH} - V_{OL} + I_{iS} \times R}{V_r} \approx 0.95\,RC$$

14.3.3 施密特触发器

施密特触发器与一般触发器不同. 首先,施密特触发器是电平触发,而不是脉冲触发. 当输入信号电平值为某一定电压时输出状态发生变化,即输出电压发生突变. 其次,输入信号电压变化方向不同,它的输出电压发生突变的输入阀值电压不同,电压传输特性如图 14-32(a) 所示. 输入电压上升过程中状态发生突变的输入电压称为正向阀值电压(V_{T+}),输入电压下降过程中状态发生突变的输入电压称为反向阀值电压(V_{T-}). 在逻辑符号中用与电压传输特性类似的符号表示具有迟滞特性,如图 14-32(b) 所示,给出了输入输出同相的施密特触发器的电压传输特性和符号.

施密特触发器主要用于信号波形的整形.

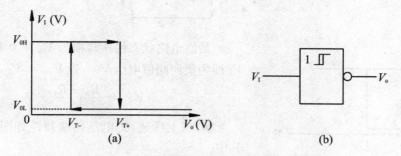

图 14 - 32　施密特触发器电压传输特性和符号图

【**例 14.3**】　如图 14-33 所示 CMOS 反相器组成的施密特触发器及其逻辑符号图. 试分析电路, 画出电压传输特性.

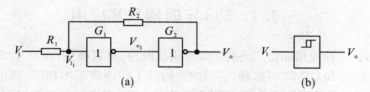

图 14 - 33　CMOS 反相器组成的施密特触发器及符号

【**分析**】　由 14-33 图可以看出 G_1 门输入 V_{I_1} 由输入 V_I 和 G_2 门输出 V_o 共同作用. 因为, CMOS 门输入电流近似为 0, 所以,

$$V_{I_1} = \frac{R_2}{R_1 + R_2} \times V_I + \frac{R_1}{R_1 + R_2} \times V_o$$

若 V_{I_1} 小于 V_{th}, 输出 V_o 为低电平(0 V); 若 V_{I_1} 大于 V_{th}, 输出 V_o 为高电平(V_{DD}). 设 V_I 从 0 V 开始上升, 则 V_o 为 0 V,

当 V_{I_1} 随 V_I 上升到 V_{th}, 电路发生正反馈

$$V_I \uparrow \rightarrow V_{I_1} \uparrow \rightarrow V_{o_1} \uparrow \rightarrow V_o \uparrow$$

最终电路状态快速转换为 $V_o = V_{DD}$. 此时对应的 V_I 即为电压上升时的阀值电压(正向阀值电压)V_{T+}.

$$V_{T+} = \frac{R_1 + R_2}{R_2} \times V_{th}$$

V_I 继续上升, V_{I_1} 始终大于 V_{th}, 电路状态维持 $V_o = V_{DD}$ 不变.

$V_o = V_{DD}$ 时, V_I 开始下降, 则

$$V_{I_1} = \frac{R_2}{R_1 + R_2} \times V_I + \frac{R_1}{R_1 + R_2} \times V_{DD}$$

当 V_{I_1} 随 V_I 减小至 V_{th} 时, 电路又发生正反馈

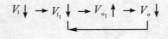

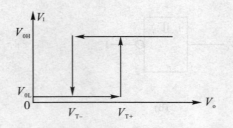

图 14 - 34　施密特触发器电压传输特性

最终电路状态快速转换为 $V_o = 0$ V. 此时对应的 V_I 即为负向阀值电压 V_{T-},设 $V_{th} = V_{DD}/2$,则

$$V_{T-} = \frac{R_2 - R_1}{R_2} \times V_{th}$$

解:综上所述,得电压传输特性如图 14 - 34 所示,其中

$$V_{T-} = \frac{R_2 - R_1}{R_2} \times V_{th}, V_{T+} = \frac{R_1 + R_2}{R_2} \times V_{th}$$

该传输特性与图 14 - 32 所示特性正好相反,本例为输入低电平输出低电平,是具有迟滞特性的缓冲器,如图 14 - 34 所示.

14.4　555 定时器及其应用

555 定时器是一种应用非常广泛的中规模集成电路,有双极型,也有 CMOS 型,其型号分别有 NE555、5G555 和 C7555 等多种,它们的结构及工作原理基本相同. 该电路使用灵活、方便,只需外接少量元件就可构成单稳、多谐和施密特电路. 通常双极型定时器具有较大的驱动能力,而 CMOS 定时电路具有低功耗、输入阻抗高等优点. 555 定时器工作的电源电压范围为 5 ～ 16 V,最大负载电流可达 200 mA;CMOS 定时器电源电压范围为 3 ～ 18 V,最大负载电流在 4 mA 以下. 因而,广泛用于信号的产生、变换、控制与检测.

14.4.1　555 定时器

555 定时器内部结构如图 14-35 所示. 它由 3 个阻值为 5 kΩ 的电阻组成的分压器、两个电压比较器 C_1 和 C_2、基本 RS 触发器和放电管 T 组成.

定时器的主要功能取决于比较器,比较器输出控制 RS 触发器和放电管状态. 图中 $\overline{R}_D$ 为复位端,当 $\overline{R}_D$ 为低电平时,触发器复位,不管其他输入端状态如何,输出 V_o 为低电平. 因此,正常工作时,此端接高电平.

由图可知,当控制电压输入端(V_{IC},5 号脚)悬空时,比较器 C_1 和 C_2 的参考电压分别为 $V_{REF1} = \frac{2}{3}V_{CC}$ 和 $V_{REF2} = \frac{1}{3}V_{CC}$. 定时器有两个输入,分别为阀值输入 V_{I_1} 和触发输入 V_{I_2}.

当 $V_{I_1} > \frac{2}{3}V_{CC}, V_{I_2} > \frac{1}{3}V_{CC}$ 时,比较器 C_1 输出低电平,比较器 C_2 输出高电平,RS 触发器复位,$Q = 0$,放电管 T 导通,输出 V_o 低电平.

当 $V_{I_1} < \frac{2}{3}V_{CC}, V_{I_2} < \frac{1}{3}V_{CC}$ 时,比较器 C_1 输出高电平,比较器 C_2 输出低电平,RS 触发器置位,$Q = 1$,放电管 T 截止,输出 V_o 高电平.

当 $V_{I_1} < \frac{2}{3}V_{CC}, V_{I_2} > \frac{1}{3}V_{CC}$ 时,比较器 C_1、C_2 输出都为高电平,RS 触发器状态不变,定时器输出、放电管 T 状态亦不变.

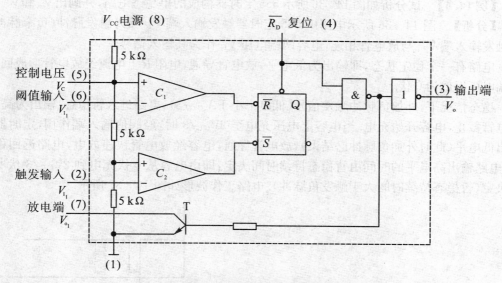

图 14 - 35　555 定时器内部结构图

综上所述,可得 555 定时器功能表如表 14 - 1 所示.

表 14 - 1　555 定时器功能表

输入			输出	
阀值输入(V_{I_1})	触发输入(V_{I_2})	复位	输出(V_o)	放电管 T
$\times$	$\times$	0	0	导通
$< 2V_{CC}/3$	$< V_{CC}/3$	1	1	截止
$> 2V_{CC}/3$	$> V_{CC}/3$	1	0	导通
$< 2V_{CC}/3$	$> V_{CC}/3$	1	不变	不变

如果在电压控制端施加一个控制电压(其值在 $0 \sim V_{CC}$ 之间),比较器的参考电压发生变化,从而影响定时器的工作状态变化的阀值.从表 14 - 1 可以看出,555 定时器实质上是一个有双输入、双阀值电压的电子开关.它主要应用于以上三种(多谐振荡器、单稳态触发器和施密特触发器)电路工作模式.因此,555 定时器电路分析方法和以上相同.

14.4.2　555 定时器应用举例

1. 单稳态电路

单稳态触发器和多谐振荡器都有 RC 组成的延时环节,由 RC 电路充放电特性决定振荡频率或暂稳态持续时间.因此,分析多谐振荡器、单稳态触发器应从 RC 电路的充放电入手,研究电容 C 上的电压波形(或电阻 R 上的电压波形).将电路中的门看作电子开关,同时应注意到不同类型电子开关有着不同的门槛(阀值)电压,从而可分析得出该电路工作过程.

RC 电路过渡过程的三要素公式是这类电路定量分析最主要公式,其表达式为

$$V_C(t) = V_C(\infty) + [V_C(0) - V_C(\infty)]\mathrm{e}^{-\frac{t}{\tau}}$$

其中,τ 为 RC 电路的时间常数.

【例14.4】 试分析如图14-36所示555定时器构成的单稳态电路,并画出V_o和V_c波形.

【分析】 图14-36所示电路中555定时器触发输入端V_{I_2}接外触发脉冲(负窄脉冲),阀值触发输入端V_{I_1}与放电管相连,电容两端电压V_c作为其输入信号.

电路有一个稳定状态,即输出为低电平,放电管导通,电阻R上电流经放电管形成回路,电容端电压近似为0伏.

稳态情况下,外加负脉冲触发信号(低电平小于$V_{cc}/3$),电路进入暂稳态,输出为高电平,放电管截止,电容开始充电.当电容上电压充电至$2V_{cc}/3$时,经阀值输入端作用,定时器复位输出低电平(此时外加负脉冲已结束),放电管导通,电容经放电管快速放电,电路返回稳定状态.电路输出高电平的时间由暂稳态持续时间决定,即由电容从0伏充电到$2V_{cc}/3$伏所需时间决定(暂稳态持续时间大于触发负脉冲).电路工作波形如图14-37所示.

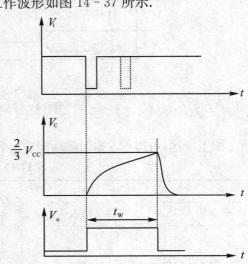

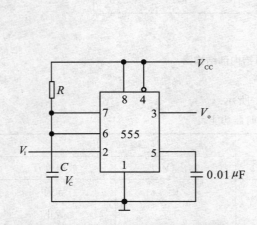

图14-36　555定时器构成的单稳态触发器

图14-37　单稳态触发器工作波形

在暂稳态期间,输入低电平对电路无影响,如图中虚线脉冲,但输入负脉冲宽度不应大于暂稳态持续时间,即输出正脉冲宽度t_w,这是一个不可重复触发的单稳态电路.

解:将初值$V_c(0)=0$,终值$V_c(\infty)=V_{cc}$,$V_c(t_w)=2V_{cc}/3$,$\tau=RC$代入三要素公式得

$$t_w = RC\ln 3 \approx 1.1RC$$

2. 施密特触发器

施密特触发器分析关键在于两个阀值电压(门槛电压V_{T-}和V_{T+})的确定,输入电压大于以及小于这两个电压,输出为某一确定状态(高电平或低电平),但输入电压介于这两个电压之间,输出状态则与输入电压变化过程有关.将555定时器的阀值输入端和触发输入端连在一起,便构成了施密特触发器.

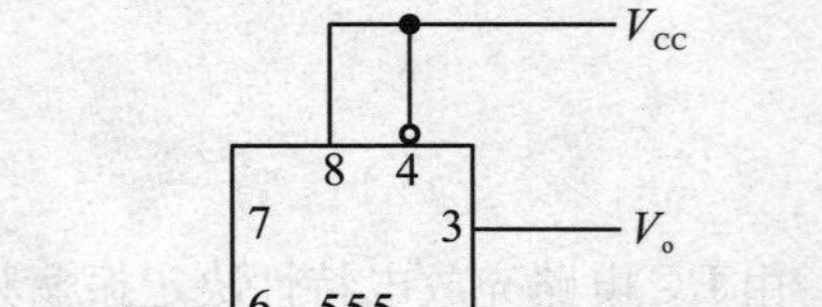

【例14.5】 试分析如图14-38所示电路,并画出输入三角波电压$(0\sim V_{cc})$作用下输出电压波形和电压传输特性.

【分析】 图示电路中555定时器构成的施密特触

图14-38　定时器构成的施密特触发器

发器,定时器的两个输入端接在一起作为信号输入端,即输入信号与定时器的两个参考电压(阀值电压)进行比较. 5 号端开路时,$V_{REF_1} = 2V_{CC}/3$,$V_{REF_2} = V_{CC}/3$. 当 $V_I \leqslant V_{REF_2} = V_{CC}/3$ 时,输出高电平;当 $V_I \geqslant V_{REF_1} = 2V_{CC}/3$ 时,输出低电平;当 $V_{CC}/3 \leqslant V_I \leqslant 2V_{CC}/3$ 时,输出状态与原来状态相同,V_I 从大于 $2V_{CC}/3$ 下降,输出低电平,V_I 从小于 $V_{CC}/3$ 上升,输出高电平.

解:输出电压波形如图 14-39(a) 所示.电压传输特性如图 14-39(b) 所示,其中正向阀值电压 $V_{T+} = 2V_{CC}/3$,反向阀值电压 $V_{T-} = V_{CC}/3$.

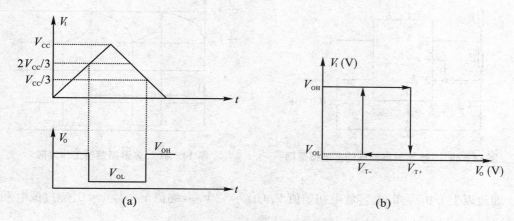

图 14-39 施密特触发器工作波形

3. 多谐振荡器

多谐振荡器是一种自激振荡电路,该电路在接通电源后无需外接触发信号就能产生一定频率和幅值的矩形脉冲波或方波.由于多谐振荡器在工作过程中不存在稳定状态,故又称为无稳态电路. 555 内部的比较器灵敏度较高,而且采用差分电路形式,它的振荡频率受电源电压和温度变化的影响很小.

【例 14.6】 图 14-40 是 555 定时器构成的多谐振荡器,试分析该电路.

【分析】 555 定时器 $\overline{R}_D$ 端接高电平,控制电压输入端接滤波电容防止高频干扰. 555 定时器的两个输入端(2 号引脚和 6 号引脚)接在一起接一个共同输入 V_C,相当于一个输入输出反相的施密特触发器,两个阀值电压分别为 $\frac{2}{3}V_{CC}(V_{T+})$ 和 $\frac{1}{3}V_{CC}(V_{T-})$. V_C 大于 V_{T+} 输出低电平,放电管导通;V_C 小于 V_{T-} 输出高电平,放电管截止.由 R_1、R_2、C 组成充放电路,其工作状态与 555 定时器的放电管状态有关.

解:定时器输出(3 号引脚)为高电平时,放电管截止(7 号引脚与地之间开路),电容 C 充电.充电电流由 $V_{CC} \rightarrow R_1 \rightarrow R_2 \rightarrow C \rightarrow$ 地,电容两端电压 V_C 随充电按指数规律上升,如图 14-41 所示,充电时间常数 $\tau_1 = (R_1 + R_2)C$.电容上电压上升到第一阀值电压 $\frac{2}{3}V_{CC}$ 时,555 定时器复位输出低电平,放电管导通,充电结束.

定时器输出为低电平时,放电管导通(7 号引脚与地之间短路),电容放电.放电电流由 $C \rightarrow R_2 \rightarrow T \rightarrow$ 地,电容两端电压随放电从第一阀值电压 $\frac{2}{3}V_{CC}$ 开始按指数规律下降,放电时间常数 $\tau_2 = R_2C$.电容上电压下降到第二阀值电压 $\frac{1}{3}V_{CC}$ 时,定时器置位输出高电平,放电管截止,放电结束.

电容放电结束,图 14-40 电路又开始新一轮充放电.充电从 $\frac{1}{3}V_{CC}$ 开始到 $\frac{2}{3}V_{CC}$ 结束,放电从 $\frac{1}{3}V_{CC}$ 开始到 $\frac{2}{3}V_{CC}$ 结束,周而复始,定时器输出方波脉冲,如图 14-41 所示.

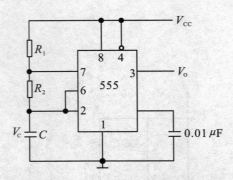

图 14-40　555 定时器构成的多谐振荡器

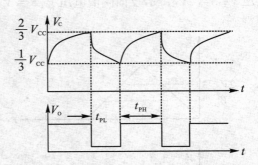

图 14-41　多谐振荡器工作波形

通过以上分析可知,电容放电初始值 $V_C(0) = \frac{2}{3}V_{CC}$,终值 $V_C(\infty) = 0$,经过低电平脉冲持续时间(负脉冲宽度 t_{PL})$V_C(t_{PL}) = \frac{1}{3}V_{CC}$.代入三要素公式可得

$$t_{PL} = R_2 C \ln 2 \approx 0.7 R_2 C$$

电容充电初值 $V_C(0) = \frac{1}{3}V_{CC}$,终值 $V_C(\infty) = V_{CC}$,经过高电平持续时间(正脉冲宽度 t_{PH})$V_C(t_{PH}) = \frac{2}{3}V_{CC}$.得

$$t_{PH} = (R_1 + R_2) C \ln 2 \approx 0.7 (R_1 + R_2) C$$

因此,多谐振荡器振荡周期 T 为

$$T = t_{PL} + t_{PH} \approx 0.7 (R_1 + 2R_2) C$$

振荡频率 f 为

$$f = \frac{1}{T} = \frac{1.43}{(R_1 + 2R_2) C}$$

调整电阻 R_1 或 R_2 可改变正或负脉冲宽度,振荡周期亦改变.改变电容振荡周期发生变化,但占空比 $q = t_{PH}/T$ 不变.

本 章 小 结

1. 正弦波产生电路的分析,正反馈电路的作用,RC、LC 电路的参数设计与计算.

2. 非正弦波电路的产生,波形转换及其应用,主要掌握比较器的应用,方波发生电路、三角波发生电路和锯齿波发生电路等.

3. 多谐振荡器是一种无稳态的电路.在接通电源后,它能够自动地在两个暂稳态之间不停地翻转,输出矩形脉冲电压.矩形脉冲的周期 T 以及高、低电平的持续时间的长短取决于电路的定时元件 R、C 的参数.在脉冲数字电路中,多谐振荡器常用作产生标准时间信号和频率信号的脉冲发生器.

4. 555 定时器是一种多用途的单片集成电路,本章首先介绍了定时器的电路组成及功能,然后重点介绍了由 555 定时器构成的单稳态触发器、多谐振荡器和施密特触发器. 对定时器各种应用的讨论,都是围绕表 14-1 进行的,因此对集成定时器的三种工作状态及其对应的输入电压必须熟练掌握.

5. 单稳态触发器有一个稳态和一个暂稳态. 在外来触发信号的作用下,电路由稳态进入暂稳态,经过一段时间 t_w 后,自动翻转为稳定状态. t_w 的长短取决于电路中的定时元件 R、C 的参数. 单稳态触发器主要用于脉冲定时和延迟控制.

习　　题

1. 设电路如图 14-42 所示,$R = 10$ kΩ,$C = 0.1$ μF 求振荡器的振荡频率. 为保证电路起振,对 $\dfrac{R_f}{R_1}$ 的比值有何要求?试提出稳定振幅的措施.

2. 电路如图 14-43 所示,试用相位平衡条件判断哪个电路可能振荡,哪个不能,简述理由.

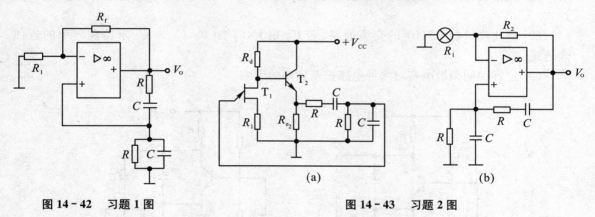

图 14-42　习题 1 图　　　　　　　　　　　　　　(a)　　　　　　　　　　　(b)

　　　　　　　　　　　　　　　　　　　　　　　图 14-43　习题 2 图

3. 电路如图 14-44 所示,试从相位平衡条件分析电路能否产生正弦波振荡;若能振荡,R_f 和 R_{e_1} 有何关系?振荡频率是多数?为了稳定振幅,电路中哪个电阻可采用热敏电阻,其温度系数如何?

4. 在如图 14-45 所示电路中,设运放为理想器件,运放的最大输出电压为 ±10 V. 试问由于某种原因使 R_2 断开时,其输出电压波形是什么(正弦波,近似方波或停振)?输出波形的峰峰值为多少?

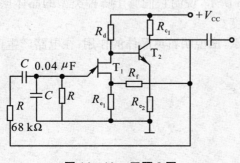

图 14-44　习题 3 图

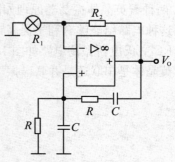

图 14-45　习题 4 图

5. 对图 14－46 所示的各三点式振荡器的交流通路,试用相位平衡条件判断哪个可能振荡,哪个不能,指出可能振荡的电路属于什么类型.

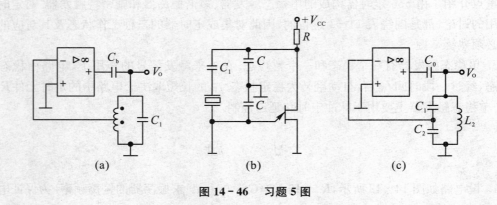

图 14－46　习题 5 图

6. 两种改进型电容三点式振荡电路如图 14－47 所示,回答下列问题.

(1) 画出图 14－47(a) 的交流通路,若 C_b 很大,$C \gg C_3$,$C_2 \gg C_3$,求振荡频率的近似表达式.

(2) 画出图 14－47(b) 的交流通路,若 C_b 很大,$C_1 \gg C_3$,$C_2 \gg C_3$ 求振荡频率的近似表达式.

(3) 定性说明杂散电容对两种电路振荡频率的影响.

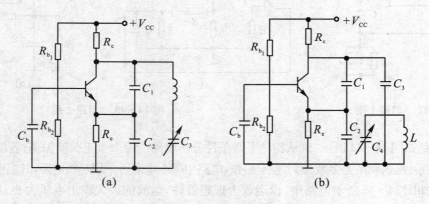

图 14－47　习题 6 图

7. 两种石英晶体振荡器原理如图 14－48 所示,说明它们属于哪种类型的晶体振荡电路,为什么这种电路结能够有利于提高频率稳定度?

8. RC 文氏电桥振荡电路如图 14－49 所示,试说明石英晶体的作用;在电路产生正弦波振荡时石英晶体是串联还是并联谐振工作.

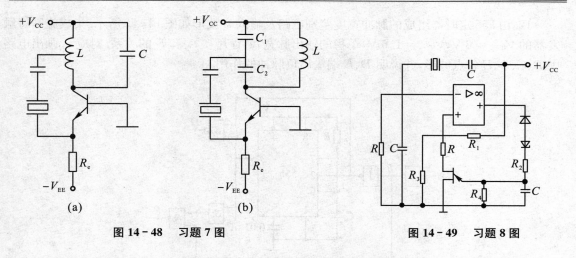

图 14-48 习题 7 图

图 14-49 习题 8 图

9. 设运放为理想器件,试求图 14-50 所示电压比较器的门限电压,并画出它们的输出特性(图中 $V_Z = 9$ V).

10. 电路如图 14-51 所示,设稳压管 D_Z 的双向限幅值为 ± 6 V.

(1) 画出电路的传输特性.

(2) 画出幅值为 6 V 正弦信号电压 v_1 所对应的输出电压波形.

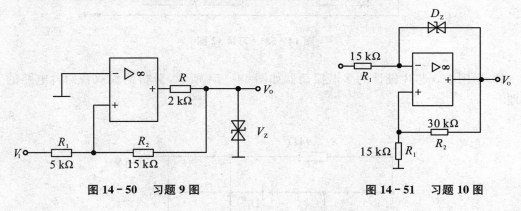

图 14-50 习题 9 图

图 14-51 习题 10 图

11. 电路如图 14-52 所示,运用 555 芯片设计的多谐振荡器,分析构成水位监控报警电路的工作原理.

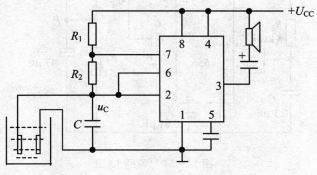

图 14-52 习题 11 图

12. 由 555 定时器组成的脉冲宽度鉴别电路及输入 v_1 波形如图 14-53 所示. 集成施密特触发器的 $V_{T+} = 3\text{ V}$, $V_{T-} = 1.6\text{ V}$, 单稳的输出脉宽 t_w 有 $t_1 < t_w < t_2$ 的关系. 对应 v_1 画出电路中 B、C、D、E 各点波形, 并说明 D、E 端输出负脉冲的作用.

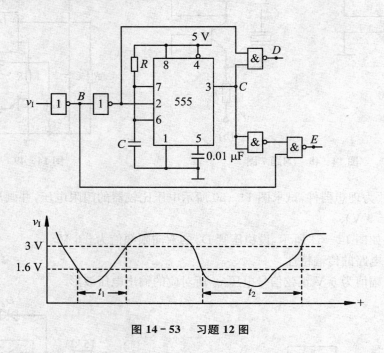

图 14-53　习题 12 图

13. 运用 555 芯片设计的多谐振荡器如图 14-54 所示, 分析构成双音门铃电路的工作原理.

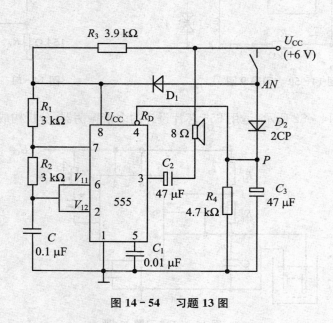

图 14-54　习题 13 图

14. 电路如图 14-55 所示, 分析该电路工作原理, 若用手触摸一下金属片 P, 根据图中参数

的值计算灯泡负载 R_L 亮维持的时间.

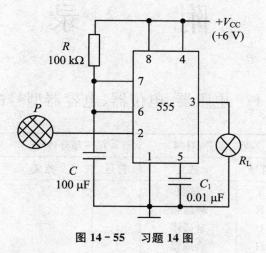

图 14-55　习题 14 图

15. 试用 555 定时器芯片设计一个矩形波产生电路,要求 $f = 1\,000\,\text{Hz}$ 占空比 $q = 75\%$,自己设计电路,选择元件并确定其合理取值.

附　　　录

附录1　电阻器、电位器、电容器型号命名法

第一部分:主称		第二部分:材料		第三部分:特征		第四部分
符号	意义	符号	意义	符号	意义	序号
R	电阻器	T	碳膜			用数字 1、2、3 等表示.对主称、材料、特征相同,仅尺寸、性能指标稍有差别,但不影响互换的产品,则标同一序号;若尺寸、性能指标的差别影响互换时,则要标不同序号加以区别
		R	硼碳膜			
		U	硅碳膜			
		H	合成膜			
		J	金属膜			
		Y	氧化膜			
		X	线绕			
		S	实心			
		M	压敏			
		G	光敏			
R	电阻器	R	热敏	B	温度补偿用	
				C	温度测量用	
				G	功率测量用	
				P	旁热式	
				W	稳压用	
				Z	正温度系数	
W	电位器	H	合成碳膜			
		J	金属膜	W	微调	
		Y	氧化膜			
		X	线绕	W	微调	
		S	实芯			
		D	导电塑料			
C	电容器	C	瓷介	T	铁电	
				W	微调	
		Y	云母	W	微调	
		I	玻璃釉			
		Q	玻璃(膜)	W	微调	
		B	聚苯乙烯	J	金属化	

第一部分:主称		第二部分:材料		第三部分:特征		第四部分
符号	意义	符号	意义	符号	意义	序号
C	电容器	F	聚四氟乙烯			
		L	涤纶	M	密封	
		S	聚碳酸酯	X	小型、微调	
		Q	漆膜	G	管型	
		Z	纸质	T	筒型	
		H	混合介质	L	立式矩形	
		D	(铝)电解	W	卧式矩形	
		A	钽	Y	圆形	
		N	铌			
		T	钛			
		M	压敏			

附录 2　电阻色环转换为阻值对照表

4 色环电阻,是用 3 个色环来表示阻值,其中前二环代表有效值,第三环代表乘上的次方数,用 1 个色环表示误差.5 色环电阻一般是金属膜电阻,为更好地表示精度,用 4 个色环表示阻值,另一个色环表示误差.下表是色环电阻的颜色－数值对照表:

色环	第一环	第二环	第三环 (乘法)	第四环 (误差环)
黑	0	0	1	
棕	1	1	10	±1%
红	2	2	100	±2%
橙	3	3	1000	
黄	4	4	10000	
绿	5	5	100000	±0.5%
蓝	6	6	1000000	±0.2%
紫	7	7	10000000	±0.1%
灰	8	8	100000000	
白	9	9	1000000000	＋5%～－20%
银				±5%
无色环				±20%

附录3　国产半导体集成电路型号命名方法

第0部分	第一部分	第二部分	第三部分	第四部分
用字母表示器件符合国家标准	用字母表示器件的类型	用阿拉伯数字表示器件的系列和品种代号	用字母表示器件的工作温度范围	用字母表示器件的封装
符号及意义	符号及意义	符号及意义	符号及意义	符号及意义
C 中国制造	TTL HTL ECL CMOS F 线性放大器 D 音响、视频电路 W 稳压器 J 接口电路 B 非线性电路 M 存储器 U 微型机电路		C　$0\sim70\ ℃$ E　$-40\sim35\ ℃$ R　$-55\sim35\ ℃$ M　$-55\sim125\ ℃$	W　陶瓷扁平 B　塑料扁平 F　全密封扁平 D　陶瓷直插 P　塑料直插 J　黑陶瓷直插 K　金属菱形 T　金属圆形

附录4　半导体型号命名方法

1. 中国半导体器件型号命名方法

半导体器件型号由五部分(有效电极数目、材料与极性、半导体类型、序号、规格)组成. 五个部分意义如下:

第一部分,用数字表示半导体器件有效电极数目. 2 表示二极管、3 表示三极管.

第二部分,用汉语拼音字母表示半导体器件的材料和极性. 表示二极管时,A 表示 N 型锗材料、B 表示 P 型锗材料、C 表示 N 型硅材料、D 表示 P 型硅材料. 表示三极管时,A 表示 PNP 型锗材料、B 表示 NPN 型锗材料、C 表示 PNP 型硅材料、D 表示 NPN 型硅材料.

第三部分,用汉语拼音字母表示半导体器件的类型. P 表示普通管、V 表示微波管、W 表示稳压管、C 表示参量管、Z 表示整流管、L 表示整堆、S 表示隧道管、N 表示阻尼管、U 表示光电器件、K 表示开关管、X 表示低频小功率管($F < 3\ \text{MHz}, P_c < 1\ \text{W}$)、G 表示高频小功率管($F > 3\ \text{MHz}, P_c < 1\ \text{W}$)、D 表示低频大功率管($F < 3\ \text{MHz}, P_c > 1\ \text{W}$)、A 表示高频大功率管($F > 3\ \text{MHz}, P_c > 1\ \text{W}$)、T 表示半导体晶闸管(可控整流器)、Y 表示体效应器件、B 表示雪崩管、J 表示阶跃恢复管、CS 表示场效应管、BT 表示半导体特殊器件、FH 表示复合管、JG 表示激光器件.

第四部分,用数字表示序号.

第五部分,用汉语拼音字母表示规格号. 例如:3DG18 表示 NPN 型硅材料高频三极管.

2. 日本半导体分立器件型号命名方法

日本生产的半导体分立器件,由五至七部分组成.通常只用到前五个部分,其各部分的符号意义如下:

第一部分,用数字表示器件有效电极数目或类型.0 表示光电(即光敏)二极管三极管及上述器件的组合管,1 表示二极管,2 表示三极或具有两个 PN 结的其他器件,3 表示具有四个有效电极或具有三个 PN 结的其他器件,依此类推.

第二部分,日本电子工业协会 JEIA 注册标志:S 表示表示已在日本电子工业协会 JEIA 注册登记的半导体分立器件.

第三部分,用字母表示器件使用材料极性和类型.A 表示 PNP 型高频管、B 表示 PNP 型低频管、C 表示 NPN 型高频管、D 表示 NPN 型低频管、F 表示 P 控制极可控硅、G 表示 N 控制极可控硅、H 表示 N 基极单结晶体管、J 表示 P 沟道场效应管、K 表示 N 沟道场效应管、M 表示双向可控硅.

第四部分,用数字表示在日本电子工业协会 JEIA 登记的顺序号.两位以上的整数从"11"开始,表示在日本电子工业协会 JEIA 登记的顺序号,不同公司的性能相同的器件可以使用同一顺序号.数字越大,越是近期产品.

第五部分,用字母表示同一型号的改进型产品标志.A、B、C、D、E、F 表示这一器件是原型号产品的改进产品.

3. 美国半导体分立器件型号命名方法

美国晶体管或其他半导体器件的命名法较混乱.美国电子工业协会半导体分立器件命名方法如下:

第一部分,用符号表示器件用途的类型.JAN 表示军级、JANTX 表示物军级、JANTXV 表示超特军级、JANS 表示宇航级、(无)表示非军用品.

第二部分,用数字表示 PN 结数目.1 表示二极管、2 表示三极管、3 表示三个 PN 结器件、n 表示 n 个 PN 结器件.

第三部分,美国电子工业协会(EIA)注册标志.N 表示该器件已在美国电子工业协会(EIA)注册登记.

第四部分,美国电子工业协会登记顺序号.多位数字表示该器件在美国电子工业协会登记的顺序号.

第五部分,用字母表示器件分档.A、B、C、D、… 表示同一型号器件的不同档别.如:JAN2N3251A 表示 PNP 硅高频小功率开关三极管,JAN 表示军级、2 表示三极管、N 表示 EIA 注册标志、3251 表示 EIA 登记顺序号、A 表示 2N3251A 档.

4. 国际电子联合会半导体器件型号命名方法

德国、法国、意大利、荷兰、比利时、匈牙利、罗马尼亚、南斯拉夫、波兰等欧洲国家,大都采用国际电子联合会半导体分立器件型号命名方法.这种命名方法由四个基本部分组成,各部分的符号及意义如下:

(1)稳压二极管型号的后缀.其后缀的第一部分是一个字母,表示稳定电压值的容许误差范围,字母 A、B、C、D、E 分别表示容许误差为 $\pm 1\%$、$\pm 2\%$、$\pm 5\%$、$\pm 10\%$、$\pm 15\%$;其后缀第二部分是数字,表示标称稳定电压的整数数值;后缀的第三部分是字母 V,代表小数点.

（2）整流二极管后缀是数字,表示器件的最大反向峰值耐压值,单位是伏特.

（3）晶闸管型号的后缀也是数字,通常标出最大反向峰值耐压值和最大反向关断电压中数值较小的那个电压值.

如:BDX51 表示 NPN 硅低频大功率三极管,AF239S 表示 PNP 锗高频小功率三极管.

5. 欧洲早期半导体分立器件型号命名法

欧洲有些国家,如德国、荷兰采用如下命名方法:

第一部分,0 表示半导体器件.

第二部分,A 表示二极管、C 表示三极管、AP 表示光电二极管、CP 表示光电三极管、AZ 表示稳压管、RP 表示光电器件.

第三部分,多位数字表示器件的登记序号.

第四部分,A、B、C、… 表示同一型号器件的变型产品.

参 考 文 献

[1] 殷瑞祥. 电路与模拟电子技术[M]. 北京:高等教育出版社,1999.

[2] 康华光. 电子技术基础:模拟[M]. 4 版. 北京:高等教育出版社,1999.

[3] 康华光. 电子技术基础:数字[M]. 4 版. 北京:高等教育出版社,1999.

[4] 秦曾惶. 电工学[M]. 5 版. 北京:高等教育出版社,1999.

[5] 邱关源. 电路[M]. 4 版. 北京:高等教育出版社,1999.

[6] 李翰荪. 电路分析基础[M]. 3 版. 北京:高等教育出版社,1993.

[7] 童诗白. 模拟电子技术基础[M]. 4 版. 北京:高等教育出版社,1999.

[8] 阎石. 数字电子技术基础[M]. 3 版. 北京:高等教育出版社,2001.

[9] 谢嘉奎. 电子线路[M]. 北京:高等教育出版社,1999.